清華 开发者学堂

C语言程序设计案例教程（微课视频版）

谢延红 张建臣 戎丽霞 杨光军 董光智 编著

清华大学出版社
北京

内 容 简 介

本书是一本以 OBE 理念为指导，校企联合共建的“面向应用型大学、融入多元思政元素”的案例式、立体化、符合 C99 标准的 C 语言教材。

本书共 11 章，内容包括概述、数据类型和表达式、顺序结构程序设计及常用函数、选择结构程序设计、循环结构程序设计、数组、函数与变量、指针、结构体与共用体、编译预处理、文件。本书体系完整、重点突出、资源丰富。知识点案例实用，通过一个小型综合案例将全书核心知识有机融合，真正做到教学理论和社会实践相结合。每章后的常见错误及调试方法循序渐进地教会读者程序调试方法，为实践提供了有力保障。

本书适合初学者学习使用，既可作为应用型院校计算机、电子信息等相关专业学习“C 语言程序设计”类课程的教材和参考书，也可作为程序设计人员以及参加全国计算机等级考试（二级 C 语言）人员的自学参考用书。

图书在版编目（CIP）数据

C 语言程序设计案例教程：微课视频版/谢延红等编著. —北京：清华大学出版社，2023.5（2024.9重印）
（清华开发者学堂）
ISBN 978-7-302-63047-0

Ⅰ. ①C… Ⅱ. ①谢… Ⅲ. ①C 语言—程序设计—教材 Ⅳ. ①TP312.8

中国国家版本馆 CIP 数据核字（2023）第 042975 号

责任编辑：张 玥
封面设计：刘艳芝
责任校对：申晓焕
责任印制：杨 艳

出版发行：清华大学出版社
网 址：https://www.tup.com.cn，https://www.wqxuetang.com
地 址：北京清华大学学研大厦 A 座 **邮 编**：100084
社 总 机：010-83470000 **邮 购**：010-62786544
投稿与读者服务：010-62776969，c-service@tup.tsinghua.edu.cn
质量反馈：010-62772015，zhiliang@tup.tsinghua.edu.cn
课件下载：https://www.tup.com.cn，010-83470236
印 装 者：三河市铭诚印务有限公司
经 销：全国新华书店
开 本：185mm×260mm **印 张**：24 **字 数**：587 千字
版 次：2023 年 6 月第 1 版 **印 次**：2024 年 9 月第 4 次印刷
定 价：69.00 元

产品编号：099806-01

前言

C语言是世界上应用最广的编程语言，历经半个世纪的沧桑，它仍因强大的功能、较高的效率、良好的可移植性等，在底层开发等领域占据霸主地位。目前流行的语言如Python、Java、C++等都或多或少地借鉴了C语言的语法和思想。打好C语言基础，转型到这些语言易如反掌。因此，对广大初学者来说，C语言是计算机入门的首选语言。

本书是一本面向程序设计初学者的C语言基础应用教材，以OBE理念为指导，以“知识点案例、综合案例、习题案例”为驱动，更加注重培养学生的实践能力，提高学生的学习成果产出，持续巩固学习成果。

本书具有以下特点。

(1) 面向应用型大学计算机、电子信息等相关专业，运用案例，突出实践。本书采用“知识导航—知识点描述—知识点应用案例—综合应用案例—常见错误及调试”的编写结构。每章开头有本章知识点的思维导图，帮助读者突破思维局限，梳理学习思路，抓住知识精髓。通过知识点案例的实践，达到读者理解、掌握、强化理论知识，学会编程方法的目的。以一个小型“创新大赛评分系统”为综合案例，随着课程学习的不断深入逐步完善，最终形成一个功能相对完整的小型系统，从而循序渐进、脚踏实地地培养学生利用C语言分析、解决复杂问题的能力，最终达到知识内化于心的成效。每章后的常见错误及调试方法不仅授之以鱼，而且授之以渔，读者学会定位、排除错误的方法，才能以不变应万变，具备较强的实践能力。

(2) 校企联合，分工协作，优势互补。本书的编者团队由德州学院教学经验丰富的一线教师和青软创新科技集团股份有限公司长期从事案例开发和学生培训的企业教师组成。编者团队通过多次调研、学习、论证，共同确定教材特色、理念及编写思路；由对读者实际需求有充分了解、对新工科和OBE等理念有一定研究、擅长文字表达的一线教师负责书稿撰写，力求体系完整、图文并茂、重点突出、讲解透彻、幽默直白、通俗易懂。由企业教师根据C语言在企业实际开发中的应用情况，提供来源于企业真实开发项目的若干知识点案例和小型综合案例，真正实现学习需求与社会需求相一致，教学理论与社会实践相结合。

(3) 深度挖掘、丰富 C 语言思政素材，助力专业课程思政建设。在案例导入、知识点描述、应用案例、习题案例、综合案例等环节融入思政素材，例如由 C 语言发展史引发学生对游戏态度的思考；由计算疫苗接种率引发学生对防疫知识的关注，增强民族自信心；由计算折纸超珠穆朗玛峰新高度引发学生对北斗卫星导航系统的关注，激发学生的民族自豪感；通过循环结构让学生感受坚持的力量，等等。通过教材提供的若干思政素材，助力思政教育与专业学习的深度融合，使学生在潜移默化中树立正确的职业观、政治信念及积极的人生态度。

(4) 与信息技术高度融合的立体化教材，助力线上线下、翻转课堂新模式。本书以章节为单位，提供约 1200 分钟的讲解视频，读者扫描书中的二维码即可观看。讲解视频展示了案例“从无到有，从小到大，从满目疮痍到美丽蝶变”的动态编码过程，破解了初学者“理论一看就懂，应用无从下手”的窘局。本书还提供了教学大纲、教学课件、实验手册、程序源码、习题与答案等课程资源，读者登录清华大学出版社网站(http://www.tup.com.cn)中的本书页面即可下载。丰富的教学资源辅助教师轻松实现线上线下、翻转课堂等教学新模式，提升学生的自主学习能力与意识。

本书由编者团队合力创作完成，其中张建臣负责编写第 1、2、3 章，谢延红负责编写第 4、7、8 章，杨光军负责编写第 5、6 章，戎丽霞负责编写第 9、10、11 章，董光智负责编写知识点案例、综合案例和附录。全书由谢延红、张建臣负责思路构思与统稿。所有编者均参与了书稿的校对和程序调试工作，本书的全部程序均在 Dev-C++ 5.11 环境中调试通过。王付山、曹金风、赵丽敏、王文博、刘文峰、李天志、鲁燕、赵丽丽等老师对本书提出了宝贵建议，并参与了校稿、视频录制、资料整理等工作，德州学院教务处副处长郭长友对书稿的风格、内容多次提出了指导性建议。本书在编写过程中得到了德州学院计算机与信息学院和青软创新科技集团股份有限公司的鼎力支持，并参考了大量书籍、报刊和互联网等文献资料。在试用过程中，一些教师和学生也提出了宝贵的意见和建议，在此一并表示衷心的感谢。

由于编者团队水平有限，书中难免有疏漏和不足之处，恳请各位专家、同行和读者批评指正，我们将虚心接受，严肃对待，不断提升教材质量。

编 著 者

2023 年 2 月

目录

第 1 章 概述 /1

第 2 章 数据类型和表达式 /31

第 3 章 顺序结构程序设计及常用函数 /61

第8章 指针 /230

第9章 结构体与共用体 /269

第1章 概述

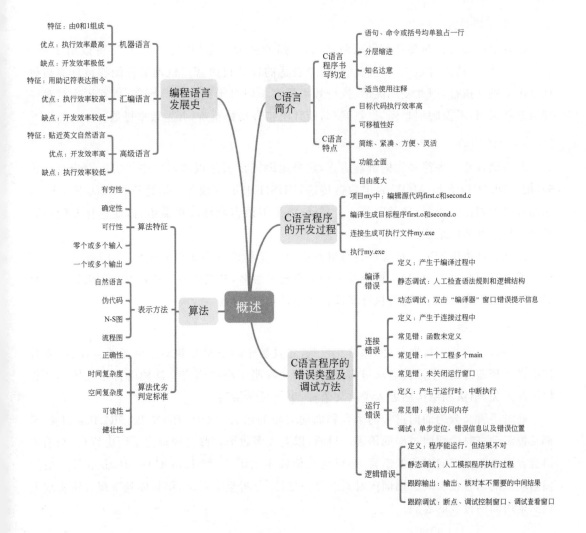

- 概述
  - 编程语言发展史
    - 机器语言
      - 特征：由0和1组成
      - 优点：执行效率最高
      - 缺点：开发效率极低
    - 汇编语言
      - 特征：用助记符表达指令
      - 优点：执行效率较高
      - 缺点：开发效率较低
    - 高级语言
      - 特征：贴近英文自然语言
      - 优点：开发效率高
      - 缺点：执行效率较低
  - 算法
    - 算法特征
      - 有穷性
      - 确定性
      - 可行性
      - 零个或多个输入
      - 一个或多个输出
    - 表示方法
      - 自然语言
      - 伪代码
      - N-S图
      - 流程图
    - 算法优劣判定标准
      - 正确性
      - 时间复杂度
      - 空间复杂度
      - 可读性
      - 健壮性
  - C语言简介
    - C语言程序书写约定
      - 语句、命令或括号均单独占一行
      - 分层缩进
      - 知名达意
      - 适当使用注释
    - C语言特点
      - 目标代码执行效率高
      - 可移植性好
      - 简练、紧凑、方便、灵活
      - 功能全面
      - 自由度大
  - C语言程序的开发过程
    - 项目my中：编辑源代码first.c和second.c
    - 编译生成目标程序first.o和second.o
    - 连接生成可执行文件my.exe
    - 执行my.exe
  - C语言程序的错误类型及调试方法
    - 编译错误
      - 定义：产生于编译过程中
      - 静态调试：人工检查语法规则和逻辑结构
      - 动态调试：双击“编译器”窗口错误提示信息
    - 连接错误
      - 定义：产生于连接过程中
      - 常见错：函数未定义
      - 常见错：一个工程多个main
      - 常见错：未关闭运行窗口
    - 运行错误
      - 定义：产生于运行时，中断执行
      - 常见错：非法访问内存
      - 调试：单步定位，错误信息以及错误位置
    - 逻辑错误
      - 定义：程序能运行，但结果不对
      - 静态调试：人工模拟程序执行过程
      - 跟踪输出：输出、核对本不需要的中间结果
      - 跟踪调试：断点、调试控制窗口、调试查看窗口

随着计算机技术的迅猛发展,各种编程语言层出不穷,日新月异,今天还用的语言,明天可能就被替代。而C语言却历经半个世纪的发展,仍然在某些领域占据霸主地位,是编程界德高望重的前辈。其他目前流行的语言,C++、Java、Python等都或多或少地借鉴了C语言的语法和思想。因此,C语言是计算机入门最好的语言,下面就让我们一起走进C语言的世界,去领略计算机编程的“异语”风情。

扫一扫

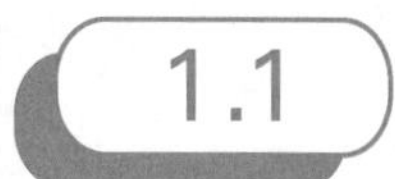

1.1 计算机程序设计语言的前世今生

人类使用的是自然语言,而计算机能直接识别的是二进制的机器语言,两者之间存在着巨大的鸿沟。于是,科学家们在两者之间架起了一座桥梁,创造了一种人工语言——计算机语言。随着计算机技术的快速发展,计算机语言也层出不穷,不仅功能越来越强大,而且越来越接近自然语言,学习难度越来越小。计算机语言的发展经历了机器语言、汇编语言和高级语言三个阶段。

1. 机器语言

计算机内部的电路都是逻辑电路,逻辑电路的两种状态“开”和“关”正好可以用1和0表示。因此,机器语言是用二进制代码指令表达的计算机语言。机器语言能够被计算机硬件直接识别并执行,因此使用灵活,执行效率最高。但对于编程人员而言,机器语言就是一部二进制天书,不仅晦涩难懂,过目就忘,而且出错容易排错难,开发效率极低。

2. 汇编语言

汇编语言是一种符号化的机器语言,它采用助记符表达机器语言中的二进制指令。比如,用ADD表示求和,MOV表示数据传递,PUSH表示入栈等。但计算机只认识0和1,不能直接识别汇编语言,这就需要一个翻译,将汇编语言翻译成机器语言,而这种专门负责翻译的程序称为汇编程序。

汇编语言采用的助记符是一些与机器指令含义相近的英文单词或缩写,因此汇编语言比机器语言更容易理解记忆,排错及维护也方便了很多,开发效率有所提升。汇编语言直接对硬件进行操作,所生成的可执行文件比较小,因此执行效率较高。

3. 高级语言

汇编语言依赖于机器硬件,移植性较差,并且易于理解只是相对于机器语言而言,和自然语言还相差甚远,于是精益求精的科学家们又发明了高级语言。这种语言与具体的计算机硬件无关,语法和结构贴近人类英文语言,更加易学易用。

高级语言又分为面向过程的语言和面向对象的语言,FORTRAN、BASIC、Pascal、C等都是曾轰动一时的面向过程的语言。目前,以上大多数语言都已经退出了历史舞台,只有C语言青春永驻。面向对象的语言,是目前正值壮年的语言,如Java、C++、Python等。虽然面向对象的语言在宏观上用面向对象的思想把控、分析整个系统,但具体到微观方法实现上仍然采用面向过程的思想。

扫一扫

1.2 算法

算法(algorithm)是对一个问题求解方法和步骤的一种精准而完整的描述,是一种虚拟的解题过程。算法是程序的灵魂,只有掌握了算法才能够轻松驾驭程序。程序是算法的躯体,算法只有借助某种具体语言转换为计算机程序才能获得新生,真正利用计算机解决实际问题。

初学者开始学习编程时,往往既要考虑解决问题的方法与步骤,又要考虑具体语法,最后导致剪不断,理还乱。因此,先利用算法厘清思路,再专注语法实现程序,是一个很好的选择。

1.2.1 算法的主要特征

一个算法应具有以下主要特征。

(1) 有穷性。一个算法应在执行有限步后结束,并且每一步能够在有限的时间内完成,不能陷入死循环。

(2) 确定性。一个算法由若干步骤组成,各步骤之间有严格的执行顺序,其中每一步都必须有确切的含义,不能有二义性。

(3) 可行性。算法中的操作能够用已经实现的基本运算执行有限次来实现。

(4) 零个或多个输入。零个输入是指算法本身已经确定了所有初始数据;多个输入是指算法需要从外部获取一些初始数据。

(5) 一个或多个输出。算法设计的目的是要获得问题的结果,因此需要将结果以输出的方式反馈给用户,具体输出设备可以是屏幕、文件或者打印机等。

1.2.2 算法的表示方法

扫一扫

算法最常用的表示方法有自然语言、伪代码、N-S图、流程图等。一图胜千言,流程图是算法的一种图形化表示形式,形象直观,结构清晰,简单易学,本书主要采用流程图描述算法。

流程图主要由图1-1中所示的几种图形组成。

开始/结束　输入/输出　处理　判断　流程指示线

图 1-1 流程图主要符号

开始/结束:圆角矩形内标注“开始”表示程序开始,标注“结束”表示程序结束。一个完整的流程图必须始于开始,终于结束,但允许局部流程图的存在。

输入/输出:平行四边形表示输入/输出操作,图形内可具体标注输入/输出的数据。

处理:矩形表示执行一个或一组特定的操作,一般用于表示数据的赋值、计算、传送运算结果等操作。

判断:菱形表示判断,一般会有两个出口,如果图形内的条件结果为真,则在相应的流程指示线上注明“是”或Y,否则(即条件结果为假)注明“否”或N。

流程指示线:用带箭头的流程线指示操作执行的先后顺序。

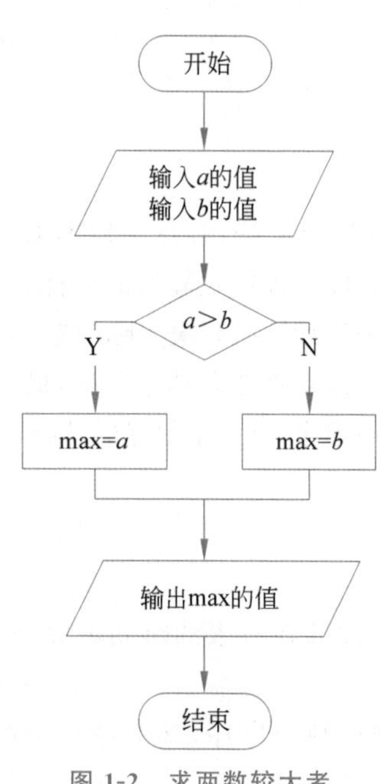

图 1-2　求两数较大者算法的流程图

【例 1-1】 输入两个数,找出其中的较大数。

此算法的流程图如图 1-2 所示,具体执行过程如下。

(1) 算法开始。

(2) 输入两个数,分别存放到变量 a、b 中。

(3) 如果 a 大于 b,则 max 赋值为 a;否则 max 赋值为 b。

(4) 输出变量 max 中的值,即较大者。

(5) 算法结束。

同一问题可能有多种解决方案,此题的另一种实现算法思想如下。

(1) 算法开始。

(2) 输入两个数,分别存放到变量 a、b 中。

(3) max 赋值为 a,先不管 a 中的值是否是较大者。

(4) 如果 max 小于 b,则说明上一步赋错了值,max 再赋值为 b。

(5) 输出变量 max 中的值,即较大者。

(6) 算法结束。

请读者画出此算法的流程图。

1.2.3　算法优劣判断标准

条条大路通罗马,一个问题可以有多种实现算法,但哪种更好呢? 一般通过下面 5 个标准评价。

(1) 正确性。正确性是评价算法的最根本指标,表示算法的执行结果满足预定要求。

(2) 时间复杂度。时间复杂度是指执行算法所需要的计算工作量,算法的运行时间越少越好。

(3) 空间复杂度。空间复杂度是指执行算法需要占用的内存空间越少越好。

(4) 可读性。可读性是指算法被人理解的难易程度。一般可读性高的算法往往时间或空间复杂度较高,需要适当进行取舍。

(5) 健壮性。健壮性也称为容错性,是指算法对异常数据的处理能力越强越好。例如求圆的面积时,输入半径为负值,或者为字母等非法字符,程序应有所提示。

1.3　C 语言简介

1.3.1　C 语言发展史——游戏引发的技术革命

C 语言设计的初衷只是为了满足个人游戏需求,没想到引发了一场技术革命。1963 年,英国剑桥大学在 ALGOL 60 基础上推出了 CPL(Combined Programming Language)。1967 年,剑桥大学的 Matin Richards 对 CPL 进行了简化,推出了 BCPL(Basic Combined Programming Language)。

1970 年,美国贝尔实验室的 Ken Thompson 为了能够酣畅淋漓地玩自己编写的电子游戏——Space Travel,私下开始改造 BCPL,并取名 B(取 BCPL 的首字母)语言。同样,因为游戏需要一个操作系统,他又用 B 语言编写了一个操作系统 UNICS,也就是初级 UNIX 操作系统。

1971 年,同样是 Space Travel 游戏爱好者的 D.M.Ritchie 也开始加入,为早日玩上游戏而共同奋斗。1972 年,D.M.Ritchie 在 B 语言的基础上改造出了一种新语言——响彻全球的 C(取 BCPL 的第二个字母)语言。

1973 年初,C 语言的主体完成后,Thompson 和 Ritchie 迫不及待地用 C 语言完全重写了 UNIX。此时,编程乐趣完全替代了游戏乐趣,两人已经全身心地投入到 UNIX 和 C 语言开发的伟大事业中,并因此在 1983 年共同获得了计算机领域的最高奖——图灵奖。

此后,C 语言又继续被修订、完善,直到 1978 年,贝尔实验室才正式发表了 C 语言。同时由 B.W.Kernighan 和 D.M.Ritchie 合著了著名的 *THE C PROGRAMMING LANGUAGE* 一书,书中的 C 语言被称为 K&R 标准。1983 年,美国国家标准协会(ANSI)在此基础上制定了一个 C 语言标准 ANSI C,但不完整。1988 年,ANSI 发布了第一个完整的 C 语言标准 ANSI C,该标准于 1989 年正式成为美国国家标准,简称 C89。1990 年,C89 被国际标准化组织 ISO 采纳为国际标准,简称 C90,因此 ANSI C、C89 和 C90 其实是一个标准。1999 年,ISO 发布了新标准 C99,2011 年发布了 C11。

目前,不同的开发环境支持的标准不同,例如 Microsoft Visual C++ (6.0、2010、2020 等)系列版本支持 C90,Dev-C++ 支持大部分 C99,所以不同开发环境支持的代码也略有不同,本书中的所有代码均已经在 Dev-C++ 5.11 环境中调试通过。

1.3.2 C 语言的特点

廉颇老矣,尚能饭否? C 语言目前已经五十多岁,和正值壮年的 Java、Python 等语言相比,好似已步入老年,是不是很快就会被拍在沙滩上呢? 事实上,C 语言项目仍在不断进行,在底层开发领域起着不可替代的作用。例如 Linux、UNIX、Windows、Android 等操作系统内核,Oracle、MySQL 等数据库内核,各种嵌入式系统、驱动程序等都离不开 C 语言支持。

TIOBE 编程语言排行榜是全世界编程语言流行趋势的一个指标,每月更新,能反映出某种编程语言的热门程度。图 1-3 是 2022 年 10 月发布的前 10 名编程语言 TIOBE 指数走势(2002—2022)图,可以看出,自 2002 年至今,C 语言的地位一直稳固在前两位,没有任何衰老的迹象。C 语言之所以地位持久稳固,得益于其本身的突出特点。

(1) C 语言生成的目标代码执行效率高。执行效率高是 C 语言的王牌特性,是目前对性能要求较高的操作系统、嵌入式开发、驱动程序等领域仍采用 C 语言的主要原因。C 语言可以直接访问物理地址,能进行位(b)运算,可以直接操作硬件。实验表明,C 语言生成的目标代码只比汇编语言生成的目标代码效率低 10%~20%。

(2) C 语言程序的可移植性好。C 语言程序本身不依赖于机器硬件系统,基本上不用修改就可以应用于硬件结构不同的计算机和各种操作系统。

(3) C 语言简练、紧凑,使用方便、灵活。C 语言严格区分大小写,一共有 37(C89 标准规定了 32 个,C99 标准增加了 5 个)个关键字和 9 种流程控制语句。与其他计算机语言相比,C 语言较容易学习和记忆,源程序较短,编写程序的工作量较少,容易调试。

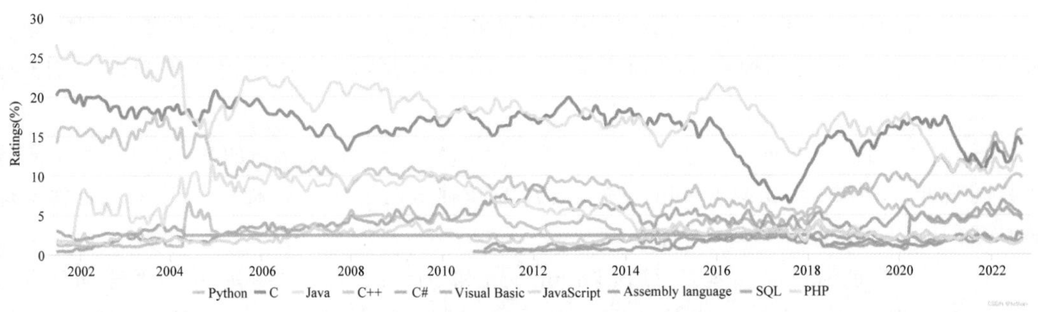

图 1-3 2022 年 10 月发布的前 10 名编程语言 TIOBE 指数走势(2002—2022)图

(4) C 语言功能全面。C 语言有结构化的流程控制语句,有实现程序模块化的函数;数据类型丰富,能实现各种复杂的数据结构(链表、树、图等)的运算,指针类型的引入使程序的效率更高;运算符众多,从而实现了运算类型、表达式类型的多样化;C 语言系统提供的函数库进一步增强了 C 语言的功能。

(5) C 语言程序设计自由度大,语法限制不太严格。C 语言书写格式自由,语法检查宽松,给编程人员较大的自由空间。这对于熟练的程序员是有益的,但也加大了初学者的学习难度。C 语言对数组的下标是否越界、指针变量是否赋了初值等不做检查,导致程序容易出现运行错误或逻辑错误。因此,初学者一定要严格检查、多多实践,切忌只看不练。

虽然 C 语言有突出的优点,但其应用不是万能的,因此需针对不同的实际需求选取不同的语言,例如 Web 开发可以采用 Java 语言、大数据处理可以采用 Python 语言等。

扫一扫

1.3.3 初识 C 程序案例

下面通过一个简单案例初步认识一下 C 语言程序的基本框架结构。

【例 1-2】 编写程序,计算为达到群体免疫所需要的某种疫苗的最低接种率。一个带某种病毒的人能够传染的平均人数为 $R0$,而疫苗的有效保护率为 F,则为达到群体免疫所需要的疫苗最低接种率为 $P=\frac{R0-1}{F\times R0}$。例如,初期的 $R0$ 为 2.6,某公司生产的疫苗的保护率为 79.34%,因此,疫苗接种率必须达到 77.56%才能达到群体免疫。

程序源代码如下:

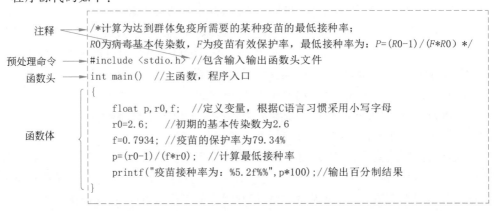

注释 / 预处理命令 / 函数头 / 函数体

```
/*计算为达到群体免疫所需要的某种疫苗的最低接种率;
R0为病毒基本传染数, F为疫苗有效保护率, 最低接种率为: P=(R0-1)/(F*R0) */
#include <stdio.h> //包含输入输出函数头文件
int main()  //主函数, 程序入口
{
    float p,r0,f;  //定义变量, 根据C语言习惯采用小写字母
    r0=2.6;    //初期的基本传染数为2.6
    f=0.7934; //疫苗的保护率为79.34%
    p=(r0-1)/(f*r0);  //计算最低接种率
    printf("疫苗接种率为: %5.2f%%",p*100);//输出百分制结果
}
```

C 语言程序在集成开发环境,如 Dev-C++ 中会显示得五彩缤纷,这是因为集成开发环境为了提高代码的可读性,将不同功能的代码显示为不同颜色,但基本框架结构不变。

(1) C 程序由一个 main 函数和若干其他函数组成。一个 C 语言程序总是始于 main,一般也是终于 main,也就是程序总从主函数 main 的第一条语句开始执行,一般也是最终在 main 的最后一条语句结束。因此,一个程序有且只有一个 main 函数。

(2) 函数由函数头和函数体组成。一对花括号括起来的是 main 函数的函数体,函数体中是一系列分号为结束标志的语句。从函数体实现的功能看,程序的解题思路、步骤与数学思维有异曲同工之妙,但具体细节有区别,如数学公式 $P=\frac{R0-1}{F\times R0}$ 要表示为 $P=(R0-1)/(F*R0)$。

(3) 以"/ * "开头,以" * /"结尾,或以"//"开头的都是注释。注释只是为了提高程序的可读性而添加的说明信息,程序编译时会把注释忽略掉。

(4) "#include <stdio.h>"是一条编译预处理命令,必须位于程序的最前面。此案例中之所以加入这样一条命令,是因为程序中用到了 stdio.h 中已经定义好的 printf 函数。

1.3.4 C 语言程序书写约定

扫一扫

编程风格是指源代码的一些书写习惯。良好的编程风格是一个合格程序员的基本素养,它不仅能增强程序的可读性,而且能帮助程序员厘清编程思路,提高编程效率。但良好的编程风格并没有一个统一的标准,常用的有 Allman、Java、K&R 等风格。本书主要采用最适合初学者的 Allman 风格。

(1) 一条语句或命令或左、右花括号均单独占一行。

(2) 用分层缩进的写法显示嵌套结构层次。同一个层次相应的左花括号和右花括号左端对齐,层次中的语句缩进一个 Tab 键的位置。在 Dev-C++ 5.11 中,只要书写满足第一条约定,程序会自动缩进对齐,非常方便。

(3) 标识符尽量做到"知名达意",采用和其实际含义有关联的英语单词或单词组合,如 length 表示长度。主修专业不是英语的读者即使采用汉语拼音命名,也强于用没有任何含义的 a、b、c 命名。

(4) 适当地使用注释信息,不同的功能块之间用一个空行隔开。一般在函数的开头说明函数的功能,需要参数的含义及取值范围;在关键代码处写出此句或此段代码实现的功能及思路。

注意:本书中的源代码没有完全遵循以上规则,只为节省版面,电子版源代码会完全遵循。

1.3.5 如何学好 C 语言

(1) 默写程序,照猫画虎。俗话说举一反三,触类旁通,有一才能反三,触类方可旁通,因此一定要打实基础。判断基础是否打实,最简便的方法就是默写教材样例程序。初学者往往觉得看懂了,甚至是模模糊糊就急于动手编写新程序,往往错误百出,备受打击。其实看懂和掌握有天壤之别,能默写出程序才是真正掌握了。然后再照猫画虎编写新程序,做到程序处处有依据,则成功率会大幅上升。

(2) 不打无准备之仗。编程对脑力要求非常苛刻,必须沉心静气,深入思考,做到思路清晰、逻辑严谨,因此最好先在纸上写出程序草稿,模拟运行一下,然后再上机实验。切忌心

浮气躁,急于求成。

(3) 实践出真知。C 语言是一门实践类课程,和考驾照一样,切忌只看不练。C 语言程序逻辑严谨,语法严苛,在脑中或纸上所写的 C 语言程序可能已经很完美,但真正实践时总会出现或多或少、或大或小的错误。出现问题的原因其实就是有些知识点在只看阶段忽略了,或者自己认为理解了,但实际并没有真正理解。另外,开发环境不同,支持标准不同,语法也有所差异,比如 Visual C++ 系列支持 C90 标准,定义数组时长度必须为常量,但 Dev-C++ 5.11 支持 C99 标准,数组长度可以是变量。因此必须勤于动手,多多实践。

(4) 学会调试方法,以不变应万变。程序出错是太正常不过的事情,尤其是初学者肯定会错误百出。但程序错误千变万化,甚至深藏不露,仅凭经验与肉眼很难揪出真凶,因此必须学会程序调试方法,方可以不变应万变,快速定位,排除错误。"断点+单步执行+查看窗口"是一种非常实用的调试方法,一定要善加利用。

(5) 应用导向,有的放矢。编程的目的是解决实际应用问题,学习时要有的放矢,不需面面俱到,死抠语法,甚至故弄玄虚。例如,输入函数 scanf 格式繁杂,细节琐碎,但只要掌握最常用、最基本的输入方式即可,避免使用与众不同的方式,一些细节问题需要时再查阅即可。

(6) 多研究经典案例,开拓思维。学好 C 语言最大的窍门就是编程、编程再编程,多研究经典案例,摸索 C 语言的解题思路,在"熟"的基础上才能"生巧",在"扎实"的基础上才能"创新"。

1.4 C 语言集成开发环境

目前常用的 C 语言集成开发环境有 Microsoft Visual C++ 系列、Eclipse C++、Code::Blocks、Dev-C++ 等,不同环境有不同特色,本书采用开源轻量级的 Dev-C++ 5.11,主界面如图 1-4 所示。它由项目管理器、菜单栏、工具栏、源代码编辑区、编译日志区等组成。

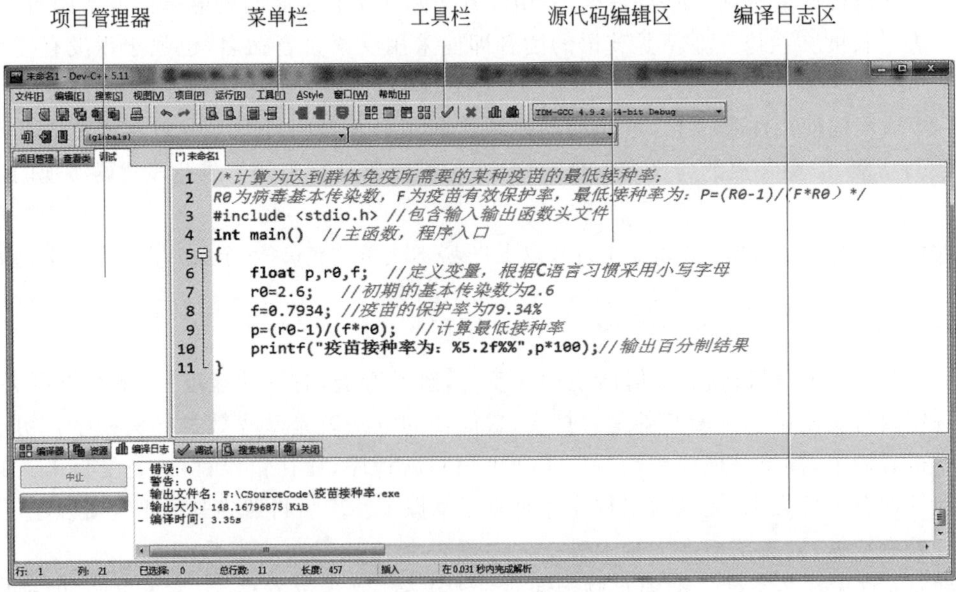

图 1-4 Dev-C++ 主界面

Dev-C++是Windows环境下C/C++的集成开发环境，是一款遵守GPL许可协议的免费开源的轻量级软件，支持C99标准。目前已经被全国青少年信息学奥林匹克联赛、蓝桥杯全国软件和信息技术专业人才大赛等赛事设为C/C++指定开发环境。

Dev-C++支持单个源文件开发和多个源文件的项目开发。无须建立项目，就可以对单个源文件进行编译、运行或调试，这一优点是初学者的一大福音。

Dev-C++ 5.11编辑器中的不同功能代码显示不同的颜色，例如注释用蓝色，关键字用黑色加粗等，提高了程序的可读性；自动缩进、自动补全等功能提高了编辑效率，是一套使用舒适度非常高的开发环境。

1.4.1 Dev-C++ 5.11的安装与配置

扫一扫

在浏览器中打开Dev-C++的SourceForge网站，网址为https://sourceforge.net/projects/orwelldevcpp/。

单击页面中的Download按钮，即可下载最新版的Dev-C++ IDE安装包；本书使用的Dev-C++ 5.11版本，下载后的文件为Dev-Cpp 5.11 TDM-GCC 4.9.2 Setup.exe。下载完成后双击安装图标即可安装。

(1) 在“安装语言”对话框选择语言为“English”，单击OK按钮继续，如图1-5所示。

(2) 要继续安装，必须接受安装协议，在“协议许可”对话框中单击I Agree按钮继续，如图1-6所示。

图1-5 选择安装语言界面

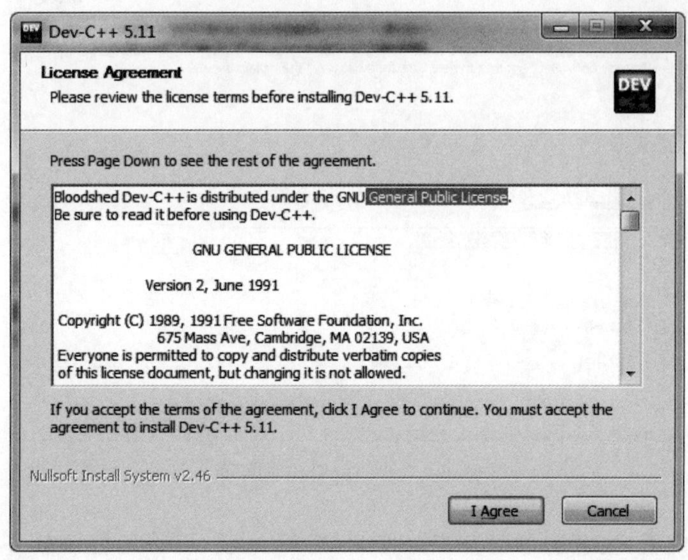

图1-6 安装协议界面

(3) 在“选择组件”对话框中选择安装组件，安装模式中有Full(全安装)、Minimal(最小安装)、Safe(安全安装)、Custom(典型安装)四种模式，因为Dev-C++本身就比较轻巧，所以选择Full(全安装)下的默认组件即可。单击Next按钮继续，如图1-7所示。

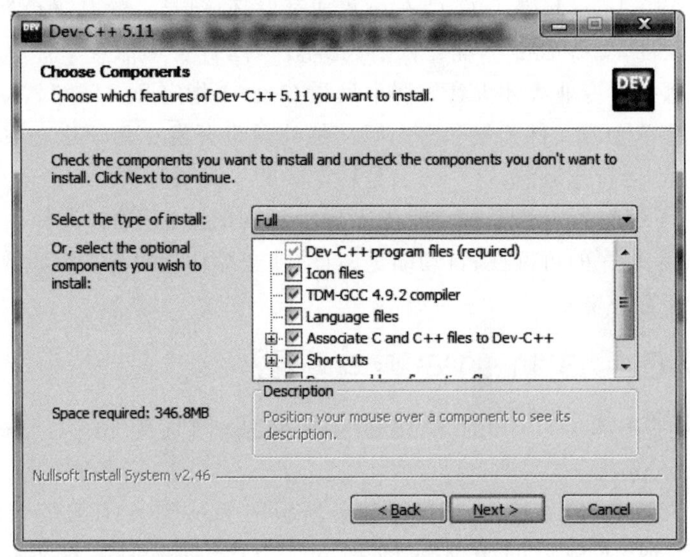

图 1-7　选择组件界面

(4) 在"选择安装位置"对话框中可以修改安装位置。单击 Browse 按钮可以选择新的安装位置,单击 Install 按钮开始安装,如图 1-8 所示。

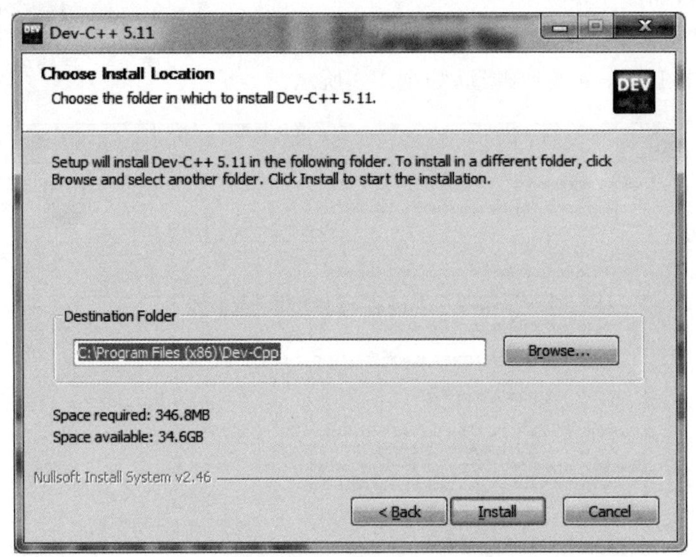

图 1-8　选择安装位置界面

(5) 安装完成后,注意选中 Run Dev-C++ 5.11 选项,可以运行该软件,并进行首次配置。单击 Finish 按钮,完成安装,如图 1-9 所示。

(6) 首次运行,可以选择界面语言为"简体中文",这样以后的界面会显示为简体中文,但程序错误提示信息仍然为英文。单击 Next 按钮,如图 1-10 所示。

(7) 在"主题选择"对话框中可以选择编辑器的字体、颜色和图标。一般默认值就是推荐的最佳主题,保留默认设置即可,单击 Next 按钮,如图 1-11 所示。

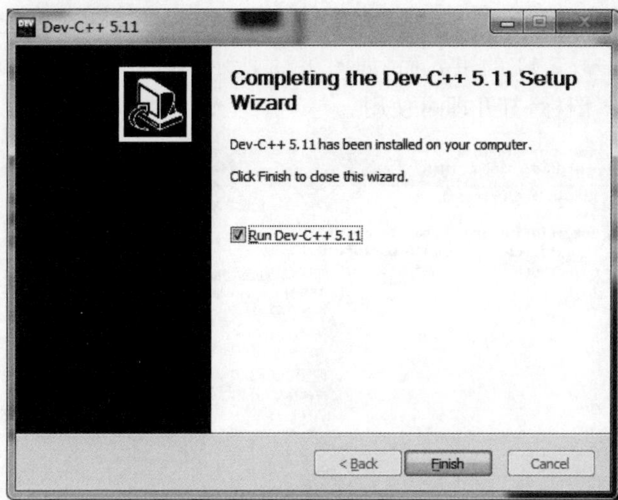

图 1-9 完成安装界面

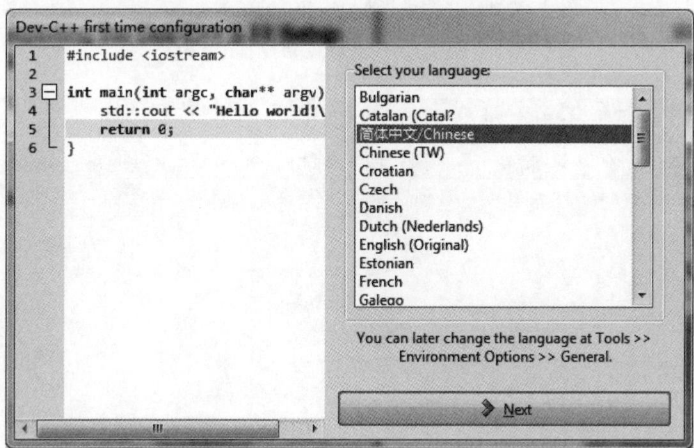

图 1-10 选择界面语言界面

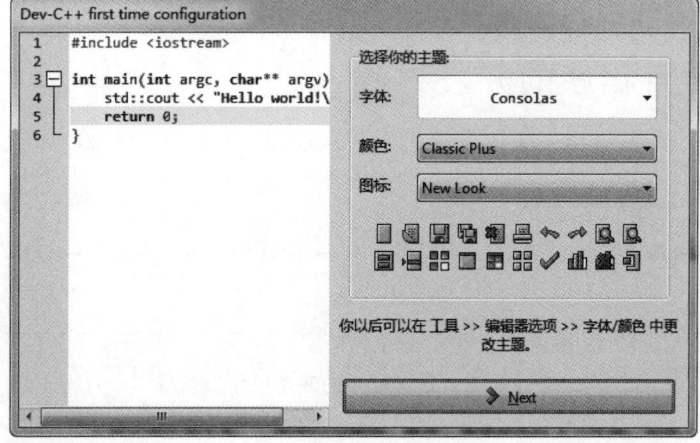

图 1-11 “主题选择”对话框

（8）界面出现“Dev-C++ 已设置成功”，如图 1-12 所示，说明已经配置完毕，直接单击 OK 按钮出现 Dev-C++ 5.11 的主界面，如图 1-13 所示。以后使用时在开始菜单或者桌面均可以找到 Dev-C++ 图标，打开即可使用。

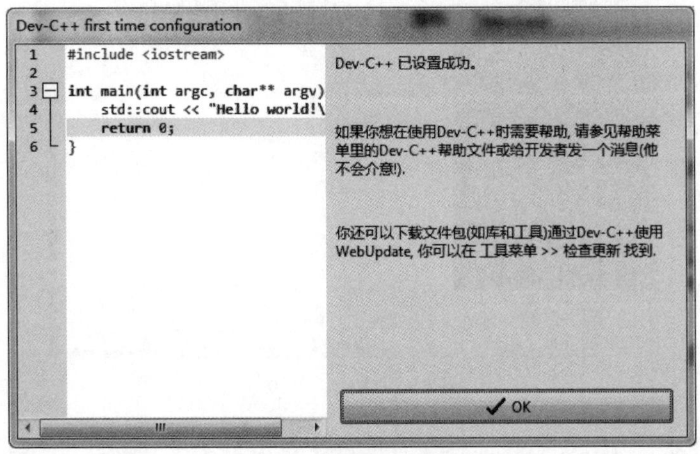

图 1-12　设置成功界面

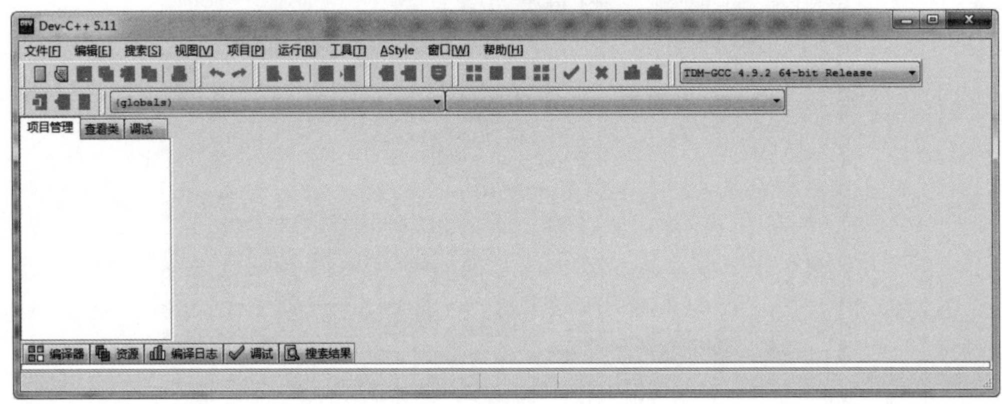

图 1-13　Dev-C++ 5.11 主界面

1.4.2　C 语言程序的开发过程

扫一扫

C 语言程序的开发过程一般包含编辑、编译、连接和运行 4 个步骤，如图 1-14 所示。

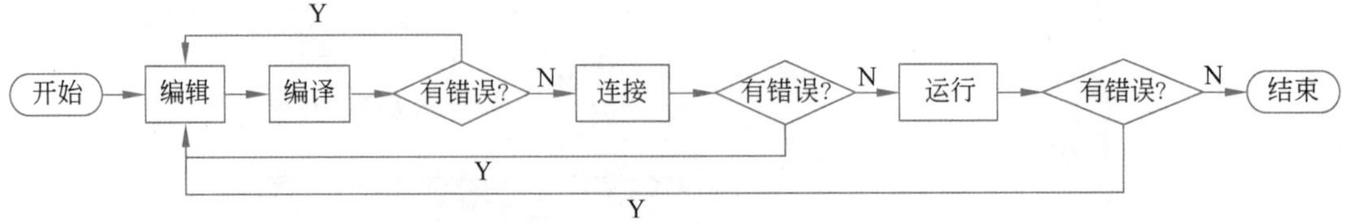

图 1-14　C 语言程序的开发过程示意图

1. 编辑

用 C 语言编写的程序称为源代码或者源程序，将源代码输入计算机中，保存为文件的过程称为编辑。C 语言源代码文件的扩展名为 c。

2. 编译

计算机并不认识 C 语言源代码，因此需要将其翻译为二进制机器语言，其中充当翻译的程序称为编译器，翻译的过程称为编译，翻译成的文件称为目标文件，扩展名为 o(例如 Dev-C++ 中)或者 obj(例如 Visual C++ 系列中)。一般地，一个源代码文件被翻译成一个同名的目标文件，例如，first.c 编译后产生目标文件 first.o 或者 first.obj。

编译器在编译时会对源代码进行检查，当发现错误时，会显示错误的位置及错误提示信息。用户可以根据错误提示对源代码进行修改，再次进行编译，直到无任何错误时才会生成目标文件。

3. 连接

目标文件还不能直接执行，需要一个称为"连接器"的程序将多个目标文件、用到的库代码和启动代码等连接成一个扩展名为 exe 的可执行文件。

通常，开发一个应用程序会建立多个源代码文件，最终产生的 exe 可执行文件的名字是什么呢？一般开发环境通过项目或工程的方式管理源文件，例如，名为 my 的项目中有 first.c、second.c 和 third.c 三个源代码文件，则经过编译后会产生 first.o、second.o 和 third.o 三个目标文件，连接后产生一个和项目同名的 exe 文件：my.exe，如图 1-15 所示。

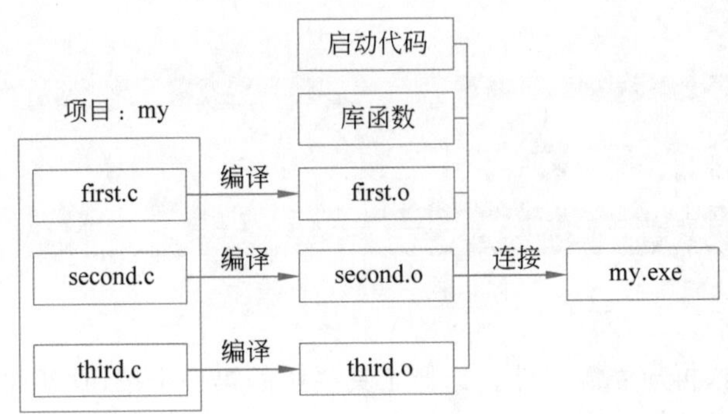

图 1-15　项目 my 的文件生成示意图

4. 运行

运行 exe 可执行文件，就可以获取程序运行结果。运行程序既可以在开发环境中运行，也可以脱离环境，直接在操作系统中运行。但脱离环境运行时往往会出现闪退现象，无法看清程序运行结果，所以使用此方法时建议在程序末尾加一个 getch 语句。

无论是在编译、连接还是运行阶段，如果发现错误，都必须返回到编辑阶段对源代码进行修改，然后重新编译、连接、运行，直到成功为止。

1.4.3　Dev-C++　5.11 中 C 语言程序的开发步骤

扫一扫

1. 编辑源代码

编辑源代码首先需要创建 c 文件。多数 C 语言开发环境不支持单个源文件的编译，因此一般是先建立项目，再建立 c 源文件，但 Dev-C++　5.11 支持单个源文件的编译、运行和调试，因此初学者可以先直接建立单个源文件，等需要做较大项目，有多个源文件时再建立项目。

提醒读者：目前常用的多数开发环境，包括 Dev-C++，是 C++ 语言的开发环境，C 只是兼容，因此默认的源代码文件扩展名为 C++ 语言的 cpp。虽然 C++ 兼容 C，但语法方面还会有细微差别，建议保存文件时手动输入扩展名 c，确保为 C 语言源代码文件。本书中调试通过的源代码文件扩展名均为 c。

(1) 建立单个源文件。选择工具栏中的第一个按钮"新建"→"源代码"，或按下 Ctrl+N 组合键，或选择菜单"文件"→"新建"→"源代码"，均可以打开一个编辑窗口，在窗口内可以方便地完成编辑任务，如图 1-16 所示。

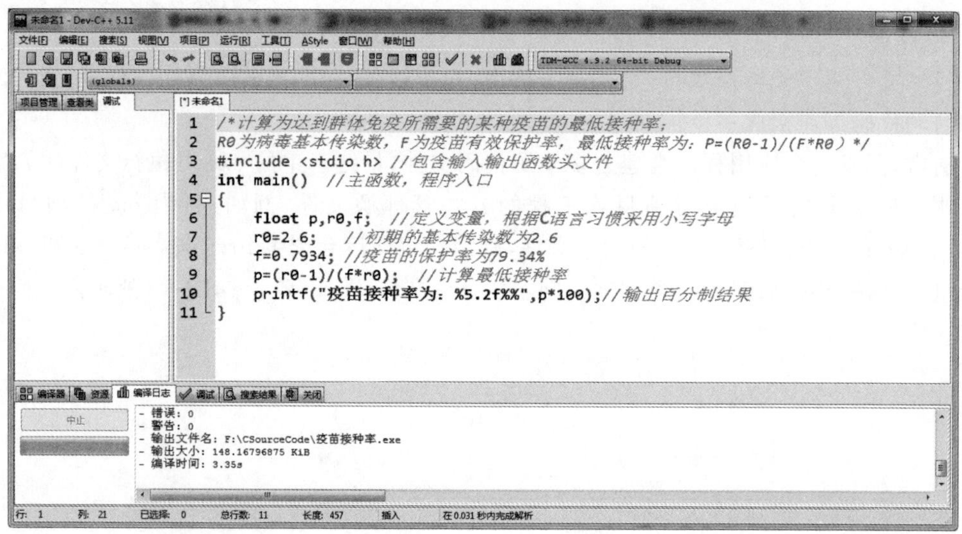

图 1-16 编辑窗口界面

(2) 先建立项目，再建立源文件。选择工具栏中的第一个按钮"新建"→"项目"，或选择菜单"文件"→"新建"→"项目"，可以打开"新项目"对话框。在 Basic 标签中选择 Console Application，即控制台应用程序，选中"C 项目"，在名称中输入项目名称：MyFirst。设置完毕后，单击"确定"按钮，如图 1-17 所示。

图 1-17 "新项目"对话框

(3) 在“另存为”对话框中选择项目的位置,单击“保存”按钮,如图 1-18 所示。建议单独为一个项目建立一个文件夹。

图 1-18 “另存为”对话框

(4) 项目建立成功,在项目管理小窗口中可以看到 MyFirst 项目下包含一个默认的 main.c 文件,并且 main.c 文件已经默认生成了主函数框架代码,将个人代码补充其中即可,如图 1-19 所示。

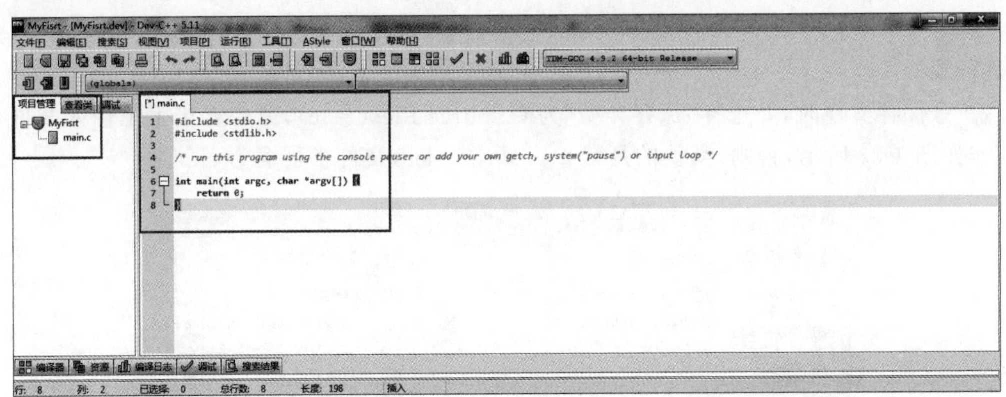

图 1-19 新建项目界面

(5) 如果需要在项目中添加新源文件,按照添加单个源文件的方式,即选择工具栏中的第一个按钮“新建”→“源代码”,或按下 Ctrl+N 组合键,或选择菜单“文件”→“新建”→“源代码”,可出现“项目中添加新单元”确认对话框,如图 1-20 所示。单击 Yes 按钮,即可打开一个空白源文件,并且出现在“项目管理”标签中的 MyFirst 项目下,如图 1-21 所示。如果单击 No 按钮,则会建立独立于项目之外的单个源文件。

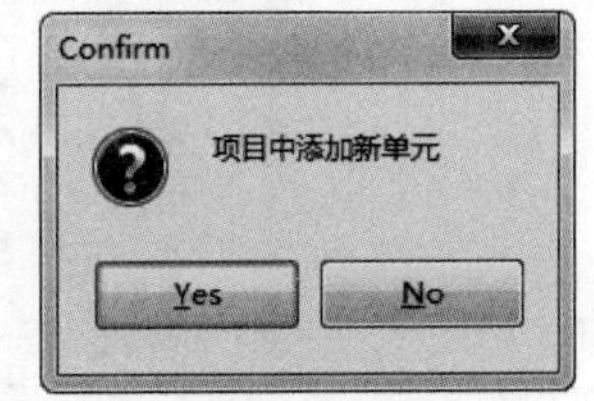

图 1-20 “项目中添加新单元”确认对话框

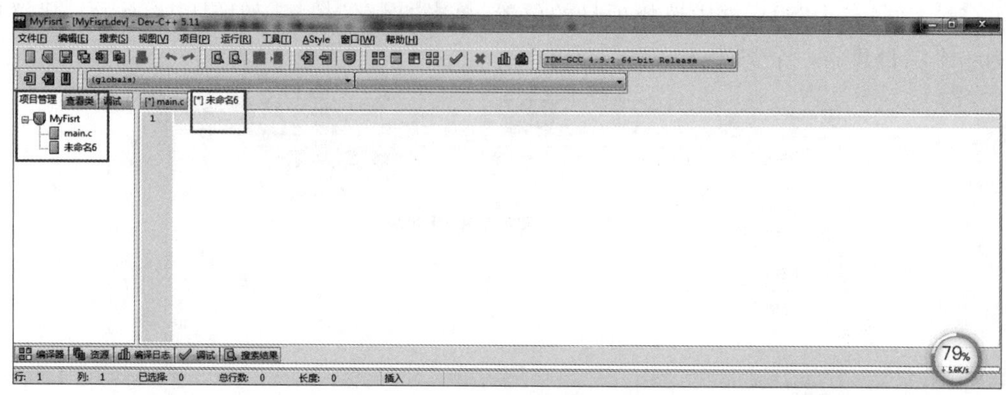

图 1-21 项目中添加新源文件界面

2. 编译与连接

从C语言程序开发过程可知，源代码要先经过编译生成目标文件，再连接生成可执行文件，一般开发环境如 Visual C++ 系列，会通过“编译”“连接”两个操作完成。Dev-C++ 只有一个“编译”操作，但其实完成的是“编译”和“连接”两个功能。

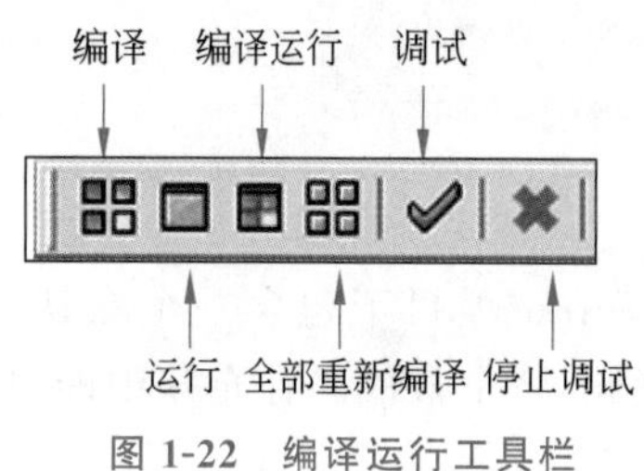

图 1-22 编译运行工具栏

选择工具栏中的“编译”图标，如图 1-22 所示，或按快捷键 F9，或选择菜单“运行”→“编译”，均可完成编译操作。执行编译功能时，如果当前源文件未命名，则打开“另存为”对话框，提示修改名字，保存文件，然后进行编译；如果已经命名，源代码有所修改，则会先自动保存，然后进行编译。

注意保存文件时，要选择“保存类型”为 C source files(＊.c)，或者直接手工输入文件名 1-1.c，如图 1-23 所示，否则，默认的是 C++ source files，文件扩展名为 cpp。

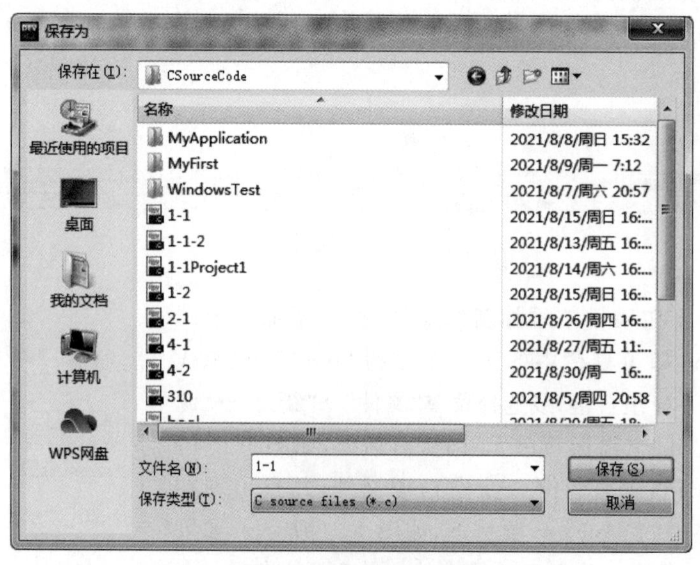

图 1-23 “保存为”对话框

在 Dev-C++ 中，如果是单个源文件，则省略生成.o 文件，直接生成.exe 可执行文件；如果是项目文件，则先生成.o 文件，然后生成.exe 文件。项目中的“编译”只是重新编译当前项目中有修改的.c 文件，如果无论修改与否都要重新编译，则需要使用图 1-22 中的“全部重新编译”功能。

3. 执行程序

选择工具栏中的“运行”图标，或按快捷键 F10，或选择菜单“运行”→“运行”均可执行程序，程序运行结果如图 1-24 所示。程序运行结束后，按任意键退出运行界面，返回 Dev-C++ 中。

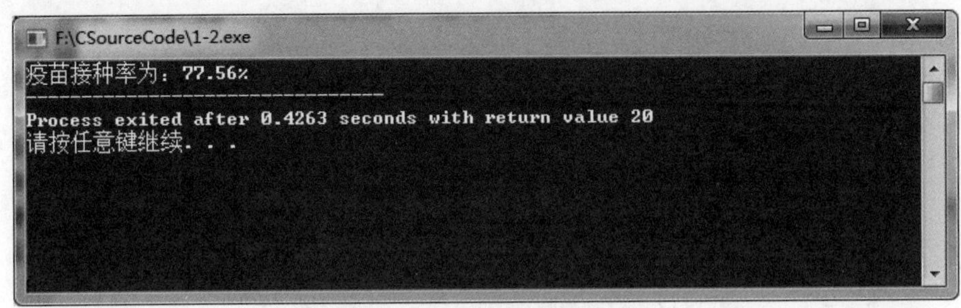

图 1-24 程序运行结果

也可以选择工具栏中的“编译运行”图标，或按快捷键 F11，或选择菜单“运行”→“编译运行”，同时完成编译和运行任务。

1.4.4 Dev-C++ 5.11 中的其他辅助功能

1. 代码格式化对齐功能

初学者往往有保持良好的编程风格的愿望，但因初学，对良好的编程风格的概念和程序功能还把控不好，往往出现格式错乱的情况，此时可以借助 Dev-C++ 的代码格式化对齐功能美化源代码格式。

方法为：选择菜单 AStyle→“格式化当前文件”，或者按 Ctrl+Shift+A 组合键。

当初次使用此方法时，可能会发现自动格式化后“{”并没有单独占一行，这是因为 Dev-C++ 默认的编程风格是 Java，而不是 Allman。选择菜单 AStyle→“格式化选项”，在“格式化选项”对话框中将“选项”中的“括号风格”修改为 Allman，如图 1-25 所示。

2. 修改编辑器的字体字号

Dev-C++ 编辑器中的字体、字号可以根据实际需要修改，方法为：选择菜单“工具”→“编辑器选项”，在“编辑器属性”对话框中选择“显示”标签，如图 1-26 所示。可以调整编辑器字体和字号。如果只调整字号，可以按照对话框下端提示的简洁方式操作：Control+滚动鼠标轮。

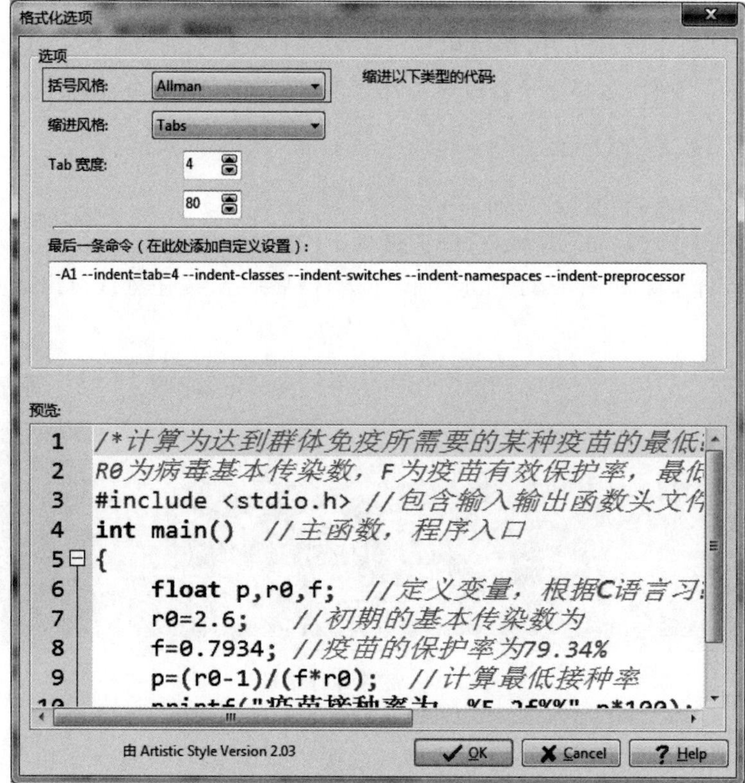

图 1-25 修改括号风格对话框

图 1-26 修改编辑器字体、字号对话框

1.5 C语言程序的错误类型及调试方法

任何人,包括编程高手,编写程序都不可能一蹴而就,难免会出现一些错误。其实,这些错误是通往成功之路的垫脚石,能弥补知识漏洞,提升实践能力,增强编程成就感,所以一定要平和对待。在程序中发现并排除错误的过程称为调试。程序错误千变万化,甚至深藏不露,必须了解错误类型,学会程序调试方法,才能以不变应万变,快速定位、排除错误。

错误一般按程序生成阶段分为编译错误、连接错误、运行错误和逻辑错误。下面以Dev-C++ 5.11为例,介绍C语言程序中各种类型错误的具体含义及相应的调试方法。

1.5.1 编译错误及调试方法

扫一扫

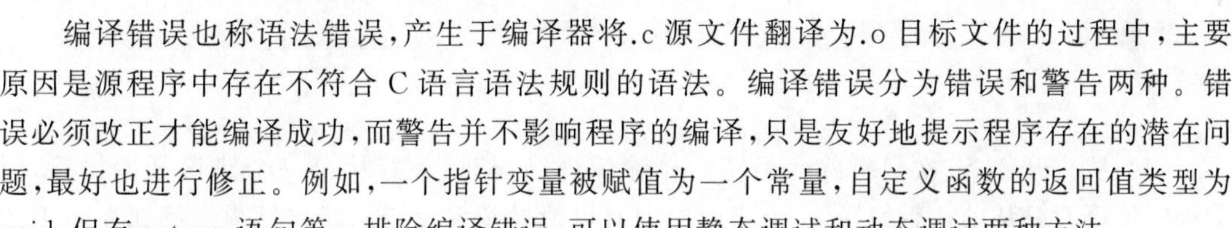

编译错误也称语法错误,产生于编译器将.c源文件翻译为.o目标文件的过程中,主要原因是源程序中存在不符合C语言语法规则的语法。编译错误分为错误和警告两种。错误必须改正才能编译成功,而警告并不影响程序的编译,只是友好地提示程序存在的潜在问题,最好也进行修正。例如,一个指针变量被赋值为一个常量,自定义函数的返回值类型为void,但有return语句等。排除编译错误,可以使用静态调试和动态调试两种方法。

1. 编译错误的静态调试

静态调试是指程序运行前,人工对源程序进行检查,主要检查程序中的语法规则和逻辑结构。例如,语句是否以分号结束,定义与使用的变量名多处是否一致,左右花括号是否成对匹配,else是否有配对的if,宏定义或#include命令后是否多加了分号,if或while语句中的判断条件是否用圆括号括起来等。实践证明,通过静态调试,可以发现大部分语法错误,初学者应该养成实验前认真检查程序的好习惯,从而提高编程效率。

2. 编译错误的动态调试

动态调试是指上机调试,指将源程序输入到计算机中,在开发环境中的调试工具的帮助下定位、排除错误的过程。

在Dev-C++ 5.11中,程序编译后,会在"编译日志"窗口中显示编译结果,如果没有错误,则显示错误: 0,警告: 0,输出文件名、输出大小及编译所用时间等信息。如果有语法错误,则在"编译器"窗口显示错误提示信息,并提示出错代码的行、列位置,如图1-27所示。例如,第9行"p=(r0-1)/(f * r0)"中缺少一个分号,会出现"[Error]expected'; 'before 'printf'(printf之前希望有个;)"的错误提示信息,说明printf前面缺少一个分号。双击"编译器"中的错误提示信息,编辑窗口错误代码位置会显示为深红色,左侧出现一个红圈白叉的小图标,更加清晰明了地提示用户出错位置。

因为C语言格式比较自由,一行可以写多条语句,一条语句也可以写在多行上,因此所定位的出错位置可能是当前行,也可能是上一行。例如,在图1-27中,应该是第9行中的代码"p=(r0-1)/(f * r0)"缺少一个分号,但提示位置是下一行。因此,需要读者根据错误提示信息仔细查看提示位置及上一行代码。

排除编译错误时需注意以下两点。

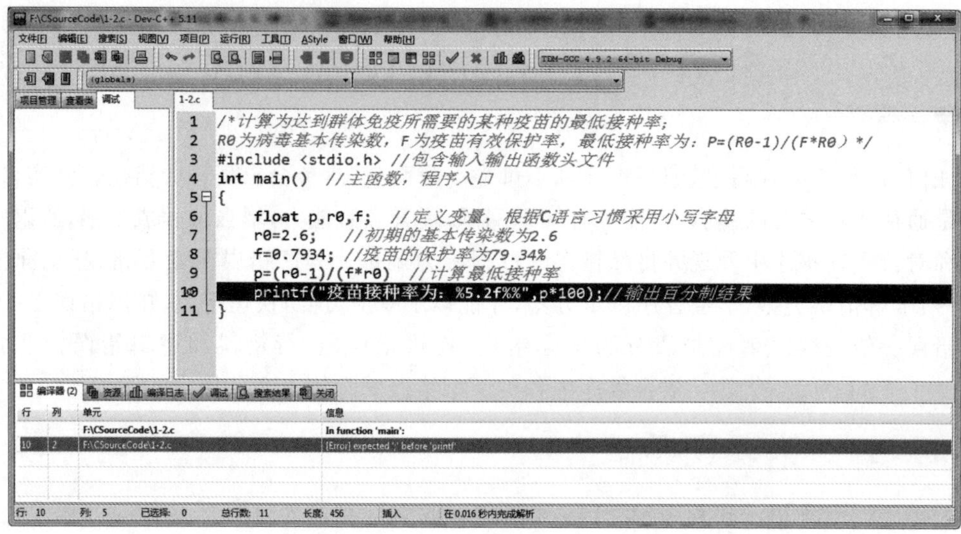

图 1-27　编译错误调试方法示意图

（1）从头开始，一次只排除一个错。排除编译错误时，最好从第一个错误开始排除，因为程序编译时是从前往后编译，一个错误原因有可能导致多个级联错误结果。例如在图 1-28 中，出错的原因是“float p,r0,f;”语句中 p 和 r0 之间的逗号丢失，但产生了多个错误结果。修改一处错误后马上重新编译，如果仍然有错，再从头开始修改。

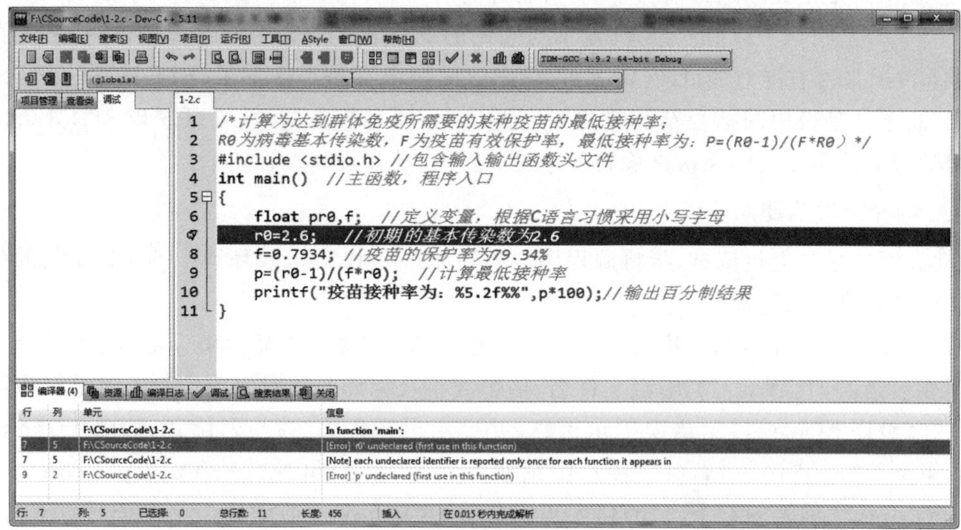

图 1-28　编译错误示意图

（2）仔细查看错误提示信息，结合上下文定位错误原因。编译系统所给出的错误提示信息和位置是按照编译系统的理解给出的，可能和真正的出错原因并不一致。例如在图 1-28 中，提示的位置为第 7 行，错误信息为'r0' was not declared in this scope(r0 在本范围内没有声明)。编译系统认为第 6 行声明的变量名为 pr0，因此用到变量 r0 时发现没有声明。而从读者角度看，是因为在 p 和 r0 之间丢失了逗号。因此要结合上下文，多检查与错误代码有关联的代码，查找真正的出错原因。

1.5.2 连接错误及调试方法

连接错误是连接器将.o 目标文件等连接成.exe 可执行文件时发现的错误。

在 Dev-C++ 5.11 中，连接错误提示信息也是显示在"编译器"窗口中，但只提示错误信息，没有错误的行列位置，双击错误提示信息时也不会在编辑窗口中有任何代码被显示为深红色。例如在图 1-29 中，第 10 行中的 printf 写成了 print，则会提示错误信息"undefined reference to 'print'(没有定义 print)"。此错误有提示信息，虽然有行位置，但不一定正确，双击提示信息时也不一定能够正确定位错误代码，是一个典型的连接错误。

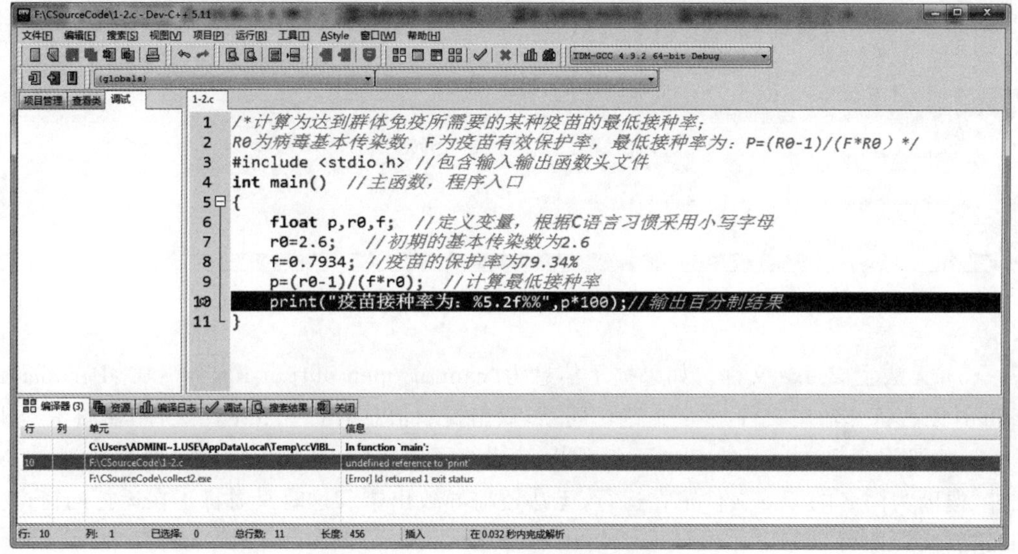

图 1-29 连接错误界面

连接错误位置隐秘，排除较困难，但错误类型较少，一般根据错误提示信息中的关键字即可排除。常见的连接错误有以下 3 种。

(1) 没有定义某个函数。如图 1-29 所示，说明在当前项目中所有的.o 文件和包含的头文件中都没有找到 print 函数。这时需检查所调用的 print 函数是自定义函数还是库函数，如果是库函数，则检查函数名是否写错，检查相应的头文件是否已经用＃include 命令包含进来，检查头文件名是否写错；如果是自定义函数，则检查函数是否忘了实现，检查定义时的名字和调用时的名字是否一致。

另外还要提示读者，在 Dev-C++ 5.11 中，如果将 main 不小心写成了 mian 或者 mai，也就是缺少了 main 函数，提示信息为"undefined reference to 'WinMain'"，而不是 main。

(2) 在一个项目中有多个 main 函数文件。例如在项目 1-1Project 中有两个文件 main.c 和 1-1Project1.c，两个源文件中均有 main 函数，即使两个 main 函数的参数不一样，也会产生一个连接错误"multiple definition of 'main'(多个 main 定义)"，如图 1-30 所示。这时可以通过将其中一个 main 注释掉，或者在"项目管理"对话框中选中一个源文件如 main.c，在其上右击，选择"移除文件"，将文件移除出项目。

注意："移除"只是将文件移出项目，并没有在操作系统中删除，需要时还可以在项目名称上右击，选择"添加"，将文件再添加到项目中。

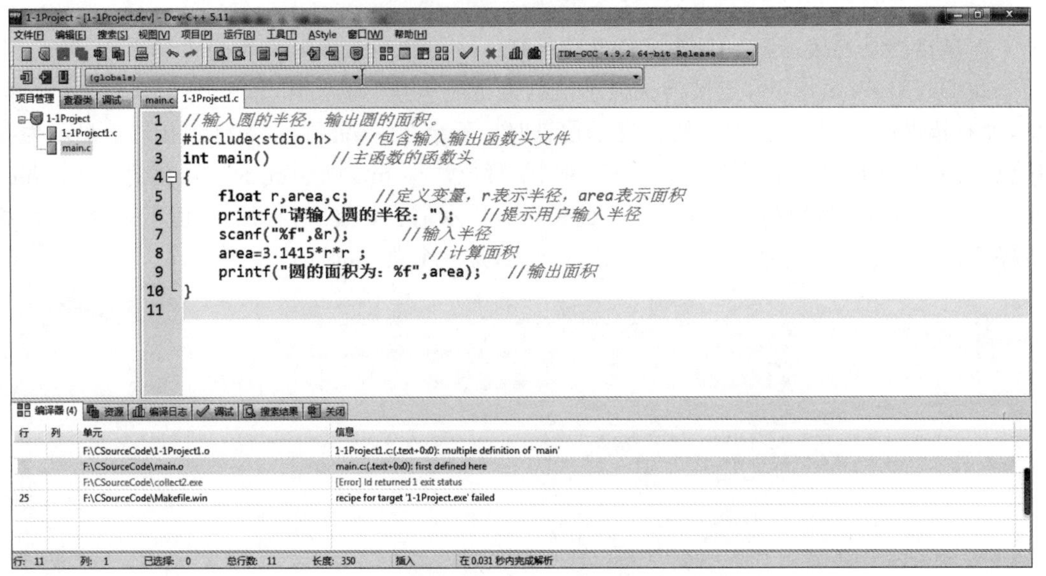

图 1-30　一个项目中有多个 main 函数错误界面

(3) 无法生成.exe 文件。如果提示信息为"cannot open output file ＊＊＊:Permission denied(无法打开输出文件***：拒绝访问)"，双击提示信息时打开 ld.exe 文件，如图 1-31 所示。一般是因为上次运行的窗口没有关闭，又修改了源程序，再次编译时需要重新生成.exe 文件，但因为同名的.exe 文件正在运行，无法覆盖导致出错。这时只需将正在运行的窗口关闭，重新编译即可。

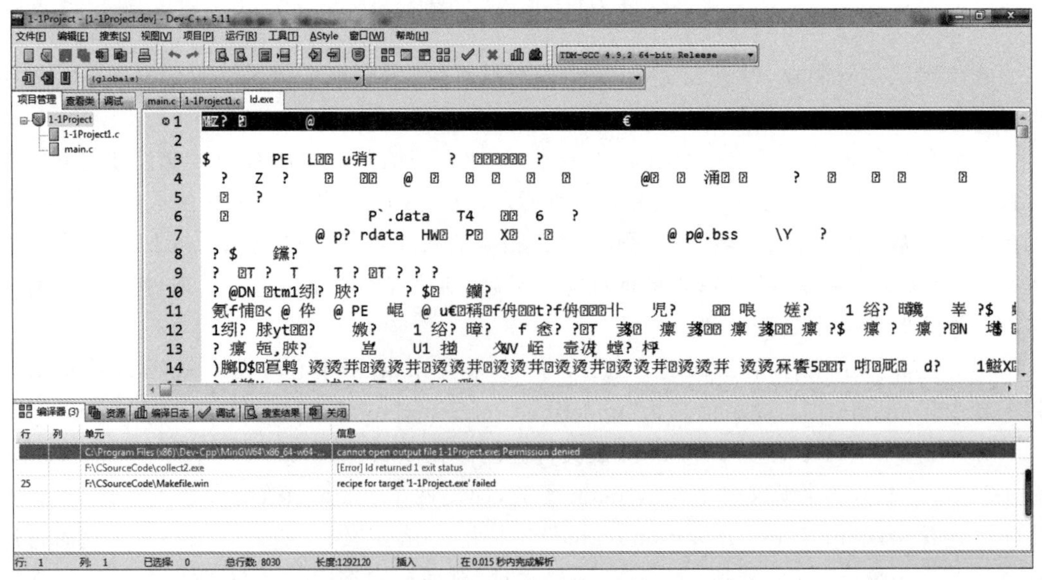

图 1-31　无法打开输出文件错误界面

1.5.3 运行错误及调试方法

运行错误是指导致生成的.exe 文件中断执行的错误。这种错误在版本较新的操作系统中往往只出现一个对话框提示“* *.exe 已停止工作”，没有任何错误原因和错误位置的提示，如图 1-32 所示。

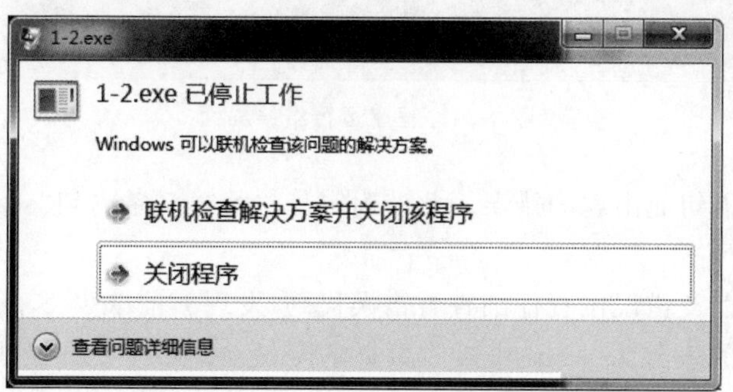

图 1-32 运行错误提示窗口

运行错误类型也很少，多数是因为非法访问内存造成的。一般在 Dev-C++ 中可以通过两步解决。例如，图 1-33 中“求圆的面积”程序运行时遇到图 1-32 的提示窗口，说明程序有运行错误。

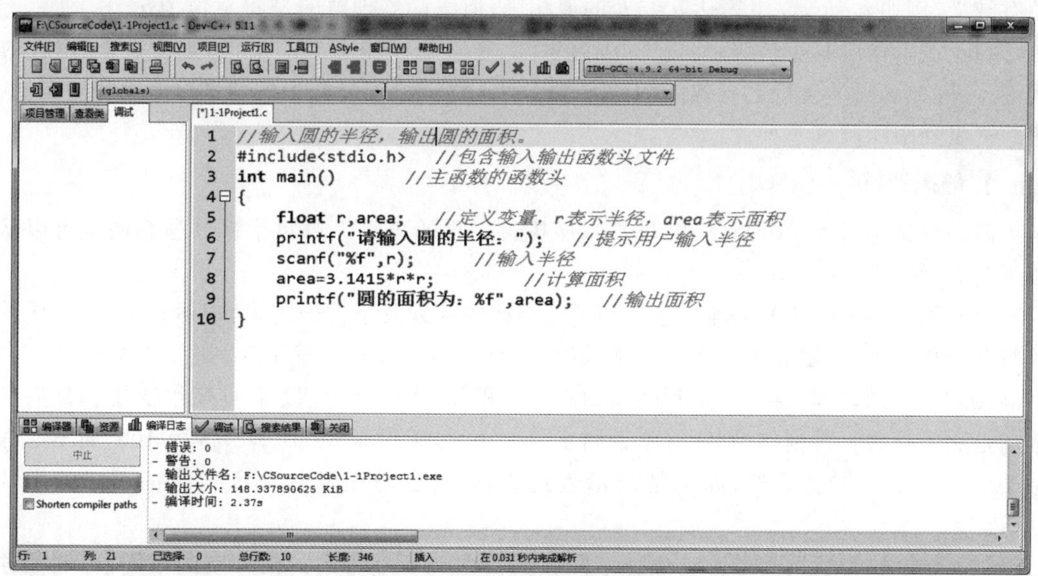

图 1-33 求圆的面积程序源代码

(1) 选择提示窗口的“联机检查解决方案并关闭该程序”，如图 1-32 所示。则显示图 1-34 所示的运行结果，则会发现程序的返回值为 3221225477。3221225477 对应的十六进制数为 0xC0000005，其对应的错误为 STATUS_ACCESS_VIOLATION，也就是“该内存不能为"written"”错误，即程序使用了本没有分配给该程序的内存。

(2) 观察程序运行结果，或者单步执行程序(单步执行详细步骤参见逻辑错误)，定位究

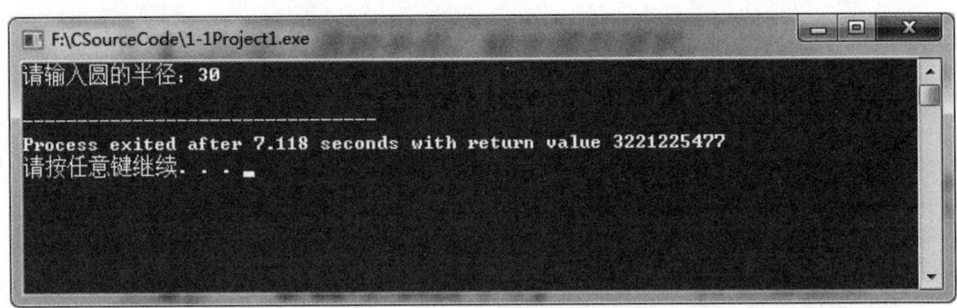

图 1-34　程序运行结果界面

竟是因为执行哪条语句而出现的错误。此处确定是执行第 7 条语句“scanf("%f",r);”时程序出错。

结合错误信息以及错误位置仔细查看错误代码，发现 r 前缺少 &。

此处非法访问的表象为 scanf 中接收数据的变量前缺少 &，还有可能表象为数组下标越界，指针变量没有赋初值而直接访问，都有可能造成非法访问的运行错误。

扫一扫

1.5.4　逻辑错误及调试方法

以上 3 种错误都会导致程序无法继续正常执行，而逻辑错误是指程序可以运行，但执行结果与预期结果不一样。这类错误通常是因为算法本身存在缺陷，或者表达与编译器的理解有歧义，例如 $a=b$，你想表达 a 与 b 的值相等，但编译器理解的是 a 赋值为 b。

纠正逻辑错误其实是纠正自己的固有思维、理解编译器思维的过程，难度最大，消耗时间最多，因此必须学会行之有效的调试方法。纠正逻辑错误最常用的调试方法有静态调试、跟踪输出和跟踪调试 3 种。

1. 静态调试

静态调试是指人工分析语法、模拟程序执行过程的方法。逻辑错误的静态调试可以从以下几方面检查。

(1) 条件表达式是否正确。选择和循环结构中都涉及条件表达式，表达式不同，程序的执行路径也就不同，因此书写条件表达式时一定要认真。例如，需注意表达式“(a==0)”和“(a=0)”的区别，“(a==0)”是判断 a 和 0 是否相等，而“(a=0)”是将 0 赋给变量 a，然后判断 a 是真还是假。再例如，判断 a 是否属于[10,100]，需用 a>=10&&a<=100，而不能写成 10<=a<=100。另外，如果是逻辑表达式，还要注意由于优化而产生的不同结果问题等。

(2) 变量的数据类型是否正确。不同数据类型的变量占用的内存空间不同，存储数据的类型不同，参与运算的结果也不同，因此要注意使用合理数据类型的变量。例如，x 为整型变量，所能存储的值为[−2147483648,2147483647]，如果数据超出这个范围，则会造成溢出问题。例如，x 的值为 2147483647，则执行 x++，则 x 的值溢出后变成最小值 −2147483648。再如，将变量 a 赋值为 2，如果 a 为整型变量，则表达式 $a/4$ 的值为 0；如果 a 为浮点型，则表达式 $a/2$ 的值为 0.5。

(3) 循环变量是否赋了初值以及赋初值语句的位置是否正确。在一些涉及累加和、累乘积的算法中，循环的次数直接影响程序的执行结果，因此循环变量是否赋了初值、赋的什么值以及赋初值语句的位置至关重要。

(4) 是否多加了分号,是否忘记了花括号。分支和循环语句都有严格的语法结构,在不该加的位置加一个分号,轻则导致语法错误,重则导致逻辑错误,因此一定要对照基本格式严格检查。分支体和循环体都只有一条语句,如果有多条语句,一定加花括号组成一条复合语句。

2. 跟踪输出

程序一般只输出一些提示信息和最终处理结果。跟踪输出就是在程序中添加一些本来不需要的输出语句,将一些中间结果输出出来,以便查看究竟是程序中的哪个或哪些语句出现了问题。例如,在 scanf 语句后添加一条输出语句,查看 scanf 是否正确地接收到了数据;在循环体中添加一条输出循环变量的语句,查看循环变量的变化规律是否如己所愿等。

排除程序错误后,将这些多余的输出语句注释掉或者删除掉即可。

3. 跟踪调试

平时程序运行,用户只能看到最终运行结果,跟踪调试则可以利用开发环境中的一些辅助工具,将程序执行过程“拆开”,监控程序的中间执行过程。一个完善的 C 语言集成开发环境会提供一些调试工具,例如,Dev-C++ 5.11 提供“断点、调试控制窗口、调试查看窗口”三大类工具,如图 1-35 所示。

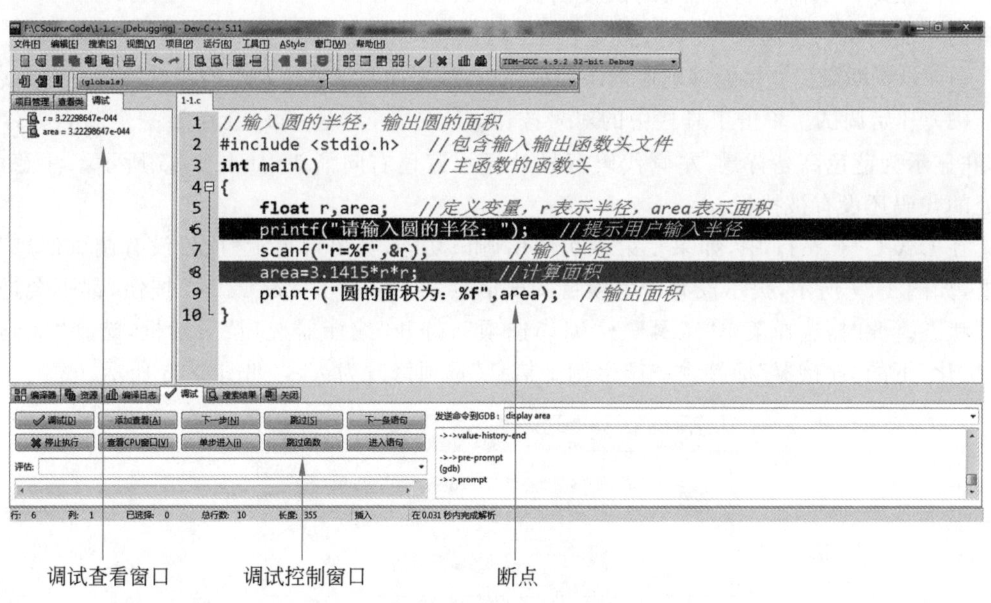

图 1-35 调试工具界面

(1) 断点。断点是指程序中断的代码点。在调试状态下,当程序运行到断点时,会中断执行,等待下一步操作。一个源代码文件中可以设置多个断点。

设置断点:用鼠标在代码行左侧行号上单击,或按 F4 快捷键,均可以设置断点。设置断点的代码行会显示为红色高亮背景,代码行号位置显示一个红圈绿对号的断点图标,如图 1-35 所示。

移除断点:用鼠标在断点图标位置再次单击,或者将光标定位到断点行,再次按 F4 键可以移除断点。

(2) 调试控制窗口。为了高效且方便地进行程序调试,Dev-C++ 5.11 提供了几种不同的进程控制方式,用调试控制窗口中的工具栏按钮或快捷键均可操作,如图 1-35 所示。

调试(F5):开始调试,在第一个断点处停下来。

下一步(F7):单步执行,如果遇到函数,不会进入函数内部。

单步进入(F8):单步执行,如果遇到函数,则进入函数内部。

停止调试(F6):停止调试,返回至编辑状态。

跳过:运行到下一个断点处停下来,如果没有下一个断点,则运行到程序结束。

跳过函数:当在函数内部时,运行到函数结束,返回到主调函数中停下来。

(3) 调试查看窗口。调试查看窗口用于观察程序在执行过程中某变量或表达式的值。在调试查看窗口右击,选择“添加查看”选项,或单击调试控制窗口中的“添加查看”按钮,均出现“新变量”窗口,输入变量名或表达式,如图 1-36 所示。单击 OK 按钮,表达式会出现在“调试查看窗口”中,如图 1-35 所示。

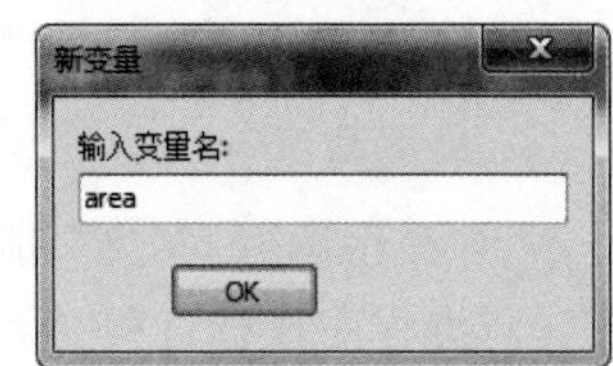

图 1-36　新变量窗口界面

如果需要移除查看,则在窗口中选中要移除的表达式,右击,选择“移除查看”选项。

程序跟踪调试需要将断点、调试控制窗口、调试查看窗口三者的功能有机结合起来,配合使用。一般调试步骤如下。

(1) 设置断点。如果能够确定错误的大体位置,则在错误前的某个语句处设置一个断点。

(2) 开始调试。单击工具栏中的对号按钮✔,或按 F5 键,程序会在第一个断点处停下来,并显示为蓝色高亮背景,左侧代码行号处显示蓝色右向箭头,如图 1-35 所示。注意,断点处的代码还没有被执行。

在 Dev-C++ 5.11 中,如果是第一次使用调试功能,会出现提示“项目没有调试信息”对话框,如图 1-37 所示,提示没有产生项目调试信息。无论单击 Yes 或 No 按钮,都不会进入调试状态。此时,选择菜单“工具”→“编译选项”,打开“编译器选项”对话框,选择“代码生成/优化”下的“连接器”标签,将“产生调试信息”选项修改为 Yes,如图 1-38 所示。

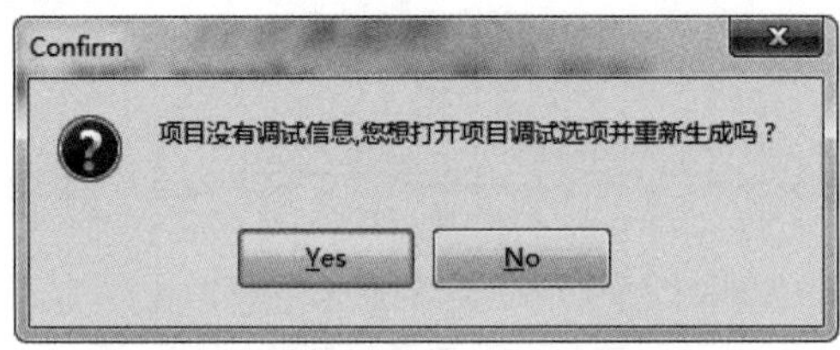

图 1-37　“项目没有调试信息”对话框

(3) 添加查看。将要监视的变量及表达式添加至调试查看窗口,窗口中会显示出程序执行到当前代码行时变量或表达式的值。

(4) 边单步执行(按 F7 键或单击调试控制窗口中的“下一步”按钮),边观察。一旦出现语句执行流程、变量或表达式的值与预想的不一样的情况,则可以初步锁定出错位置,在此处认真查看、分析出错原因。

读者可以根据实际需要选择不同的控制方式,比如“单步进入或 F8”进入到函数内部,

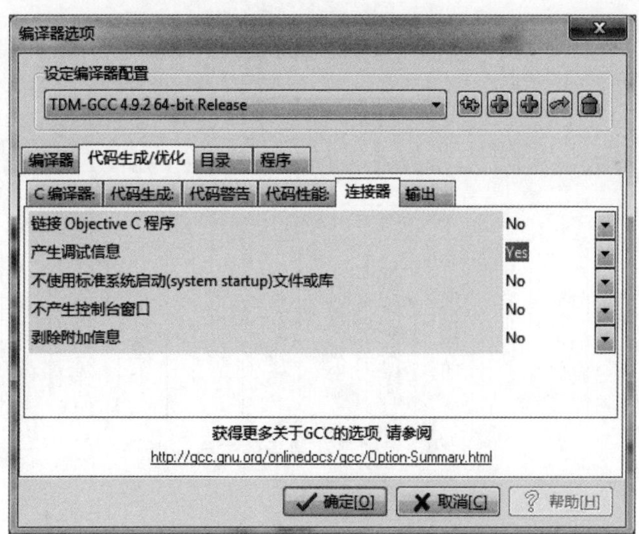

图 1-38 “编译器选项”对话框

“跳过”执行到下一个断点处停下来等,以提高调试效率。

(5) 若已找到出错原因,则可以单击“停止执行”或 F6 键结束调试,进入编辑状态,修改程序后重新运行。若已经错过出错位置,也可以结束调试后重新开始。

跟踪调试其实就是解剖程序的过程,不仅能帮助读者调试逻辑错误,而且能直观地感受程序一步步的执行过程,读者可以更好、更快地理解、掌握 C 语言。

1.6 综合案例

通过本章内容的学习,读者已经对 C 语言程序的框架有了基本了解。为了循序渐进、脚踏实地地提高读者利用 C 语言综合分析问题、解决问题的能力,使其学会融会贯通,将知识内化于心,本节提出了一个“创新大赛评分系统”的综合案例。该案例贯穿本书始终,每学习完一个章节,则综合运用当前章的知识点解决或改进本综合案例的某些功能片段,步步为营,稳扎稳打。学习完本书后,一个功能较复杂且完善的综合案例便浑然天成,帮助初学者摆脱突然面对一个功能复杂的综合案例时毫无头绪、无从下手的窘境。

创新大赛评分系统的主要功能是管理创新作品的基本信息及作品评分信息,因此主要分为管理员和评委两种角色,每种角色的主要功能如图 1-39 所示。

管理员主要实现对创新大赛作品的作品编号、作品名称、作者姓名、作者学号、作者专业、作者年级、评分等信息的管理,具体功能描述如下。

(1) 用户登录:选择管理员角色后,提示用户输入用户名和密码。如果登录成功,则自动读取文件中的作品信息,并进入管理员主控菜单界面;如果用户名或密码错误次数超过指定值,则退出系统。

(2) 创建作品:用户根据提示输入作品名称、作者姓名、作者学号、作者专业、作者年级等信息。可根据用户输入,选择连续输入多条作品信息,或者选择结束创建作品,返回管理

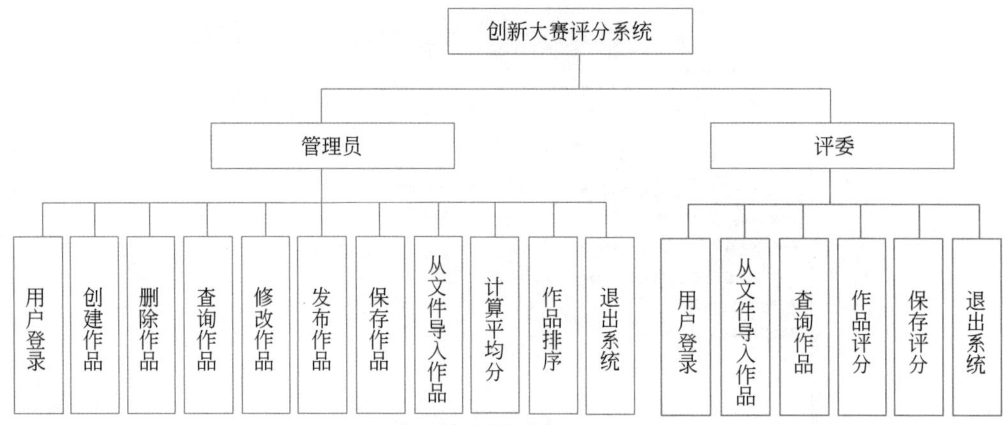

图 1-39　管理员和评委的主要功能

员角色主控菜单。

(3) 删除作品：先分别根据作品编号查询要删除的作品，如果作品存在，则删除该作品。

(4) 查询作品：可以分别根据作品编号、作品名称、作者姓名、作者学号、作品名称关键字等选择要显示的作品编号、作品名称等作品详细信息及评分信息，或选择显示全部作品信息。如果查找不到满足条件的作品信息，则提示没有满足条件的作品。

(5) 修改作品：先根据作品编号查询出作品信息，如果作品存在，则可以修改作品名称、作者姓名、作者学号、作者专业、作者年级等信息；如果作品不存在，则提示此编号作品不存在。

(6) 发布作品：可以分别根据作品编号选择要发布的作品信息，也可以选择将全部作品发布，并提示成功发布了多少件作品。评委只能看到管理员已经发布的作品，进而为作品评分。

(7) 保存作品：将内存中的作品信息保存到文件中。

(8) 从文件导入作品：将文件中的作品信息读入到内存中。

(9) 计算平均分：计算每件作品的平均分。

(10) 作品排序：根据作品编号从低到高排序，或者根据作品平均分进行从高到低的排序。

(11) 退出系统：结束系统运行，如果有没有保存到文件的信息，则退出前询问是否要将信息保存到文件中。

评委主要完成作品的评分功能，具体功能描述如下。

(1) 用户登录：选择评委角色后，提示用户输入评委姓名即可自动读取文件中的作品信息，并进入评委主控菜单界面。

(2) 从文件导入作品：将文件中的作品信息读入到内存中。

(3) 查询作品：可以分别根据作品编号查询，或者选择显示全部已发布作品的作品编号、作品名称等作品部分信息，以及当前用户的个人评分信息。不能查看作品的作者及其他评委的评分信息。如果查找不到满足条件的作品信息，则提示没有满足条件的作品。

(4) 作品评分：先根据作品编号查询要评分的作品，如果找到，则显示作品的详细信息，并提示用户输入评分，评分输入完成后，显示评分后的作品信息。如果没有符合条件的已发布的作品信息，则提示未找到该作品。

(5) 保存评分：将内存中的作品评分保存到文件中。

(6) 退出系统：结束系统运行，如果有没有保存到文件的信息，则退出前询问是否要将信息保存到文件中。

一、选择题

1. 唯一能够被计算机硬件直接识别并执行的语言是(　　)。

A. 机器语言　　B. 汇编语言

C. 高级语言　　D. 面向对象程序设计语言

2. 机器语言是用(　　)编写的。

A. 二进制码　　B. ASCII 码

C. 十六进制码　　D. 国标码

3. 下列关于算法的叙述中，正确的是(　　)。

A. 用 C 程序实现的算法必须要有输入和输出操作

B. 用 C 程序实现的算法可以没有输出但必须要有输入

C. 用 C 程序实现的算法可以没有输入但必须要有输出

D. 用 C 程序实现的算法可以既没有输入也没有输出

4. 算法的时间复杂度是指(　　)。

A. 算法的执行时间

B. 算法所解决的数据量

C. 算法程序中语句或指令条数

D. 算法在执行过程中所需的基本运算次数

5. 一个 C 程序总是从(　　)开始执行。

A. 程序的第一条执行语句　　B. 主函数

C. 子程序　　D. 主程序

6. 在 C 语言中，一个应用程序中主函数的个数为(　　)。

A. 3 个　　B. 2 个　　C. 1 个　　D. 任意个

7. 把 C 语言编写的源程序翻译为目标程序，需要使用(　　)。

A. 编辑程序　　B. 诊断程序　　C. 编译程序　　D. 驱动程序

二、填空题

1. C 语言程序的开发，一般要经过________、________、________和________ 4 个步骤。

2. C 语言程序中的错误按程序生成阶段可以分为________错误、________错误、________错误和________错误。

3. 算法复杂度主要包括时间复杂度和________复杂度。

三、简答题

1. 常用的算法表示方法有哪些？

2. 用流程图描述以下功能：将一个24小时制时间转换为12小时制时间。例如，输入：13:15，则输出：下午1:15；输入：8:20，则输出：上午8:20。

3. 请搜索最新一期TIOBE编程语言排行榜，查找资料，总结前十名语言的特点和主要应用领域。

4. 列出3～5位中国在计算机领域的杰出人物，搜索整理其在计算机领域所做出的杰出贡献。

5. 查找资料回答：中国是否有自己的计算机语言？这些语言没有成为世界流行语言的原因是什么？

第2章 数据类型和表达式

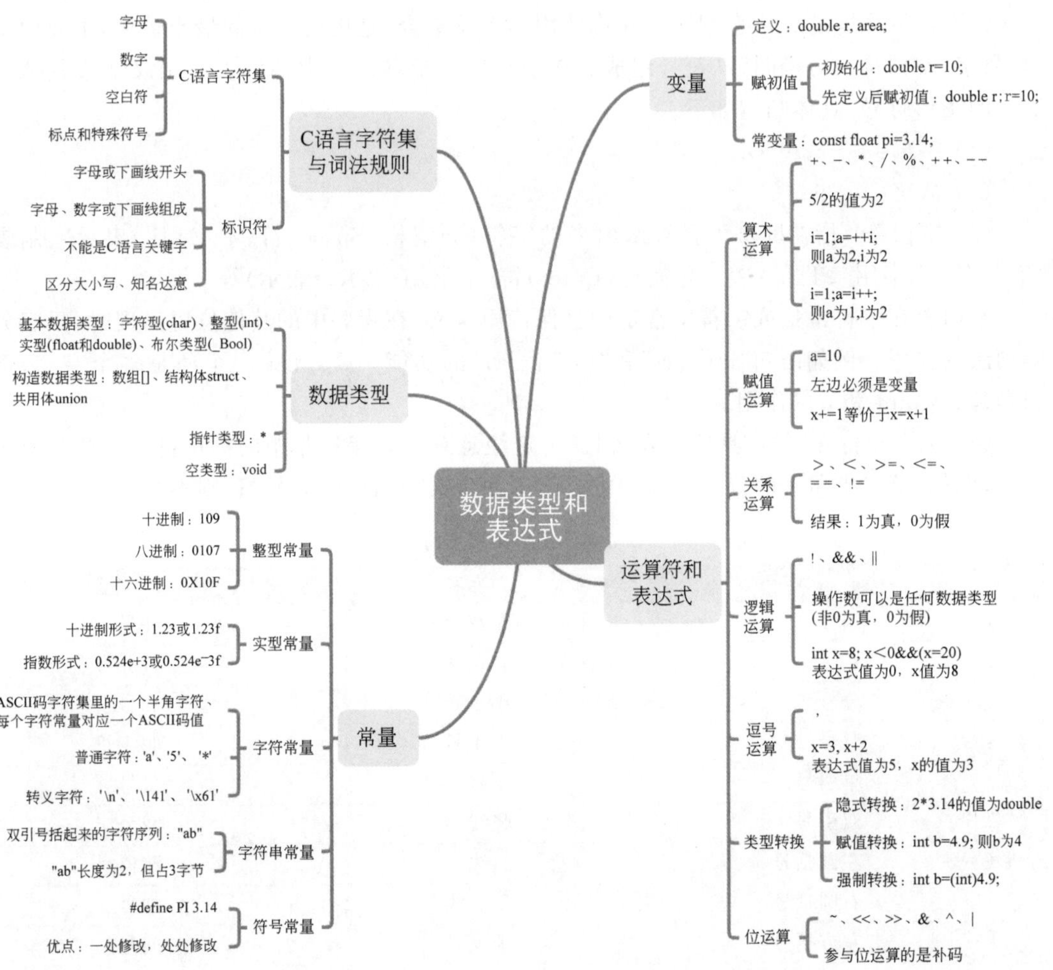

随着学习的深入，读者会发现很多程序是解决的数学问题，因此利用C语言语法知识表达数学思维是一种常用的编程方法。很多时候，数学世界和C语言世界虽然思维相通，但细节不同，例如07与7在数学世界是相同的，但在C语言世界中，前者是八进制数，后者是十进制数；计算圆的面积的公式，在数学世界中是公式 πr^2，在C语言世界中则需要用表达式 3.14 * r * r；3/5 与 3.0/5 在数学世界的计算结果相同，但在C语言世界的计算结果却是不同的。

程序的执行过程其实就是处理数据的过程，本章主要介绍C语言世界中与数据有关的数据类型、常量、变量、运算符、表达式等内容，为读者逐步学会用C语言中正确的方式表达数学思维奠定基础。

扫一扫

 2.1 C语言字符集与词法规则

2.1.1 C语言字符集

C语言字符集是C语言程序里允许使用的字符集合，是构成语言的最小单位，主要由字母、数字、空白符、标点和特殊符号组成。在字符串常量和注释中还可以使用汉字或其他可表示的图形符号，具体归纳如下。

（1）字母：a～z，A～Z。

（2）数字：0～9。

（3）空白符：指在屏幕不会显示出来的字符，如空格（Space）符（本书用□表示）、制表（Tab）符（本书用＜Tab＞表示）、换行（Enter）符（本书用＜CR＞表示）等。

空白符在字符常量或字符串常量中会保持原含义，在程序中的其他位置出现时，只起分隔词法的作用。例如语句“int□a;”和“int□□a;”的功能一样，无论一个还是多个空格，都只是起分隔 int 和 a 的作用。

（4）标点和特殊符号，具体见表2-1。一定注意C语言字符集中的标点符号是英文半角下的，例如，英文半角下的分号“;”是合法标点，而中文全角下的分号“；”则不合法。

表 2-1　标点和特殊符号

字符	名称	字符	名称	字符	名称
,	逗号	{	左花括号	#	井号
.	点	}	右花括号	%	百分号
;	分号	<	小于号	&	和号
:	冒号	>	大于号	^	脱字符
'	单引号	!	叹号	*	星号
"	双引号	|	竖线	-	减号
(	左圆括号	/	斜线	=	赋值号
)	右圆括号	\	反斜线	+	加号
[	左方括号	~	求反号	?	问号
]	右方括号	_	下画线		

2.1.2 C 语言词汇及其组成规则

C 语言中使用的词汇可分为六类：关键字、标识符、分隔符、注释符、运算符、常量。运算符和常量将在后面章节中详细介绍。

1. 关键字

关键字是 C 语言规定的具有特定意义的字符串，通常也称为保留字。C 语言中的关键字一共有 37 个，其中加粗显示的是 C99 标准中新增加的 5 个关键字。分为以下几类。

（1）标识数据类型的关键字：int、char、long、float、double、short、unsigned、struct、union、enum、void、signed、**_Bool**、**_Complex**、**_Imaginary**。

（2）标识控制流程的关键字：if、else、goto、switch、case、default、for、do、while、break、continue、return。

（3）标识存储类型的关键字：auto、static、register、extern。

（4）其他关键字：sizeof、const、typedef、volatile、**restrict**、**inline**。

注意：C 语言严格区分大小写，关键字除 C99 中新增的三个关键字外，均为小写字母，在 Dev-C++ 中一般显示为黑色加粗，如图 2-1 中第 3 行中的 int，第 5 行中的 float。

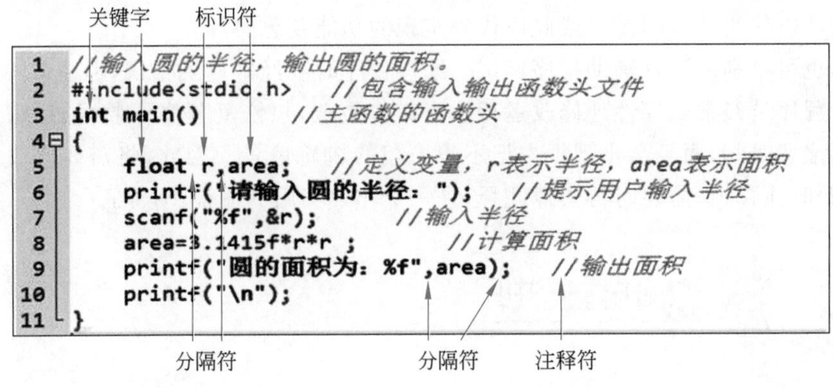

图 2-1　Dev-C++ 中 C 语言程序源代码图

2. 标识符

现实生活中需要给每个实体取一个名字，以便互相区分，方便交流。C 语言也需要给函数、变量、类型、文件、宏定义等取不同的名字，以示区别，名字在 C 语言中称为标识符，如图 2-1中第 5 行中的 *r* 和 area。其命名规则如下。

（1）由字母或下画线开头。

（2）由字母、数字或下画线组成。

（3）不能是 C 语言关键字。

例如，以下标识符是合法的：i、_area、PI、name、stuName、data1。

而以下标识符是非法的：1data（以数字开头）、a＋b（有非法字符＋）、a□b（有非法字符□）、long（C 语言关键字）。

注意：①C 语言严格区分大小写字母，如 *r* 与 *R* 代表不同的标识符，Long 可以做标识符。②原则上标识符只要满足构成规则即可，但最好做到“知名达意”，提高程序的可读性，

例如半径用 *r*,学生姓名用 stuname 等。

3. 分隔符

C 语言中的分隔符有逗号、空白符、分号和冒号 4 种,均起分隔作用,如图 2-1 所示。逗号主要用于分隔多个变量和函数参数。空白符多用于分隔单词,例如“float r;”,关键字 float 和标识符 *r* 之间必须有一个或多个分隔符将其分隔开。分号主要用于语句末尾,起分隔语句的作用,也用于特殊位置,如 for 循环中起分隔三个表达式的作用。冒号一般用于特定位置,如在语句标号后、条件表达式中、case 分支中等。

4. 注释符

注释是对源程序代码功能和实现方法等的说明信息,程序在编译时会将其忽略掉。C 语言中的注释有两种实现方式,如图 2-1 所示。

(1) 单行注释,用“//”表示。注释内容从“//”开始,到换行符结束。

(2) 多行注释,用起始符号“/ * ”和终止符号“ * /”联合表示。注释内容从“/ * ”开始,到“ * /”处结束。起始和终止符号必须配对使用,且不可嵌套。

添加注释可以提高程序可读性,是程序员良好编程风格的一个重要标志。一般在程序的最前面说明程序的主要功能;在函数的开头说明函数的功能,需要参数的含义及取值范围;在关键功能代码处说明此句或此段代码实现的功能及思路等。

另外,也可以利用注释辅助程序调试。编写程序时会经常遇到错误,但往往不能一次就准确识别,程序员经常试探性地修改运行。当修改失败,想恢复程序原貌时,还需要一步步恢复,不仅浪费时间,而且会出现根本记不清原貌的尴尬情景。因此,将需要修改或暂时不用的语句暂时注释掉,需要时再去掉注释,是一个非常实用的编程小技巧。

扫一扫

2.2 数据类型

不同类型的数据所占存储空间的大小、物理存储方式、逻辑表示方式、取值范围及精度、所能参与的运算及运算结果等均不相同,所以任何一种程序设计语言都会定义自己的数据类型。C 语言的数据类型非常丰富,其分类如图 2-2 所示。

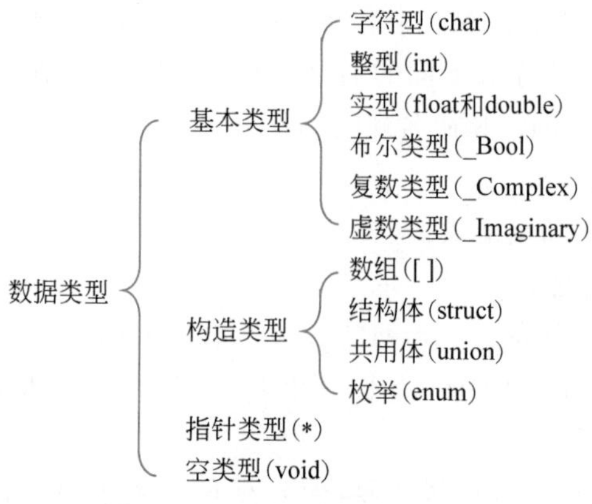

图 2-2 C 语言的数据类型分类

2.2.1 基本类型

C 语言的基本类型包括字符型(char)、整型(int)、实型(float 和 double)、布尔类型(_Bool)、复数类型(_Complex)、虚数类型(_Imaginary),其中后 3 个是 C99 标准新增的数据类型。复数类型、虚数类型应用较少,本书不予详细介绍。

为了满足更多的需求,C 语言允许在基本类型前面加上一些修饰符或基本类型,以扩充基本数据类型的含义。例如,signed int 表示有符号整型,unsigned int 表示无符号整型,long int 表示长整型,short int 表示短整型,double _Complex 表示双精度复数等。

不同开发环境支持的数据类型有所不同,例如 Dev-C++ 5.11 不支持虚数类型,Visual C++ 系列不支持布尔类型、复数类型、虚数类型、long long 类型等。即使支持同一种数据类型,所占内存字节数也不尽相同,而取决于编译器的位数。例如,在 Dev-C++ 5.11 的 32 位和 64 位编译器下,int 占用 4B,而在 Turbo C 的 16 位编译器下,int 占用 2B;long double 在 Dev-C++ 5.11 的 32 位编译器下占用 12B,64 位编译器下占用 16B。因此,实际应用时最好使用 sizeof 运算符先测试一下。表 2-2 列出了常用的加修饰符的基本数据类型的数据在 Dev-C++ 5.11 中 64 位编译器下所占内存空间的字节数和表示范围。其中,「」中的内容为可选项①。

表 2-2 基本数据类型表

类型	关键字	含义与输出格式符	字节数	数据表示范围
字符型	「signed」char	字符型 c	1	$-128\sim127(-2^7\sim2^7-1)$
	unsigned char	无符号字符型 c	1	$0\sim255(0\sim2^8-1)$
整型	「signed」int	整型 d	4	$-2147483648\sim2147483647(-2^{31}\sim2^{31}-1)$
	unsigned「int」	无符号整型 u	4	$0\sim4294967295(0\sim2^{32}-1)$
	「signed」short「int」	短整型 hd	2	$-32768\sim32767(-2^{15}\sim2^{15}-1)$
	「signed」long「int」	长整型 ld	4	$-2147483648\sim2147483647(-2^{31}\sim2^{31}-1)$
	unsigned short「int」	无符号短整型 hu	2	$0\sim65535(0\sim2^{16}-1)$
	unsigned long「int」	无符号长整型 lu	4	$0\sim4294967295(0\sim2^{32}-1)$
	long long「int」	长长整型 lld	8	$-9223372036854775808\sim9223372036854775807(-2^{64}\sim2^{63}-1)$
	unsigned long long「int」	无符号长长整型 llu	8	$0\sim18446744073709551615(0\sim2^{64}-1)$
实型	float	单精度浮点型 f	4	$-3.4\times10^{38}\sim3.4\times10^{38}$(6~7 位有效数字)
	double	双精度浮点型 lf	8	$-1.7\times10^{308}\sim1.7\times10^{308}$(15~16 位有效数字)
	long double	长双精度浮点型 Lf	16	$-1.2\times10^{4932}\sim1.2\times10^{4932}$(18~19 位有效数字)
布尔类型	_Bool	布尔类型 d	1	0 和 1

① 本书约定,「」中的内容均为可选项。

表 2-2 中同时列出了该数据类型对应的输出格式符，是指用 printf 函数输出该类型的数据时需用的格式说明符，以备本章案例顺利运行之需。printf 函数的详细介绍见第 3 章。

【例 2-1】 测试不同数据类型数据所占存储空间的长度及最大值。

```
#include <stdio.h>
int main()
{ //%d 为按整型输出,sizeof 运算符用于测试某种数据类型所占存储空间的长度
    printf("字符型占%d 字节,整型占%d 字节\n",sizeof(char),sizeof(int));
    printf("整型最大值: %d,整型最大值+ 1: %d",2147483647,2147483647+1);
}
```

程序输出结果为：

```
字符型占 1 字节,整型占 4 字节
整型最大值: 2147483647,整型最大值+1: -2147483648
```

从程序运行结果可以看出，在 Dev-C++ 5.11 中，字符型数据占 1 字节，整型数据占 4 字节。整型数据最大值为 2147483647，最大值加 1 后超出整型的表示范围，即溢出，所以输出错误数据－2147483648。

2.2.2 其他数据类型

除基本数据类型外，C 语言还提供了构造数据类型、指针类型和空类型。

(1) 通常将数组、结构体、共用体（又叫联合体）、枚举称为构造数据类型，或称自定义数据类型。它是在基本数据类型基础上，用户根据需要对类型相同或不同的若干个变量构造的新类型，具体内容将在以后的章节中介绍。

(2) 指针类型。指针类型是 C 语言为实现间接访问而提供的一种数据类型，特殊而重要。具体内容将在第 8 章介绍。

(3) 空类型。也称为 void 类型，一般有两个主要用途：①修饰函数返回值类型或者函数参数，表示函数无返回值或函数没有参数，具体用法参见第 7 章。②修饰指针数据类型，表示该指针为通用指针，具体用法参见第 9 章。

2.3 常量

常量是指在程序执行过程中，值不能被改变的量。常量又可分为直接常量（简称常量）和符号常量。常量按数据类型可以分为整型常量、实型常量、字符常量、字符串常量等。

扫一扫

2.3.1 整型常量

C 语言的整型常量有十进制、八进制和十六进制 3 种表示形式。

1. 十进制形式

十进制整型常量是可以带正负号的数学意义上的整数，由 0～9 的数字组成。如 128、＋6、－100 都是合法的十进制整型常量。

2. 八进制形式

八进制整型常量是以 0 开头的带正负号的八进制整数，由 0～7 的数字组成。如 023、+0307、-0261 等；一定特别注意，在 C 语言中，013 与 13 不同，013 是八进制数，换算为十进制数为 11，而 13 是十进制数。18 是合法的十进制数，而 018 因八进制中没有 8，则是非法数。

3. 十六进制形式

十六进制整型常量是以 0x 或 0X 开头的带正负号的十六进制整数，由 0～9、a～f 或 A～F 组成。如 0xf、0x129、-0X1B、+0x6Ab。

以上 3 种表示形式均表示此整型常量为 int 类型，如果要表示 long int 或 unsigned int 类型的常量，则需要在常量后面加后缀 l(或 L)或 u(或 U)，如 23L 表示长整型常量，23u 表示无符号常量。

【例 2-2】 按十进制输出不同进制常量。

```
#include <stdio.h>
int main()
{
    printf("%d,%d,%d",012,12,0x12);        //%d 是指按十进制整数输出
}
```

程序的执行结果为：

```
10,12,18
```

2.3.2 实型常量

扫一扫

实型常量就是数学中的实数，有十进制形式和指数形式两种表示方法。

1. 十进制形式

十进制形式由整数部分和小数部分组成，中间以小数点隔开。整数部分和小数部分可以省略其中一个，但小数点不可以省略。如 2.12、-0.256、+3.14259、.158、1.等均合法。

注意：2 和 2.0 在 C 语言中虽然值相等，但前者是整型常量，后者是实型常量。

2. 指数形式

指数形式是数学中的科学记数法，$a \times 10^b$ 在 C 语言中表示为 aeb 或 aEb，其中尾数 a 为十进制实数形式，底数 10 用阶码标志(e 或 E)表示，指数 b 为十进制整型形式。如 0.524e+3、2e-5、-2.39E20 均为合法实数。

实型常量默认都为 double 类型，若要表示 float 类型的实型常量，则需要加后缀 f 或 F，例如 12.456f，-2.39E10f。

【例 2-3】 按十进制和指数形式输出十进制和指数形式常量。

```
#include <stdio.h>
int main()
```

```
{   //用%f输出单精度十进制常量,%lf输出双精度十进制常量,%e输出单精度指数常量
    printf("%f,%lf,%e",239.0f,2.39E2,239.0f);
}
```

程序的执行结果为：

```
239.000000,239.000000,2.390000e+002
```

可以看出，printf 默认输出实型数据格式为精确到小数点后 6 位，指数默认占 3 位。

扫一扫

2.3.3 字符型常量

C 语言的字符常量是 ASCII 码字符集里的一个半角字符，包括字母（区别大、小写），数字，标点符号以及特殊字符等。字符常量在计算机中是以其对应的 ASCII 码存储的，因此，C 语言规定，所有字符常量都作为整型常量处理。字符常量有普通字符和转义字符两种表示方式。

1. 普通字符表示形式

用一对西文半角单引号将一个字符括起来表示字符常量，如'A'、'0'、'b'、'*'、';'。每个字符常量都有一个对应的 ASCII 码值，如'A'的 ASCII 码为 65，'0'的 ASCII 码为 48，具体对应关系参见附录 A。

注意：单引号中有且只有一个字符才是合法的字符常量，如'ab'或''均不合法。

2. 转义字符表示形式

转义字符是一种以反斜线(\)开头的字符，通常用于表示在键盘上没有对应的按键或有按键却无法在屏幕上显示或本身有特殊含义的字符。此处的反斜线表示后面的字符转变成了另外的含义，不再表示本身的含义。如'\0'表示结束标志，而不再代表数字 0。常用的转义字符及其含义如表 2-3 所示。

表 2-3 常见的转义字符及其含义

转义字符	含 义	ASCII 值	转义字符	含 义	ASCII 值
'\0'	结束标志	0	'\b'	退格	8
'\a'	响铃	7	'\\'	反斜线字符\	92
'\n'	回车换行	10	'\''	单引号字符'	39
'\r'	回车	13	'\"'	双引号字符"	34
'\t'	横向跳到下一个制表位	9	'\ddd'	1 到 3 位八进制数对应字符	
'\f'	换页	12	'\xhh'	1 到 2 位十六进制数对应字符	

从表 2-3 可以看出，C 语言中除一些特殊转义字符外，还有八进制转义字符和十六进制转义字符，即用字符 ASCII 码的八进制或十六进制表示该字符。如字母'a'的 ASCII 码为 97，用八进制转义字符表示为'\141'，十六进制转义字符表示为'\x61'。

特别提醒：

(1) 转义字符表示方式中的八进制整数不需以 0 开头，十六进制整数需以 x（注意不能

以 X)开头,与表示整型常量的八进制数和十六进制数表示方式有所不同。

(2) 转义字符无论单引号内有多少位,都只是一个字符。如'\n','\141'均为一个字符。

【例 2-4】 输出字符常量。

```
#include <stdio.h>
int main()
{ //将字符 a 按%c(即字符)输出,按%d(即整型)输出其 ASCII 码。\n 为回车换行
    printf("%c,%d\n",'a','a');
/*字符 a 的四种表达形式:普通字符'a',ASCII 码 97,八进制转义字符'\141',十六进制转义字
  符'\x61'*/
    printf("%c,%c,%c,%c",'a',97,'\141','\x61');
}
```

程序运行结果为:

```
a,97
a,a,a,a
```

2.3.4 字符串常量

扫一扫

字符串常量是用西文半角双引号括起来的字符序列,如"Hello world!"、"20 $"、"苔花如米小,也学牡丹开"、"ab\b\"ca1"等都是合法的字符串常量。

字符串在存储时,除要存储字符串中的字符外,还要在末尾存放一个结束标志'\0'。'\0'是一个八进制转义字符,其对应的 ASCII 码为 0。因此字符串所占存储空间长度总是比字符串本身长度多 1 字节。例如,字符串常量"a\\b\n"在内存中的存储方式如下。

a	\	b	\n	\0

该字符串的长度为 4(字符串中的\\和\n 均为一个转义字符),不包括'\0',但存储时所占内存空间长度为 5。

字符和字符串的关系类似珠子和珠串,将若干个珠子用绳子穿在一起就做成了珠串。因此,字符和字符串关联密切,但又有本质区别。例如,''(两个单引号紧密相连,不是空格字符' ')不是合法字符,因为中间没有字符;但""却是合法字符串,因为虽然字符串长度为 0,但有一个结束标志,需占用 1 字节的空间。

【例 2-5】 字符串常量测试。

```
#include <stdio.h>
#include <string.h>                                    //strlen 函数包含在 string.h 中
int main()
{
    printf("%s","a\\b\n");                             //%s 输出一个字符串
    printf("字符串长度: %d\n",strlen("a\\b\n"));      //strlen 是获取字符串长度的函数
    //sizeof 是获取所占内存空间长度的运算符
    printf("占用空间长度为: %d",sizeof("a\\b\n"));
}
```

程序运行结果为：

```
a\b
字符串长度：4
占用空间长度为：5
```

扫一扫

2.3.5 符号常量

符号常量是指用＃define命令定义一个标识符来代表一个常量数据。程序在预编译时会将所有该标识符替换为后面的常量数据，其定义格式如下。

```
#define 标识符  常量数据
```

【例 2-6】 游泳馆拟建造一半径为 r 米、深 h 米的圆形泳池，要为泳池底面和侧面贴上瓷砖，编程求出大约需要多少平方米的瓷砖。

```
#include <stdio.h>
#define PI 3.14                            //定义符号常量 PI,注意行尾没有分号
int main()
{
    float r,h,area;
    printf("请输入泳池半径(米)和深度(米)(空格分开)：");
    scanf("%f%f",&r,&h);                   //从键盘上输入半径和深度
    area=PI*r*r+2*PI*r*h;                  //计算泳池底面和侧面面积并相加,多次使用 PI
    printf("需要瓷砖大约%f 平方米\n",area);
}
```

程序中定义符号 PI 代表常量 3.14，在预编译时，将所有 PI 都替换成 3.14。

C 语言规定，符号常量的定义单独占一行，并且＃define为预处理命令，不是语句，所以尾部没有分号。习惯上，符号常量采用大写字母，用于和小写字母的变量加以区别，但不强制。

使用符号常量的最大好处是“一处修改，处处修改”，降低程序的维护难度。例如，程序中的语句“area＝PI＊r＊r＋2＊PI＊r＊h;”也可以修改为“area＝3.14＊r＊r＋2＊3.14＊r＊h;”，但想提高 π 值的精度，则需要修改多处，不小心可能会漏掉某处。但如果用符号常量，则只需修改 PI 的定义一处即可。

扫一扫

2.4 变量

与常量对应的是变量，指在程序运行过程中可以改变的量。变量之所以值能够改变，是因为变量的本质是一段内存空间，就像一个箱子，里面放的东西是可以变化的。变量有 3 个基本要素，即变量类型、变量名和变量值。变量类型决定了该变量要占内存空间的大小以及能参与的运算等，变量名决定了程序如何引用这段内存空间，变量值决定了内存空间中的数据，变量的逻辑结构示意图如图 2-3 所示。C 语言规定，所有变量必须先定义后使用。

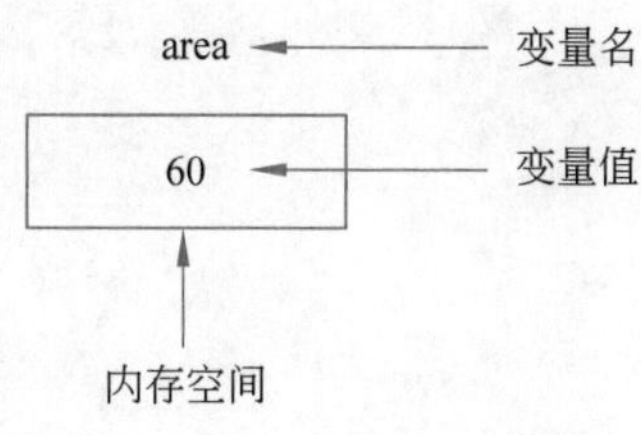

图 2-3　变量的逻辑结构示意图

2.4.1　变量的定义

变量定义语句的一般格式如下。

```
「存储类型」数据类型　变量名 1「,变量名 2,……,变量名 n」;
```

其中,存储类型为可选项,具体内容将在第 7 章介绍。数据类型可以是 C 语言支持的所有数据类型,如 char、int、结构体等。变量名遵循标识符的构成规则,一般用小写,建议做到"知名达意"。如果一次定义多个变量,则变量名之间用","分隔。例如:

```
int age;                    //定义 1 个表示年龄的整型变量 age,占 4B
double r,area;              //定义 2 个双精度实型变量,代表半径和面积,均占 8B
```

2.4.2　变量赋初值

变量在使用前一定要赋初值,否则将导致程序逻辑错误。变量赋初值一般有以下两种方法。

(1) 初始化,即定义变量的同时赋初值。例如:

```
int age=18;                 //定义整型变量 age,并赋值为 18
char ch1=97,ch2='b';        //定义字符型变量 ch1 赋值为 97,ch2 赋值为字符 b
```

(2) 先定义后赋初值。例如:

```
int age;                    //定义整型变量 age
float height;               //定义单精度实型变量 height
age=18;                     //用赋值符号=为 age 赋值为 18
scanf("%f",&height);        //用 scanf 函数为 height 赋值,具体值来源于键盘输入
```

【例 2-7】　变量三要素测试。

```
#include <stdio.h>
int main()
{
    int age=18;             //初始化 age
    double r,area;          //定义 r,area
   //用 sizeof 运算符获取变量占用内存空间字节数
    printf("age 占用%d 字节,r 占用%d 字节\n",sizeof(age),sizeof(r));
    r=3;                    //为 r 赋值为 3
```

```
    printf("age=%d,r=%lf,area=%lf\n",age,r,area);
}
```

程序运行结果为：

```
age 占用 4 字节,r 占用 8 字节
age=18,r=3.000000,area=0.000000
```

由运行结果可以看出，不同数据类型的变量会分配不同大小的内存空间；age 和 r 中的值确定，但 area 的值会在不同开发环境中显示不同的值，如 Dev-C++ 5.11 中为 0，但在 Visual C++ 中是随机数。

2.4.3 常变量

常变量也称为只读变量，是一种值在程序运行期间不能改变的特殊变量，定义时需加上 const 关键字，例如：

```
const float pi=3.1415926f;
```

请注意常变量和符号常量的区别。常变量是一个变量，需要占用内存空间，只是初始化后再也不能被重新赋值；而符号常量并不占用内存空间，在预编译时所有符号已经被值替换。

2.5 运算符和表达式

程序的执行过程其实就是处理数据的过程，因此，C 语言提供了丰富的运算符，与操作数一起构成表达式，实现某种运算。按其操作数个数，运算符可划分为 3 类：单目运算符（一个操作数）、双目运算符（两个操作数）和三目运算符（三个操作数）；按其功能可以划分为算术、关系、逻辑、位运算等运算符，具体情况如表 2-4 所示。

表 2-4 运算符的分类

序号	名 称	符 号
1	算术运算符	+、-、*、/、%、++、--
2	关系运算符	>、<、==、>=、<=、!=
3	逻辑运算符	!、&&、||
4	位运算符	<<、>>、~、|、&、^
5	赋值运算符	=、+=、-=、*=、/=、%=、>>=、<<=、&=、^=、|=
6	条件运算符	?:
7	逗号运算符	,
8	指针运算符	*、&
9	求字节数运算符	sizeof
10	强制类型转换运算符	(数据类型)
11	特殊运算符	()、[]、.、->

2.5.1 运算符的优先级与结合性

扫一扫

在小学时，我们就知道四则混合运算的规则是：先乘除后加减，同级时从左往右依次计算，有括号先算括号里的。C 语言中的一个表达式也可以出现多个运算符和操作数，计算表达式的值时必须按照既定规则，即运算符的优先级和结合性规定的运算次序进行计算。C 语言中运算符的优先级与结合性如表 2-5 所示。注意，圆括号“()”也是运算符，而且优先级最高，用于改变其他运算符的优先级和结合性。

表 2-5 各类运算符的优先级与结合性

<table>
<tr><th>优先级</th><th>运 算 符</th><th>含 义</th><th>运算符目数</th><th>结合方向</th></tr>
<tr><td rowspan="3">1</td><td>()</td><td>圆括号运算符</td><td>单目运算符</td><td rowspan="3">自左至右</td></tr>
<tr><td>[]</td><td>下标运算符</td><td rowspan="2">双目运算符</td></tr>
<tr><td>.、-></td><td>成员运算符</td></tr>
<tr><td rowspan="8">2</td><td>!</td><td>逻辑非运算符</td><td rowspan="8">单目运算符</td><td rowspan="8">自右至左</td></tr>
<tr><td>～</td><td>按位取反运算符</td></tr>
<tr><td>＋＋、－－</td><td>自增、自减运算符</td></tr>
<tr><td>＋、－</td><td>正、负号运算符</td></tr>
<tr><td>(数据类型)</td><td>强制类型转换运算符</td></tr>
<tr><td>*</td><td>指针运算符</td></tr>
<tr><td>&</td><td>取地址运算符</td></tr>
<tr><td>sizeof</td><td>求字节数运算符</td></tr>
<tr><td>3</td><td>*、/、%</td><td>乘法、除法、求余运算符</td><td rowspan="10">双目运算符</td><td rowspan="10">自左至右</td></tr>
<tr><td>4</td><td>＋、－</td><td>加、减法运算符</td></tr>
<tr><td>5</td><td><<、>></td><td>左、右移运算符</td></tr>
<tr><td>6</td><td><、<=、>、>=</td><td>小于、小于或等于、大于、大于或等于关系运算符</td></tr>
<tr><td>7</td><td>==、!=</td><td>等于、不等于关系运算符</td></tr>
<tr><td>8</td><td>&</td><td>按位与运算符</td></tr>
<tr><td>9</td><td>^</td><td>按位异或运算符</td></tr>
<tr><td>10</td><td>|</td><td>按位或运算符</td></tr>
<tr><td>11</td><td>&&</td><td>逻辑与运算符</td></tr>
<tr><td>12</td><td>||</td><td>逻辑或运算符</td></tr>
<tr><td>13</td><td>?:</td><td>条件运算符</td><td>三目运算符</td><td rowspan="2">自右至左</td></tr>
<tr><td>14</td><td>=、+=、-=、*=、/=、%=、>>=、<<=、&=、^=、|=</td><td>赋值及复合赋值运算符</td><td>双目运算符</td></tr>
<tr><td>15</td><td>,</td><td>逗号运算符</td><td>双目运算符</td><td>自左至右</td></tr>
</table>

扫一扫

2.5.2 算术运算符和算术表达式

在C语言中,算术运算符可以分为基本算术运算符和自增自减运算符。

1. 基本算术运算符及表达式

单目算术运算符有+(正号)和-(负号),双目算术运算符有+(加)、-(减)、*(乘)、/(除)、%(取余)。

由表2-5可知,算术运算符中的单目运算符优先级高于双目运算符。双目运算符中的*、/、%的优先级高于+、-的优先级,在优先级相同的情况下,双目运算符结合方向为自左向右。

一些常用的数学表示形式必须转换为C语言能够识别的方式,例如一元二次方程的求根公式:

$$\frac{-b \pm \sqrt{b^2 - 4ac}}{2a}$$

需要转换为:(-b+sqrt(b*b-4*a*c))/(2*a)和(-b-sqrt(b*b-4*a*c))/(2*a)。

【例2-8】 编程求二元一次方程$ax^2+bx+c=0(a\neq0)$的根。

```
#include <stdio.h>
#include <math.h>                                   //平方根函数 sqrt 包含在 math.h 中
int main()
{  //初始化 a、b、c 的值,即确定求 x²-x-2=0 的根
    int a=1,b=-1,c=-2,x1,x2;
    x1=(-b+sqrt(b*b-4*a*c))/(2*a);            //求根 x1
    x2=(-b-sqrt(b*b-4*a*c))/(2*a);            //求根 x2
    printf("x1=%d,x2=%d\n",x1,x2);            //输出 x1、x2
}
```

程序运行结果为:

```
x1=2,x2=-1
```

(1) 如果运算符两侧操作数的数据类型不同,则需要先自动转换为同一种类型后再运算,例如:2+3.5,因为3.5为double型,则会将int型的2转换为double型,然后再进行+运算。详见2.5.6节中的类型隐式转换规则。

(2) 如果算术运算符的所有操作数的数据类型相同,则算术表达式结果的数据类型也与操作数的数据类型相同。例如:3+5的结果8也是整型。此时需要特别注意除(/)运算符,例如:4/3的结果也是整型,所以结果为1。

【例2-9】 编写程序,求圆球的体积。

```
#include <stdio.h>
#define PI 3.14                    //定义符号常量
int main()
{
    float r=1,v;                   //定义半径 r,体积 v
```

```
    v=4/3*PI*r*r*r;                 //根据求体积公式4/3πr³计算体积
    printf("v=%f",v);               //输出体积
}
```

程序输出结果为：

```
v=3.140000
```

很显然，结果不对，这是因为 4/3*PI*r*r*r 这个表达式中 4/3 两侧的操作数均为整数，因此结果也为整数 1，然后 1 再参与后面的*运算，最终导致结果有误。可以采用如下方式修改：v=4*PI*r*r*r/3；或者 v=4.0/3*PI*r*r*r；或者 v=4/3.0*PI*r*r*r;，即确保/运算符的一个操作数为实型，则结果就会为实型。

(3) 取余(%)运算的操作数只能是整型数据。例如：

```
int result=10%2;
```

则变量 result 中的值为 0，即 10 除以 2，余数为 0。

【例 2-10】 编程求一个三位整数的个位、十位、百位数。

```
#include <stdio.h>
int main()
{
    int data=135,units,tens,hundreds;
    units=data%10;          //个位
    tens=data/10%10;        //十位
    hundreds=data/100;      //百位
    printf("units=%d,tens=%d,hundreds=%d",units,tens,hundreds);
}
```

程序运行结果为：

```
units=5,tens=3,hundreds=1
```

(4) 字符型数据可以参与算术运算。字符型数据存储的是 ASCII 码，其本质是小范围的整型数据，因此可以参与算术运算。

【例 2-11】 输出某字符的后继字符及 ASCII 码。

```
#include <stdio.h>
int main()
{
    char letter='a';        //字符'a'的 ASCII 码为 97
    printf("letter=%c,ASCII=%d\n",letter+1,letter+1); //字符型 letter 参与+运算
}
```

程序运行结果为：

```
letter=b,ASCII=98
```

2. 自增、自减运算符及表达式

自增(++)、自减(--)运算符是计算机语言中特有的单目算术运算符,其作用是使变量的值自增1、自减1,其操作数只能是变量。根据表达式中运算符的位置,可分前置和后置两种形式。

前置形式(称为前加加、前减减):运算符在前,如++i,--i,其功能是先自加(减)1,后使用。

后置形式(称为后加加、后减减):运算符在后,如i++,i--,其功能是先使用,后自加(减)1。

所以,++i和i++本身的作用与i=i+1的功能相同,都是自加1,区别在于参与其他运算时是加1之后的i值还是之前的i值。

【例2-12】 前加加、后加加运算符测试。

```
#include <stdio.h>
int main()
{
    int i=1,a;
    //i 值为 1,先执行 i 的自加 1 操作,i 值为 2,然后执行 a=i,a 值为 2
    a=++i;     //功能等价于 i=i+1;a=i;
    printf("a=%d,i=%d\n",a,i);
    //i 值为 2,先执行 a=i,a 值为 2,然后再执行自加 1 操作,i 值为 3
    a=i++;     //功能等价于 a=i;i=i+1;
    printf("a=%d,i=%d\n",a,i);
}
```

程序运行结果为:

```
a=2,i=2
a=2,i=3
```

自增(减)运算符增加了C语言的灵活性和简练性,但不建议过多在同一个表达式中使用,例如:

```
int i=1;
int a=(i++)+(i++);
```

多个i++会降低程序的可读性,并且不同的编译系统会有不同的解释,例如Dev-C++ 5.11中的a值为3,但Visual C++ 系列中的a值为2。因此建议初学者慎用。

扫一扫

2.5.3 赋值运算符和赋值表达式

在C语言中,单等于号(=)称为赋值运算符,作用是将等于号右边表达式的值赋给左边的变量,是一个优先级仅高于逗号运算符的双目运算符,结合方向为自右至左。例如:

```
float x=1.1,y,z;        //将变量 x 初始化为 1.1,即在变量定义时即赋值为 1.1
z=y=5*x;       //将 5*x 的结果 5.5 赋给变量 y,y 的值赋给变量 z,因此 y、z 中的值均为 5.5
```

注意：赋值运算符的左值必须是变量，5 * x＝y 是错误的。

为了提高编译效率，C 语言还提供了 10 个双目复合赋值运算符：＋＝(加赋值运算符)、－＝(减赋值运算符)、*＝(乘赋值运算符)、/＝(除赋值运算符)、%＝(取余赋值运算符)、&＝(位与赋值运算符)、^＝(异或赋值运算符)、|＝(位或赋值运算符)、<<＝(左移赋值运算符)、>>＝(右移赋值运算符)。其中后 5 个是扩展的位赋值运算符，详见 2.5.9 节。

下面以＋＝为例，说明复合赋值运算符的使用形式及功能。例如："x＋＝10;"等价于"x＝x＋10;"，功能是将 x 的值加 10 后的结果再赋给左边的变量 x。

【例 2-13】 复合赋值表达式测试。

```
#include <stdio.h>
int main()
{
    int x=3,y=2;          //注意 y 中一定赋初值
    y*=x+10;              //等价于 y=y*(x+10);
    printf("x=%d,y=%d\n",x,y);
}
```

程序运行结果为：

```
x=3,y=26
```

2.5.4 关系运算符和关系表达式

1. 关系运算符

比较两个表达式关系的运算符称为关系运算符。C 语言提供了 6 个关系运算符：>(大于)、<(小于)、>＝(大于或等于)、<＝(小于或等于)、＝＝(等于)、!＝(不等于)。

关系运算符都是双目运算符，其中前 4 个的优先级高于后 2 个的优先级，但都比算术运算符的优先级低，其结合方向为自左向右。

2. 关系表达式

由关系运算符和操作数组成的表达式称为关系表达式。关系表达式的结果为布尔类型，即关系成立，结果为真；关系不成立，结果为假。在 C 语言中，不管是 C99 前没有布尔类型时，还是 C99 中新增了名为_Bool 的布尔类型后，均用 1 表示真，用 0 表示假。

例如，假设 x、y 的值分别为 6 和 8，则表达式"x＝＝y"的值为 0，而"x<8"的值为 1。

一定注意，C 语言中的双等于"＝＝"才是判定两者是否相等的关系运算符，读作"等于"；而单等于"＝"是起赋值作用的赋值运算符，读作"赋值"。"x＝y"是赋值表达式，其作用为将变量 y 的值赋给变量 x，即 x 的值修改为 8，而整个表达式的结果为 x 的值 8。

【例 2-14】 关系表达式测试。

```
#include <stdio.h>
int main()
{
    char c='B';
    printf("%d\n",c>='A');        //字母 B 的 ASCII 码大于字母 A 的 ASCII 码,输出 1
    int x=6,y=6;
    printf("%d,%d,%d\n",x-y>0,x!=y,x==y);        //输出 0,0,1
```

```
    y=8;                      //y 赋值为 8
    printf("%d,",x==y);       //6==8 不再成立,输出 0
    printf("%d,",x=y);        //x 赋值为 y,即 x 值修改为 8,然后输出 x 的值 8
    printf("%d\n",x);         //再次验证 x 中的值为 8
}
```

程序运行结果为：

```
1
0,0,1
0,8,8
```

扫一扫

2.5.5 逻辑运算符和逻辑表达式

1. 逻辑运算符

如果需要多个关系表达式共同表达一种比较复杂的关系，则需要用逻辑运算符将其连接起来。C 语言中共有 3 个逻辑运算符：！(逻辑非)、&&(逻辑与)、||(逻辑或)。

优先级顺序是！的优先级高于算术运算符，而 && 和||的优先级介于赋值运算符和关系运算符之间。其结合方向为自左向右。

逻辑表达式中的操作数可以是任何数据类型，但参与运算时会被当作逻辑类型，即任何非 0 值当作真，0 值当作假。逻辑表达式的结果为逻辑型，仍然用 1 表示真，用 0 表示假。

！(逻辑非)为单目运算符，操作数为真(非 0)，则结果为假(0)；操作数为假(0)，则结果为真(1)。

&&(逻辑与)为双目运算符，两个操作数都为真(非 0)，则结果为真(1)；否则结果为假(0)。

||(逻辑或)为双目运算符，两个操作数均为假(0)，则结果为假(0)；否则结果为真(1)。

2. 逻辑表达式

由逻辑运算符构成的表达式称为逻辑表达式。例如：

```
int x=3,y=0;
!x                //x 值为 3,非 0,则!x 的结果为假,即为 0
x>0&&(y==0)       //3>0 为真(1),0==0 为关系表达式,结果为真(1),所以结果为真(1)
x>0&&(y=0)        //3>0 为真(1),y=0 为赋值表达式,结果为假(0),所以结果为假(0)
```

一定注意数学表达与 C 语言表达形式的差别，例如，判断 c 是否是小写字母，数学中可以写作'a'≤c≤'z'，但 C 语言中必须写作 c>='a'&&c<='z'。注意，一定不能写作'a'<=c<='z'，因为这个关系表达式的计算过程为：先判断'a'<=c，其结果不是 1 就是 0，然后用 1 或 0 与'z'做<=运算，'z'的 ASCII 码为 122，当然大于 1 或 0，所以表达式结果为永真，根本起不到判断 c 是否是小写字母的作用。

3. 逻辑运算优化

在 C 语言中，为提高效率，会对逻辑运算进行优化。当逻辑表达式中的一部分就能确定结果时，就不会继续运算下去，也称为逻辑短路。例如：

对 &&(逻辑与)来说,如果第一个操作数为假,则直接判定结果为假,而不再执行判断第二个操作数。对||(逻辑或)来说,如果第一个操作数为真,则直接判定结果为真,不再执行判断第二个操作数。例如:

```
int x=8;
x<0&&(x=20)          //x<0 值为假,则不再执行 x=20,因此 x 的值保持原值 8
```

再例如:

```
x>0&&(x=20)          //x>0 值为真,则继续执行 x=20,因此 x 的值修改为 20
```

注意:x>0&&x=20 是一个错误表达式,因为=的优先级低于 &&,因此表达式等价于(x>0&&x)=20,而赋值表达式要求左值必须为变量,而 x>0&&x 不是变量。

【例 2-15】 逻辑表达式测试。

```
#include <stdio.h>
int main()
{
    char c='b';
    printf("%d",c>='a'&&c<='z');        //c是一个小写字母,结果为真(1)
    c='*';
    printf(",%d\n",c>='a'&&c<='z');     //c不是一个小写字母,结果为假(0)
    int x=8;
    printf("%d,",x<0&&(x=20));          //x<0 不成立,x=20 不执行,x 保持原值
    printf("%d\n",x);                   //输出 x 的值 8
    printf("%d,",x>0&&(x=20));          //x>0 成立,继续执行 x=20;x 修改为 20
    printf("%d\n",x);                   //输出 x 的值 20
}
```

程序运行结果为:

```
1,0
0,8
1,20
```

2.5.6 数据的类型转换

扫一扫

在 C 语言中,一个双目运算符的两个操作数可能是不同数据类型的数据,运算时需要转换为相同的数据类型,这就是数据的类型转换。根据不同的转换方式可以分为隐式转换、赋值转换和强制转换 3 种。

1. 隐式转换

隐式转换也称为自动转换,由编译器自动完成。隐式转换规则为:低类型数据转换为高类型数据。类型高低的判断规则为:类型越高,数据的表示范围越大,精度越高,占用的内存空间也就越大。常用数据类型的高低顺序及转换规则如图 2-4 所示。这种由低向高的转换规则保证了

图 2-4 数据类型隐式转换规则图

转换的安全性，即转换过程中数据的精度没有损失。

在图 2-4 中，纵向是需要时转换。如表达式 2＊3.14，因为 2 为整型，3.14 为 double 型，因此计算时先将 2 转换为 double 型，再与 3.14 相乘，结果 6.28 为 double 型。

横向是为提高运算精度而进行的必然转换。如变量 ch1 和 ch2 均为 char 型变量，计算 ch1＋ch2 时均自动转换为 int 型，表达式结果也为 int 型。

【例 2-16】 自动类型转换测试。

```
#include <stdio.h>
int main()
{
    int a=2;
    double b=3.146;
    //计算 a+b 时需将低类型 int 转换为高类型 double,结果为 double 型,占 8B
    printf("sizeof(int+double)=%d\n",sizeof(a+b));
    char ch1,ch2;
    //计算 ch1+ch2 时,将 char 型自动转换为 int 型,结果为 int 型,占 4B
    printf("sizeof(char+char)=%d\n",sizeof(ch1+ch2));
}
```

程序运行结果为：

```
sizeof(int+double)=8
sizeof(char+char)=4
```

2. 赋值转换

如果赋值运算符两侧的操作数类型不一致，也会自动进行类型转换，规则为：一律转换为左边变量的数据类型。例如：

```
float a=4;
```

将整型常量 4 转换为 float 型 4.0，然后赋给变量 a。

当高数据类型值赋给低数据类型变量时，可能会有损失。例如：

```
int b=4.9;
```

b 中的值为 4，因为 b 为整型，所以需要将 double 型数据 4.9 转换为整型，转换时会直接丢弃小数部分，将保留的整数部分 4 赋给变量 b。

在第 7 章函数中，形参与实参，或函数返回类型与实际返回值类型不一致时，也遵循赋值转换规则，即无论实参和实际的返回值是什么类型，一律转换为形参和函数返回类型。

3. 强制转换

强制转换也称为显式转换，是利用强制类型转换运算符将一个表达式的值转换成某种数据类型，一般格式如下。

```
(类型名)(表达式)
```

例如：

```
int b=(int)4.9;
```

上式将 double 型常量 4.9 强制转换为整数 4，然后赋值给 b。

【例 2-17】 求两个整数的平均数。

```
#include <stdio.h>
int main()
{
    int data1=2,data2=3;                          //两个整型数
    float avg=(float)(data1+data2)/2;     //将(data1+data2)的结果强制转换为 float
    printf("avg=%f\n",avg);
}
```

程序执行结果为：

```
avg=2.500000
```

注意：强制类型转换运算符的优先级比较高，"(float)(data1 + data2)/2"等价于"((float)(data1+data2))/2"，即先计算 data1+data2 的值，将整型结果 5 强制转换为 float 型 5.0f，然后计算 5.0f/2 的结果 2.5。

如果将"(float)(data1+data2)/2"修改为"(float)((data1+data2)/2)"，则程序运行结果为：

```
avg=2.000000
```

因为"(float)((data1+data2)/2)"的计算过程为：先计算"(data1+data2)/2"的值，因为操作数全部是整型，因此表达式结果也为整型 2，然后将 2 强制转换为 float 类型 2.0，所以 avg 得到的值为 2.0。

2.5.7 逗号运算符和逗号表达式

C 语言中的逗号","有双重含义，除了起分隔符的作用外，还可以做运算符。逗号运算符，又称为顺序求值运算符，用于把两个表达式连接成一个逗号表达式，其一般形式为：

```
表达式 1,表达式 2
```

其执行过程为：先计算表达式 1 的值，再计算表达式 2 的值，并以表达式 2 的值作为整个逗号表达式的值。该运算符的优先级是所有运算符中最低的，结合方向为自左至右。

【例 2-18】 逗号表达式测试。

```
#include <stdio.h>
int main()
{
    int x=0,y=3,z;              //此语句中的逗号是起分隔变量作用的分隔符,不是逗号运算符
    z=x+y,y=8;                  //此语句中的逗号为逗号运算符
    printf("x=%d,y=%d,z=%d\n",x,y,z);
}
```

程序执行结果为：

```
x=0,y=8,z=3
```

逗号表达式“$z=x+y,y=8$”等价于“$(z=x+y),y=8$”，即先执行表达式 1：$z=x+y$，z 值为 3，再执行表达式 2：$y=8$，y 值为 8，x 保持原值 0。整个逗号表达式的结果 8，但因为没有继续参与其他运算而被丢弃。

如果将“$z=x+y,y=8$”修改为“$z=(x+y,y=8)$”，则程序的输出结果为：

```
x=0,y=8,z=8
```

“$z=(x+y,y=8)$”是一个赋值表达式，计算过程为：

(1) 先计算赋值号右边的表达式，即括号中的逗号表达式“$x+y,y=8$”。

① 计算 $x+y$ 的和为 3；

② 执行 $y=8$，所以 y 值修改为 8；

③ 返回逗号表达式的值 8。

(2) 将逗号表达式的值 8 赋给 z，所以 z 值修改为 8。

扫一扫

2.5.8 sizeof 运算符

求字节数运算符 sizeof 用于获得操作数所占空间的字节数，是一个单目运算符。操作数可以是表达式或数据类型名，一般使用格式为：

```
sizeof(类型名或表达式)
```

如果操作数为类型名，则是获得该数据类型的数据所占空间的字节数，例如：

```
sizeof(int)
```

获取 int 数据类型的数据所占空间的字节数。

如果操作数是表达式，则获取表达式结果所占空间的字节数。例如：

```
sizeof(x+1)
```

获取 $x+1$ 结果所占内存的字节数。

【例 2-19】 sizeof 运算符测试。

```
#include <stdio.h>
int main()
{
    long long ll='a';
    printf("sizeof(long long)=%d\n",sizeof(long long));
    printf("sizeof(ll)=%d\n",sizeof(ll));
    printf("sizeof(3.14)=%d\n",sizeof(3.14));
    printf("sizeof(3.14f)=%d\n",sizeof(3.14f));
}
```

程序运行结果为：

```
sizeof(long long)=8
sizeof(ll)=8
sizeof(3.14)=8
sizeof(3.14f)=4
```

由程序结果可以看出，在 64 位编译器中，long long 类型占 8B，3.14 是 double 型常量，占 8B，3.14f 才是 float 型常量，占 4B。如果在其他位编译器中，结果可能会发生变化。

2.5.9 位运算

扫一扫

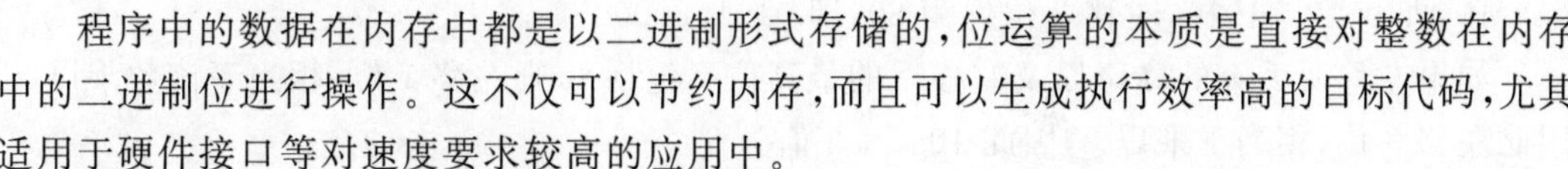

程序中的数据在内存中都是以二进制形式存储的，位运算的本质是直接对整数在内存中的二进制位进行操作。这不仅可以节约内存，而且可以生成执行效率高的目标代码，尤其适用于硬件接口等对速度要求较高的应用中。

位运算仅适用于整数，包括字符型、短整型、整型、长整型等，并且因为在计算机中是以补码形式存放，因此参与位运算时一般为整数的补码。当位运算的操作数二进制位数不同时，会自动将位数少的操作数用其最高位的值在左侧填充至位数相同后再运算。C 语言共提供了 6 种位运算符，其中按位取反“～”是单目运算符，其他为双目运算符。双目位运算符与赋值运算符结合又组成了 5 种扩展的位赋值运算符，如表 2-6 所示。

表 2-6　位运算符

运算符	含　义	使用示例（x:0000　1010　y:0000　0011）	优先级
～	按位取反	～x:1111　0101	3(高)
<<	左移	x<<3:0101　0000	5
>>	右移	x>>3:0000　0001	5
&	按位与	x&y:0000　0010	8
^	按位异或	x^y:0000　1001	9
|	按位或	x|y:0000　1011	10
<<=、>>=、&=、^=、|=	位复合赋值运算	x&=y 等价于 x=x&y 则 x:0000　0010	14(低)

1. 按位取反～

～x 的运算规则：将 x 对应的二进制位按位取反，即二进制位上的 0 变 1，1 变 0。

例如，计算～10 的值。

10 为整数，补码与原码相同，其补码为 0000　1010，则～0000　1010 为 1111　0101。

【例 2-20】　编写程序，求一个整数的相反数。

正整数存储的是原码，正整数的相反数为负数，存储的是补码，而补码正好是正整数各位取反加 1，因此正整数 x 的相反数为～x+1。而补码的补码就是原码，因此一个负整数 y 的补码就是 y 的相反数，即负整数 y 的相反数为～y+1。

```
#include <stdio.h>
int main()
```

```
{
    int x;
    printf("请输入一个整数: ");
    scanf("%d",&x);
    printf("相反数为: %d",~ x+1);
}
```

2. 左移<<

x<<y 的运算规则：将 x 向左移动 y 位，高位丢弃，低位补 0。

例如，计算 10<<3 的值。

10，即 0000 1010，左移 3 位后为 80，即 0101 0000。

如果左移所丢弃的高位以及左移后的最高位不包括 1，则左移 1 位，相当于该数乘以 2。因此左移 3 位，相当于乘以 8，因此 10<<3 值为 80。

【例 2-21】 有种浮萍每天生长的速度都是前一天的 2 倍，假设今天浮萍的面积为 1 平方米，编写程序，求 $n(n\leqslant 30)$天后浮萍占据多少平方米。

```
#include <stdio.h>
int main()
{
    int day;
    printf("请输入天数: ");
    scanf("%d",&day);
    printf("%d 天后会占据%d 平方米",day,1<<day);
}
```

3. 右移>>

x>>y 的运算规则：将 x 向右移动 y 位，低位丢弃，高位如果为无符号整数或正整数，则补 0，如果为负整数，则取决于编译系统，有的补 0，有的补 1，Dev-C++ 规定补 1。

例如，计算 10>>3 的值。

10，即 0000 1010，右移 3 位后为 1，即 0000 0001。

如果右端移出的部分不包括 1，则右移 1 位，相当于该数除以 2。

4. 按位与 &

x&y 的运算规则：x 和 y 对应二进制位均为 1 时，结果位为 1，否则为 0。

例如，计算 10&3 的值。

10 和 3 为正数，其二进制补码分别为 0000 1010 和 0000 0011。

```
  0000 1010
& 0000 0011
-----------
  0000 0010
```

即 printf("%d\n",10&3);的输出结果为 2。

再例如，计算 10&−3 的值。

10 为整数，二进制补码为：0000 1010，−3 为负数，二进制补码为 1111 1101。

```
  0000  1010
& 1111  1101
  0000  1000
```

即 printf("%d\n",10&-3);的输出结果为 8。

按位与运算通常用来对一个数的某些二进制位清 0,而保留剩余位。例如,x 为一个字符(8 位),如果要将其高 4 位清 0,而保留低 4 位,则可以用 x&15,15 的二进制补码为:0000 1111。

【例 2-22】 编写程序,判断一个整数是奇数还是偶数。

整数的末位如果为 1,则说明为奇数,为 0,则说明为偶数,因此要判断整数的奇偶性,只需判断其末位即可。而只保留末位可以用整数与 1 进行 & 运算。

```
#include <stdio.h>
int main()
{
    int x;
    printf("请输入一个整数: ");
    scanf("%d", &x);
    printf("%d", x&1);        //输出 1 则 x 是奇数,输出 0 则 x 为偶数
}
```

5. 按位异或^

x^y 的运算规则: x 和 y 对应的二进制位,如果不同,则为 1,否则为 0。

例如,计算 10^3 的值。

10 和 3 为正数,其二进制补码分别为 0000 1010 和 0000 0011。

```
  0000  1010
^ 0000  0011
  0000  1001
```

即 printf("%d\n",10^3);的输出结果为 9。

按位异或通常对一个数的某些二进制位进行翻转。例如,x 为一个字符(8 位),如果要将其第 3 位进行翻转,则可以用 x^4,4 的二进制补码为: 0000 0100。

【例 2-23】 编写程序,实现两个整数的交换。

x^y 的作用其实就是则将 x 中 y 对应二进制位为 1 的二进制位进行翻转,因此 x^y^y 的值为 x,即按同样的方式翻转两次则是原数据。

```
#include <stdio.h>
int main()
{
    int x, y;
    printf("请输入两个整数,用空格分隔: ");
    scanf("%d%d", &x, &y);
    x =x^y;
    y =x^y;              //y 的值被替换为 x
    x =x^y;              //x 的值被替换为 y
    printf("x=%d, y=%d", x, y);
}
```

6. 按位或|

$x|y$ 的运算规则：x 和 y 对应二进制位，如果有 1，则为 1，否则为 0。

例如，计算 10|3 的值。

```
  0000  1010
| 0000  0011
------------
  0000  1011
```

即 printf("%d\n",10|3);的输出结果为 11。

按位或通常用来对一个数中的某些二进制位置 1。例如，x 为一个字符(8 位)，如果要将其低 4 位置 1，则可以用 $x|15$，15 的二进制补码为：0000　1111。

【例 2-24】 假设有 $n(n\leqslant 32)$ 盏灯，用一个 int 型变量的第 i 个二进制位表示第 i 盏灯的状态，1 表示亮，0 表示灭。编写程序，将第 i 盏灯点亮。

```
#include <stdio.h>
int main()
{
    unsigned int x=0,i;          //x 赋初值为 0,则默认灯全灭
    printf("请输入点亮灯的序号(1-32): ");
    scanf("%u",&i);
    x=x|1<<(i-1);                //将 x 的第 i 位置 1,注意从右向左数位置
    printf("%x\n",x);            //以十六进制输出 x,方便查看第 i 位是否为 1
}
```

扫一扫

2.6 综合案例

学习完数据类型、常量和变量的知识后，就可以对创新大赛评分系统中涉及的作品信息数据进行类型分析和定义。

(1) 作品编号：作品编号用于唯一标识一个作品，具有唯一性，并随着作品的增加而自动增长。为尽量扩大计数范围，并保证编号唯一、能自动增长等特性，确定作品编号为无符号整型。

(2) 作品名称、作者姓名、作者学号、作者专业、作者年级、评委姓名、管理员用户名、密码等均非常明显是一个字符串，只是长度略有不同。根据实际需求，将作品名称长度定义为 40，将作者姓名、作者学号、作者年级、评委姓名、管理员用户名、密码等长度定义为 10，将作者专业定义为 20。

(3) 评分、平均分：作品评分、平均分等在 0～100 分，且可以有小数，因此确定为单精度类型。

(4) 作品发布状态标识：用来标识作品是否已经发布，0 表示未发布，1 表示已发布，为节省空间，采用字符类型。

其中字符串要用数组保存，详见第 6 章相关内容。

习题

一、选择题

1. 下面选项中可以作为标识符的一组是(　　)。

A. char,define,MY　　B. 1_stu,For,－a1

C. ＃ID,sizeof,DO　　D. main,_289,Bike

2. 以下程序在编译时产生错误,其出错原因是(　　)。

```
#include <stdio.h>
main()
{   int case;float printF;
    printf("请输入 2 个数:");
    scanf("%d %f\n",case,printF);
}
```

A. 定义语句出错,case 是关键字,不能用作用户自定义标识符

B. 定义语句出错,printF 不能用作用户自定义标识符

C. 定义语句无错,scanf 不能作为输入函数使用

D. 定义语句无错,printf 不能输出 case 的值

3. 以下关于 int 类型数据占用内存大小的叙述中,正确的是(　　)。

A. 均占用 4B

B. 根据数据的大小来决定所占内存的字节数

C. 可以由用户自己定义

D. 由 C 语言编译器决定

4. 以下关于 C 语言数据类型,使用错误的是(　　)。

A. 若要保存带有多位小数的数据,应使用双精度类型

B. 若要解决如"学生信息"等具有不同类型的数据,应使用自定义结构体类型

C. 若要解决如"学生信息"等具有不同类型的数据,应使用类

D. 若要精确地表达自然数,应使用整数类型

5. 以下是 C 语言合法字符常量的是(　　)。

A. 'c"　　B. '\\"　　C. 'w'　　D. "

6. 以下不是 C 语言合法常量的是(　　)。

A. 1.234　　B. '\123'　　C. 123　　D. "\z7G"

7. 以下是 C 语言合法常量的是(　　)。

A. 018　　B. '\081'　　C. '\x1a'　　D. '\xza'

8. 以下是 C 语言合法实数的是(　　)。

A. .8e0　　B. 5e0.6　　C. E12　　D. 1.08E

9. 字符串常量"\070\\\tsun\n"的长度和占用内存字节长度分别为(　　)。

A. 13,14　　B. 7,8　　C. 7,7　　D. 9,10

10. 以下不能正确表达代数式$\frac{3xy}{zh}$的C语言表达式是(　　)。

A. 3 * x * y/z/h　　B. x * y/z/h * 3

C. x/z/h * y * 3　　D. 3 * x * y/z * h

11. 假设变量 *a*,*b*,*c* 定义为 double 类型,则表达式 c=(a=2,b=a+5/2)的值为(　　)。

A. 4.5　　B. 4.0　　C. 3.0　　D. 3.5

12. 假设"int i=3,y;",则执行语句"y=i++;"后,变量 *i* 和 *y* 的值分别为(　　)。

A. 4　3　　B. 3　3　　C. 4　4　　D. 3　4

13. 假设"int i=3;",执行语句"i+=--i;"后,*i* 的值是(　　)。

A. 6　　B. 3　　C. 4　　D. 5

14. 若变量均已正确定义并赋值,以下合法的C语言赋值语句是(　　)。

A. x=y==10;　　B. x=y%3.6;　　C. x+y=z;　　D. x=3=2+1;

15. 假设 *x* 和 *y* 均为整型变量,且已正确赋值,则程序段"x+=y;y=x-y;x-=y;"的功能是(　　)。

A. 将 *x* 和 *y* 按从小到大顺序排列　　B. 将 *x* 和 *y* 按从大到小顺序排列

C. 无确定结果　　D. 交换 *x* 和 *y* 的值

16. 在C语言中,关系运算符对两侧运算对象的要求是(　　)。

A. 只能是0或1

B. 两个运算符必须属于同一种类型

C. 只能是0或非0

D. 可以是任意合法的表达式,两个类型不一定相同

17. 已知"*w*=3,*x*=2,*y*=3,*z*=3,*a*=4,*b*=2;",则执行语句"(a=w>x)||(b=y>z);"后 *a*、*b* 的值分别是(　　)。

A. 1,1　　B. 0,0　　C. 1,2　　D. 4,2

18. 执行程序段"int a=-1,b=4,k;k=(++a<0)&&!(b--<=0);"后,则 *k*,*a*,*b* 的值为(　　)。

A. 1　0　4　　B. 1　0　3　　C. 0　0　3　　D. 0　0　4

19. 能正确表示 *a* 和 *b* 同时为正或者同时为负的逻辑表达式是(　　)。

A. (a>=0||b>=0)&&(a<0||b<0)

B. (a>=0&&b>=0)&&(a<0&&b<0)

C. (a+b>0)&&(a+b<=0)

D. a * b>0

20. 判断某年是闰年的条件是:能被4整除但不能被100整除,或者能被400整除,下面能正确判断 *x* 年是闰年的表达式为(　　)。

A. (x%4==0&&x%100!=0)||x%400==0

B. (x%4==0||x%100!=0)&&x%400==0

C. (x%4==0&&x%400!=0)||x%100==0

D. (x%100==0||x%4!=0)&&x%400==0

21. 若变量 *b* 为 int 类型,执行语句"*b*='B'+2.6;"后,下列叙述正确的是(　　)。

A. *b* 中的值为字符 D　　B. *b* 中的值为实型数据 68.6

C. 字符型和浮点型数据不能相加　　D. *b* 中的值为字符 E

22. 表达式：(int)((double)9/2)－(9)%2 的值是(　　)。

A. 0　　B. 3　　C. 4　　D. 5

23. 以下程序的输出结果是(　　)。

```
int main()
{   unsigned char x,y;
    x=7^3;y=~ 4;
    printf("%d %d",x,y);
}
```

A. 4　11　　B. 7　11　　C. 7　251　　D. 4　251

24. 以下程序的运行结果是(　　)。

```
#include <stdio.h>
int main()
{   unsigned char x=8,y;
    y=x>>3;
    printf("%d",y);
}
```

A. 0　　B. 1　　C. 16　　D. 32

25. 设有定义语句：char x＝2,y＝6,z;,则执行赋值语句“z＝x||y&2;”后变量 *z* 中的二进制值是(　　)。

A. 00001011　　B. 00000110　　C. 00000010　　D. 00000001

二、填空题

1. 在 C 语言中,字符型数据和________数据之间可以通用。

2. 在 C 语言中,字符串常量尾部必须加一个字符串结束标志________。

3. C 语言中的字符常量是指________个字符,而字符串常量是指________序列,字符串的最小长度是________。

4. 以下程序的输出结果是________。

```
int main()
{   int i=3,y;
    printf("%d",y=i++);
}
```

5. 以下程序的输出结果是________。

```
int main()
{   int a=10,b=20,c=30,d=40,m=2,n=2;
    (m=a>b)&&(n=c>d);
    printf("m=%d,n=%d",m,n);
}
```

6. 以下程序的输出结果是________。

```
int main()
{ int n;
  printf("%d,",(n=3*5,n*4,n+5));
  printf("%d",n);
}
```

7. 以下程序的输出结果是________。

```
#include <stdio.h>
int main()
{  char a='a',b='b';
   int i;
   printf("%d",i=a+b);
}
```

8. 以下程序的输出结果是________。

```
#include <stdio.h>
int main()
{ int a;
  a=(int)((double)(3/2)+0.5+(int)1.99*2);
  printf("%d\n",a);
}
```

第3章 顺序结构程序设计及常用函数

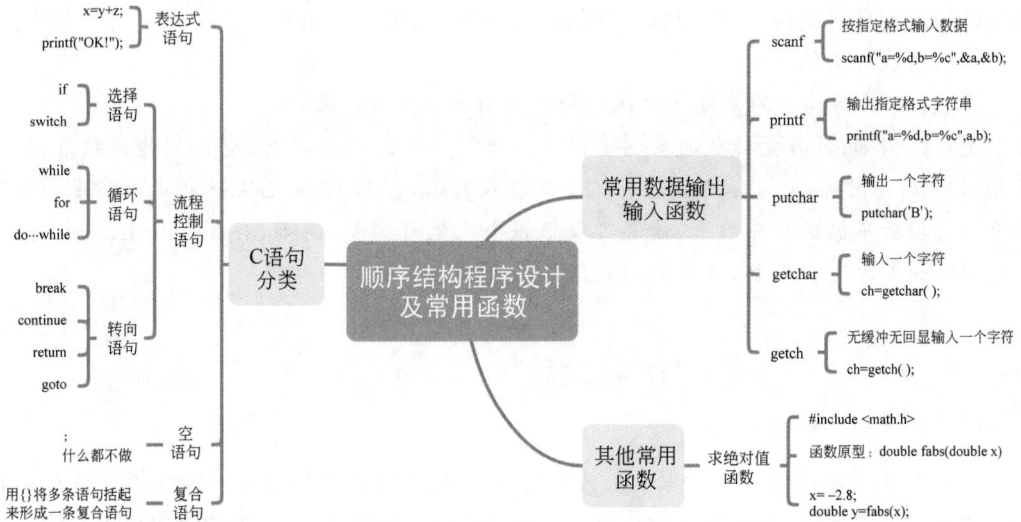

用程序解决简单问题一般需要 3 步：①输入数据；②处理数据；③输出数据。例如，小程是一家销售瓷砖的网上商铺老板，需要经常根据用户提供的铺设瓷砖的面积和选择瓷砖的尺寸，计算需要瓷砖的块数。

这是一个小学生就能解决的问题，假设铺设面积用 area 表示，单位为平方米，瓷砖的长用 length 表示，宽用 width 表示，单位为厘米。则瓷砖块数 tiles＝area×10000÷(length×width)。编写程序解决这一实际需求可以分为 3 步。

(1) 输入数据。通过键盘输入 area、length、width 的值。

(2) 处理数据。根据上述公式求出瓷砖的块数。

(3) 输出数据。将瓷砖块数输出到屏幕。

确定总体思路后，还需要确定程序的若干细节问题。

(1) area 等变量的值如何从键盘输入，tiles 中的值如何输出到屏幕上呢？

(2) 根据公式计算出来的瓷砖块数一般带有小数点，如 32.6 块，而实际需要 33 块，如何实现向上取整呢？

本章主要介绍顺序结构、C 语句分类、输入以及常用函数的有关知识，运用本章的知识，读者可以编写出顺序结构的人机交互小程序。

扫一扫

3.1 顺序结构

如果用计算机程序解决某一个问题或完成某一任务，需要若干条语句配合完成，而反映语句之间的这种配合和执行顺序关系的就是程序流程控制问题。从程序流程控制视角看，程序结构可分为 3 种基本结构：顺序结构、选择结构和循环结构。无论功能多复杂的程序，皆是由这 3 种基本结构中的一种或几种灵活组合而成。

本章介绍的顺序结构是其中最简单也是最常用的一种结构。顺序结构是指按照语句在程序中出现的先后顺序逐条执行，每条语句必须执行且只执行一次。其流程图如图 3-1 所示，即语句 1 执行完毕后再执行语句 2。

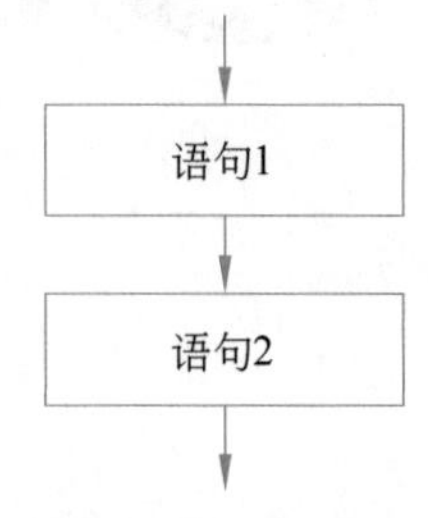

图 3-1　顺序结构流程图

注意：顺序结构中的某些语句执行顺序影响程序执行结果，不可以交换。例如，计算瓷砖数的案例中，按(2)→(1)→(3) 顺序执行，会得到错误结果，因为计算 tiles 的值时 area、length、width 还没有输入数据，当然 tiles 无法得到正确结果。但某些语句交换后不影响程序结果，读者可以根据个人偏好调整，例如，area、length、width 3 个变量的赋值顺序可以调整，只要使用时保证已经赋值即可。

扫一扫

3.2 C 语句分类

一个 C 语言程序由一个或多个函数组成，而函数主要由语句组成。因此函数是 C 语言程序的基本组成单位，而语句是最小单位。根据语句的功能，C 语言中的语句可以分为以下 4 类。

(1) 表达式语句。表达式语句的突出特征是以分号“;”结尾。任何一个合法的表达式后面跟上一个分号就可以构成一条表达式语句，即其一般格式如下：

```
表达式;
```

表达式由运算符和运算数组合而成，其中运算符可以是 C 语言中任何的算术、关系、赋值、逗号、指针等运算符，运算数可以是变量、常量、宏定义、函数调用等形式，只要组成的表达式合法即可。其中，最典型、最常用的是赋值表达式和函数调用语句。

例如：赋值表达式语句

```
x=y+z;
```

是由算术运算符“+”和赋值运算符“=”以及 x、y、z 3 个变量组成的算术、赋值混合表达式语句，其作用为计算 $y+z$ 的值，然后赋给变量 x。因为最后进行的是赋值操作，可以简称为赋值表达式语句。

例如：函数调用语句

```
printf("Try my best!");
```

是由一个函数调用“printf("Try my best!")”和一个分号组成，其作用是调用 printf 函数，在屏幕上输出“Try my best!”。

当然，任何合法的表达式加分号都构成表达式语句，但不一定有实际意义，应避免使用。例如：

```
y+z;        //只计算出 y+z 的值，但计算结果没有保留，也没有输出，无实际意义
z=z;        //把 z 变量的值又赋给 z，对程序功能没起任何作用，无实际意义
```

(2) 流程控制语句。在 C 语言中，除了顺序结构通过出现顺序控制之外，其他流程均需要通过特定的语句定义符控制。C 语言中的流程控制语句共有 3 大类 9 小种。

① 选择语句：if 语句、switch 语句。

② 循环语句：while 语句、for 语句和 do…while 语句。

③ 转向语句：break 语句、continue 语句、return 语句、goto 语句。

(3) 空语句。空语句是一条只有一个分号“;”构成的语句。它其实是一个表达式语句，只不过表达式为空，所以什么也不做，一般用来占位、作被转向点或空循环体。例如：

```
for(i=0;(a[i]=getchar())!='\n';i++)
    ;        //注意循环体为空语句
```

该程序段的功能为从键盘上输入一串字符放到数组中，按回车键结束。因为循环必须有循环体，因此该空语句必不可少。当然，此处的空语句并不是空循环体的唯一表达方式，换成一条空复合语句，即一对花括号“{}”也可以。

虽然什么也不做，但空语句毕竟是一条语句，不能在程序中随便加，否则可能会造成程序语法或者逻辑错误。例如：

```
int count=0;
while((ch=getchar())!='\n')
    count++;
```

此程序段的功能为计算输入字符的个数。但如果写成：

```
int count=0;
while((ch=getchar())!='\n');
    count++;
```

则会发现无论输入多少个字符，count 中的值都为 1。这是因为 while 循环的循环体变成了空语句“;”，而“count++;”变成了循环结束后才能执行到的顺序结构语句，只执行一次。

(4) 复合语句。前面的一条表达式语句、空语句或流程控制语句均可统称为一条单语句,而将 $n(n \geqslant 0)$ 条语句用一对花括号"{}"括起来则称为复合语句。例如:

```
{
    temp=max;
    max=min;
    min=temp;
}
```

就是一条复合语句,功能为借助中间变量 temp 交换变量 max、min 的值。

如果去掉两端的花括号,则是三条单语句,但功能不变。既然花括号加与不加功能不变,为什么要画蛇添足地加呢?因为在某些场景中,比如选择或循环语句,要求分支体或者循环体只能是一条语句,所以,当分支体或者循环体是多条语句时,则可以加花括号将多条语句转换为一条复合语句。例如:

```
if (max<min)
{
    temp=max;
    max=min;
    min=temp;
}
```

功能为只有在满足 max 小于 min 的情况下才会交换 max、min 的值,也就是始终保持 max 大于或等于 min。此时若去掉花括号,则受 if 控制的分支体就只有单语句"temp=max;",程序就会产生逻辑错误。

【例 3-1】 编程实现,将一个 24 小时制时间转换为 12 小时制时间。例如,输入:13:15,则输出:下午 1:15;输入:8:20,则输出:上午 8:20。

程序分析:时间由时和分两部分组成,转换为 12 小时制时只有时变,而分不用变,因此将时和分放在两个整型变量中。

```
#include <stdio.h>                                  //文件包含命令,不是语句,所以没有分号
int main()
{
    int hour,minute;                                //变量声明语句
    printf("输入 24 小时制时间:(小时:分钟)\n");     //函数调用语句,输出提示信息
    scanf("%d:%d",&hour,&minute);                   //函数调用语句,从键盘输入时分,用:分隔
    if (hour<=12)
        printf("上午 %d:%d\n",hour,minute);
    else
        {                                           ← if语句
            hour=hour-12;//表达式语句                ← 一条复合语句
            printf("下午 %d:%d\n",hour,minute);
        }
}
```

3.3 常用数据输出输入函数

输入与输出是程序与用户之间的一种交互方式，一个程序至少有0个输入和1个输出。C语言通过调用标准函数库中的输入、输出函数来实现数据的输入、输出操作。因为输入设备可能是标准输入设备键盘，也可能是非标准输入设备，如文件、扫描仪等，输出设备可能是标准输出设备屏幕，也可能是非标准输出设备，如文件、打印机等，因此在标准函数库中提供了针对不同设备、不同读写方式的多个函数，这些函数的定义一般在头文件stdio.h(stdio是standard input & output的缩写)中。因此，如果程序中要使用它们，则需要在程序的开头加上预编译命令：

```
#include <stdio.h>
```

C语言中的输出输入函数都是成对的，即有一个某功能的输入函数，就有一个相同功能的输出函数。例如，scanf和printf是一对，都是格式化输入输出函数；getchar和putchar是一对，都是字符输入输出函数。一对函数在格式、用法等方面有很多雷同点，因此可以对比着记忆、学习。

此章要介绍的输入函数皆为标准输入函数，即输入设备为键盘；输出函数皆为标准输出函数，即输出设备为屏幕。输入和输出设备为文件的若干函数将在文件一章中介绍。

3.3.1 格式输出函数printf

扫一扫

1. printf函数调用方法

格式输出函数printf的功能是按指定格式将字符串输出到标准输出设备——屏幕上。其中，函数名中的f就是format(格式)的缩写。printf函数是应用最广、功能最强大的输出函数，因此使用语法也比较琐碎，初学者只需掌握基本输出方式即可，不必死抠细节，尤其是繁杂的格式说明项，用时查阅即可。

printf函数的函数原型为：

```
int printf(const char * format[,argument…])
```

其中，参数format称为格式控制串，参数argument后面的"…"表示此参数的个数不确定，所以argument称为输出列表，"[]"表示参数argument为可选项，可有可无。

例如：

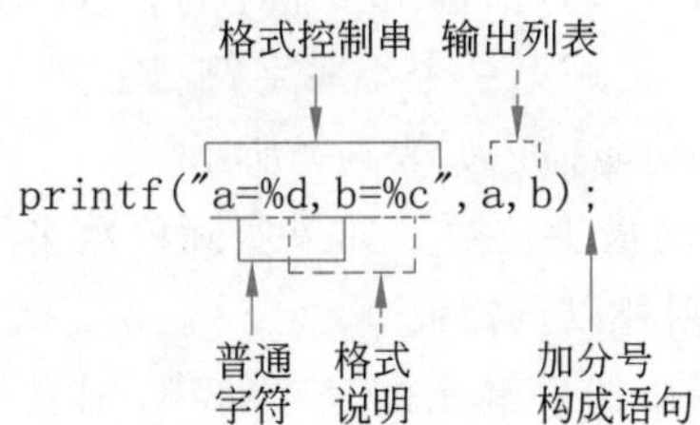

(1) 格式控制串。format 前面的数据类型"const char *"说明此处应是一个字符型指针,常为一个用双引号引起来的常量字符串,功能为指定输出数据项的类型和格式,可以包含两种信息。

① 格式说明项,由%和格式说明符组成,作用是将输出列表中对应的数据按照指定格式输出。如例中的%d 说明按十进制整型格式输出,%c 说明按字符格式输出,但具体输出值需要在输出列表中指定。

② 普通字符,即除格式说明项以外的字符,会原样输出,在输出结果中起提示作用。如例中的"a="和",b=",尤其注意",b="中的","也是普通字符。

普通字符一般采用字符常量形式,特殊情况也可以采用转义字符形式,例如:

```
printf("a\b*");
```

输出结果为:*。因为"\b"为退格键的转义字符形式,输出 a 以后会倒退一格,然后输出*,所以*就会把 a 覆盖掉。

(2) 输出列表。输出列表是需要在格式控制串指定位置输出的一些表达式集合,之间用逗号隔开。第 i 个表达式的值会按照第 i 个格式说明项所指定格式,代替第 i 个格式说明项输出。所以表达式的个数一定要和格式说明项的个数保持一致,否则程序会出现意想不到的逻辑错误。

在上例中,假如变量 a、b 均为整型变量,且值均为 65,则输出结果为:

```
a=65,b=A
```

即第一个表达式的值代替第一个格式说明项,以整数形式 65 输出;第二个表达式的值代替第二个格式说明项,以字符形式 A 输出(字符 A 对应的 ASCII 码为 65)。除此之外,其他均为普通字符,原样输出。

(3) 函数返回值。printf 函数如果输出成功,则返回所输出字符的个数,否则返回一个负数。但最常用的是 printf 单独构成语句,因此极少使用其返回值。

2. 格式说明项

格式说明项的一般形式为:

```
%[标志][最小宽度][.精度][长度]格式字符
```

由一般形式可以看出,格式说明项必须以%开头,以格式字符结尾,中间是若干可选项,根据需要选择输出宽度、精度等控制信息。

(1) 格式字符:用于指定输出数据的类型,常用格式字符及其功能描述如表 3-1 所示。同一个功能可能会有多个格式字符,如输出十进制整数,d、i 均可,输出一个字符,c、C 均可。但为了提高程序可读性和减少记忆负担,建议初学者统一使用第一个小写字符。

(2) 标志:标志字符有一、+、#、空格、0 共 5 种,其功能描述如表 3-2 所示。

(3) 最小宽度:用十进制整数表示所输出数据占据的最少位数。如果实际位数多于定义宽度,则按实际位数输出,若实际位数少于定义宽度,则补以空格或 0。

(4) 精度:如果输出数据为实数,则表示小数的位数;如果输出的是字符串,则表示输出字符的个数。

表 3-1　常用格式字符及其功能描述

数据类型	格式字符	功能描述
int	d 或 i	以十进制形式输出带符号整数(默认正数不输出符号)
	o	以八进制形式输出无符号整数(默认不输出前缀 0)
	x 或 X	以十六进制形式输出无符号整数(默认不输出前缀 0x 或 0X)
	u	以十进制形式输出无符号整数
char	c 或 C	输出一个字符
	s	输出一个字符串
float double	f	以小数形式输出单、双精度带符号实数,默认小数位数为 6 位
	e 或 E	以指数形式输出单、双精度实数
	g 或 G	以%f 和%e 中较短的输出宽度输出单、双精度实数
其他	%	输出符号%

表 3-2　标志字符功能描述

标志字符	功能描述
-	表示输出结果左对齐,若结果不够指定宽度,则右边补充空格;默认为右对齐
+	输出数据前冠以符号(正号或负号);默认只有负数前有符号
#	加在格式字符 o(八进制)前,则输出结果加前缀 o;加在格式字符 x 或 X(十六进制)前,则输出结果加前缀 0x 或 0X
空格	输出数据为正时,前面冠以空格
0	若实际位数少于定义宽度,则左边补 0,但与'-'一起使用时不起作用,此时右边填充空格

(5) 长度:长度格式符有 h 和 l 两种,一般用于整型格式字符前,h 表示按短整型输出;l 表示按长整型输出,例如,ld 表示按长整型输出,lld 按长长整型输出。l 如果用于 f 前,即 lf 则表示按 double 型输出。

【例 3-2】 printf 格式输出综合测试程序。

```
#include <stdio.h>
int main()
{
    int datai=66;
    char datac='a';
    float dataf=138.3576278;        //精度超出 float 的 7 位,会有误差
    double datad=138.3576278;       //精度在 double 的范围内,没有误差
    //以不同进制形式输出 datai 的值 66
    printf("十进制: %d,八进制: %o,十六进制: %x\n",datai,datai,datai);
    printf("datai=%+d,-datai=%+d\n",datai,-datai); //输出带符号整数
    printf("datai=%-5d,%5d\n",datai,datai);          //按指定宽度 5,左、右对齐输出
    printf("datac=%c,ASCII=%d\n",datac,datac);       //按字符和整数输出字符型数据
    printf("dataf=%f,dataf=%10.4f\n",dataf,dataf);  //按指定宽度与精度输出实数
    printf("datad=%lf\n",datad);                     //输出双精度实数
}
```

程序运行结果为：(//后面为对结果的解释说明)

```
十进制：66,八进制：102,十六进制：42
datai=+66,-datai=-66        //%+d 是指定数据无论正负都输出符号,%d 只是负数才输出符号
datai=66□□□,□□□66        //%-5d 为左对齐,%5d 为右对齐,不足用空格补齐
datac=a,ASCII=97            //字母 a 的 ASCII 码为 97
dataf=138.357620,dataf=□□138.3576       //%10.4f 指总体宽度 10,精度 4,小数点占 1 位
datad=138.357628            //%ld 输出 double 型数据
```

学完此小节,可以解决计算瓷砖数案例中的问题"tiles 中的值如何输出到屏幕上",一种解决方案为：

```
printf("tiles=%d",tiles);
```

注意：语句中的两个 tiles 含义完全不同,第一个 tiles 是格式控制串中的普通字符,输出时原样输出;第二个 tiles 是变量名,表示其值代替%d 输出。

3.3.2 格式输入函数 scanf

扫一扫

1. scanf 函数调用方法

scanf 函数是与 printf 函数相对应的一个标准输入库函数,其功能为按指定格式从键盘输入数据,并存放到指定地址的内存中。同样,scanf 函数为了解决复杂的数据输入,其语法复杂、琐碎,稍不留神就出错,因此建议初学者使用最简单的输入方式,不需酷炫效果。

scanf 函数的函数原型为：

```
int scanf(const char * format「,argument…」)
```

scanf 和 printf 的函数原型非常相似,参数 format 仍为格式控制串,多为常量字符串。参数 argument 同样可有可无,但此处为地址列表。

例如：

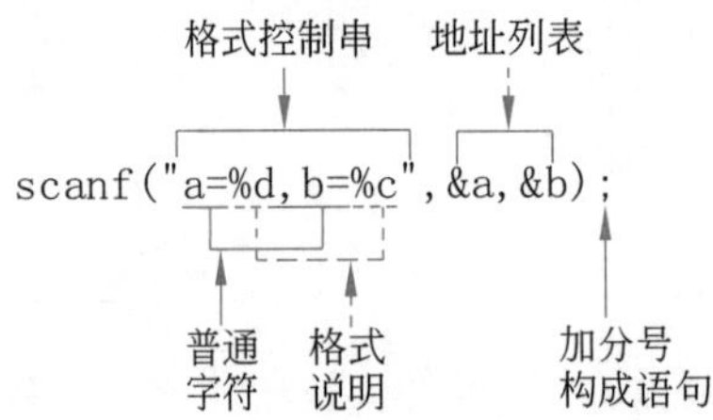

(1) 格式控制串。用于指定数据的接收类型和格式,同样包括格式说明项和普通字符两种信息。格式说明项用于指定接收类型,如上例中的%d 指定按一个整数接收数据,%c 指定按一个字符接收数据。普通字符用于指定接收格式,"a="和",b="需原样输入。

(2) 地址列表。用于指定存放输入数据的内存地址。具体形式多种多样,如变量地址,数组地址或指针变量,甚至是三者组成的表达式,只要结果是一个地址就可以。如上例中,要把输入数据存放在变量 *a* 中,则需指定变量 *a* 的地址：&a。

上例中"scanf("a=%d,b=%c",&a,&b);",格式控制串为字符串常量"a=%d,b=%c",说明输入时"a="",b="要原样输入,而%d 和%c 的位置分别用一个整数和一个

字符代替。假设输入信息如下(CR 表示回车键 Enter):

```
a=36,b=r<CR>
```

则运行结果为:36,被存放在变量 a 中,字符'r'被存放在变量 b 中。

特别提醒:使用 scanf 输入数据时,一定要和指定的格式保持一致,否则变量无法接收到正确数据,但又不会提示任何错误信息,因此会造成程序逻辑错误。例如,上例中如果输入"36r<CR>""36□r<CR>"或"a=36b=r<CR>"等,均不能正确接收。提醒初学者用最简单的输入语句即可。

函数返回值。scanf 函数的返回值为成功接收数据的项数,出错时则返回 EOF,即－1。

【例 3-3】 根据函数返回值判断正确接收数据的个数。

```
#include <stdio.h>
int main()
{
    int a,b,number;
    number=scanf("a=%d,b=%c",&a,&b);       //将 scanf 返回值赋给 number
    printf("正确接收数据数: %d\n",number);
}
```

程序运行结果为:

```
输入: a=36,b=r<CR>
输出: 正确接收数据数: 2
```

输入格式与指定格式完全一致,a、b 均正确接收。

```
输入: a=36b=r<CR>
输出: 正确接收数据数: 1
```

因为 a=36 与指定格式一致,a 能正确接收,但"b=r<CR>"因为 b 前少了一个",",与指定格式不一致,b 不能正确接收。

```
输入: 36r<CR>
输出: 正确接收数据数: 0
```

因为 a、b 均不能正确接收。

2. 格式说明

格式说明项的一般形式为:

```
%「*」「宽度」「长度」格式字符
```

scanf 函数和 printf 函数的格式说明项极其相似,仍然必须以%开头,以格式字符结尾,但中间控制信息比较简单,尤其注意没有精度信息,说明输入时不能指定输入数据的精度,例如,假设变量 c 为 float 类型:

```
scanf("3.1%f",&c);
```

这样的语句无论输入什么数据，变量 c 都无法正确接收到，而程序又不会提示任何错误信息，因此一定避免使用。

(1) 格式字符：用于指定输入数据的数据类型，常用的部分格式字符和功能描述如表 3-3 所示。建议初学者统一使用第一个小写字符。

表 3-3 常用格式字符功能描述表

数据类型	格式字符	功能描述
int	d 或 D 或 i 或 I	输入十进制整数
	o	输入八进制整数
	x 或 X	输入十六进制整数
	u 或 U	输入无符号十进制整数
char	c 或 C	输入一个字符
	s	输入一个字符串
float	f 或 e 或 E	输入实型数(用小数形式或指数形式)

【例 3-4】 输入一个字符，输出其 ASCII 码值。

```
#include <stdio.h>
int main()
{
    char c;
    printf("请输入一个字符: ");
    scanf("%c", &c);          //输入一个字符,存放到变量 c 中
    //输出列表中有两个 c,第一个按字符输出,第二个按整型输出
    printf("%c 的 ASCII 为: %d\n", c, c);
}
```

举一反三：

① 输入一个整数，输出对应的字符。

② 输入一个十或八进制数，输出其对应的十六进制数。

(2) “*”符：表示跳过对应的输入数据。例如：

```
scanf("%d%*d%d", &a, &b);
```

当输入如下信息时：

```
30□15□6<CR>
```

系统会将 30 赋给 a，6 赋给 b，而 15 被跳过，不赋给任何变量。

【例 3-5】 用 * 忽略整数和字符之间的间隔符。

```
#include <stdio.h>
int main()
{
```

```
    int age;
    char sex;
    printf("请输入年龄和性别(M或F),空格分开: ");
    scanf("%d%*c%c",&age,&sex);        //忽略中间间隔符
    printf("年龄是: %d,性别是: %c\n",age,sex);
}
```

程序运行结果为：

```
输入: 18□F<CR>
输出: 年龄是: 18,性别是: F
```

输入数据时，我们习惯性地将两个数据用间隔符（空格、Tab键和回车键）分开，但用%c接收数据时，间隔符也会当正常字符一样被接收。例3-5中的输入语句如果写成：

```
scanf("%d%c",&age,&sex);
同样输入: 18□F<CR>
```

则sex会接收空格（□），而不是F。因此常常使用类似“% * c”的形式忽略间隔符。

(3) 宽度：用十进制正整数指定输入数据的宽度。例如：

```
scanf("%3d%2d",&a,&b);
输入: 123456<CR>
```

则123赋给变量a，45赋给变量b，最后的6会留在缓冲区中，用于下一个输入。

```
输入: 1234<CR>
```

则123赋给a，4赋给b。即使输入数据不够所需位数，遇到回车也终止接收。

```
输入: 1<CR>2345<CR>
```

则1赋给a，23赋给b，45留在缓冲区。

【例3-6】 日期格式转换：输入日期20220520，转换为2022年5月20日。

```
#include <stdio.h>
int main()
{
    int year,month,day;
    printf("请按样例格式输入一个日期: 20220520\n");
    scanf("%4d%2d%2d",&year,&month,&day);        //按位数截取年月日
    printf("%d年%d月%d日\n",year,month,day);
}
```

程序运行结果为：

```
输入: 20220520
输出: 2022年5月20日
```

(4) 长度：长度格式符有 l 和 h 两种，l 表示输入长整型数据(如%ld，%lo，%lx)或双精度浮点数(如%lf，%le)；h 表示输入短整型数据(如%hd，%ho，%hx)。

3. 使用 scanf 函数时需注意的问题

(1) 特别注意 scanf 函数中的第二个参数必须是地址列表。

【例 3-7】 地址列表错误示例。

```
#include <stdio.h>
int main()
{
    int a=0;
    scanf("%d",a);          //a 前缺少 &
}
```

则程序会出现运行错误，程序终止运行。Dev-C++ 中的错误提示如图 3-2 所示。

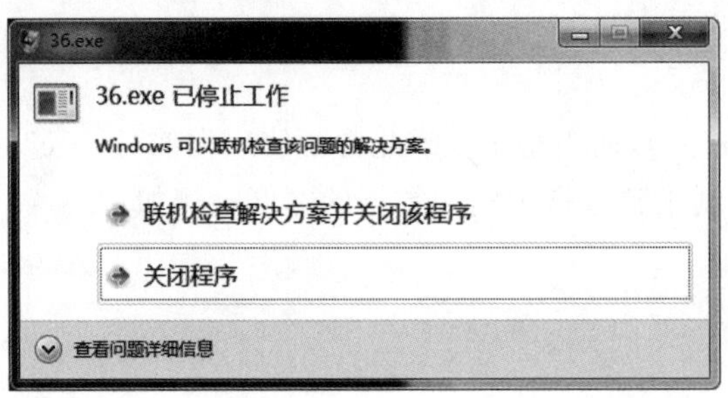

图 3-2 缺少 & 时的运行错误提示信息

单击“联机检查解决方案并关闭该程序”选项，则会发现程序的返回值为 3221225477，如图 3-3 所示。

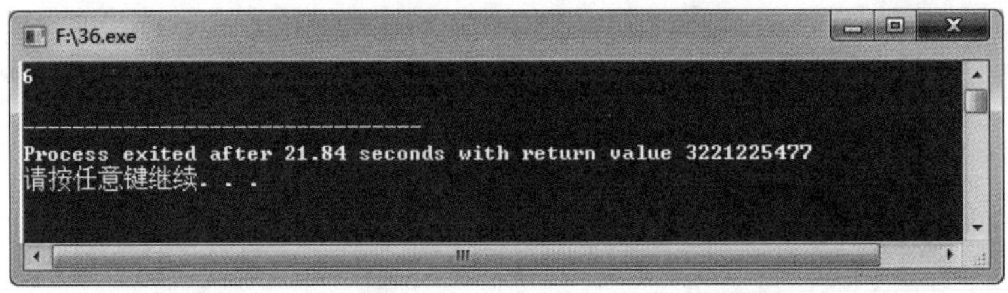

图 3-3 返回错误编码图

此处的错误编码 3221225477(0xC0000005)表示访问越界。访问越界是指访问了不属于自己的内存空间。内存就像国土一样，绝不允许非法占用。应用程序运行时，操作系统要为其变量分配内存空间，只有分配给该应用程序的内存可以随意存取数据，但绝对不可以向其他内存中存放数据。而此例中，数据本来应该存放到首地址为 &a，即为 a 分配的内存中去，结果却存放到了首地址为 a，即地址为 0 的内存中去，而首地址为 a 的空间并不属于该应用程序，造成了越界访问。

(2) 当使用 scanf 函数从键盘输入数据完毕后，一定要按下回车键，函数才会接收到数据。其实 scanf 函数，以及后面要介绍的 getchar 函数，都是缓冲输入函数，即并不是直接接收键盘数据,而是将用户输入的数据暂时存放在缓冲区中,当用户键入回车或缓冲区满了之后,scanf 函数才会从缓冲区中依次读取数据。如果缓冲区中的数据已经读取完,但仍需数据,则函数会等待输入,直到满足函数要求或遇到非法数据为止;如果输入的数据多于函数要求输入的数据,则多余的数据将留在缓冲区中,供下一个输入使用。

(3) 当 scanf 中的两个相邻格式说明项紧密相连时,一般遇到以下三种情况之一,则认为当前数据结束:

① 遇到间隔符(空格、Tab 键和回车键)。

② 遇到宽度限制,如%3d,只取 3 列。

③ 遇到非法数据。

例如:

```
scanf("%d%c",&a,&b);
输入:12c34<CR>
```

则会把 12 赋给变量 a,把字符 c 赋给变量 b,而 34 留在缓冲区中。

```
输入:12□c34<CR>
```

则会把 12 赋给变量 a,把字符空格□赋给变量 b,而 c34 留在缓冲区中。因为间隔符也会被看作一个字符,正常接收。因此在 C 语言中不建议%c 与其他格式符连用,否则特别容易出现莫名其妙的错误。

例如:

```
scanf("%d%d",&a,&b);
```

输入:12□34<CR>,12<Tab>34<CR>,12<CR>34<CR>,三种方式均能正确接收,即 a 接收 12,b 接收 34。

```
输入:12c34<CR>
```

则 a 接收 12,因为字母 c 对于整数是非法数据,因此认为数据结束,这样 b 就无法接收到值,即保持原值不变。

(4) 如果格式控制串中有普通字符串,即有多个紧密相连的普通字符,则输入数据时严格按照"普通字符串前不加间隔符"(即如果格式控制串为:普通字符串+格式说明项,则普通字符串和数据之间可以加入若干间隔符;如果格式控制串为:格式说明项+普通字符串,则数据和普通字符串之间不能加入任何间隔符)的原则输入即可,除非格式说明项中有宽度限制。

例如:

```
scanf("a=%d,b=%d",&a,&b);
```

使用该语句把 46 接收到变量 a 中,把 18 接收到变量 b 中,则下面几种输入方式均合法(其中□代表空格字符):

① a=46,b=18<CR>:不加任何间隔符,严格遵循输入格式。

② a=□46,b=18<CR>：普通字符串 a=和数据 46 间加入若干个空格间隔符。

③ a=<Tab>46,b=□18<CR>：普通字符串 a=和数据 46 间加入若干个 Tab 间隔符。

④ a=46,b=18□<CR>：数据 18 后面加入若干个空格、Tab 等间隔符。

而下面两种情况则不能正确接收：

① <Tab>a=46,b=18<CR>：普通字符串 a=前加入 Tab 间隔符，违背输入原则。

② a=46,□b=18<CR>：在普通字符串“,b=”中插入一个空格，导致与普通字符串不匹配。

(5) 用%c 输入字符时，间隔符都会作为有效字符输入，而不再起间隔数据的作用。如：

```
scanf("%c%c",&a,&b);
```

如果输入：c□d<CR>，则变量 *a* 接收字符 c，变量 *b* 接收字符空格，字符 d 留在缓冲区中。

如果输入：c<CR>，则变量 *a* 接收字符 c，变量 *b* 接收字符回车。

学完此小节，可以解决计算瓷砖数案例中的问题“area 等变量的值如何从键盘输入”。一种解决方案为：

```
scanf("%f%f%f",&area,&length,&width);
```

第二种解决方案为：

```
scanf("area=%f,length=%f,width=%f",&area,&length,&width);
```

注意：这两种解决方案在具体输入时一定严格按照规定格式输入，否则无法接收到正确数据。一定不要忘记各个变量前的 &，否则程序会出现运行错误。

扫一扫

3.3.3 单字符输出函数 putchar

putchar 是一个功能单一、使用简单的字符输出函数，其函数原型为：

```
int putchar(int ch)
```

功能：向标准输出设备(显示器)输出一个字符。

(1) 参数 ch 表示要输出的字符，字符应该为 char 类型，为什么此处为 int 呢？在计算机中，字符其实是以其对应 ASCII 码值形式存在的，char 类型数据的存储、运算都会隐式转换为 int 类型。因此，此处的实际参数具体形式可能千变万化，但本质是一个整数，只要表达式最终能转换为一个整数即可。

【例 3-8】 putchar 函数参数测试程序。

```
#include <stdio.h>            //把头文件 stdio.h 包括到文件中
int main()
{
    char a='A';               //定义字符型变量
    int b=65;                 //定义整型变量,65 是字母 A 的 ASCII 码值
```

```
    putchar(a+1);          //参数为字符型表达式,可自动隐式转换为整型。输出字母 B
    putchar(b+1);          //参数为整型表达式,输出字母 B
    putchar('B');          //参数为字符型常量,可自动隐式转换为整型。输出字母 B
    putchar('\102');       //参数为转义字符,注意转义符中的 102 是八进制数
    putchar(7);            //有 ASCII 码的不可见字符也可输出,7 为一次响铃。
}
```

程序输出结果为：

```
BBBB<响铃>
```

本程序除响铃语句外,每条输出语句的输出结果相同,均为字母 B,但具体表达形式不同,以期为读者提供正确的使用参考。

特别提醒：虽然参数 ch 为 int 类型,但 ASCII 码只有 256 个(除附录 A 中的 128 个外还有 128 个扩展字符)。因此,当 ch 的值超过 255 时,会自动进行取余运算：ch%256,使 ch 始终在正确范围内。因此 putchar(263)和 putchar(7)的功能是一样的。

(2) 函数返回值类型为整型,如果输出成功,则返回输出字符的 ASCII 码值,即参数 ch;若输出失败,则返回 EOF(−1)。

putchar(ch)与 printf("%c",ch)的功能等效,都是输出一个字符,经常替换使用,但返回值含义不同：putchar 返回的是输出字符的 ASCII 码值,而 printf 返回的是输出字符的个数,此处永远为 1。

3.3.4 单字符输入函数 getchar

扫一扫

getchar 函数与 putchar 函数是一对,同样功能单一,使用简单,其函数原型为：

```
int getchar()
```

功能：从标准输入设备(键盘)上输入一个字符。

getchar 函数是一个无参函数,如果正确接收,则函数的返回值为输入字符的 ASCII 码值,否则返回 EOF(−1)。

【例 3-9】 输入一个字符,输出它的后继字符。

程序分析：一个字符的后继字符是指其在 ASCII 码表中的后一个字符,如字母 A 的后继字符是 B,d 的后继字符是 e。一个字符和其后继字符之间的 ASCII 码值差 1。

```
#include <stdio.h>
int main()
{
    char ch;
    ch=getchar();                              //接收一个字符
    printf("%c 的后继字符是: %c\n",ch,ch+1);   //输出其后继字符
}
```

使用 getchar 函数时需要注意以下问题：

(1) getchar 函数是一个缓冲输入函数,输入字符后必须按回车键才能接收数据。

（2）如果接收的是一个数字，也会按照字符处理。例如程序输入：1<CR>，则程序运行结果为“1 的后继字符是：2”。即接收的是 1 这个数字的 ASCII 码值，即 49。

（3）空格、Tab 键以及回车键等都会作为一个 getchar 函数能接收的有效字符。例如程序输入：<CR>，则程序运行结果如图 3-4 所示。

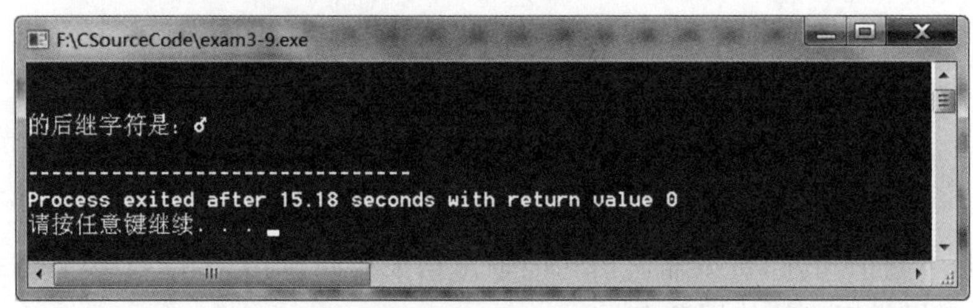

图 3-4 接收回车键时的程序结果

（4）如果输入多于一个字符，则只接收第一个字符。例如程序输入：32<CR>，则程序运行结果为“3 的后继字符是：4”，另一个字符 2 将留在缓冲区中。

例 3-9 中的 ch=getchar()与 scanf("%c",&ch)的功能基本等效，都是输入一个字符放在变量 ch 中，区别在于：scanf 的返回值为成功接收数据的项数，此处为 1 或 0，而 getchar 的返回值为接收字符的 ASCII 码值。在某些应用中，用 getchar 实现的程序代码更简洁，可读性更强，如 5.1 节中的例 5-2，6.4.2 节中的例 6-15 等，读者学习到相关内容时再深入体会即可。

扫一扫

3.3.5 不回显输入函数 getch

getch 不是一个标准库函数，它位于 conio.h 中。conio 是 Console Input/Output（控制台输入输出）的简写，其中定义了通过控制台进行数据输入和数据输出的一些函数。conio.h 是 Windows 系统特有的，其他操作系统中不一定提供，因此可移植性较差。

函数原型为：

```
int getch()
```

从函数原型看，getch 与 getchar 的调用形式完全相同，功能也类似，都是从标准输入设备（键盘）上输入一个字符，但主要有以下两点区别。

（1）getch 为不回显函数，即用户输入的字符只默默接收，但不显示在屏幕上。

（2）getch 为非缓冲输入函数，即有输入时立即接收，不需要按回车键。

getch 经常应用于以下两种场景中。

（1）实现暂停功能，解决闪退或闪过问题。在有些开发环境中运行 C 语言程序或者在操作系统中直接执行 C 语言生成的.exe 文件时，会出现一闪就退出的现象，无法看清执行结果；或者程序输出数据过多，一些有用信息一闪而过。这时都可以加一个 getch 语句，留住当前界面，实现“按任意键继续”功能。

（2）实现密码输入功能。用户输入密码时一般不显示真正的输入字符，而用特殊符号代替。

【例 3-10】 编程实现，利用 getch 实现一位密码输入功能。

```
#include <stdio.h>
#include <conio.h>          //包含相应头文件
int main()
{
    int ch;
    printf("请输入一位密码: ");
    ch=getch();             //接收字符,但屏幕不显示
    putchar('*');           //屏幕输出替代字符
    printf("\n 您输入的密码是: %c",ch);
}
```

程序运行结果如图 3-5 所示。

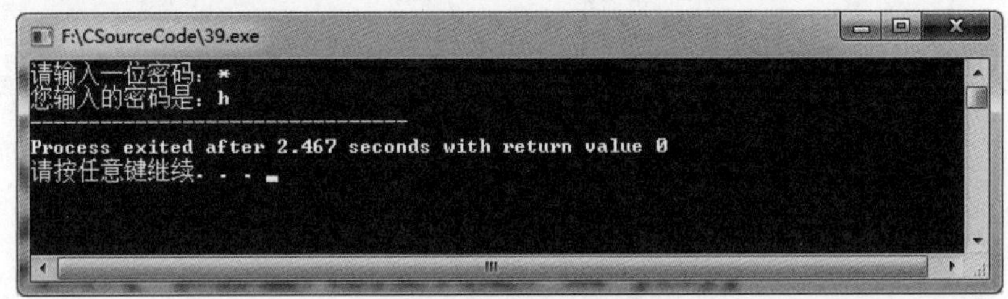

图 3-5　程序运行结果图

3.4　其他常用函数

为更便捷、更高效地使用 C 语言,标准函数库中提供了众多函数,读者只需使用#include 命令将其对应的头文件包含到程序中,然后按照函数原型说明使用即可。函数原型就像一份函数使用说明书,让读者清楚函数需要几个参数,参数的数据类型是什么,函数执行完毕后会返回一个什么数据类型的值。

本节内容初学时只需浏览框架,后期用到时再返回本节仔细阅读即可。

3.4.1　常用数学函数

数学函数对应的头文件是 math.h。

(1) 求双精度浮点数绝对值函数 fabs(求整数绝对值函数为 abs)。

函数原型: double fabs(double x)。

函数功能: 求 x 的绝对值。

通过函数原型可以看出,fabs 函数需要一个 double 类型的参数,实际应用时,参数可以是一个常量、变量或者表达式,只要最终结果值的数据类型为或者能隐式转换为 double 即可。函数返回值为 double 类型,说明其结果可以参与 double 类型数据能参与的一切运算。

【例 3-11】　编程实现: 求数轴上两点之间的距离。

```
#include <stdio.h>
#include <math.h>
```

```
int main()
{
    double x=2.3,y=8.9,distance;                //x、y为数轴上的两个点
      /*将x-y的值,即-6.6传递给函数fabs;因为fabs函数的返回值类型为double,因此
        需要定义一个double类型的变量distance存放其返回值*/
    distance=fabs(x-y);
     printf("distance=%lf\n",distance);
                          |  等价于
  }                       ↓
    printf("distance=%lf\n",fabs(x-y));         //注意输出时一定用%lf
```

(2) 求平方根函数 sqrt。

函数原型：double sqrt(double x)。

函数功能：计算 x 的平方根。

【例 3-12】 编程实现：求平面中两点之间的距离。

```
#include <stdio.h>
#include <math.h>
int main()
{
    float x1,y1,x2,y2,distance;                          //点1(x1,y1) 点2(x2,y2)
    printf("请输入第一个点：空格分开");
    scanf("%f%f",&x1,&y1);
    printf("请输入第二个点：空格分开");
    scanf("%f%f",&x2,&y2);
    distance=sqrt((x1-x2)*(x1-x2)+(y1-y2)*(y1-y2));          //距离公式
    printf("distance=%f\n",distance);
}
```

(3) 上取整函数 ceil。

函数原型：double ceil(double x)。

函数功能：求不小于 x 的最小整数，即上取整。

【例 3-13】 编程实现：根据铺设瓷砖的面积(平方米)，所选择瓷砖的尺寸(厘米×厘米)，计算需要瓷砖的块数。

```
#include <stdio.h>
#include <math.h>
int main()
{
    float area,length,width;
    int tiles;                    //瓷砖块数,整型变量
    printf("请输入铺设面积(平方米):");
    scanf("%f",&area);
    printf("请输入瓷砖的长度和宽度(厘米):");
    scanf("%f%f",&length,&width);
    //ceil返回值为double型,赋给整型变量tiles时,最好加一个强制类型转换
    tiles=(int)ceil(area*10000/(length*width));
    printf("大约需要瓷砖块数: %d",tiles);
}
```

(4) 求方函数 pow。

函数原型：double pow(double x,double y)。

函数功能：计算 x 的 y 次方的值。

【例 3-14】 编程实现：计算 n 位二进制位能表示的最大整数。

```
#include <stdio.h>
#include <math.h>
int main()
{
    int n,maxint;
    printf("请输入二进制位的位数：");
    scanf("%d",&n);
    maxint=(int)pow(2,n-1)-1;        //n位二进制位能表示的最大整数 2^(n-1)-1
    printf("%d位能表示的最大整数为：%d",n,maxint);
}
```

例如，整型变量占 4B，32 位，程序执行结果为：

```
输入：32
输出：32位能表示的最大整数为：2147483647
```

3.4.2 常用字符函数

扫一扫

字符函数对应的头文件为 ctype.h。

(1) 小写字母转大写函数 toupper。

函数原型：int toupper(int c)。

函数功能：如果 c 有对应的大写字母，则返回大写字母，否则返回原值。

(2) 大写字母转小写函数 tolower。

函数原型：int tolower(int c)。

函数功能：如果 c 有对应的小写字母，则返回小写字母，否则返回原值。

【例 3-15】 编程实现：如果一个字符是小写字母，则转换为大写字母，否则保持不变。

```
#include <stdio.h>
#include <ctype.h>
int main()
{
    char ch;
    printf("请输入一个小写字母：");
    ch=getchar();
    putchar(toupper(ch));
}
```

程序执行结果为：

```
输入：a        //输入是小写字母
输出：A        //则转换为大写字母
输入：3        //输入不是小写字母
输出：3        //则保持不变
```

(3) 检查字母函数 isalpha。

函数原型：int isalpha(int c)。

函数功能：判断字符 c 是否为英文字母，若是，则返回非 0(小写字母为 2，大写字母为 1)，否则返回 0。

例如：isalpha('*')的值为 0，isalpha('E')的值为 1，而 isalpha('e')的值为 0。

扫一扫

3.4.3 其他常用工具函数

(1) 获取系统时间函数 time，包含在头文件 time.h 中。

函数原型：time_t time(time_t *t)。

函数功能：获取计算机的当前日历时间。日历时间是指从一个时间点(一般是 1970 年 1 月 1 日 0 时 0 分 0 秒)到现在的秒数。

函数中用到的数据类型 time_t，实质是整型，为了提高程序的通用性，一般将 32 位编译器中的 long(长整型)，将 64 位编译器中的__int64(即长长整型)取别名为 time_t。

函数获取时间的方式既可以通过参数 t，也可以通过返回值，甚至参数和返回值同时获取也可以，但重复数据也没有实际意义。建议读者采用返回值形式，此时参数设置为空(NULL)即可。

【例 3-16】 编程实现：获取自时间纪元至今的秒数和年数。

```
#include <stdio.h>
#include <time.h>
int main()
{
    time_t curtime;             //定义接收当前时间的变量,也可以定义为 long 型
    curtime=time(NULL);         //用返回值形式返回日历时间,参数为 NULL
    printf("时间纪元已经飞逝了%ld 秒,约%ld 年",curtime,curtime/(24 * 60 * 60 *
365));
}
```

因为当前时间在不断变化，所以程序的运行结果中的秒数每次均不同。

(2) 产生一个伪随机数函数 rand，包含在头文件 stdlib.h 中。

函数原型：int rand()。

函数功能：产生一个范围在 0～RAND_MAX 的伪随机整数，其中 RAND_MAX 是一个符号常量，在 stdlib.h 中可以找到其定义“# define RAND_MAX 0x7fff”。0x7fff 就是 32767，即短整型的最大值，因此产生的就是一个短整型非负数。

(3) 随机数生成器初始化函数 srand，包含在头文件 stdlib.h 中。

函数原型：void srand(unsigned seed)。

函数功能：为随机数生成器提供一粒新的随机种子。

如果随机种子相同，rand 产生的随机数也是相同的。为真正达到每次产生的随机数不同，需要在调用 rand 之前用 srand 设置不同的随机种子。一般采用 time 函数产生的系统时间作为随机种子，因为系统时间精确到秒，变化很快，基本能满足程序多次执行时种子不同的需求。

【例 3-17】 编程实现：随机产生一个三位整数。

```
#include <stdio.h>
#include <time.h>                //需要用到 time 函数
#include <stdlib.h>              //需要用到 srand 和 rand 函数
int main()
{
    int data;
    //设置随机种子为系统时间,可注释掉 srand 语句多次运行程序验证此语句的作用
    srand((unsigned)time(NULL));
    data=rand()%900+100;       //data 控制在[100-999]范围内
    printf("一个三位数是: %d\n",data);
}
```

(4) 睡眠函数 Sleep,包含在头文件 windows.h 中。

函数原型：unsigned Sleep(unsigned milliseconds)。

函数功能：程序睡眠(挂起)milliseconds 毫秒。

一般用于程序延时一段时间后继续执行。

【例 3-18】 编程实现：1 输出 1 秒后再输出 2。

```
#include <stdio.h>
#include <windows.h>
int main()
{
    printf("1 ");
    Sleep(1000);          //睡眠 1000ms
    printf("2 ");
}
```

(5) 结束当前程序函数 exit,包含在 stdlib.h 中。

函数原型：void exit(int status)。

函数功能：status 为 0,表示程序正常结束;status 为非 0,表示程序非正常结束,一般用 1 或－1。

一般程序是“始于 main,终于 main”,即从执行 main 函数的第一条语句开始,到执行完 main 函数的最后一条语句结束。但有时也会提前终止程序。例如,申请内存失败,程序无法继续时可以执行“exit(1);”表示异常结束程序;例如,设置“退出”菜单项,选择时执行“exit(0)”表示正常退出。

3.5 综合案例

经过本章的学习,我们掌握了 C 语言的语句、顺序结构以及输入输出函数的使用方法,可以编写出评分管理系统的一些菜单选项界面,例如角色选项界面、管理员功能菜单选项界面、评委功能菜单选项界面等,并根据用户输入确定用户要进行的操作。此处仅列出角色选项界面和管理员功能菜单选项界面参考源代码,评委功能菜单选项界面请自行补充。

(1) 角色选项界面源代码。

```
#include <stdio.h>
#include <windows.h>            //需使用 system 函数
int main()
{
    int nSelect;
    system("cls");              //清屏
    printf("\n\n\n\n\n");
    printf("\t\t|-------------欢迎使用----------------|\n");
    printf("\t\t|---------创新大赛评分系统-------------|\n");
    printf("\t\t|  0.管理员                           |\n");
    printf("\t\t|  1.评委                             |\n");
    printf("\t\t|  9.退出                             |\n");
    printf("\t\t|-------------------------------------|\n");
    printf("\t\t\t 请选择(0-1): ");
    scanf("%d",&nSelect);
    printf("------------->当前登录者选项为: %d\n", nSelect);
}
```

(2) 管理员功能菜单选项界面源代码。

```
#include <stdio.h>
int main()
{
    int nSelect =9;
    system("cls");//清屏
    printf("\n\n\n\n");
    printf("\t\t|-----------------管理员系统主界面--------------|\n");
    printf("\t\t|  0.创建作品                                   |\n");
    printf("\t\t|  1.删除作品                                   |\n");
    printf("\t\t|  2.查询作品                                   |\n");
    printf("\t\t|  3.修改作品                                   |\n");
    printf("\t\t|  4.发布作品                                   |\n");
    printf("\t\t|  5.保存作品                                   |\n");
    printf("\t\t|  6.从文件导入作品                             |\n");
    printf("\t\t|  7.计算平均分                                 |\n");
    printf("\t\t|  8.作品排序                                   |\n");
    printf("\t\t|  9.退出                                       |\n");
    printf("\t\t|-----------------------------------------------|\n");
    printf("\t\t\t 当前用户名: %s\n", g_cLoginName);
    printf("\t\t\t 请选择编号: ");
    scanf("%d", &nSelect);
    printf("------------->当前管理者选择:%d\n", nSelect);
    return nSelect;
}
```

读者可以根据个人偏好修改菜单选项显示形式,也可以将此例中的 nSelect 定义为 char 型变量,那源代码应该如何修改才能实现相同的功能呢?

3.6 本章常见错误及调试方法

扫一扫

本章以“求圆面积”程序为例，演示常见错误及调试方法。

(1) 非法字符(编译错误)。

如图 3-6 所示，程序运行时出现“stray '\241' in program”的错误提示信息，双击此错误信息，深红色错误条定位到第 5 行源代码，说明此行语句有非法字符。C 语言代码中(注释和字符串常量除外)不允许出现 C 语言字符集之外的字符，而图中 printf 中的双引号为中文全角下的双引号，应修改为英文半角下的双引号，如 scanf 中的双引号。

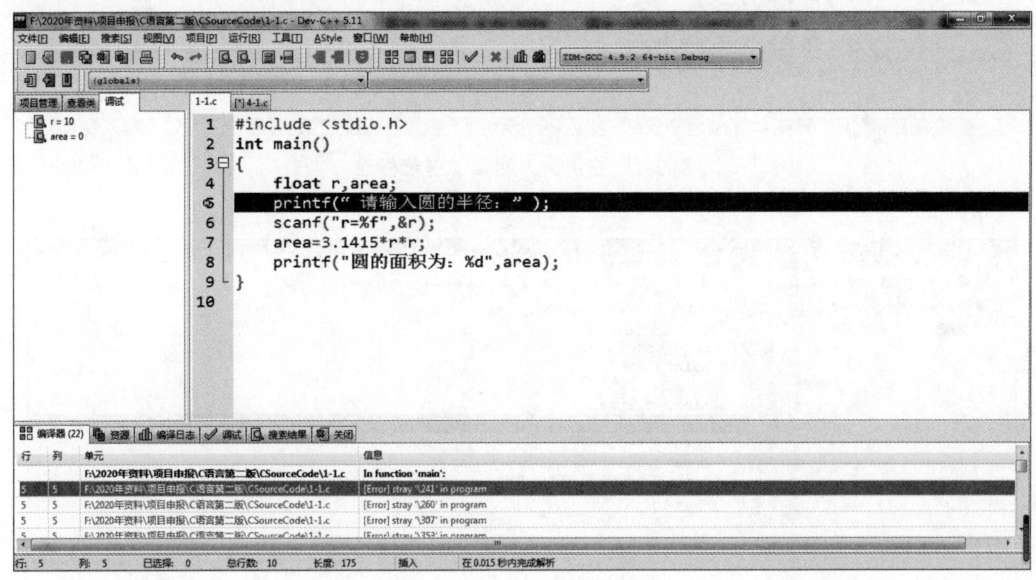

图 3-6 非法字符错误界面

程序中的分号、逗号、圆括号、单引号、双引号等，若为中文全角方式下的符号，均会引起“非法字符”的错误。

(2) 变量未声明(编译错误)。

如图 3-7 所示，程序运行时出现“'area' undeclared(first use in this function)”的错误提示信息，双击此错误信息，深红色错误条定位到第 7 行源代码。则说明程序第 7 行源代码中的 area 变量没有声明。仔细查看第 4 行的变量声明语句，发现 area 不小心写成了 arae。

(3) 写错函数名(连接错误)。

如图 3-8 所示，程序运行时出现“undefined reference to print”的错误提示信息，双击此错误信息，深红色错误条定位到第 5 行源代码。这是因为误将 printf 写成了 print，导致程序出现连接错误。如果将 scanf 或者 main 函数名写错，也会导致此错误。

(4) scanf 地址列表中的变量前缺少 &(运行错误)。

如图 3-9 所示，程序能正常进入到运行界面，但输入半径后出现“ *.exe 已停止工作”的提示页面。单击“关闭程序”，则程序停止运行。依据程序可以接收输入，但运行界面中没有

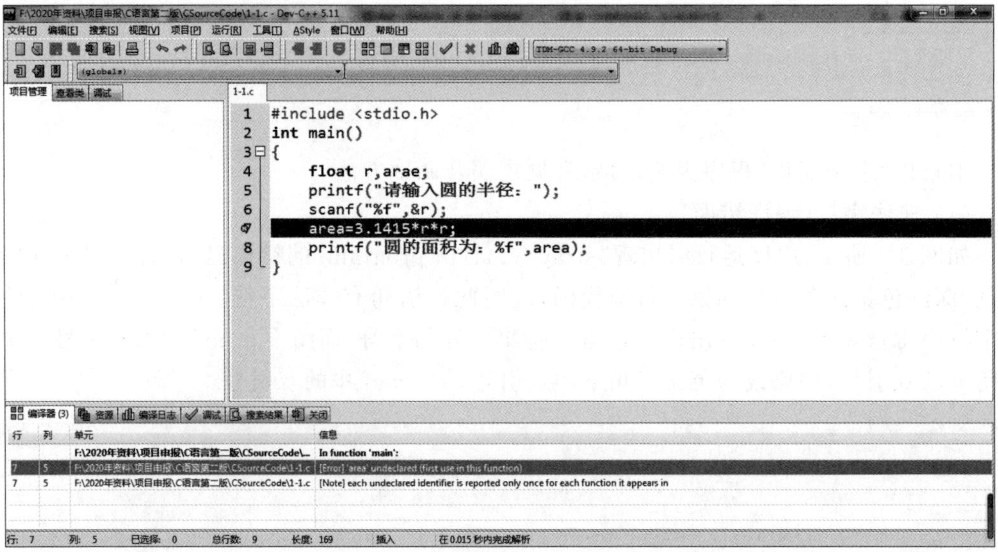

```
#include <stdio.h>
int main()
{
    float r,arae;
    printf("请输入圆的半径：");
    scanf("%f",&r);
    area=3.1415*r*r;
    printf("圆的面积为：%f",area);
}
```

图 3-7　变量未声明错误提示界面

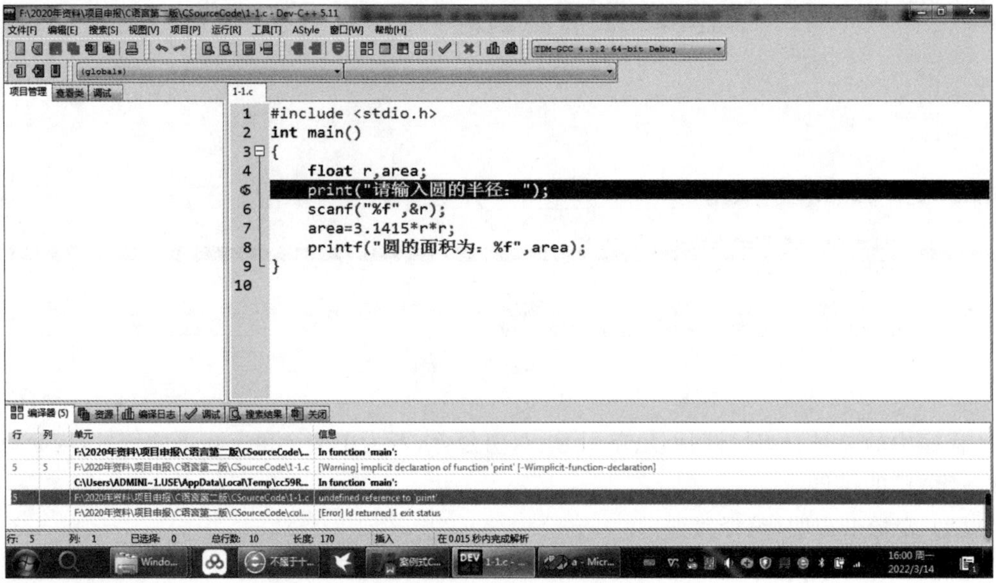

```
#include <stdio.h>
int main()
{
    float r,area;
    print("请输入圆的半径：");
    scanf("%f",&r);
    area=3.1415*r*r;
    printf("圆的面积为：%f",area);
}
```

图 3-8　写错函数名错误提示界面

出现"圆的面积为："的输出信息，可以确定是"scanf("%f",r);area＝3.1415 * r * r;"中的一条语句出现错误。仔细对照 scanf 的基本使用格式，确定是 scanf 语句中的变量 *r* 前缺少 &。

（5）未按指定格式输入数据（逻辑错误）。

如图 3-10 所示，输入圆的半径 10，但输出结果为 0，显然程序出现了逻辑错误。此时利用"断点＋单步执行＋查看窗口"相结合的跟踪调试方式可以高效定位错误位置，厘清错误原因。

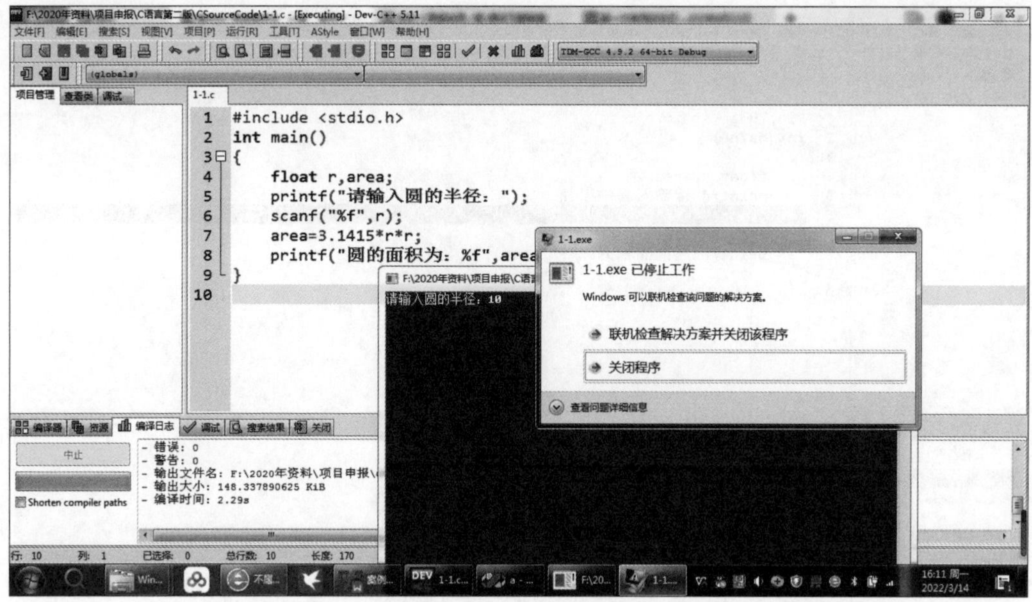

图 3-9 scanf 地址列表中的变量前缺少 & 错误提示界面

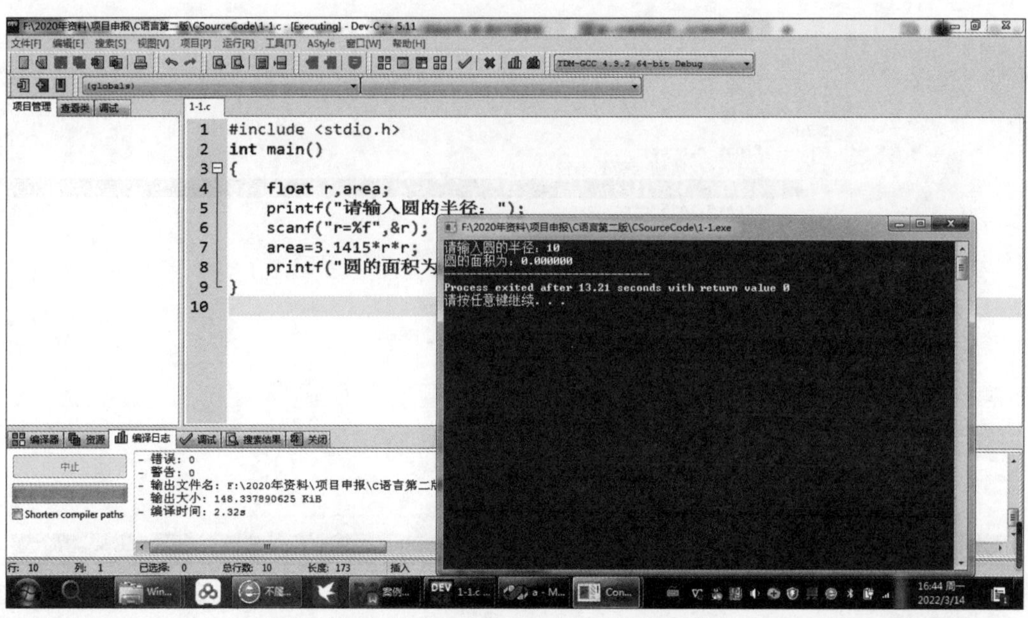

图 3-10 未按指定格式输入数据错误界面

① 添加断点。在可能出现错误的位置，如“scanf("r=%f",&r);”语句处添加一个断点（在行号处单击可以添加或取消一个断点），如图 3-11 所示，断点行的代码以红色高亮背景显示。

② 单击工具栏中的“对号”形状的调试按钮或按快捷键 F5，则程序会在断点处停下来，将要执行的代码显示为蓝色高亮背景，左侧代码行号处显示蓝色右向箭头，在左下方出现“调试”窗口，如图 3-12 所示。

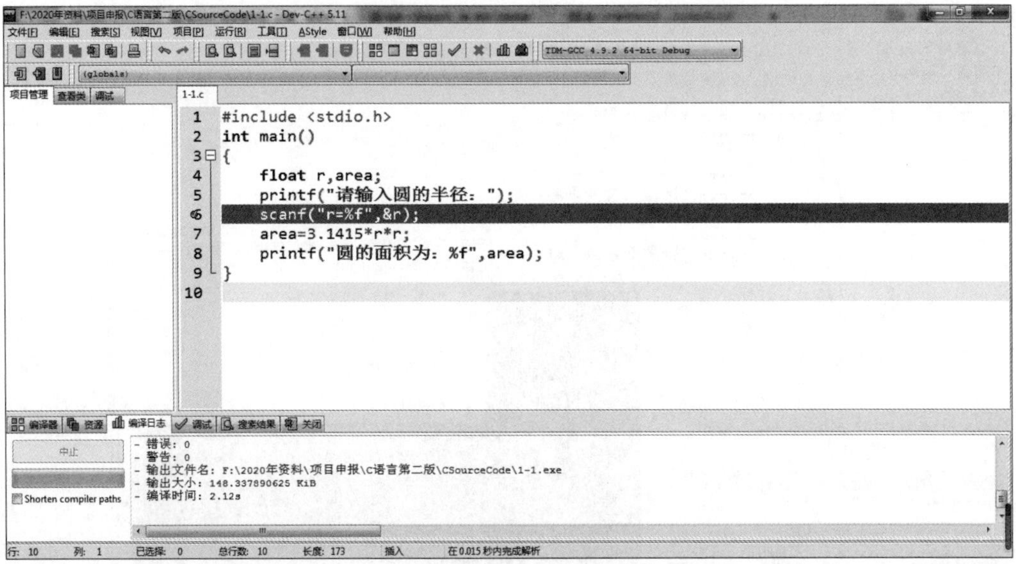

图 3-11 未按指定格式输入数据错误界面

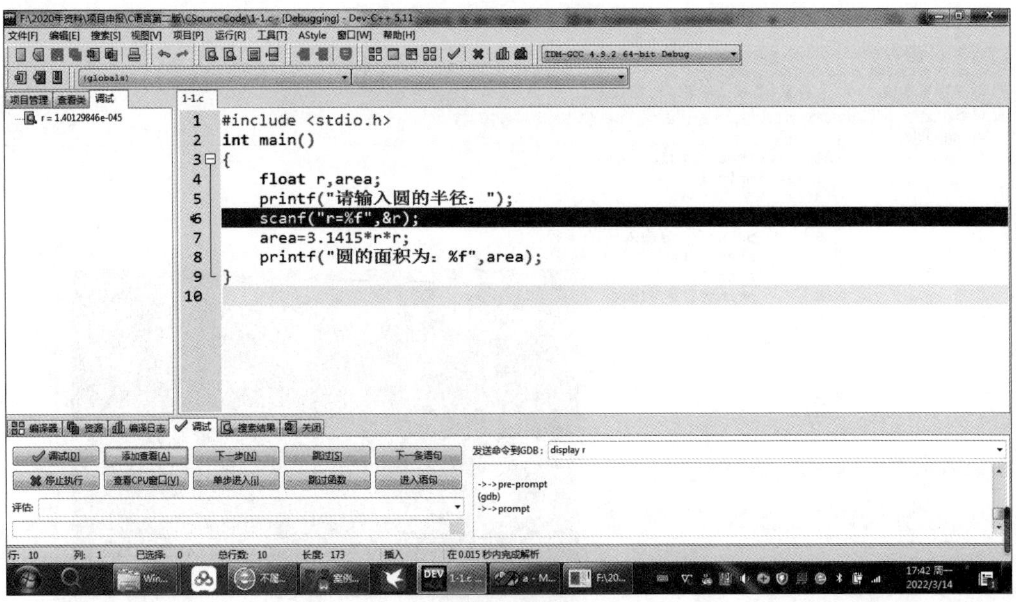

图 3-12 调试界面

③ 添加查看表达式。在调试窗口中单击“添加查看”按钮，在弹出的“新变量”窗口中输入表达式的值，如 r 和 area，则程序运行到当前语句时的表达式的当前值则会在左侧的“调试”窗口中显示，如图 3-13 所示。因为此时的语句“scanf("r=%f",&r);”还没有执行，r 也没有进行初始化，因此 r 显示的为一随机数。

④ 单击调试窗口中的“下一步”按钮继续执行。因为下一步需要执行的是 scanf 语句，所以需要打开执行窗口，输入数据 10，按回车键后，自动回到 Dev-C++ 界面，且在下一条语句“area=3.1415 * r * r;”处停下来。此时左侧“调试”窗口中的 r 值并没有变成 10，如图 3-14

所示。因此，确定是 scanf 语句没有正确接收到数据。仔细观察，发现 scanf 指定输入格式为 r＝%f，因此输入时应该输入：r＝10<CR>。

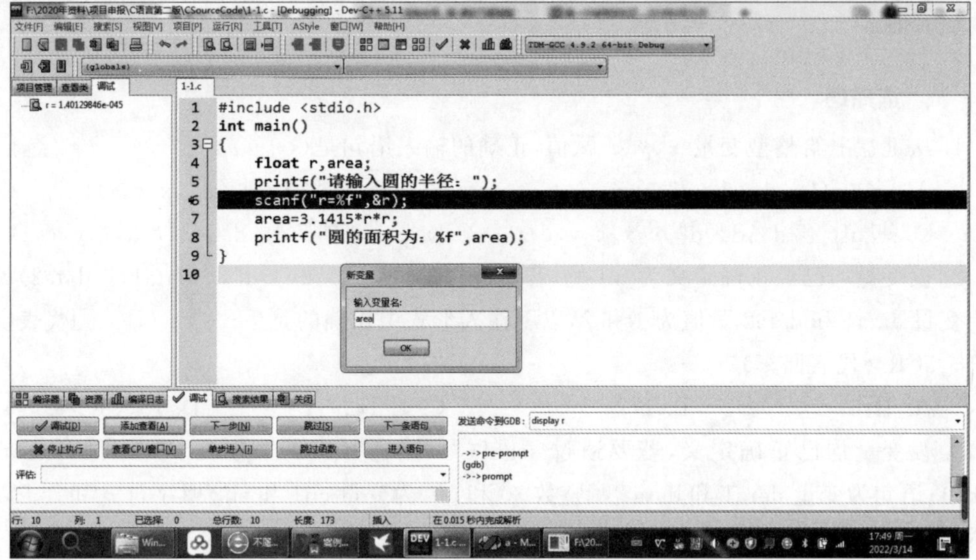

图 3-13　添加查看界面

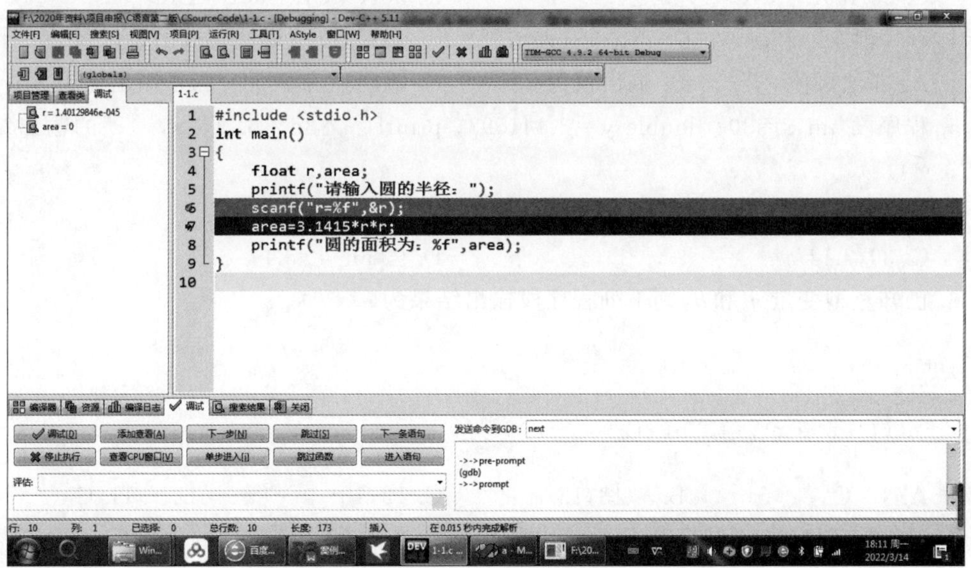

图 3-14　调试界面

⑤ 结束调试，修改源代码错误。单击工具栏或调试窗口中的“停止执行”按钮，即可返回到编辑状态，修改错误后重新运行程序即可。

(6) scanf 输入、printf 输出时格式字符与实际变量的表达式数据类型不一致(运行错)。

例如，程序中的 r 与 area 定义为 float 类型，如果输入时写为“scanf("r＝%d",&r)；”，或者输出时写为“printf("圆的面积为：%d",area)；”，则会造成无法正确输入、输出数据的逻辑错误。

习题

一、选择题

1. 从键盘上给整型变量 x、y、z 赋值，正确的输入语句是（　　）。

A. printf("%d%d%d",x,y,z);　　B. scanf("%d%d%d",x,y,z);

C. scanf("%d%d%d",&x,&y,&z);　　D. printf("%d%d%d",&x,&y,&z);

2. 设变量均已经正确定义为 int 型，若要通过“scanf("%d,%d",&data1,&data2);”语句为变量 data1 和 data2 赋值为 1 和 2，以下输入形式中正确的是（　　）。（注：□代表空格字符，<CR>代表回车）

A. 1□2　　B. 1,2　　C. 1□,2　　D. 1<CR>2

3. 设变量均已正确定义，若要通过 scanf("%d%c%d%c",&data1,&ch1,&data2,&ch2);语句为变量 data1 和 data2 赋整数 30 和 60，为变量 ch1 和 ch2 赋字符'A'和'B'。以下所示输入形式中不正确的是（　　）。（注：□代表空格字符，<CR>代表回车）

A. 30□A□60□B<CR>　　B. □30A□60B<CR>

C. 30A60B<CR>　　D. 30A<CR>60B<CR>

4. 程序段“char x='\xa6'-'\xa3';printf("%d",x);”，以下说法正确的是（　　）。

A. 非法赋值　　B. 输出值为 232　　C. 输出值为 3　　D. 输出值为 229

5. 程序段“int x=30; double y=3.141593; printf("%3d%6.2f",x,y);”的输出结果是（　　）。

A. 30□□□3.141593　　B. 30□3.141593

C. 30,3.14　　D. □30□□3.14

6. 已知整型变量 a 和 b，则下列程序段输出结果为（　　）。

```
int a,b;
a=012;b=12;
printf("%d,%x\n",++a,b++);
```

A. 13,C　　B. 13,12　　C. 12,13　　D. 11,C

7. 已知字符'A'的 ASCII 码值是 65，字符变量 c1 的值是'A'，c2 的值是'D'。执行语句“printf("%d,%d",c1,c2-2);”后，输出结果是（　　）。

A. A,B　　B. A,68　　C. 65,66　　D. 65,68

二、填空题

1. 若变量 a、b 已定义为 int 类型且 a 的值为 20，b 的值为 5，请将输出语句

```
printf(_______);
```

补充完整，使其输出的计算结果形式为：20/5=4。

2. 以下程序运行后的输出结果是________。

```
#include <stdio.h>
int main()
{ char x='B';
  printf("%d ",'a'<x<'z'); printf("%d\n",'a'<x&&x<'z');
}
```

3. 执行以下程序时输入 1234567,则输出结果是________。

```
#include <stdio.h>
int main()
{ int x=1,y;
  scanf("%2d%2d",&x,&y);  printf("x=%d,y=%d\n",x,y);
}
```

4. 有以下程序(说明：字符 0 的 ASCII 码值为 48)

```
#include <stdio.h>
int main()
{ char c1,c2;
  scanf("%d",&c1);
  c2=c1+9;
  printf("%c%c\n",c1,c2);
}
```

若程序运行时从键盘输入 48<回车>,则输出结果为________。

三、编程题

1. 编程实现,输入 3 个实数,输出 3 个实数的和以及平均数,输出结果保留 2 位小数。例如,输入：1.2　3.4　5,输出：sum=9.60　avg=3.20。

2. 编写程序,输入一个小写字母,输出其对应的大写字母及 ASCII 码值。例如,输入：a,则输出：A,65。要求不用 toupper 函数。(提示：小写字母和对应的大写字母的 ASCII 码值相差 32)

3. 编程实现,输入一个秒数,将其转换为时：分：秒形式。例如,输入：4000,则输出：1:6:40。

4. 编程实现,输入一个华氏温度 f,输出其相应的摄氏温度 c,要求保留 2 位小数。华氏温度和摄氏温度的转换公式为：$c=\frac{5}{9}(f-32)$,例如,输入：70,输出：21.11。

5. 编程实现,输入一个 3 位整数,将其反序输出,如输入：369,则输出：963。

第4章 选择结构程序设计

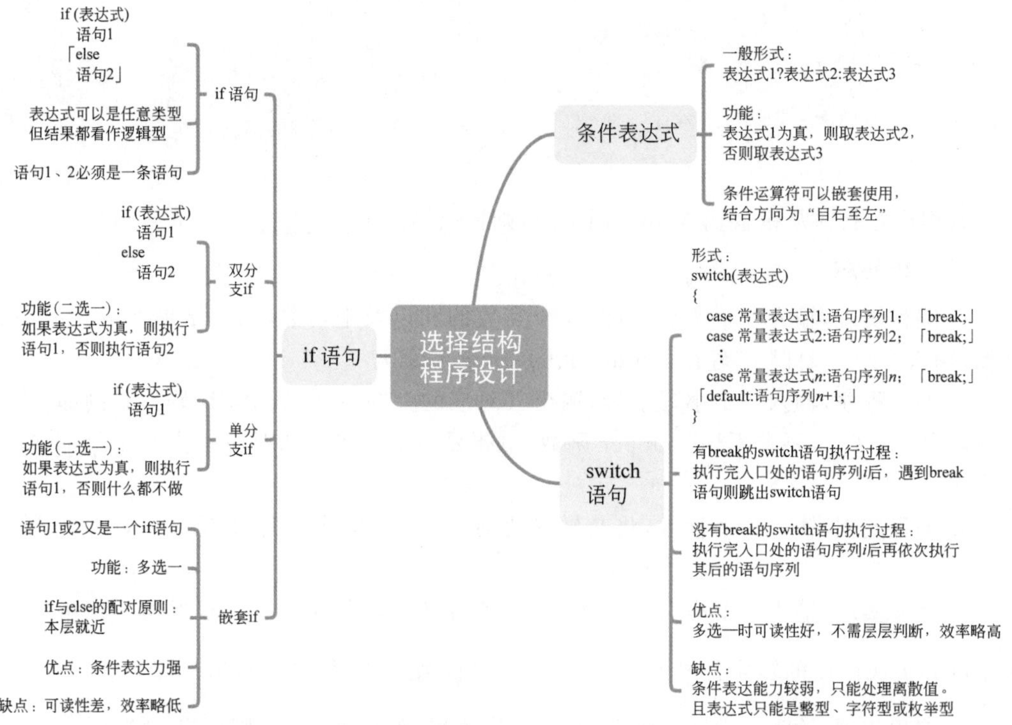

人的一生面临着很多选择，像考上大学后可以选择专心致志地学，也可以选择碌碌无为地混。但不同的选择，沿途会有不同的风景，最终也会有不同的结局。在程序设计中，存在着同样的问题，需要根据不同的选择采取不同的解决方案，最终得到不同的结果，这就是分支结构的核心思想。

例如，某商场推出了“会员积分抵现金”活动，具体规则为：商品总金额满 90 元，可用 10 积分抵 5 元；满 200 元，可用 50 积分抵 15 元；满 500 元，可用 200 积分抵 50 元。

这是比较复杂的分支结构，在积分足够的情况下，需要分为满 500 元、满 200 元、满 90 元、90 元以下 4 种情况，分别用不同的积分抵扣不同的现金，最终得到优惠力度不同的实付款值。

本章主要介绍与选择有关的 if 语句、条件表达式和 switch 语句。

4.1 if 语句

if 语句是应用最广的选择结构语句，它根据给定条件的满足情况（若满足则结果为真，不满足则为假）决定执行哪一分支。if 语句的具体应用形式千变万化，但万变不离其宗，皆由其基本形式变换而来，因此牢固掌握其基本形式，才能以不变应万变。

1. if 语句的基本形式

if 语句的基本形式和执行流程如图 4-1 所示：如果表达式的值为真（非 0，用 Y 表示，后同），则执行语句 1，否则执行语句 2。

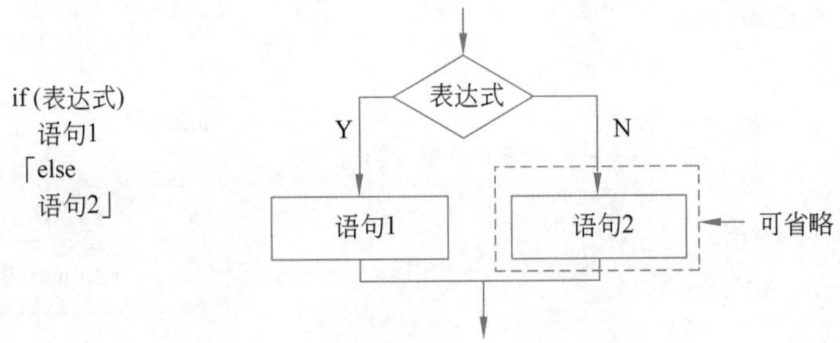

图 4-1　if 语句的基本形式和执行流程

说明如下：

(1) 包含在“「」”中的 else 部分为可选项，可有可无，即有 if 可以没有 else，但有 else 一定有与其对应的 if。

(2) 表达式必须用一对圆括号括起来。理论上表达式可以是算术、逗号、赋值、关系、逻辑等类型的表达式，甚至是混合表达式，但最终结果都被看作逻辑型，即非 0 为真，0 为假，因此表达式多为关系表达式或逻辑表达式。

(3) 语句 1 和语句 2(统称为 if 语句的分支体)，可以是表达式语句、空语句、流程控制语句和复合语句中的任意一种，但一定是一条语句。

2. if 语句的典型应用形式

if 语句的基本形式比较简单，但因其 else 为可选项，分支体可以是任意形式的语句，因此可以变换出多种形式，以下仅列出几种典型应用形式。

(1) 双分支形式。

```
if (表达式)
    语句 1
else
    语句 2
```

这是 if 语句最典型的应用形式，其执行流程如图 4-1 所示。其语义为：如果表达式的值为真，则执行语句 1，否则执行语句 2。其双分支形式适用于条件成立与否均需进行操作，但操作不同的情况。

【例 4-1】 编程实现，求两个整数中的较大者。

程序代码和执行流程图如图 4-2 所示，其中虚线框内为一条 if 语句。程序执行结果为：

```
输入：2□9<CR>
输出：max=9
输入：9□2<CR>
输出：max=9
```

```
#include <stdio.h>
int main()
{
    int a,b,max;
    scanf("%d%d",&a,&b);
    if (a>b)
        max=a;//缩进
    else
        max=b;//缩进
    printf("max=%d",max);
}
```

一条 if 语句

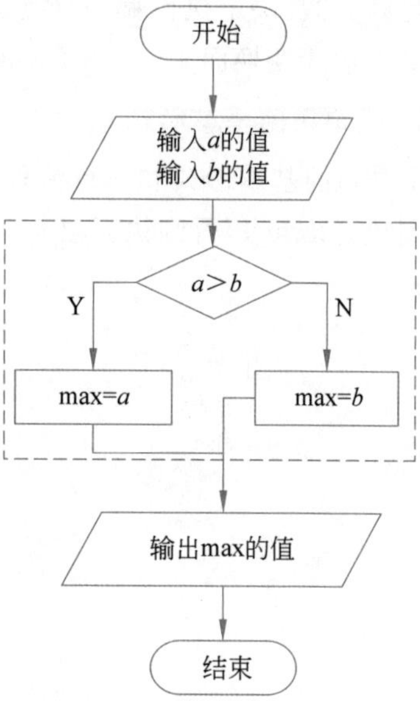

开始
输入a的值
输入b的值
$a>b$
Y
N
max=a
max=b
输出max的值
结束

图 4-2 例 4-1 程序代码和执行流程图

注意：语句“max=a;”与“max=b;”相对于 if、else 关键字而言，都缩进了一个 Tab 键位置，这是一种值得提倡的良好编程风格，是从程序格式上提醒读者，这两条语句要受条件“a>b”的控制。同样，语句“printf("max=%d",max);”与 if 对齐，说明此语句是与 if 并列的语句，无论执行 if 的哪个分支，这条语句都要执行。当然，如果该缩进的不缩进，不该缩进的反而缩进了，都不会影响程序功能，只影响程序的可读性。

【例 4-2】 编程实现，判断学生成绩是否及格，如果及格，则用绿色字体显示“恭喜你，顺利过关!”，否则用红色字体显示“很遗憾，祝下次咸鱼翻身!”。

知识补充：SetConsoleTextAttribute 是 Windows 系统中用于设置控制台窗口前景色和背景色的函数，包含在 windows.h 中。例如：

```
SetConsoleTextAttribute(GetStdHandle(STD_OUTPUT_HANDLE),4);
```

功能是将标准输出设备的前景色修改为 4(红色)。常用颜色与数字代码对应关系如下：

```
0=黑色 1=蓝色 2=绿色 3=湖蓝色 4=红色 5=紫色 6=黄色 7=白色 8=灰色 9=淡蓝色 10=淡绿色
11=淡浅绿色 12=淡红色 13=淡紫色 14=淡黄色 15=亮白色
```

```
#include <stdio.h>
#include <windows.h>        //包含设置文字颜色函数 SetConsoleTextAttribute 的头文件
int main()
{
    float score;
    printf("请输入成绩: ");
    scanf("%f",&score);
    if (score>=60)
    {  //及格时需要执行两条单语句，必须加花括号形成一条复合语句
        SetConsoleTextAttribute(GetStdHandle(STD_OUTPUT_HANDLE),2);
        printf("恭喜你，顺利过关！");
    }
    else                                                        ← 一条 if 语句
    { //不及格时也需要执行两条单语句，必须加花括号形成一条复合语句
        SetConsoleTextAttribute(GetStdHandle(STD_OUTPUT_HANDLE),4);
        printf("很遗憾，祝下次咸鱼翻身！");
    }
    SetConsoleTextAttribute(GetStdHandle(STD_OUTPUT_HANDLE),15);
}
```

程序的执行流程图如图 4-3 所示，其中虚线框内为一条 if 语句。当成绩大于或等于 60 时，程序的执行结果如图 4-4 所示；当成绩小于 60 时，程序的执行结果如图 4-5 所示。

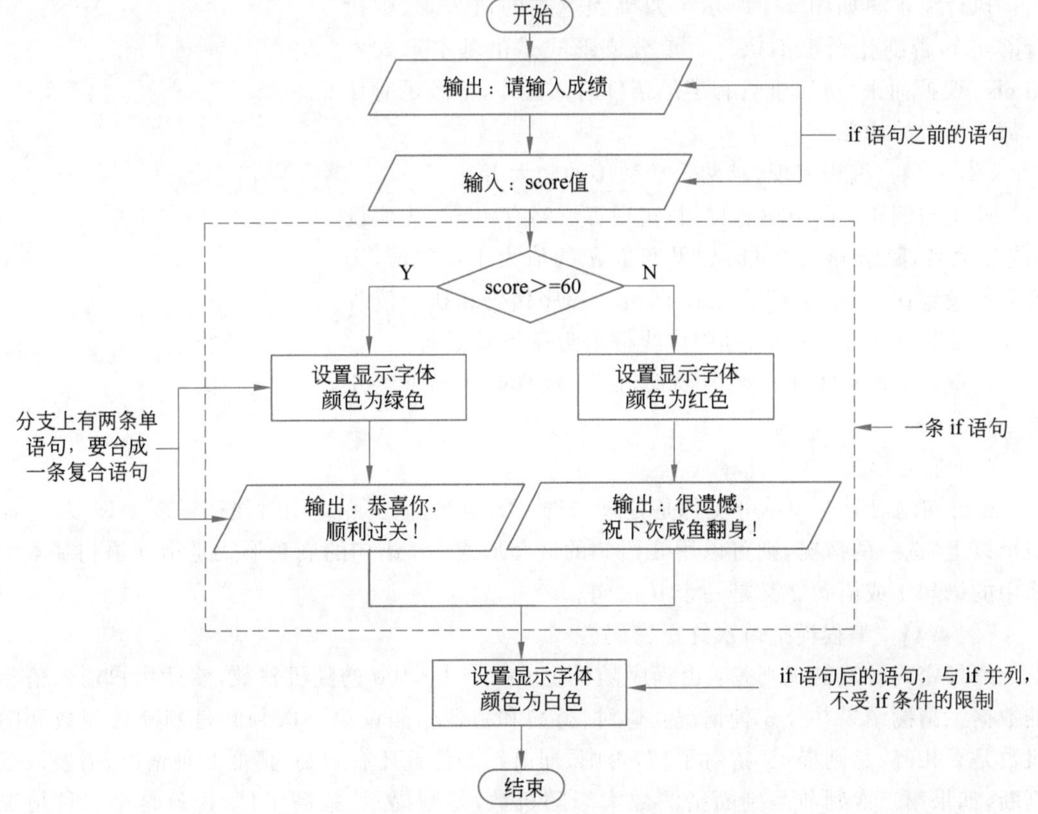

图 4-3 例 4-2 程序执行流程图

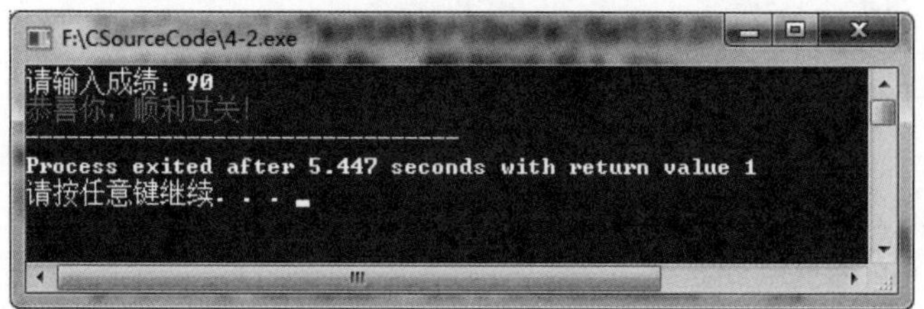

图 4-4　及格执行结果图

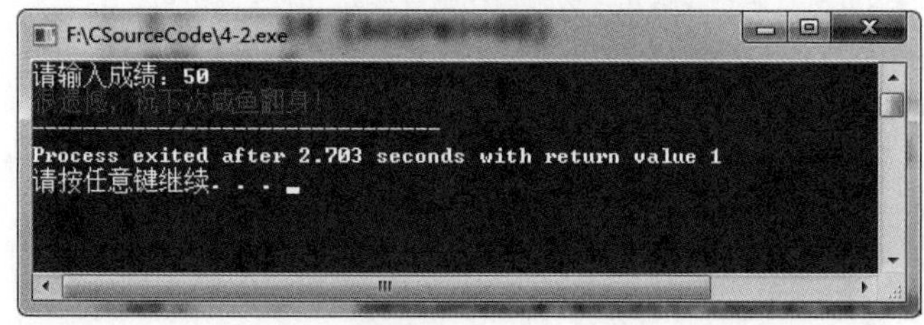

图 4-5　不及格执行结果图

(2) 单分支形式。

```
if (表达式)
    语句 1
```

执行流程图如图 4-6 所示。如果表达式的值为真，则执行语句 1，否则什么也不执行。单分支形式是由基本形式省略 else 变换而来，适用于只有满足条件时才操作，不满足时什么都不用做的情况。

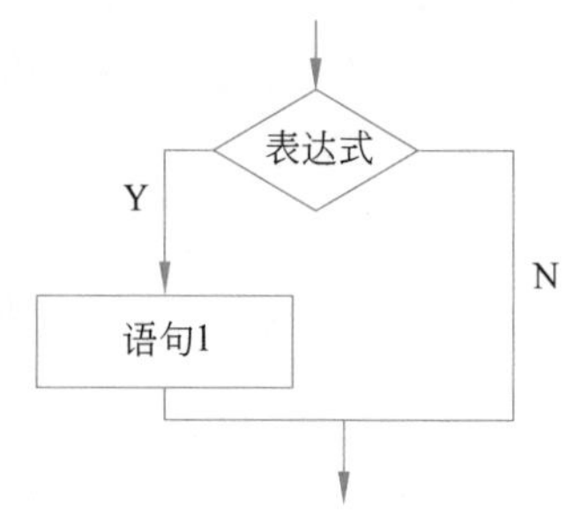

图 4-6　单分支 if 语句执行流程图

【例 4-3】　编程实现，求两个整数中的较大者。

此例与例 4-1 程序功能相同，实现算法略有差异：先假设 b 是较大者，赋给 max 变量；如果变量 a 的值大于 b 的值，则说明假设错误，再将 a 赋给 max 即可。程序代码和执行流程图对应关系如图 4-7 所示，其中虚线框内为一条 if 语句。

注意：N 的分支上没有可执行操作，对应的代码中就没有 else。

(3) 嵌套形式。

if 语句的双分支和单分支都是处理二选一的情况，但实际应用时往往需要处理多(三或三个以上)选一的情况，则可以用 if 语句的嵌套形式。if 语句的嵌套形式是指 if 语句基本形式中的语句 1 或语句 2 又是一个 if 语句。

【例 4-4】　编程模拟单次终极密码游戏。

终极密码游戏的规则是：由程序随机生成一个 1～100 的随机整数，然后用户输入猜测的数据。猜测结果共分 3 种情况：猜对、猜高和猜低。假设第一次判断是判断猜测数和随机数是否相等，是则提示“猜对了!”，否则，即语句 2 位置还有猜高、猜低 2 种情况，需要继续判断，如果第二次判断是判断猜测数大于随机数，是则提示“猜高了!”，否就是第三种情况“猜低了!”。此思路解决方案的程序流程图如图 4-8 所示。

```
#include <stdio.h>
int main()
{
    int a,b,max;
    scanf("%d%d",&a,&b);
    max=b;
    if (a>b)
        max=a;//缩进
    printf("max=%d",max);
}
```

一条 if 语句

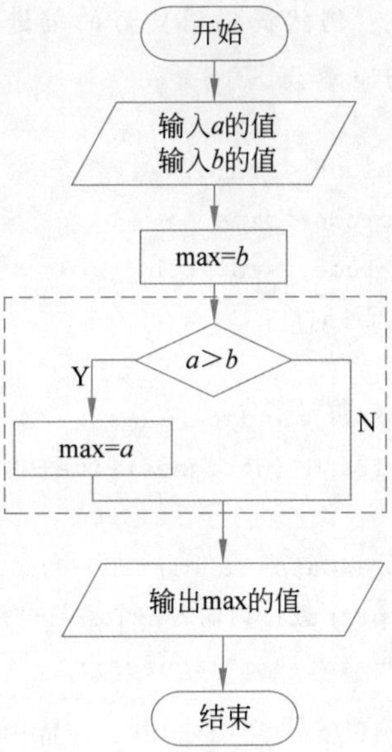

开始
输入a的值
输入b的值
max=b
a>b
Y
N
max=a
输出max的值
结束

图 4-7　程序代码和执行流程图对应关系

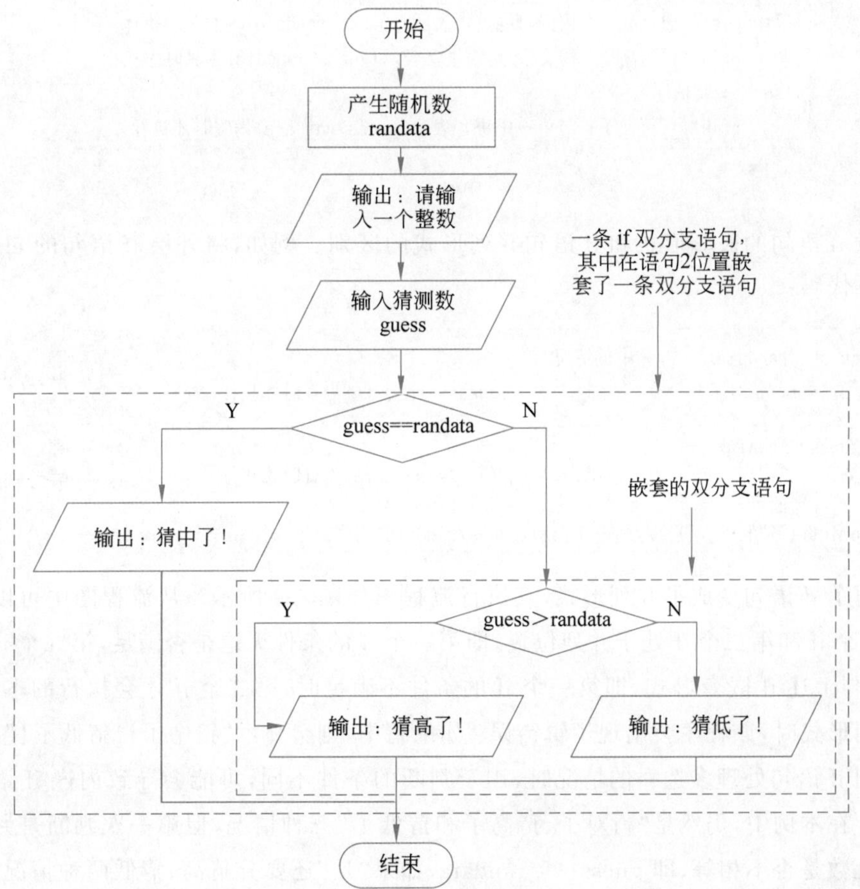

图 4-8　终极密码游戏语句 2 嵌套形式流程图

注意：仍然提倡用良好的缩进格式表达程序功能，提高程序的可读性，这在 if 的嵌套形式中尤为重要。

```
#include <stdio.h>
#include <time.h>                       //time 函数包含在 time.h 中
#include <stdlib.h>                     //srand 和 rand 函数包含在 stdlib.中
int main()
{
    int  randata,guess;
    srand((unsigned)time(NULL));        //设置随机种子,保证程序每次运行产生的随机数都
                                        //不一样
    randata=rand()%100+1;               //产生 1~100 的一个随机整数
    printf("请输入一个整数:");            //提示用户输入数据
    scanf("%d",&guess);                 //用户输入一个猜测数
    if (guess==randata)   //猜中的情况
        printf("猜对了！"); //缩进，表示(guess==randata)为真时才执行
    else   //没有猜中的情况还要继续分高和低两种情况                          ← 外层if，一条语句
        if (guess>randata)  //内嵌if缩进，表示(guess==randata)为假时才执行
             printf("猜高了！");     //缩进，表示(guess>randata)为真时才执行
        else   //猜低了                                                   ← 内层if，一条语句
             printf("猜低了！"); //缩进，表示(guess>randata)为假时才执行
}
```

注意 if 语句的嵌套形式和 if 语句并列形式的区别。例如，将外层 if 语句的 else 去掉，形成如下代码：

```
if (guess==randata)   //猜中的情况
    printf("猜对了！"); //缩进，表示(guess==randata)为真时才执行              ← 第一个if

if (guess>randata)
   printf("猜高了！");     //缩进，表示(guess>randata)为真时才执行            ← 第二个if
else   //猜低了
   printf("猜低了！"); //缩进，表示(guess>randata)为假时才执行
```

则两个 if 语句变成了并列形式，其执行流程图如图 4-9 所示。从流程图中可以明显看出：第一个 if 和第二个 if 处于并列位置，即第一个 if 的条件无论是否满足，第二个 if 都要执行，这是与上述 if 嵌套形式，即第一个 if 的条件不满足时，第二个 if 才会执行的本质区别。使用并列形式时，该程序会出现逻辑错误：如果猜中，则会显示“猜中了！猜低了！”。

使用 if 语句处理多选一的情况时，用于判断的条件不同，可能会导致内嵌 if 语句的位置不同。在本例中，仍然是“猜对了、猜高了和猜低了”三种情况，但第一次判断是判断猜测数和随机数是否不相等，即 guess！＝randata，如果“是”还要分猜高、猜低两种情况，所以需要在语句 1 位置上内嵌 if，否则就是猜中的情况。执行流程图如图 4-10 所示，具体核心代码如下：

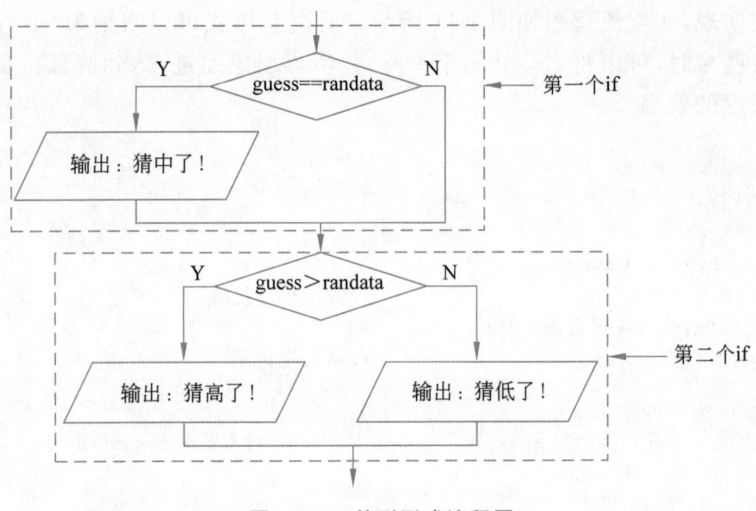

图 4-9　if 并列形式流程图

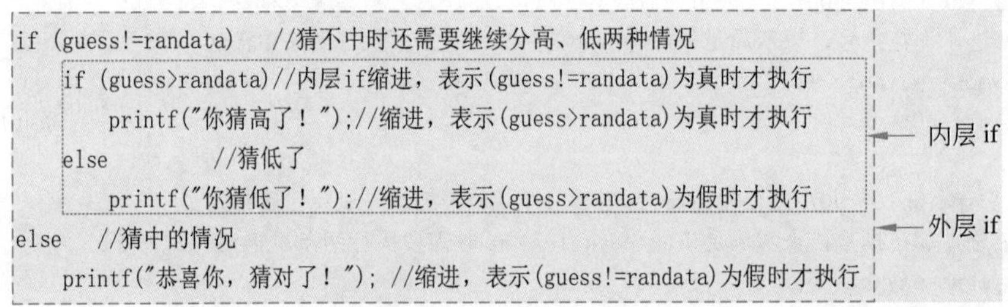

```
if (guess!=randata)   //猜不中时还需要继续分高、低两种情况
    if (guess>randata)//内层if缩进，表示(guess!=randata)为真时才执行
        printf("你猜高了！");//缩进，表示(guess>randata)为真时才执行
    else          //猜低了
        printf("你猜低了！");//缩进，表示(guess>randata)为假时才执行
else   //猜中的情况
    printf("恭喜你，猜对了！"); //缩进，表示(guess!=randata)为假时才执行
```


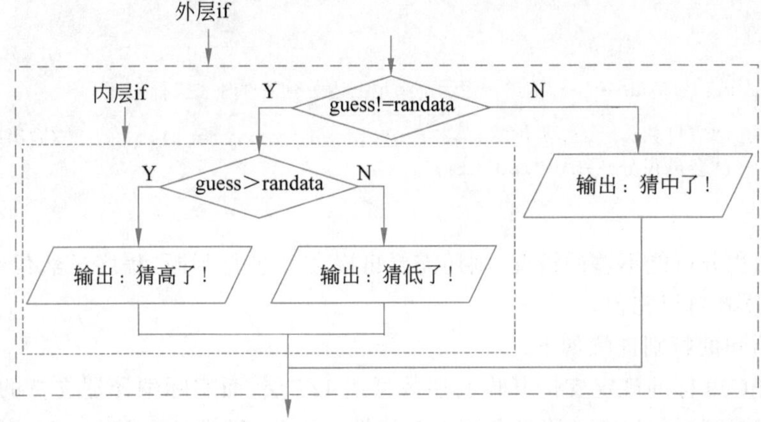

图 4-10　终极密码游戏语句 1 嵌套形式流程图

在处理三选一的情况时，虽然以上两种嵌套在语句 1 位置(简称为前嵌套)和嵌套在语句 2 位置(简称为后嵌套)均能正确解决问题，但后者的可读性更好，并且不容易出错，建议使用后嵌套。

【例 4-5】 某商场推出了“会员积分抵现金”活动，具体规则为：商品总金额满 90 元，可用 10 积分抵 5 元；满 200 元，可用 50 积分抵 15 元；满 500 元，可用 200 积分抵 50 元。

假设会员积分足够，本例中要分满 500 元、满 200 元、满 90 元、90 元以下 4 种情况分别处理，因此至少需要 3 个判断表达式，即 3 个 if 语句嵌套形式，因此建议采用可读性较好的

“后嵌套”形式实现，实现流程图如图 4-11 所示。后嵌套形式可以归纳为“if…else if”形式，当嵌套层数有些多时，可以将 else if 写于一行，并不再层层缩进，达到既保持良好可读性又能缩短代码长度的效果。

```
#include <stdio.h>
int main()
{
    float payable,payment;
    int point=500;                          //假设积分足够
    printf("请输入应付金额: ");
    scanf("%f",&payable);                   //输入应付额
    if (payable>=500)
    {  //缩进，加花括号，表示满足条件（payable>=500）时需要执行两条单语句
        payment=payable-50;
        point-=200;
    }
    else if (payable>=200)  //采用“后嵌套”时可以将else if写于一行，
    {  //缩进，加花括号，表示满足条件(payable>=200)时需要执行两条单语句
        payment=payable-15;
        point-=50;                                          ←— 一条 if 语句
    }
    else if (payable>=90) //仍将else if写于一行，但不缩进，避免过度缩进
    {  //缩进，加花括号，表示满足条件(payable>=90)时需要执行两条单语句
        payment=payable-5;
        point-=10;
    }
    else
        payment=payable;  //缩进，表示不满足上述所有条件时才执行
    printf("应付款: %.2f,实付款: %.2f\n",payable,payment);        //输出结果
    printf("会员积分: %d\n",point);
}
```

如果考虑积分可能不够的情况，则还需要再嵌套 if 进行判断，程序虽然代码较复杂，但思路清晰，请读者自行完善。

关于 if 语句的特别提醒如下。

（1）虽然 C99 标准规定支持 if 嵌套层数可达 127 层，而实际编译器支持的层数也都超过了 15 层，但嵌套层数过多会降低程序的可读性。因此，建议三以下选一时使用 if 语句，三以上选一时使用 switch 语句。如果 switch 不好实现，必须用 if 嵌套时，也建议使用“if…else if”的后嵌套形式。

（2）谨记 if 与 else 的配对原则为：本层就近。使用 if 语句嵌套形式时，需特别注意 if 与 else 的配对问题。例如，当单分支 if 嵌套双分支 if 或双分支 if 前嵌套单分支 if 时，因为都是两个 if 一个 else，很容易出现配对错误。

【例 4-6】 某高校高水平运动员课程成绩折算办法规定：①所考课程成绩的折算权重系数为 1.4，即课程成绩＝原始成绩×权重系数；②原始成绩≥80 分者，按原始成绩记录；③原始成绩加权折算后，成绩超过 80 分者，按 80 分计。编程计算某学生的最终课程成绩。

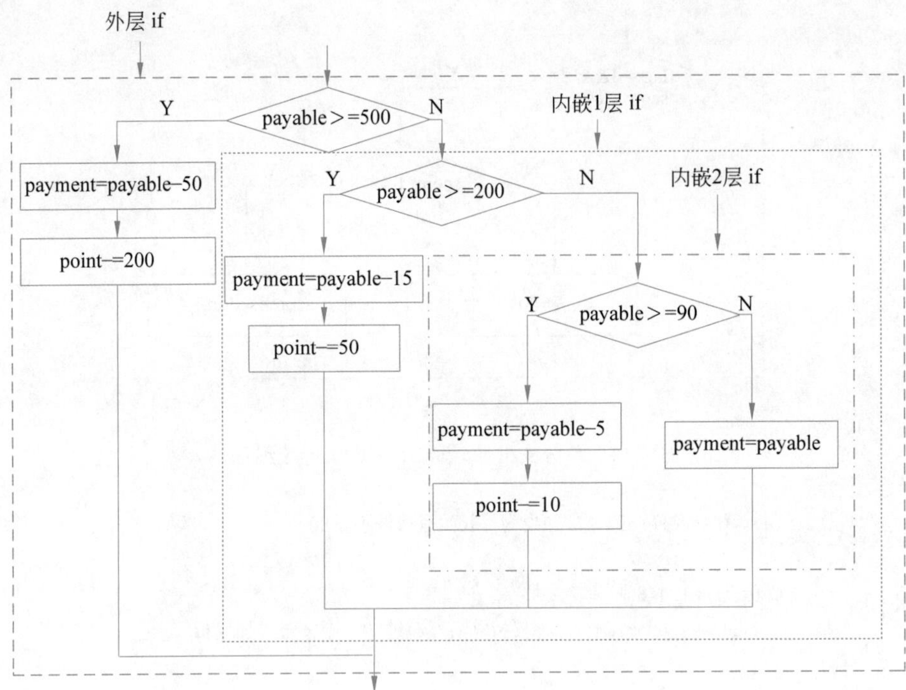

图 4-11　例 4-5 核心代码流程图

```
#include <stdio.h>
int main()
{
    float score;
    int flag;
    printf("请输入课程原始成绩: ");
    scanf("%f",&score);
    printf("是否为特长生: (1:是,0: 否)");
    scanf("%d",&flag);
    if (flag==1&&score<80)   //如果为特长生且成绩不足80
        if (score*1.4<80)
一对        score=score*1.4; //加权折算后不超过80, 则按公式加权折算
        else
            score=80;     //加权折算后超过80, 则按80分计
    printf("最终成绩为: %.2f\n",score);
}
```

本例使用的是"单分支 if 嵌套双分支 if"形式,根据"本层就近"配对原则,else 与第二个 if 是一对,执行流程如图 4-12 所示。

如果希望 else 与第一个 if 配对,则利用配对原则中的"本层就近"中的"本层"即可。例如,将第二个 if 用花括号括起来,将其降级至下一层,则 else 即可与第一个 if 配对成功,变成"双分支 if 前嵌套 if 单分支"形式。但所表达的语义也发生了巨大的变化,执行流程图如图 4-13 所示。

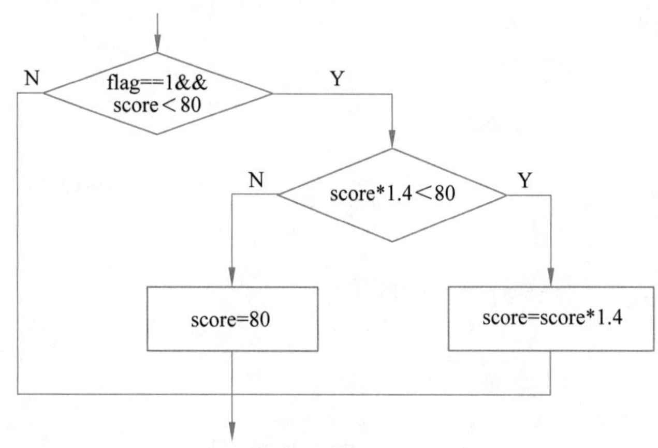

图 4-12　单分支 if 嵌套双分支 if 执行流程图

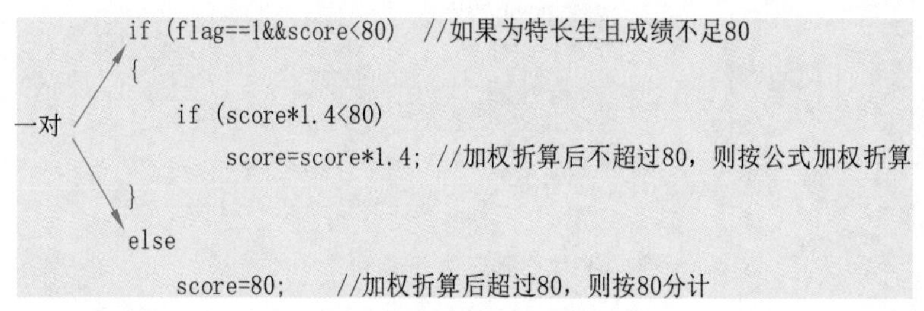


```
if (flag==1&&score<80)  //如果为特长生且成绩不足80
{
    if (score*1.4<80)
        score=score*1.4; //加权折算后不超过80，则按公式加权折算
}
else
    score=80;     //加权折算后超过80，则按80分计
```

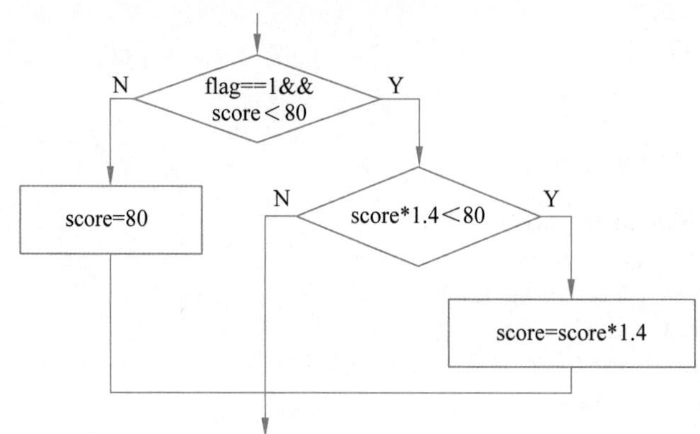

图 4-13　双分支 if 前嵌套 if 单分支执行流程图

(3) if 嵌套形式的配对结果与书写缩进格式无关。缩进的目的只是为了提高程序的可读性，并不影响程序功能。即使例 4-6 中的核心代码写作如下形式，也改变不了 else 与第二个 if 是一对的事实。

我俩还是一对

```
if (flag==1&&score<80)  //如果为特长生且成绩不足80
    if (score*1.4<80)
        score=score*1.4; //加权折算后不超过80，则按公式加权折算
else
    score=80;     //加权折算后超过80，则按80分计
```

虽然程序功能与格式无关，但不缩进或错误的缩进对齐方式会误导读者理解程序功能，

因此建议严格按照程序功能进行缩进对齐，使同一层的语句左对齐。

4.2 条件表达式

扫一扫

条件运算符是C语言中唯一一个三目运算符，由问号"?"和冒号":"组成。条件表达式的一般形式为：

```
表达式 1?表达式 2:表达式 3
```

其语义为：首先计算表达式1的值，如果值为真(非0)，则计算表达式2的值，并作为整个条件表达式的值；否则计算表达式3的值，并作为整个条件表达式的值。

例如，假设 *a*、*b* 是两个整数，求两者中的较大者，可以用条件表达式：

```
a>b?a:b
```

即，若 a>b 为真，则条件表达式的结果为 *a*，否则为 *b*，保证结果为较大者。

一般条件表达式多与赋值联合使用，例如：

```
max=a>b?a:b          //等价于 max=(a>b?a:b)
```

表达的功能与以下双分支 if 语句的功能等价：

```
if (a>b)
    max=a;
else
    max=b;
```

即，如果 a>b 为真，则 *a* 作为条件表达式的值赋给变量 max，否则，*b* 作为条件表达式的值赋给变量 max。

【例 4-7】 编程实现，求数轴上两点之间的距离。

```
#include <stdio.h>
int main()
{
    float x,y,distance;   //求两点 x,y 之间的距离 distance
    printf("请输入数轴上的两个数(空格分隔): ");
    scanf("%f%f",&x,&y);
    distance=x>y?x-y:y-x; //等价于distance=(x>y?x-y:y-x)
    printf("|%.2f-%.2f|=%.2f\n",x,y,distance);
                    |  等价于
}                   ↓
   printf("|%.2f-%.2f|=%.2f\n",x,y,x>y?x-y:y-x);
```

(1) 条件运算符的优先级高于赋值运算符，但低于关系运算符和算术运算符。如将大写字母转成小写字母，否则保持原样的条件表达式为：

```
lower=(ch>='A'&ch<='Z')?(ch+32):ch
```

与下面两种形式完全等价：

```
lower=ch>='A'&ch<='Z'?(ch+32):ch
lower=((ch>='A'&ch<='Z')?(ch+32):ch)
```

但推荐使用第一种方式，因为其可读性更强。

(2) 条件运算符可以嵌套使用，结合方向为“自右至左”，即从最右边开始，第 i 个问号与离其最近且没有被匹配的冒号匹配。例如求三个数中最大者的条件表达式：

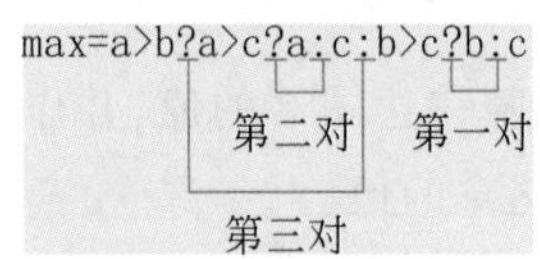

等价于

```
max=(a>b)?(a>c?a:c):(b>c?b:c)
```

虽然嵌套条件运算符的结合方向为“自右至左”，计算时仍然“自左至右”，上述表达式的执行顺序为：先判断“a>b”的值，如果为真(非 0)，则继续执行“a>c?a:c”，即根据“a>c”的值的真假决定返回 a 还是 c；否则继续执行“b>c?b:c”，即根据“b>c”的真假决定返回 b 还是 c。

(3) 条件表达式实现的功能与双分支 if 语句的功能相似，在很多场景中可以互相代替。但条件表达式是一个表达式，还可以继续参与其他运算，而 if 语句是一条流程控制语句。条件表达式形式简洁，但功能有限，if 语句功能强大，但形式稍复杂，读者可根据程序功能和个人偏好酌情选择使用。

扫一扫

4.3 switch 语句

switch 语句也是选择结构语句，与 if 语句嵌套形式功能相似，但各有优缺点。比如 if 嵌套层数越多，程序可读性越差，层层判断降低效率，但 if 的条件表达能力非常强。switch 语句的可读性好，不需层层判断，效率略高，但条件表达能力较弱，只能处理离散值。应用时，无须拘泥于某种形式，根据具体应用场景和个人偏好，选择有效解决实际问题的方式即可。

switch 语句的一般形式为：

```
switch (表达式)
{
    case 常量表达式1: 语句序列1; 「break;」
    case 常量表达式2: 语句序列2; 「break;」
    …                                          ←语句体
    case 常量表达式n: 语句序列n; 「break;」
    「default: 语句序列n+1;」
}
```

switch 语句中的 break 与 default 均为可选项。break 是转向语句关键字，作用是跳出 switch 语句，因此有无 break，程序的执行流程有较大差异，执行流程分别如图 4-14 和图 4-15 所示。

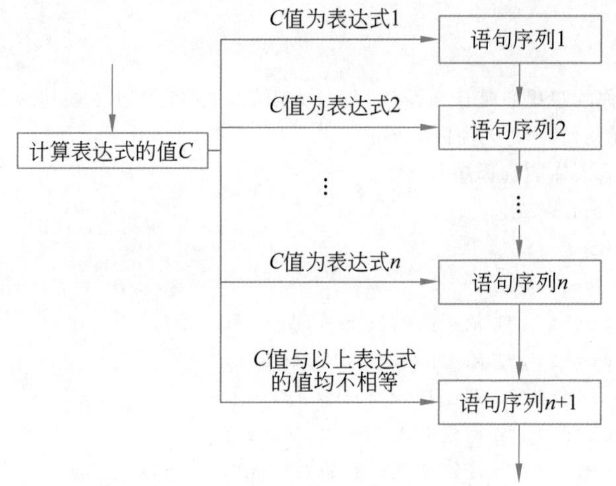

图 4-14 不带 break 的 switch 执行流程图

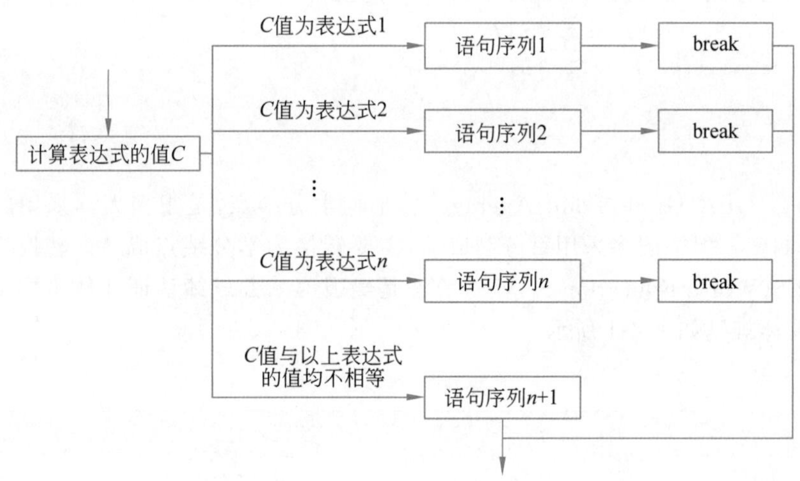

图 4-15 带 break 的 switch 执行流程图

switch 语句首先计算表达式的值，为了方便，我们将表达式的值记作 C，"case 常量表达式"起语句标号作用，自上而下找到 C 与之匹配的语句标号 i，即找到了入口，则从语句序列 i 处开始执行。如果 C 最终没有匹配的标号，则进入 default 后的语句序列 $n+1$ 开始执行，如果没有 default，则直接退出 switch。

图 4-14 和图 4-15 中有无 break 的区别在于：有 break 时，执行完入口处的语句序列 i 后，遇到 break 语句则直接跳出 switch 语句；没有 break 时，则执行完入口处的语句序列 i 后，再依次执行其后的语句序列，直到遇到 break 或 switch 结束为止。

【例 4-8】 编程实现心理测试：在你的眼里我是什么颜色。给出选项"1 太阳红 2 鹅黄 3 森林绿 4 海蓝 5 水晶紫 6 橘子橙 7 婴儿蓝 8 天使白"，根据用户选择输出答案"1 依赖的人 2 陌生的人 3 知己 4 深爱的人 5 注定要在一起的人 6 好朋友 7 依赖你的人 8 珍惜的人”。

```
#include <stdio.h>
int main()
{
    int choice;
    printf("在你的眼里我是什么颜色:\n 1 太阳红\n 2 鹅黄\n 3 森林绿\n 4 海蓝\n 5 水晶紫\
n 6 橘子橙\n 7 婴儿蓝\n 8 天使白\n");
    printf("请输入你的选择序号: ");
    scanf("%d",&choice);
    switch(choice)
    {
        case 1:printf("1 依赖的人! \n");break;
        case 2:printf("2 陌生的人! \n");break;
        case 3:printf("3 知己! \n");break;
        case 4:printf("4 深爱的人! \n");break;
        case 5:printf("5 注定要在一起的人! \n");break;
        case 6:printf("6 好朋友! \n");break;
        case 7:printf("7 依赖你的人! \n");break;
        case 8:printf("8 珍惜的人\n");break;
        default:printf("1-8 的数哦\n");
    }
}
```

【例 4-9】 GPA(Grade Point Average)即平均学分绩点,是很多大学采用的一种评估学生成绩的制度。但中国多采用百分制成绩,需要转换为学分绩点成绩。转换算法有很多种,其中 WES(World Education Service)算法是美国第三方成绩认证评估机构提出的一种转换算法,具体规则如表 4-1 所示。

表 4-1 转换算法

百分制成绩	绩点	百分制成绩	绩点
[85,100]	4.0	[60,75)	2.0
[75,85)	3.0	60 以下	0.0

编写程序,实现 WES 算法。

程序分析:一个绩点对应的百分制成绩为一个范围,如 4.0 对应的是[85,100],3.0 对应的是[75,85)等。但 switch 语句中的 case 后只能是整型、字符型、枚举型常量,因此需要将一个范围内的数据统一转换为一个常量,最常用的方法就是将成绩取整。但究竟取什么数据的整,需要在保证正确的情况下,同一范围内的数据对应的常量越少越好,例如本例中选择 5。

```
int main()
{
    float score=100,point;
```

```
    printf("请输入百分制成绩：");
    scanf("%f",&score);
    if (score>=0&&score<=100)
    {
        switch((int)(score/5))          //score/5 为 float 型,需强制转换为 int 型
        {
            case 20:
            case 19:
            case 18:                    ←— [85,100]
            case 17: point=4;break;

            case 16:
            case 15: point=3;break;     ←— [75,85)

            case 14:
            case 13:                    ←— [60,75)
            case 12:point=2;break;

            default:point=0;            ←— 60以下
        }
        printf("score=%.2f,point=%.1f",score,point);
    }
    else
        printf("成绩必须在 0-100 哦！\n");
}
```

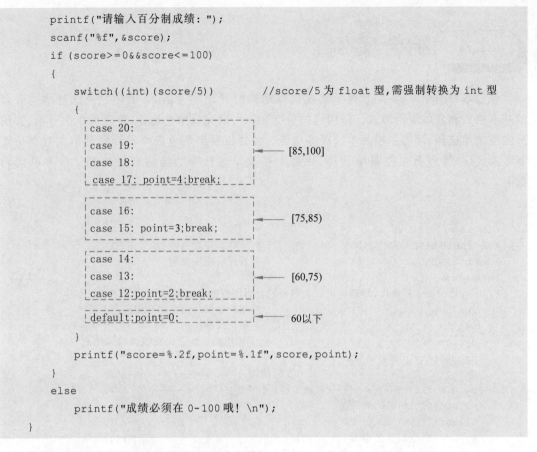

使用 switch 语句时需注意以下几个问题。

(1) switch 语句中的表达式必须为整型、字符型、枚举型或逻辑型，绝对不可以是实型。

(2) 各 case 后的常量表达式一定要为常量且值应互不相同。如果表达式是逻辑型_Bool，则常量表达式只能是 1 或 0。

(3) 如果相应的 case 甚至 default 后有 break，则各个 case 和 default 的出现次序不影响执行结果。例如，例 4-9 中的核心代码修改为以下形式，运行结果不变。

```
switch((int)(score/5))
{
    case 18:
    case 20:                    ←— 常量17、18、19、20共用一个语句序列，虽然内
    case 17:                        部顺序无所谓，但要相邻，并且语句序列放置于
    case 19: point=4;break;         最后一个常量表达式后面

    default:point=0;break;      ←— default不一定放在最后，但不在最后时一定要加break
    case 14:
    case 13:
    case 12:point=2;break;
    case 16:                    ←— 与 case 14、13、12 交换次序不影响执行结果，但共用语
    case 15:point=3;break;          句序列的常量如 case 16、17 要作为一个整体一起交换
}
```

扫一扫

4.4 综合案例

经过本章的学习，我们掌握了实现选择结构的if语句、switch语句以及选择结构嵌套的基本格式和具体应用形式。应用这些分支知识可以完成角色选择、管理员单次登录、管理员主控菜单选择、评委主控菜单选择等功能。此处仅列出角色选择和管理员单次登录功能参考源代码，管理员主控菜单选择、评委主控菜单选择等功能请自行补充。参考源代码如下。

```
#include <stdio.h>
#include <windows.h>
#define MANAGER_NAME 1001                //管理员正确用户名
#define MANAGER_PWD 1234                 //管理员正确密码
int main()
{   //还没有学习数组,管理员用户名和密码暂时用整型表示
    int name,pwd;                        //用户输入的用户名和密码
    int nSelect;                         //用户选择
    system("cls");                       //调用系统命令cls,完成清屏功能
    printf("\n\n\n\n\n");
    printf("\t\t|-------------欢迎使用--------------|\n");
    printf("\t\t|---------创新大赛评分系统------------|\n");
    printf("\t\t|  0.管理员                          |\n");
    printf("\t\t|  1.评委                            |\n");
    printf("\t\t|  9.退出                            |\n");
    printf("\t\t|------------------------------------|\n");
    printf("\t\t\t请选择(0-1): ");
    scanf("%d", &nSelect);
    switch (nSelect)
    {
        case 0:                          //如果是管理员
            printf("********请输入管理员用户名: ");
            scanf("%d",&name);
            printf("********请输入密码: ");
            scanf("%d",&pwd);
            if(MANAGER_NAME==name&&MANAGER_PWD==pwd)
            {   //如果用户名和密码正确,则显示主控菜单选项输出主控菜单选项
                system("cls");           //清屏
                printf("\n\n\n\n");
                printf("\t\t|----------- 管理员系统主界面------------|\n");
                printf("\t\t|  0.创建作品                           |\n");
                printf("\t\t|  1.删除作品                           |\n");
                printf("\t\t|  2.查询作品                           |\n");
                printf("\t\t|  3.修改作品                           |\n");
                printf("\t\t|  4.发布作品                           |\n");
                printf("\t\t|  5.保存作品                           |\n");
                printf("\t\t|  6.从文件导入作品                     |\n");
                printf("\t\t|  7.计算平均分                         |\n");
```

```
            printf("\t\t|  8.作品排序                                    |\n");
            printf("\t\t|  9.退出                                        |\n");
            printf("\t\t|------------------------------------------------|\n");
        }
        else          //如果输入错误则显示错误提示信息
            printf("************用户名或密码输入错误!!!************\n");
        break;
    case 1:           //如果是评委,具体功能请自行补全
        printf("\n您选择的角色是评委");
        break;
    case 9:           //如果选择退出
        exit(0);      //正常结束程序运行
    default:          //其他选择为错误选项
        printf("\n角色菜单选项只能选择 0、1、9");
    }
}
```

4.5 本章常见错误及调试方法

扫一扫

本章以若干例题为例,演示选择结构程序中的常见错误及调试方法。

(1) 在双分支形式中,条件表达式的右圆括号后多加一个分号(编译错误)。

如图 4-16 所示,显示错误“'else' without a previous 'if'”,单击错误消息时,定位到 else 处。在 if 语句应用形式中,else 是可选项,因此有 if 可以没有 else,但有 else 一定要有对应的 if。而 else 找与其匹配的 if 的方法是从 else 关键字开始往前找一条语句。但在此时从 else 开始往前一条语句“max=a;”找到的是空语句“;”,而不是 if,因此提示 else 前没有 if。

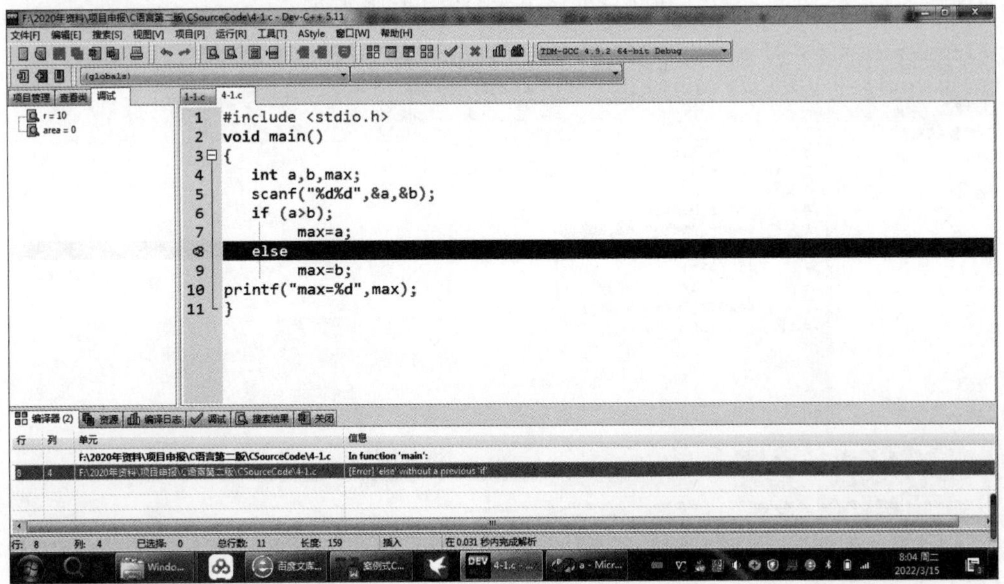

图 4-16 else 前没有对应 if 的错误界面

同理,如果双分支形式中的 if 语句分支体 1 有多条单语句,忘记用花括号括起来形成一条复合语句,也会出现此错误。

(2) 在单分支形式中,条件表达式的右圆括号后多加一个分号(逻辑错误)。

如图 4-17 所示,程序运行时,输入：4 8,但输出结果为：max=4,显然程序出现了逻辑错误。此时利用"断点+单步执行+查看窗口"相结合的跟踪调试方式可以高效定位错误位置,厘清错误原因。

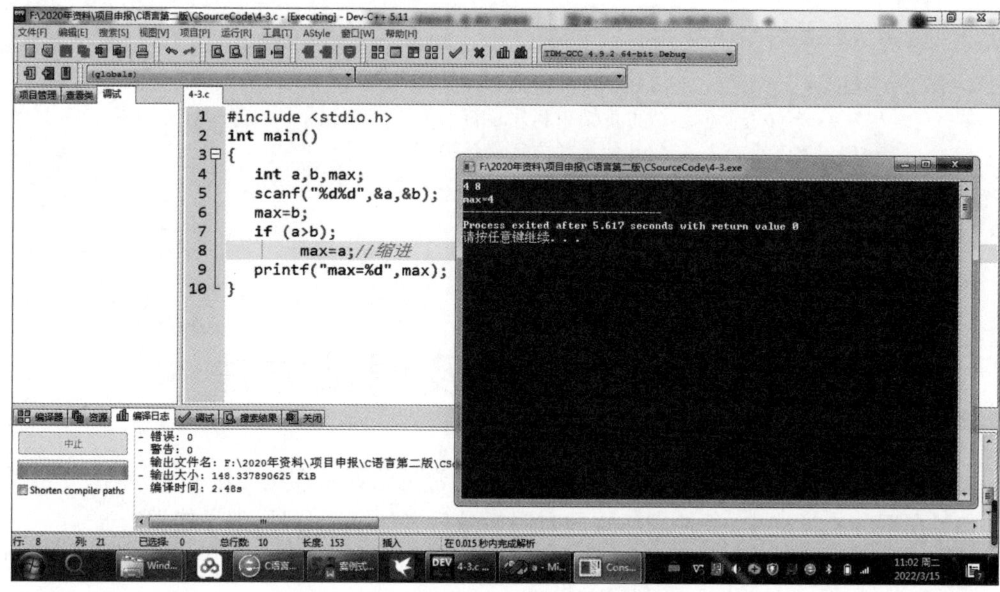

图 4-17　程序运行结果界面

① 添加断点,调试程序。在第 6 行添加一个断点,单击调试按钮或按 F5 键,在程序执行界面输入：4 8<CR>,程序在断点处停下来,如图 4-18 所示。

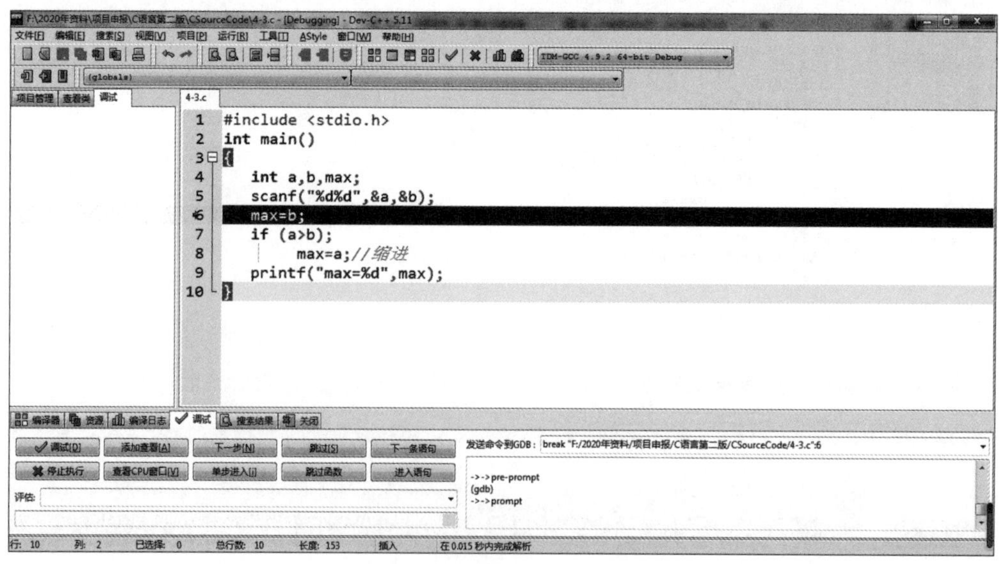

图 4-18　程序在断点处中断界面

② 添加查看。单击“调试”窗口中的“添加查看”按钮,将 a、b 和 max 添加到左侧“调试”查看窗口中,如图 4-19 所示。发现 a 和 b 的值为 4 和 8,数据接收正确。

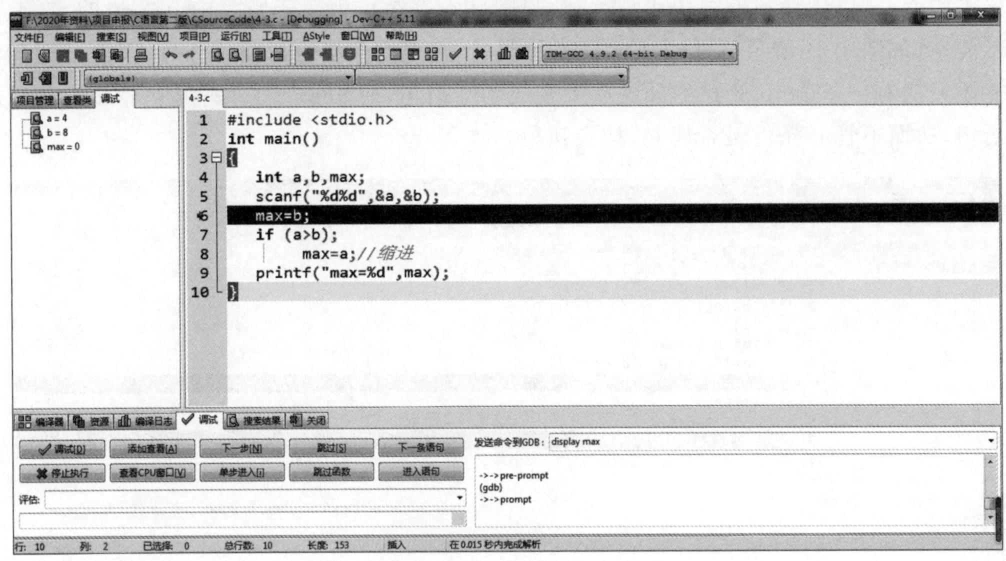

图 4-19 查看变量界面

③ 单步执行观察执行结果。单击“调试”窗口中的“下一步”按钮,或按 F7 键单步执行程序,发现程序执行指示箭头定位到第 8 行,且 max 中的值为 8,如图 4-20 所示。说明第 6 行语句正确执行,max 赋值为 8。但条件“a>b”,即“4>8”并不成立,其后分支体 1 中的语句不该执行,但此时的指示箭头标明要执行第 8 行语句“max=a;”,说明第 8 行语句并没有受到条件“a>b”的控制。

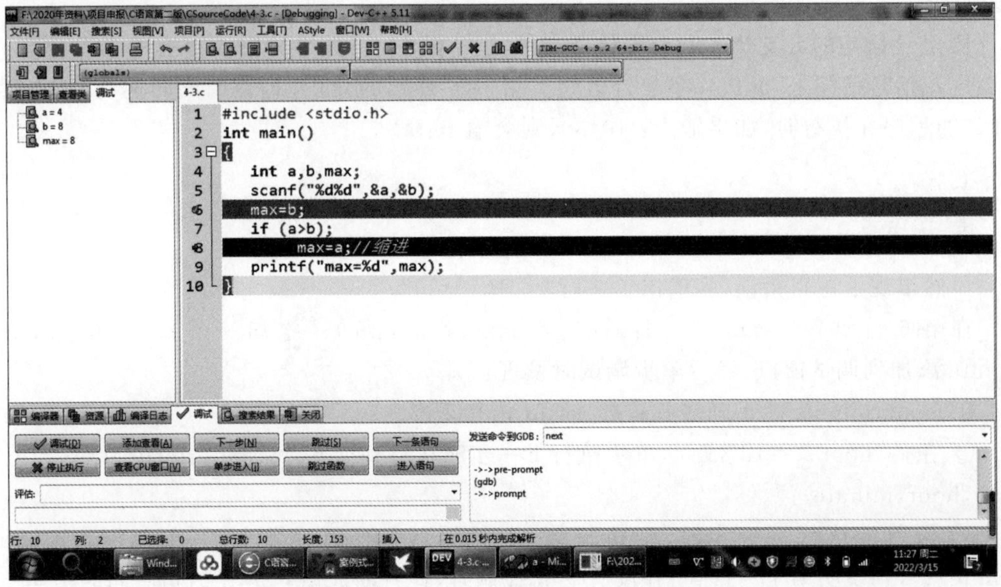

图 4-20 单步执行查看变量界面 1

④ 继续单步执行观察结果。继续执行下一步，max 的值修改为 4，进一步验证第 8 行语句“max=a;”已经执行，且没有受到 if 条件“a>b”的控制。此时为进一步验证条件“a>b”的确不成立，可以添加查看表达式“a>b”，则调试查看窗口中显示“a>b=0”，说明 a>b 的确不成立，如图 4-21 所示。仔细观察 if 语句前后，发现右圆括号后面的分号，因为 if 语句的分支体只能有一条语句，此时的分支体 1 变成了空语句，而“max=a;”就变成了 if 语句后面的语句，从而不管 if 条件是否成立，均会执行。

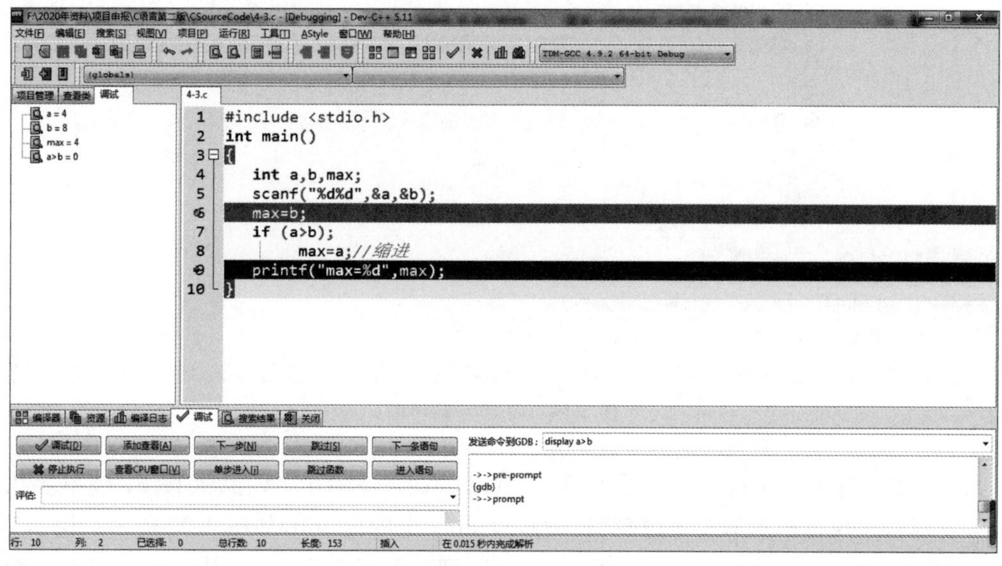

图 4-21　单步执行查看变量界面 2

(3) if 语句的分支体 2 有多条单语句，但忘记把多条语句加花括号形成一条复合语句(逻辑错误)。

切记 if 语句的分支体 1 和分支体 2 必须是一条语句。如果分支体 2 有多条单语句，一定要用花括号括起来，形成一条复合语句。图 4-22 所示的“24 小时制时间转换为 12 小时制时间”的程序在执行时，如果输入：10:30，则会输出：

```
上午 10:30
下午 10:30
```

显然出现了逻辑错误，多输出了一行“下午 10:30”。

在第 6 行语句“scanf("%d:%d",&hour,&minute);”添加一个断点，并将 hour、minute 添加到调试窗口；然后单步调试时发现：

① hour、minute 能正确接收数据，scanf 语句正确。

② 条件“hour<=12”成立，单步执行下一步时执行到第 8 行语句“printf("上午 %d:%d\n",hour,minute);”。

③ 再单步执行下一步时，则执行第 11 行语句“printf("下午 %d:%d\n",hour,minute);”，则说明第 11 行语句并没有受 if 控制，因此判断此语句是 if 语句后面的语句。

(4) if 条件中的==误写为=(逻辑错误)。

初学者往往因为思维定式将关系运算符等于“==”误写为赋值运算符“=”，导致程序

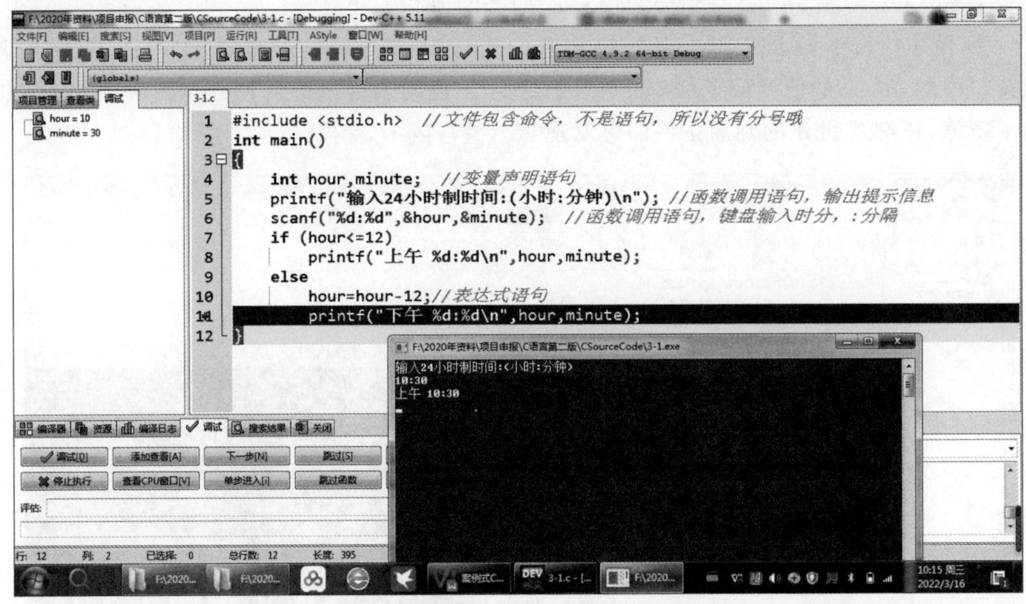

图 4-22　else 的分支体 2 有多条语句，但忘加花括号界面

出现逻辑错误，如图 4-23 所示的"单次终极密码游戏"。为更方便有效地对程序进行功能测试，添加了第 9 行语句"printf("%d\n",randata);"，即将系统产生的随机数显示在屏幕上。但程序执行时发现：明明产生的随机数为 8，猜测的数据为 12，但程序运行结果却显示"猜对了"。

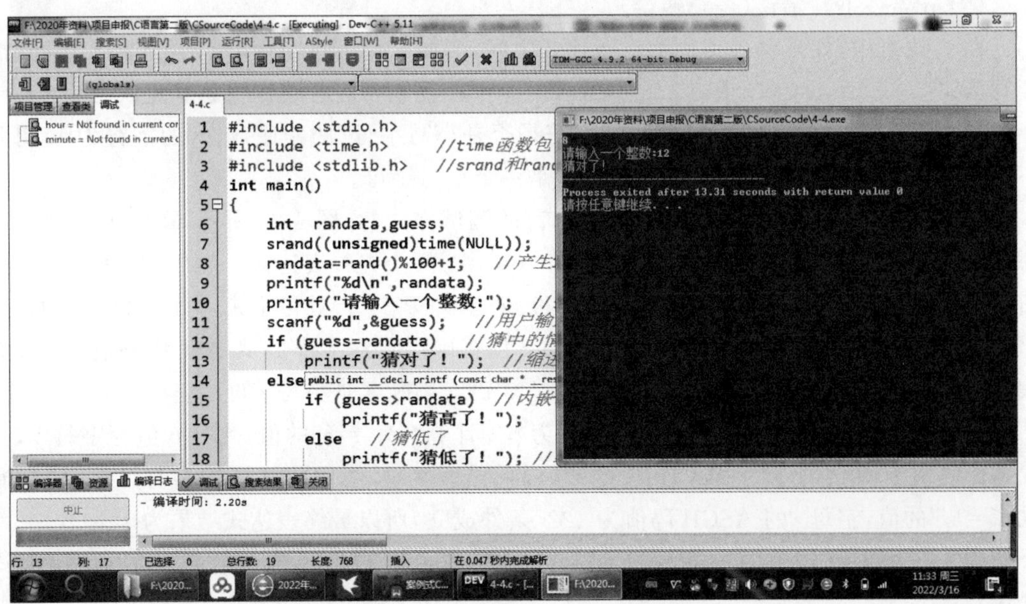

图 4-23　==误写为=程序运行界面

仍然采用"断点+单步执行+查看窗口"的调试方式，在第 11 行"scanf("%d",&guess);"添加一个断点，将 guess 和 randata 添加到调试窗口中。然后单步调试时发现：

① guess 和 randata 值分别为 12 和 26，两者的值并不相等。

② 单步执行下一步时，当前执行语句定位到第 18 行“printf("猜对了!");”，并发现调试窗口中的 guess 的值变成了 26，如图 4-24 所示。说明因为执行了 if 的判断条件 guess 被赋了新值，仔细观察 if 的判断条件即可发现“==”写成了“=”。

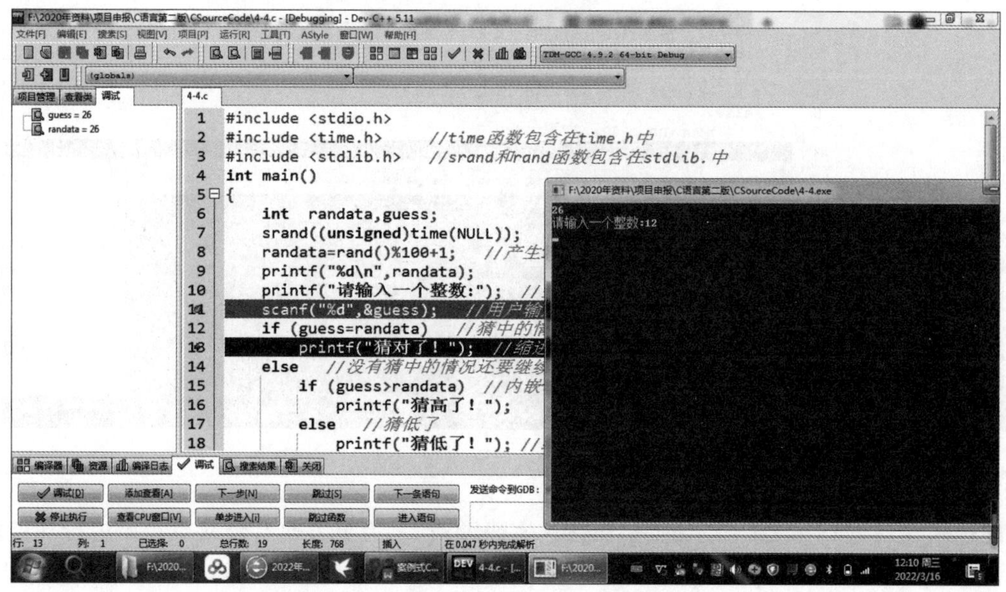

图 4-24 ==误写为=程序调试界面

(5) if 条件书写错误(逻辑错误)。

在 C 语言中，如果要表达变量 *c* 在什么之间，例如 c 是小写字母，即 *c* 在'a'到'z'之间，需要写为'a'＜=c&&c＜='z'或者 c＞='a'&&c＜='z'，而初学者往往因为思维定式写为'a'＜=c＜='z'，如图 4-25 所示的“判断输入的字符是否是小写字母”的程序，输入的字符为 1，明明不是小写字母，但程序的输出结果却是：1 是一个小写字母。

仍然采用“断点+单步执行+查看窗口”的调试方式，如图 4-25 所示，在第 11 行“}”处添加一个断点，在调试窗口中添加 c 和'a'＜=c＜='z'两个查看表达式。然后调试程序，在执行窗口中输入数据：1<CR>，则程序会在断点处，即第 11 行处停下来。此时观察左侧“调试”窗口中表达式的值：*c* 值为 49'1'，则说明 *c* 值正确接收到字符 1，其 ASCII 码值为 49；而表达式'a'＜=c＜='z'的值为 1，则说明其不是 C 语言判断 *c* 是小写字母的正确方式。

'a'＜=c＜='z'在 C 语言中的判定过程为：先计算“'a'＜=c”的值，此时 *c* 值为字符'1'，其 ASCII 码值为 49 小于'a'的 ASCII 码值 97，因此结果为 0，然后用 0 继续参与计算，即判断“0＜='z'”的值，字母'z'的 ASCII 码值为 122，条件成立，所以最终表达式结果为 1。

(6) switch 语句中的 case 后不是一个整型或可以转换为整型的常量表达式(编译错误)。

switch 语句中 case 后必须是一个整型或其本质是整型的如字符型、枚举型或布尔型的常量表达式，如图 4-26 第 10 行中的字符串常量"1"无法转换为整型常量，第 11 行中的 choice==2 根本不是一个常量表达式，均会出现错误。

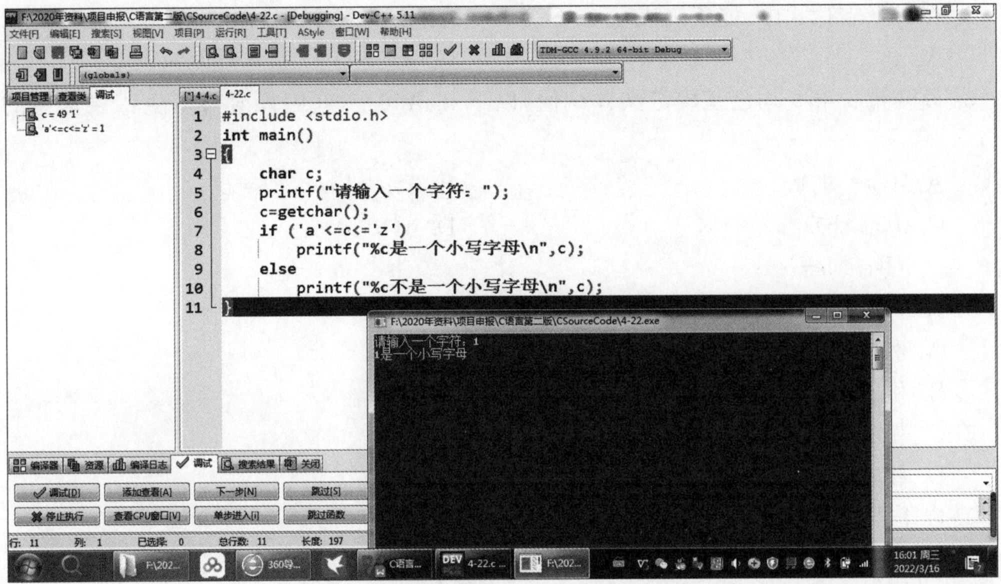

图 4-25　if 条件书写错误界面

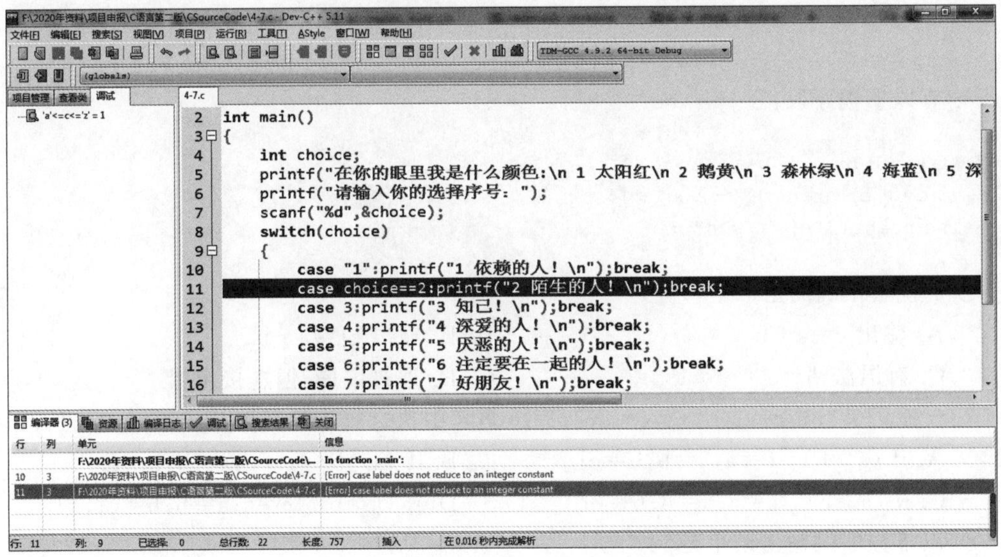

图 4-26　switch 语句错误界面

习题

一、选择题

1. 以下不能正确判断 char 类型变量 *c* 是否是小写字母的表达式是(　　)。

A. c>=97&&c<=122　　　　B. 'a'<=c<='z'

C. 'a'<=c&&c<='z'　　　　D. c<=('A'+32)&&c>=('Z'+32)

2. 在以下表达式中，能正确表示 x 不等于 0 的是(　　)。

A. x<>0　　B. !x　　C. x==0　　D. x

3. 设变量 a 和 b 均已正确定义并赋值，以下 if 语句中，在编译时将产生错误信息的是(　　)。

A. if(a++)；

B. if(a>b&&b!=0)；

C. if(a>b)　a--
　else　b++；

D. if(b<0)　{;}
　else　a++；

4. 在嵌套使用 if 语句时，C 语言规定 else 总是(　　)。

A. 和之前与其具有相同缩进位置的 if 配对

B. 和之前与其最近的 if 配对

C. 和之前与其同层最近的 if 配对

D. 和之前的第一个 if 配对

5. 以下程序段的输出结果是(　　)。

```
int n=9;
if (n++<10)  printf("%d\n",++n);
   else  printf("%d\n",n--);
```

A. 11　　B. 10　　C. 9　　D. 8

6. 有以下程序段：

```
int a=-1,b=1,c=0;
if (c=a+b) printf("c=a+b\n");
else printf("c!=a+b\n");
```

以下说法正确的是(　　)。

A. 输出 c=a+b

B. 输出 c!=a+b

C. 有语法错

D. 通过编译，但连接出错

7. 设有定义“int a=1,b=2,c=3;”，以下语句中执行效果与其他三个不同的是(　　)。

A. if (a>b)　c=a,a=b,b=c;

B. if (a>b) {c=a,a=b,b=c;}

C. if (a>b)　c=a;a=b;b=c;

D. if (a>b) {c=a;a=b;b=c;}

8. 以下程序的输出结果是(　　)。

```
int x,y,z;
x=1;y=5;z=3;
if (x<y) x=y,y=z;z=x;
printf("x=%d,y=%d,z=%d\n",x,y,z);
```

A. x=1,y=5,z=1

B. x=1,y=5,z=3

C. x=1,y=3,z=1

D. x=5,y=3,z=5

9. 以下程序的输出结果是(　　)。

```
#include <stdio.h>
int main()
```

```
{   int a=2,b=-1,c=2;
    if (a>b)
       if(b>0)   c=0;
       else c=c+1;
    printf("c=%d\n",c);
}
```

A. 3　　B. 2　　C. 1　　D. 0

10. 有以下程序：

```
#include <stdio.h>
int main()
{   int x;
    scanf("%d",&x);
    if (x<=3);  else
    if (x!=10) printf("%d\n",x);
}
```

程序运行时，输入的值在哪个范围才会有输出结果？(　　)

A. 不等于 10 的整数　　B. 大于 3 且不等于 10 的整数

C. 大于 3 或者等于 10 的整数　　D. 小于 3 的整数

11. 若有说明语句：

```
int x=3,y=4,z=4;
```

则表达式(z>=y>=x)?1:0 的值是(　　)。

A. 0　　B. 1　　C. 3　　D. 4

12. 若有说明语句：

```
int w=3,x=1,y=2,z=4;
```

则表达式 w<x?w:z>y?z:x 的值是(　　)。

A. 4　　B. 3　　C. 2　　D. 1

13. 在以下程序段中，与语句"k=a>b?(b>c?1:0):0;"功能相同的是(　　)。

A. if ((a>b)&&(b>c))　k=1;
　else k=0;

B. if ((a>b)||(b>c))　k=1;
　else　k=0;

C. if (a<=b)　k=0;
　else if (b<=c)　k=1;

D. if (a>b)　k=1;
　else if (b>c)　k=1;
　else k=0;

14. 若有定义"float x=2.6;int a=2,b=1,c=1;"，则正确的 switch 语句是(　　)。

A. switch(x)
　{ case 2.0:printf("#\ n");
　　case 3.0:printf("##\ n");}

B. switch((int)x);
　{case 2:printf("#\n");
　　case 3:printf("##\n");}

C. switch(a+b)
{ case 1:printf("#\n");
case 2+1:printf("##\n");}

D. switch(a+b)
{ case 3:printf("#\n");
case c:printf("##\n");}

15. 以下程序段的输出结果是(　　)。

```
int x=0,y=0,z=0;
switch(x)
{
    case 0:z++;
    case 1:y++;break;
    case 2:y++;z++;
}
printf("y=%d,z=%d",y,z);
```

A. y=0,z=0　　B. y=0,z=1　　C. y=1,z=1　　D. y=2,z=2

二、填空题

1. 以下程序的输出结果是________。

```
#include <stdio.h>
int main()
{   char c='*';
    if ('a'<=c<='z')   printf("小写字母");
    else  printf("不是小写字母");
}
```

2. 以下程序的输出结果是________。

```
#include <stdio.h>
int main()
{
    int a=2,b=6,c=8,t=100;
    if (b)
    if (a)
    printf("%d%d",a,b);
    printf("%d%d",c,t);
}
```

3. 以下程序的运行结果是________。

```
#include <stdio.h>
int main()
{ int x;
  x=15;
  if (x>20) printf("%d",x-10);
  if (x>10) printf("%d",x);
  if (x>3) printf("%d\n",x+10);
}
```

4. 以下程序的运行结果是________。

```
#include <stdio.h>
int main()
{
    int s=10;
    switch(s/3)
    {  case 1:  printf("One");
       case 2:  printf("Two");
       case 3:  printf("Three");
       default: printf("Over");
    }
}
```

5. 以下程序的运行结果是________。

```
int main()
{ int a=2,b=7,c=5;
  switch(a>0)
  { case 1:switch(b>0)
            { case 1:printf("@"); break;
              case 2: printf("!"); break;
            }
    case 0: switch(c!=5)
            { case 0: printf("*"); break;
              case 1: printf("#"); break;
              case 2: printf("$"); break;
            }
  default : printf("&");
  }
  printf("\n");
}
```

三、编程题

1. 编程实现，输入一个整数，判断其是否是 3 的倍数。

2. 编程实现，输入一个年份，判断其是否是闰年（如果年号能被 400 整除，或能被 4 整除，而不能被 100 整除，则是闰年，否则不是）。

3. 编程实现，输入一个箱子的长、宽、高，判断其是正方体还是长方体。

4. 编程实现，某商店推出“满百元掷骰子减现金”活动，具体规则为：消费满 100 元可以掷骰子一次，根据骰子点数减免相应金额，例如骰子点数为 3，则减免 3 元。输入消费金额，满 100 元时输入骰子点数，输出实收金额。

5. 编程实现，某银行异地转账时一律按 1‰收取手续费，最低 1 元，最高 50 元。输入转账金额，输出应收的手续费。

6. 编程实现，随机生成一道 20 以内的四则运算题，运算数和运算符（+、-、*、/）都要随机生成。用户输入答案，如果答案正确，则输出“恭喜你，答对啦！”，否则输出“再想想吧”。

7. 编程实现，输入某年某月，输出该月有多少天。例如输入：2000-2，则输出 2000 年 2 月有 29 天。

第5章 循环结构程序设计

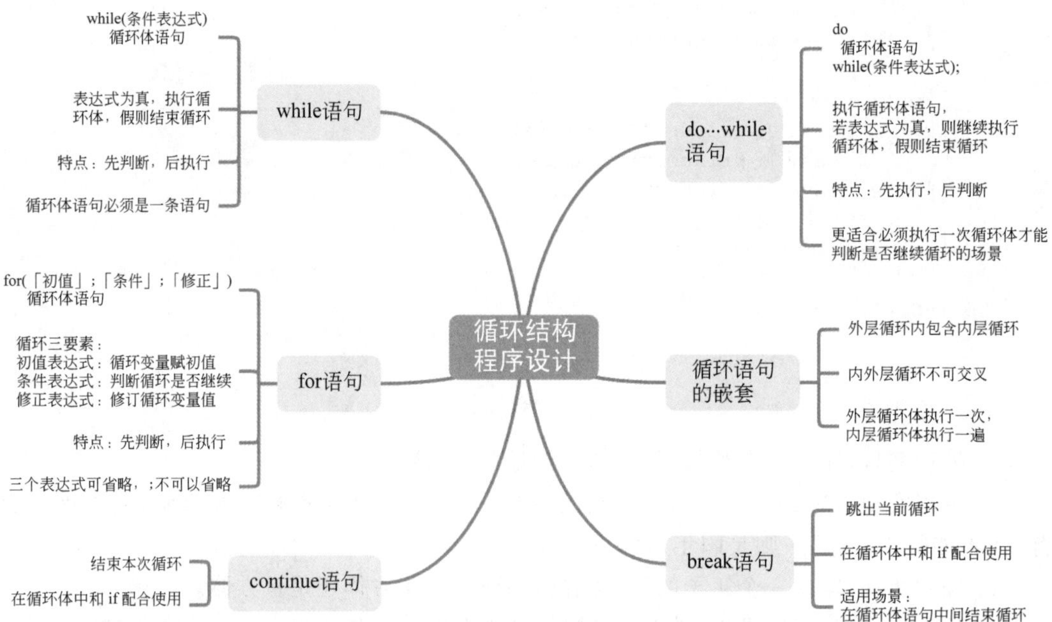

在编程界有一句名言：懒惰是程序员美德的第一要素。这里所谓的“懒惰”，并不是不爱劳动不学习、不思进取，而是指写尽量少的代码达到同样甚至更好的目标。因此，懒惰的程序员更善于归纳总结，寻找规律，利用“循环”解决问题。

扫一扫

例如：某学生的开发作品参加某计算机设计大赛，共 5 位评委，请计算该作品的最终平均得分。勤快的程序员可能这样设计：

```
#include <stdio.h>
int main()
{
```

```
    float sum=0,score;              //sum 存放累加和,score 存放作品得分
    scanf("%f",&score);             //第 1 个评委打分
    sum=sum+score;                  //计算累加和
    scanf("%f",&score);             //第 2 个评委打分
    sum=sum+score;                  //计算累加和
    scanf("%f",&score);             //第 3 个评委打分
    sum=sum+score;                  //计算累加和
    scanf("%f",&score);             //第 4 个评委打分
    sum=sum+score;                  //计算累加和
    scanf("%f",&score);             //第 5 个评委打分
    sum=sum+score;                  //计算累加和
    printf("sum=%f\n",sum/5);
}
```

这种编程思路的确也是一种解决方案,但其中的两条语句:

```
scanf("%f",&scroe);
sum=sum+score;
```

因为有 5 位评委而重复了 5 次。如果是大众评委,人数骤增到 1000 人时,程序岂不长到难以忍受的地步?并且随着代码的增长,程序出错概率增高,排错难度、维护量增大,这是懒惰的程序员万万不能容忍的。所以,他们会利用循环结构写出最简洁的代码,完成计算总分的任务。

循环结构是指在满足一定条件的情况下,重复执行某程序段的结构。其中,需要满足的一定条件称为循环条件,重复执行的程序段称为循环体。C 语言提供了 while 循环、do-while 循环和 for 循环三种,同样是循环思想,但适用场景不同的循环语句,又提供了与循环语句巧妙配合的 break 和 continue 语句。

另外,用 goto(无条件跳转)语句和 if 语句结合也可以构成循环结构,但会破坏结构化设计风格,导致程序可读性差。并且,上述三种循环结构足以解决各种实际问题,因此建议不要也不必使用 goto 语句。

5.1 while 语句

while 语句是"先判断,后执行"型循环语句,其一般应用形式如下:

```
while(条件表达式)
    循环体语句
```

其执行流程如图 5-1 所示:

① 判断条件表达式的值,如果值为真(非 0),则转到第②步;否则转到第③步。

② 执行"循环体语句",转到第①步继续执行。

③ 终止循环,即执行循环体后面的语句。

while 语句的特点是"先判断,后执行",如果第一次判断条件表达式的值即为假,则循

环体语句一次也不会执行。

【例 5-1】 编程实现,某同学第 1 天学习一个单词,以后每天都比前一天多学习一个单词,请问 30 天后该同学共学习了多少单词?

程序分析:第 1 天学习一个单词,则第 n 天学习 n 个单词,因此天数和单词数正好相等,因此可以省去一个表示天数的变量,用单词数控制循环,算法流程图如图 5-2 所示。

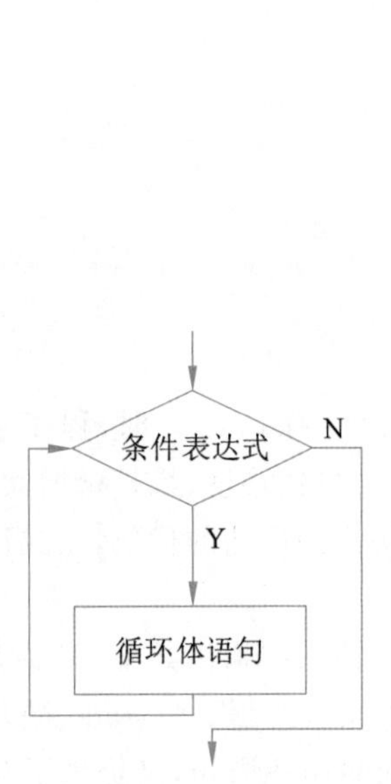

图 5-1 while 语句执行流程图

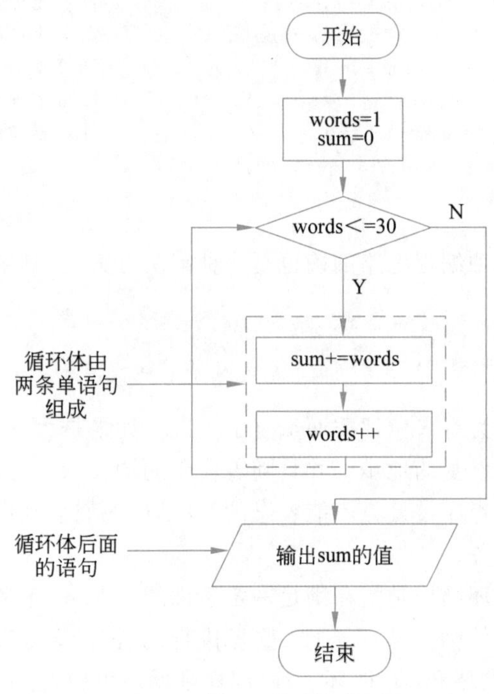

图 5-2 例 5-1 算法流程图

```
#include <stdio.h>
int main()
{
    int words=1,sum=0;          //words 存放单词个数,sum 存放单词累加和
    while(words<=30)            //循环条件"words<=30"必须用()括起来,后面没有";"
    {
        sum+=words;     //计算累加和
        words++;        //单词数比前一天多一个
    }
    printf("sum=%d\n",sum);  //输出单词总数,循环结束后执行此语句
}
```

循环体有两条单语句,要用{}括起来形成一条复合语句

程序执行结果为:

```
sum=465
```

while 语句注意事项如下。

(1) 循环变量的初值、循环条件和循环变量的修正称为循环的三要素,是循环控制的关键。参与循环条件的变量称为循环变量,如例 5-1 中的 words。“words=1”是为循环变量

赋初值为 1,循环条件“words＜＝30”控制循环何时结束,“words＋＋”修正循环变量的值,使循环条件逐步靠近假值。三要素中的任何一个因素发生改变,都会影响循环的执行次数。例如,缺少 words＋＋则会使程序陷入死循环中,因为 words 中的值不发生改变,循环条件“words＜＝30”永远为真,循环永远不会结束。

(2) 严格遵守 while 语句的语法格式,例如循环条件“words＜＝30”需要用一对圆括号“()”括起来,括号不能省略;例如循环条件不能空着,即使是想表示死循环,也要写成类似“while(1) ”的形式,当然,一般死循环没有意义,除非循环体内有 break 或 exit 等强制退出方式;例如循环条件“(words＜＝30)”后面没有分号或逗号等。

(3) 循环体语句可以是表达式语句、空语句、流程控制语句、复合语句中的任何一种,但必须是一条语句。如果循环体是多条语句,一定要用花括号{}括起来组成一条复合语句。例如,将例 5-1 中源代码去掉花括号:

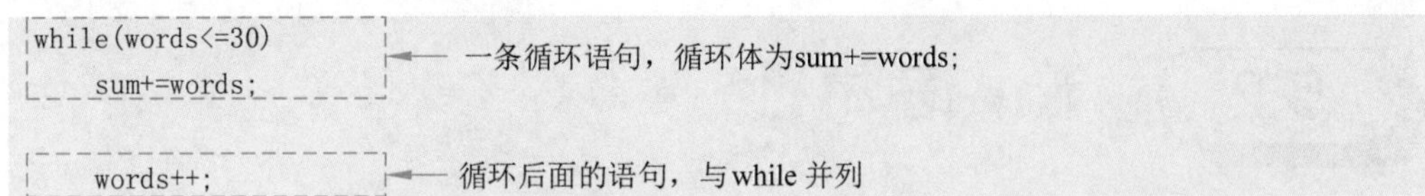

程序运行时,光标会一直闪烁,但就是不出结果。这是因为循环体变成了“sum＋＝words;”,“words＋＋;”被排除在循环体外,变成了循环后面的语句。执行循环时,循环变量 words 不发生任何改变,就导致循环条件 words＜＝30 永远为真,陷入死循环中。

【例 5-2】 编程实现,统计一行字符中单词的个数,单词间用若干空格分开。

程序分析:

(1) 一行字符是指输入若干字符,以回车符“\n”结束。

(2) 如果当前位置不是,但前一个位置是空格,则说明有一个新单词,单词数加 1。

```
#include <stdio.h>
int main()
{
    char ch;                          //用于存放字符
    //num 用于存放单词个数,space 为 1 表示是空格,为 0 表示不是空格
    int num=0,space=1;                //space 的初值为 1,为统计第一个单词做好准备
    while((ch=getchar())!='\n')       //从键盘上接收一个字符赋给 ch,遇回车符结束
        if(ch==' ') space=1; //ch是空格则space赋为1
        else if(space==1) //ch不是空格,且前一个是空格
        { /*space赋为0,为判断下一个字符做准备*/           ← 循环体是一条 if 语句
            space=0;
            num++;  //单词数加1
        }
    printf("一共有%d个单词\n",num);
}
```

程序运行结果为:

```
程序输入:I'll do my best!<CR>
输出结果:一共有 4 个单词
```

注意：

(1) 循环条件"(ch=getchar())!='\n'"的含义为：用 getchar 函数接收一个字符，将其赋给 ch，然后比较 ch 中的值是否与回车符相等。ch=getchar()两端必须用圆括号括起来，因为=的优先级低于!=，如果写成"ch=getchar()!='\n'"，则表示"ch=(getchar()!='\n')"，即 getchar 函数接收的字符先和回车符做!=关系运算，运算结果赋给 ch。因为关系运算的结果只有 1 或 0，所以循环体内 ch==' '的判断条件永远不会成立，会导致无论多少个单词，最终结果都是一个单词的逻辑错误。

(2) getchar 函数是一个缓冲输入函数，也就是从键盘上输入若干字符先放入缓冲区中，直到遇到回车符，getchar 函数才从缓冲区中依次读取字符。因此单步执行或调试此程序时，需要在第一次执行 getchar 函数时一次性输入一行字符，以回车符结束。以后每执行一次循环，会依次在缓冲区中读取一个字符。

扫一扫

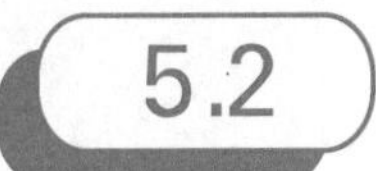

5.2 for 语句

for 循环语句与 while 循环语句一样，也是"先判断，后执行"型循环结构，其一般应用形式如下：

```
for(「初值表达式」;「条件表达式」;「修正表达式」)
    循环体语句
```

其执行流程如图 5-3 所示。

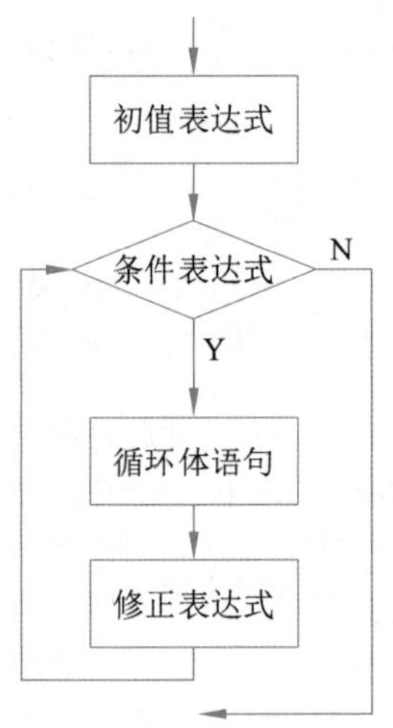

图 5-3　for 语句执行流程图

① 计算"初值表达式"的值。

② 计算"条件表达式"的值，若值为真(非 0)，则转到第③步；若值为假(0)，则转到第⑤步。

③ 执行一次循环体。

④ 计算"修正表达式",转到第②步继续执行。

⑤ 循环结束,执行 for 语句后面的语句。

【例 5-3】 利用 for 语句完成例 5-1 的功能,即某同学第 1 天学习一个单词,以后每天都比前一天多学习一个单词,请问 30 天后该同学共学习了多少单词?

```
#include <stdio.h>
int main()
{
    int words,sum=0;
    for(words=1;words<=30;words++)          //循环三要素用分号隔开
        sum+=words;          //循环体只有一条单语句,不用加括号形成一条复合语句
    printf("sum=%d\n",sum);
}
```

此例采用 for 循环完成例 5-1 的功能,通过与 while 实现代码比较发现,for 与 while 都是"先判断,后执行"型循环,可以互相代替,但 for 循环将循环的三要素:循环变量赋初值、循环条件和循环变量修正集中放在了一起,结构更紧凑,条理更清晰,因而更受欢迎,成为应用最广泛的循环语句。

for 语句注意事项如下。

(1) 三个表达式是循环的三要素,均可以省略,但表达式之间的分号";"不能省略。例如,程序中的关键代码也可以写成:

```
words=1;                  //将初值表达式提到循环前,加分号形成语句
for(;words<=30;)          //没有初值表达式和修正表达式,但必须有;
{
    sum+=words;
    words++;              //将修正表达式移至原循环体的尾部,加分号形成语句
}
```

但不建议这样写,因为这将循环三要素分散开来,让 for 语句"结构紧凑,条理清晰"的优点荡然无存。

(2) 循环三要素中的条件表达式是 for 语句的循环条件,一般为逻辑表达式或关系表达式,但不限于此,表达式结果为非 0,则判定为"真",为 0,则判断为"假",甚至可以省略。例如:

```
for(;1;)
for(;;)
```

都是条件表达式为永真的死循环,循环体中存在 break 或 exit 的强制退出才有意义。

(3) 初值表达式和修正表达式都可以是多个表达式,但需用逗号分开,例如:

```
for(words=1,sum=0;words<=30;words++,sum+=words)
    ;    //必须有循环体,如果没有可执行语句可用空语句
```

但不建议这样写,因为 sum=0 和 sum+=words 不是循环的三要素,放置于三要素位置会影响 for 语句的条理性。

【例 5-4】 编程实现，某学生的开发作品参加某计算机设计大赛，共 5 位评委，计算该作品的最终平均得分。

```
#define N 5                                  //定义符号常量 N 表示评委人数
int main()
{
    float sum=0,score;                       //sum 存放累计总分,score 存放评委评分
    int judges;                              //judges 表示评委人数
    for(judges=1;judges<=N;judges++)         //控制评委人数不超过 5 人
    {   //输出提示信息,明确是第几位评委
        printf("请输入第%d 位评委的评分: ",judges);
        scanf("%f",&score);                  //输入第 judges 位评委的评分
        sum=sum+score;                       //把当前评分累加到 sum 中
    }
    printf("sum=%.2f\n",sum/5);              //循环后的语句
}
```

扫一扫

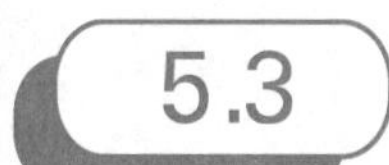

5.3 do…while 语句

do…while 语句是“先执行，后判断”型循环结构，其一般应用形式如下：

```
do
    循环体语句
while(条件表达式);
```

其执行流程如图 5-4 所示。

① 执行循环体语句。

② 判断条件表达式的值，若值为真(非 0)，则转到第①步，若值为假(0)，则转到第③步。

③ 循环结束，执行 do…while 后面的语句。

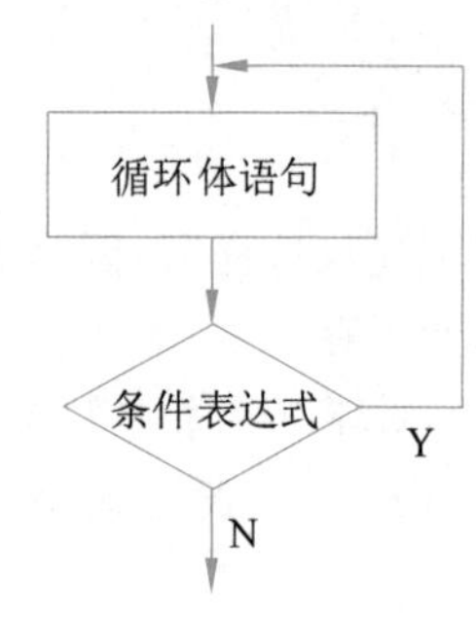

图 5-4 do…while 语句执行流程图

【例 5-5】 利用 do…while 语句完成例 5-1 的功能，即某同学第 1 天学习一个单词，以后每天都比前一天多学习一个单词，请问 30 天后该同学共学习了多少单词?

```
#include <stdio.h>
int main()
{
    int words=1,sum=0;
    do
    {   //循环体有两条单语句,必须用花括号括起来形成一条复合语句
        sum+=words;
        words++;
    }while(words<=30);          //;必不可少
    printf("sum=%d\n",sum);
}
```

对比例 5-1 和例 5-5 源代码发现：do…while 和 while 的核心思想一致，只是条件判断和循环体的执行次序不一样，do…while 是"先执行，后判断"，因此循环体至少执行一次；而 while 是"先判断，后执行"，循环体可能一次也不执行。两者在绝大多数情况下可以互相代替，只是 while 循环更适合循环体有可能一次也不执行的场景。例如，例 5-2 统计一行字符中单词的个数，有可能单词个数为 0，用 do…while 则会出错；do…while 循环更适合必须执行一次循环体才能判断是否继续循环的场景，例如，例 5-6 终极密码游戏必须进行一次猜测，才能判断是否要继续循环。

【例 5-6】 编程实现，编程模拟终极密码猜数小游戏。

程序分析：猜数小游戏的规则是由程序随机生成一个 1～100 的整数密码，用户输入猜测数据。如果猜大了，则修改提示范围上限；如果猜小了，则修改提示范围下限；如果猜对了，则提示猜对了，程序结束。

例如，密码为 78，提示用户输入 1～100 的数；如果用户输入 48，则提示用户输入 48～100 的数；用户输入 80，则提示用户输入 48～80 的数；用户输入 78，则提示猜对了，程序结束。

```
#include <stdio.h>
#include <time.h>                          //time 函数包含在 time.h 中
#include <stdlib.h>                        //srand 和 rand 函数包含在 stdlib.中
int main()
{
    int password,guessdata,high=100,low=1;
    //用当前系统时间做 srand 函数的种子,保证程序多次运行产生的随机数不一样
    srand((unsigned)time(NULL));
    password=rand()%100+1;                 //将产生的随机数,即密码限制在 1~100
    do
    {   //提示用户输入数据范围
        printf("请输入[%d-%d]之间的整数:\n",low,high);
        scanf("%d",&guessdata);            //用户输入一个猜测数
        if (guessdata>password)            //猜高了,则用猜测数代替范围上限
            high=guessdata;
        else                               //猜低了,则用猜测数代替范围下限
            low=guessdata;
    }while(guessdata!=password);           //猜不中就继续循环
    printf("恭喜你,猜中啦!\n");               //退出循环一定是猜中了
}
```

此例更适合用 do…while 实现，但用 while 循环也可以实现，例如核心代码修改为：

```
printf("请输入[%d-%d]之间的整数:\n",low,high);    //第一次提示范围
scanf("%d",&guessdata);                          //用户第一次猜测
while(guessdata!=password)                       //必须先猜测一次才能判断是否继续猜测
{
    if (guessdata>password)
        high=guessdata;
    else
        low=guessdata;
    printf("请输入[%d-%d]之间的整数:\n",low,high);
    scanf("%d",&guessdata);
}
```

通过 do…while 和 while 实现代码的比较可以看出，do…while 实现方式更简洁，条理更清晰。因为此例的循环条件"guessdata！ =password"中的循环变量 guessdata 需要先赋值才能进行判断，因此当用 while 实现时，必须在循环前先猜测一次。这就导致语句：

```
printf("请输入[%d-%d]之间的整数:\n",low,high);
scanf("%d",&guessdata);
```

在循环前和循环体中重复出现了两次。因为第一次猜测提到循环前，循环体中的语句顺序也发生了变化。

思维拓展：①读者在测试例 5-6 时，可以添加一条输出语句，将密码输出到屏幕上，然后根据猜高、猜低、猜中三种情况分别进行测试。测试成功后再把输出语句注释掉，这样可以提高编程效率。②如果添加统计用户猜测的次数功能，应该如何修改程序呢？③如果用户猜测数据不在提示范围内，例如提示范围为[40～100]，但用户输入 20，则提示用户超出了范围，重新猜测，应该如何修改程序呢？

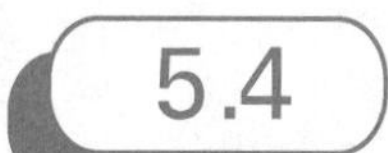

5.4 循环语句的嵌套

在一个循环(称为外层循环)体内又包含了另一个完整的循环语句(称为内层循环)，称为循环的嵌套。内层循环体内又包含一个完整的循环语句，则构成多层循环。从理论上讲，循环的层数没有限制，但层数过多会影响程序的可读性，建议不超过 3 层。

前面介绍的 while、for 和 do…while 都可以相互嵌套。下面仅以 for 循环为例，介绍循环语句的嵌套应用。

【例 5-7】 编程实现，模拟一个简单的分秒计时器。

程序分析：分秒计时器由分和秒两个值组成，最多记录 59 分 59 秒。秒值每满 60，分值加 1。

```
#include <stdio.h>
#include <windows.h>                //Sleep 函数所在头文件
int main()
{
    int minute,second;              //定义分、秒变量
    for(minute=0;minute<60;minute++)    //分从0变化到59
        for(second=0;second<60;second++)    //秒从0变化到59
        {
            printf("\b\b\b\b\b\b");//输出退格键，新时间覆盖原时间
            printf("%02d:%02d",minute,second);//输出时间，不足两位用0补充
            Sleep(1000);   //睡眠1秒,S首字母大写
        }
}
```

外层循环

内层循环

例 5-7 是一个双层循环，内层循环(虚线内)是外层循环体的一个组成语句，被完整地包裹在外层循环体中，两者不能相互交叉。执行时，外层循环的循环体执行一次，内层循环体执行一遍，其具体执行流程如图 5-5 所示。

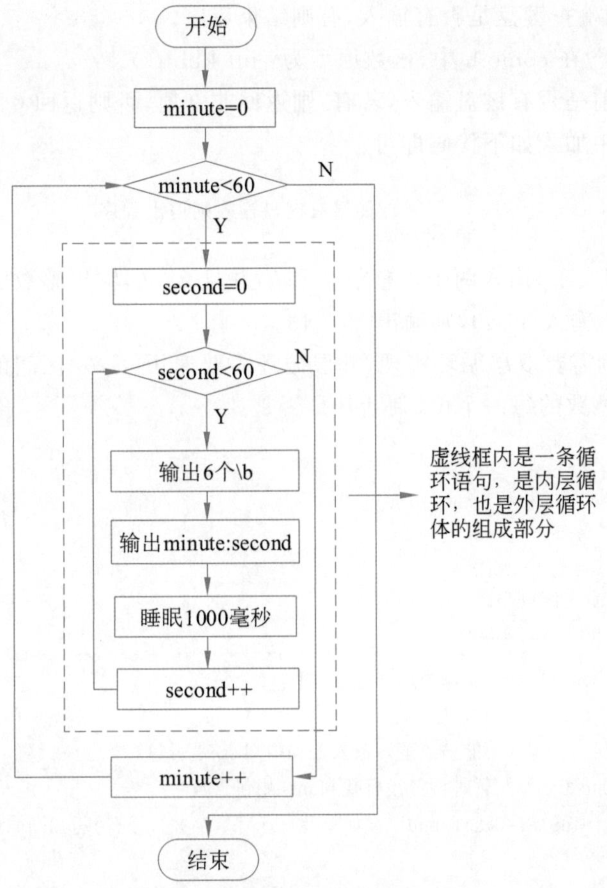

图 5-5　双层嵌套循环的执行流程图

① 程序开始。

② minute 赋值为 0。

③ 判断表达式“minute＜60”的值，若值为真（非 0），则转到第④步继续执行，否则转到第⑨步继续执行，即外层循环结束，转到外层 for 循环后面的语句继续执行。

④ second 赋值为 0。

⑤ 判断表达式“second＜60”的值，若值为真（非 0），则转到第⑥步继续执行，否则内层循环结束，转到第⑧步继续执行，即内层循环结束，转到内层循环后面的语句继续执行。

⑥ 执行内层循环体语句“输出 6 个\b，输出 minute：second 的值，睡眠 1000 毫秒”。

⑦ 执行内层循环修订表达式“second＋＋”，转到第⑤步继续执行。

⑧ 执行外层循环修订表达式“minute＋＋”，转到第③步继续执行。

⑨ 程序结束。

知识拓展：计时器功能可以从两方面优化。

(1) 程序运行后，提示用户“请按任意键开始计时”，而不是程序一运行就开始计时。在外层循环前加如下代码即可：

```
printf("请按任意键开始计时");getch();
```

(2) 程序开始计时后，按任意键结束计时，而不是被动地等程序计时至 59:59 结束。可以利用 kbhit()函数检查键盘是否有输入,有则结束程序。

kbhit()函数包含在 conio.h 中,函数原型为: int kbhit()。

功能为检查当前是否有键盘输入,若有,则返回非 0 值,否则返回 0。

在内层循环体中加入如下代码即可:

```
if (kbhit())  exit(0);          //如果有键盘输入则退出程序
```

【例 5-8】 编程实现,输入两个正整数 a 和 b,并且 $a<b$,输出整数区间$[a,b]$中任意位含 3 的数字。例如:输入 39-49,则输出 39 43。

程序分析:本例需要双层循环实现,外层循环需要遍历$[a,b]$区间的每一个整数,内层循环需要取出一个整数的每一个位,判断其是否是 3。

```
#include <stdio.h>
int main()
{
    int a,b,n,data,found;
    printf("请输入区间 a-b:");
    scanf("%d-%d",&a,&b);
    for(n=a;n<=b;n++)      //n遍历[a,b]区间的每一个整数
    {
            data=n;  //n不能被改变，放入data中判断n是否包含3
            found=0;   //暂时假定没有找到data中包含数字3
            while(data!=0&&!found) //如果data还有数字并且没有找到3则循环
            {
                if (data%10==3) //如果data中的个位是3，则说明n中包含数字3
                {
                    printf("%d ",n);//打印包含3的整数n
                    found=1;          //找到标记设置为1
                }
                data/=10;      //data去掉已经判断过的个位
            }
    }
}
```

外层循环

内层循环

5.5 break 和 continue 语句

5.5.1 break 语句

扫一扫

break 语句也称为“中断语句”,一般出现在 switch 语句和循环语句中,起中断(也称为跳出)作用。出现在 switch 语句体中时表示跳出当前 switch 语句,继续执行 switch 语句后面的语句;出现在循环语句的循环体中时表示跳出当前循环,继续执行循环后面的语句。

break 语句的一般形式为：

```
break;
```

【例 5-9】 编程实现，模拟青蛙爬井问题：有一只小青蛙掉入一口深 10 米的井中。每天白天小青蛙向上爬 4 米，而晚上又向下滑 3 米，问小青蛙爬出井口需要多少天？

程序分析：假设青蛙离井底的距离用 distance 表示，则第一天 distance 的初值为 4，以后每天都是在前一天距离的基础上加 4 米，即 distance＋＝4；而到晚上又下滑 3 米，则距离为：distance－＝3。因此，循环体主要由“distance＋＝4；distance－＝3；”组成。但这两条语句无法合成一条语句“distance＋＝1；”，因为最后一天只需要向上爬 4 米跳出井口，而不需要再下滑 3 米，即只需要执行 distance＋＝4 即可跳出循环，而不需要执行 distance－＝3。因此，跳出循环的 break 语句需要放在两条语句中间。程序流程如图 5-6 所示。

```
#include <stdio.h>
#define H 10                    //H 表示井的深度
int main()
{
    int day,distance;           //day 表示需要的天数,distance 表示青蛙离井底的距离
    distance=0;                 //距离初值为 0
    for(day=1;;day++)           //死循环
    {
        distance+=4;            //往上爬 4 米
        if (distance>=H)        //只要爬出井口则跳出循环
            break;
        distance-=3;            //往下滑 3 米
    }
    printf("小青蛙需要%d 天爬出井口\n",day);
}
```

目前为止，跳出循环的方式有两种：一种是利用循环条件，另一种是利用 break 语句。从图 5-6 可以看出，利用循环条件退出是在循环体前(do…while 是在循环体后)退出，而利用 break 语句则可以在循环体中间退出。

假设循环体是一个房间，循环条件是房间的门，break 是房间的窗子，平时建议通过门出入房间，因为利用循环条件退出循环更符合结构化程序设计原则，程序可读性更好。只有在特殊情况下，如房屋失火，房门被封时才通过窗子逃生。因此，只有在利用循环条件不好控制的特殊情况下才建议使用 break 语句。例如，在例 5-9 中，需要在循环体中间而不是循环体前(或后)判断是否该退出，这时用 break 语句更适合。

当然，不利用 break 语句，把第一次往上爬的过程放在循环前，将 distance＜H 做循环条件，循环体先下滑，再向上爬，也是一种解决方案，甚至可以将“下滑，上爬”过程合并为一条语句“distance＋＝1；”程序执行速度更快，但程序可读性有所降低。

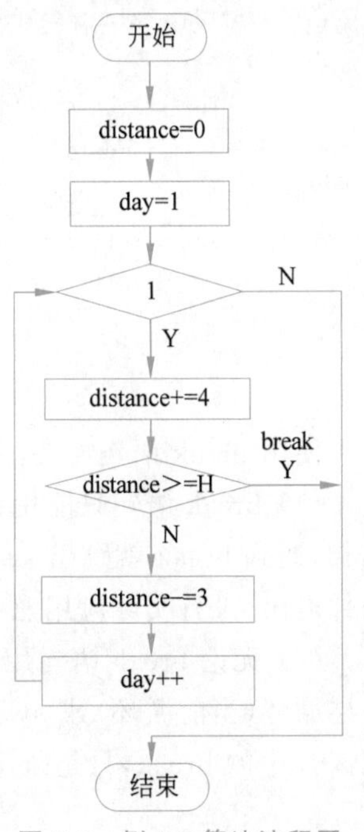

图 5-6 例 5-9 算法流程图

```
    distance+=4;
    for(day=1;distance<H;day++)
    {
        distance-=3;     ← 可以合并为一条语句：distance+=1;
        distance+=4;
    }
```

【例 5-10】 编程实现，求 2～1000 内的所有素数。

程序分析：素数是指除了 1 和本身外没有其他因数的自然数。假设判断 data 是否是素数，则可以从 2 开始试探性地找其因数。假设试探数据用 k 表示，如果 data%k==0，则说明 k 是 data 的一个因数，data 不是素数；如果一直找到 $k>\sqrt{data}$ 时仍然没有 data%k==0 成立，则说明 data 是素数。因此，寻找因数的循环退出条件有两个：一个是 $k>\sqrt{data}$ 时，另一个是 data%k==0 时。因此可以用 $k<=\sqrt{data}$ 做循环条件，即循环体的门，用 data%k==0 做跳出条件，即循环体的窗。这样等循环结束后，就能判断只有从门中走出循环的才是素数。

上述思想只是判断一个数据 data 是否是素数，要求出 2～1000 的素数，只需要让 data 从 2 开始，每次加 1，循环到 1000，逐个判断即可。程序流程图如图 5-7 所示。

```
#include <stdio.h>
#include <math.h>              //将 sqrt 所在头文件包含进来
int main()
{
    int k,data;
    for(data=2;data<=1000;data++)  //外层循环，用来产生2～1000的整数      ← 外层循环
    {
        for(k=2;k<=sqrt(data);k++)  //内层循环用来判断data是否是素数      ← 内层循环
            if (data%k==0)  //如果找到因数则跳出循环
                break;
        if (k>sqrt(data))  //如果是从门中走出，则data是素数
            printf("%4d",data);
    }
}
```

使用 break 语句需要注意以下问题。

(1) break 语句只能用在 switch 语句体内和循环语句的循环体。switch 本身就是分支语句，遇到 break 就跳出 switch；但用在循环体内时一定和 if 语句配合使用，否则就成了无条件退出，没有实际应用意义。

(2) 无论 break 语句用在循环语句还是 switch 语句中，它的作用只是跳出离它最近的一层循环(当前循环)或 switch(当前 switch)，而不是跳出所有的循环或 switch 语句。如例 5-10中的 break，只是跳出内层循环。

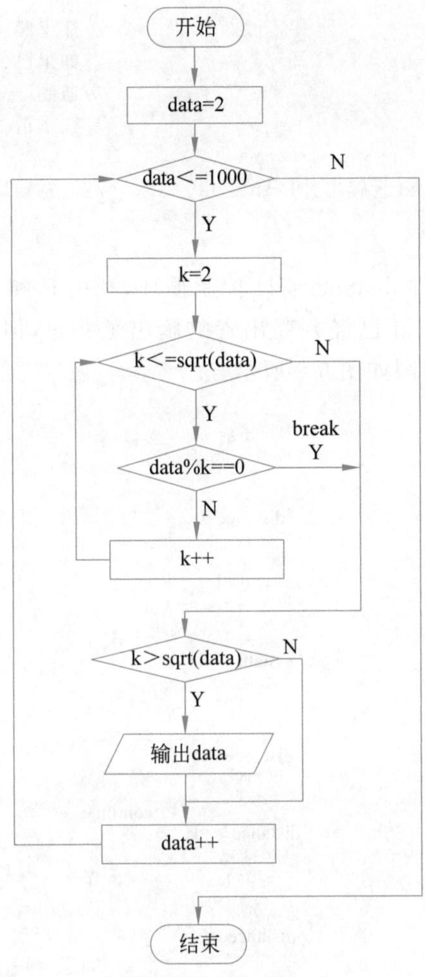

图 5-7 例 5-10 流程图

5.5.2 continue 语句

扫一扫

continue 语句也称为“短路语句”，只能用在循环体中，作用为结束本次循环，即不再执行循环体中 continue 之后的语句，直接执行下一次循环。其一般形式为：

```
continue;
```

【例 5-11】 编程实现，利用 continue 改写例 5-9，即模拟青蛙爬井问题。

```
#include <stdio.h>
#define H 10                          //H 表示井的深度
int main()
{
    int day,distance;                 //day 表示需要的天数,distance 表示青蛙离井底的距离
    distance=0;                       //距离初值为 0
    for(day=1;distance<H;day++)       //爬不出井口就继续爬
    {
```

```
        distance+=4;                          //往上爬4米
        if (distance>=H)                      //如果已经爬出井口,则不再下滑
            continue;                         //遇到continue转到day++继续执行
        distance-=3;                          //往下滑3米
    }
    printf("小青蛙需要%d天爬出井口\n",day-1);  //注意输出的是day-1
}
```

在此例中,利用循环条件distance＜H控制循环,利用if和continue配合,控制是否还需要下滑。虽然循环体中的if已经判断出青蛙爬出了井口,但还需要继续执行下一次循环,利用循环条件退出,流程图如图5-8所示。

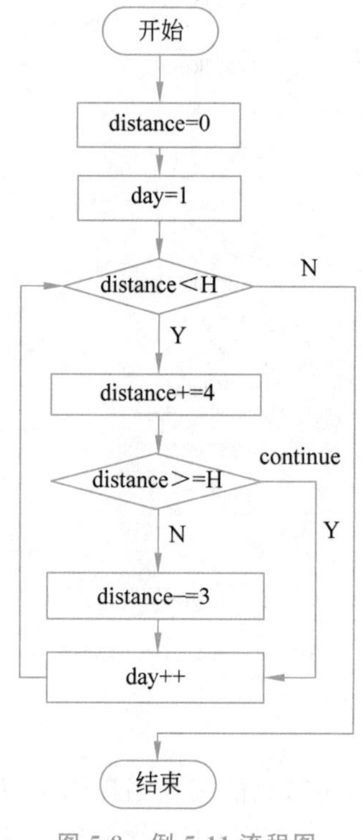

图5-8　例5-11流程图

使用continue语句需要注意以下问题。

(1) continue的作用只是跳过循环体中continue语句后的语句,for循环语句中的修订表达式不在循环体中,因此还要继续执行。在例5-11中,continue执行完毕后,循环体中的distance－＝3不再执行,但修订表达式"day＋＋"还要执行一次,如图5-8所示。所以程序最后一条语句输出的天数应该为day－1。

(2) continue语句只是提前结束本次循环,是否需要退出循环要以循环条件为准;而break语句的功能是直接跳出循环,根本不再进行循环条件的判断。这是两者的本质区别。

(3) continue语句必须和if语句配合使用,否则continue后面的语句永远没有执行机会,没有实际应用意义。例如:

```
distance+=4;                //往上爬 4 米
continue;                   //导致永远没有下滑的机会
distance-=3;                //往下滑 3 米
```

(4) continue 表达的是“满足……就不做……”,不如“满足……就做……”更直接。例如,例 5-11 中的循环体可以写成:

```
distance+=4;                 //往上爬 4 米
if (distance<H)              //如果没有爬出井口,则下滑
    distance-=3;             //往下滑 3 米
```

表达“如果爬不出井口就下滑”比 continue 所表达的“如果爬出井口就不再下滑”更直接,更符合人的思维表达习惯,因此建议少用 continue。

5.6 综合案例

扫一扫

经过本章的学习,我们掌握了实现循环结构的 while、for 和 do…while 三种循环语句。利用本章知识,可以实现角色菜单,如果用户输入不合法,则始终显示,供用户再次输入功能选项;可以实现管理员登录时拥有 3 次机会;可以实现管理员和评委始终显示主控菜单,每完成一项功能,就回到主控菜单,直到选择退出。此处仅列出显示角色菜单和管理员 3 次登录功能参考源代码,管理员主控菜单、评委主控菜单多次选择功能请自行补充。参考源代码如下。

```
#include <stdio.h>
#include <windows.h>          //需使用 system 函数
#include <conio.h>            //需使用 getch()函数
#define MANAGER_NAME 1001     //管理员的正确用户名
#define MANAGER_PWD  1234     //管理员的正确密码
#define MAX_ERROR  3          //管理员的用户名密码最多错误次数
int main()
{                             //还没有学习数组,管理员的用户名和密码暂时用整型表示
    int name,pwd;             //用户输入的用户名和密码
    int nSelect;              //用户选择
    int nCount;               //用户名、密码输入次数
    while(1)                  //用死循环控制角色菜单始终显示
    {
      system("cls");          //清屏
      printf("\n\n\n");
      printf("\t\t|-------------欢迎使用--------------|\n");
      printf("\t\t|---------创新大赛评分系统------------|\n");
      printf("\t\t|  0.管理员                          |\n");
      printf("\t\t|  1.评委                            |\n");
      printf("\t\t|  9.退出                            |\n");
      printf("\t\t|------------------------------------|\n");
      printf("\t\t\t请选择(0-1): ");
```

```
        scanf("%d", &nSelect);
        switch (nSelect)
        {
          case 0:                          //如果是管理员
            for(nCount=1;nCount<=MAX_ERROR;nCount++)
            {
              system("cls");
              printf("\n---->请输入管理员用户名: ");
              scanf("%d",&name);
              printf("\n---->请输入密码: ");
              scanf("%d",&pwd);
              if(MANAGER_NAME==name&&MANAGER_PWD==pwd)
                break;                     //用户名和密码对,则跳出循环
              else
              {                            //提示错误信息及剩余机会数
                printf("\n 用户名或密码错误,还有%d 次机会",MAX_ERROR-nCount);
                printf("\n---->请按任意键继续");
                getch();
                }
              }
              if (nCount<=3)               //如果登录成功
                while(1)
                {                          //显示主控菜单并根据用户选择做出不同反应
                  system("cls");           //清屏
                  printf("\n\n\n\n");
                  printf("\t\t|----------管理员系统主界面---------|\n");
                  printf("\t\t|  0.创建作品                        |\n");
                  printf("\t\t|  1.删除作品                        |\n");
                  printf("\t\t|  2.查询作品                        |\n");
                  printf("\t\t|  3.修改作品                        |\n");
                  printf("\t\t|  4.发布作品                        |\n");
                  printf("\t\t|  5.保存作品                        |\n");
                  printf("\t\t|  6.从文件导入作品                  |\n");
                  printf("\t\t|  7.计算平均分                      |\n");
                  printf("\t\t|  8.作品排序                        |\n");
                  printf("\t\t|  9.退出                            |\n");
                  printf("\t\t|-----------------------------------|\n");
                  printf("请输入您的选择:");
                  scanf("%d",&nSelect);
                  switch(nSelect)
                  {
                    case 0:
                    case 1:
                    case 2:
                    case 3:
                    case 4:
                    case 5:
                    case 6:
                    case 7:
                    case 8:printf("\n 您的选择是%d,此功能正在开发中",nSelect);
                          break;
                    case 9:printf("\n 退出系统");exit(0);          //正常退出系统
                    default:printf("\n 注意菜单选项范围哦!");
                    }
```

```
                printf("\n 请按任意键继续!");
                getch();
            }
            else                   //如果登录失败,则直接退出程序
              printf("\n 请按任意键退出系统");
             getch();
             exit(0);
          break;
      case 1:                      //如果是评委,具体功能请自行补全
          printf("\n 您选择的角色是评委");
          break;
      case 9:                      //如果选择退出
          exit(0);                 //正常结束程序运行
      default:                     //其他选择为错误选项
          printf("\n 菜单选项只能选择 0、1、9,请按任意键继续!");
          getch();
      }
   }
}
```

5.7 本章常见错误及调试方法

扫一扫

本章以若干例题为例,演示循环结构程序中的常见错误及调试方法。

(1) while 循环条件后误加分号";"(逻辑错误)。

如图 5-9 中"统计一个学生 30 天后学习单词数"程序所示,程序运行时光标一直处于闪烁状态,长时间不出任何结果,显然程序陷入死循环状态。

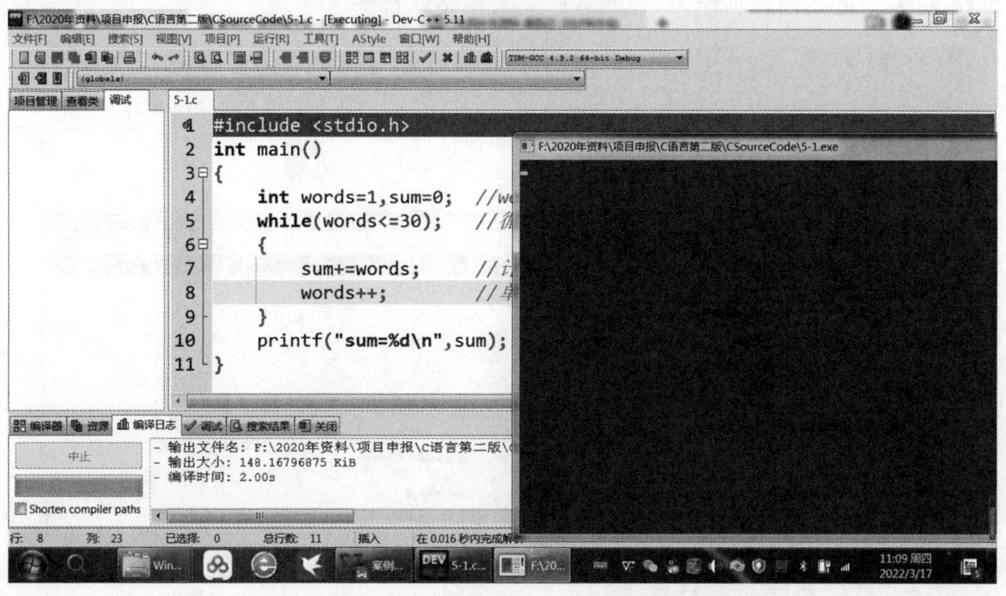

图 5-9 while 循环条件后误加分号程序运行界面

仍然采用“断点＋单步执行＋查看窗口”方式排查出错原因。

在第 4 行“int words＝1,sum＝0;”处添加一个断点，然后调试程序。当程序在第 4 行断点处停下来时，添加 words 和 sum 两个查看表达式。单击调试窗口中的“下一步”按钮，程序执行一步，在第 5 行停下来，words 的值为 1，sum 的值为 0，赋值正确，如图 5-10 所示。继续单击“下一步”按钮，发现程序没有任何反应，即不再继续往下执行第 7 行代码，words 和 sum 的值也不发生任何变化，循环条件“words＜＝30”一直处于满足状态，说明 while 的循环体并不是第 6 至第 9 行代码，而是第 5 行末尾的空语句“;”。

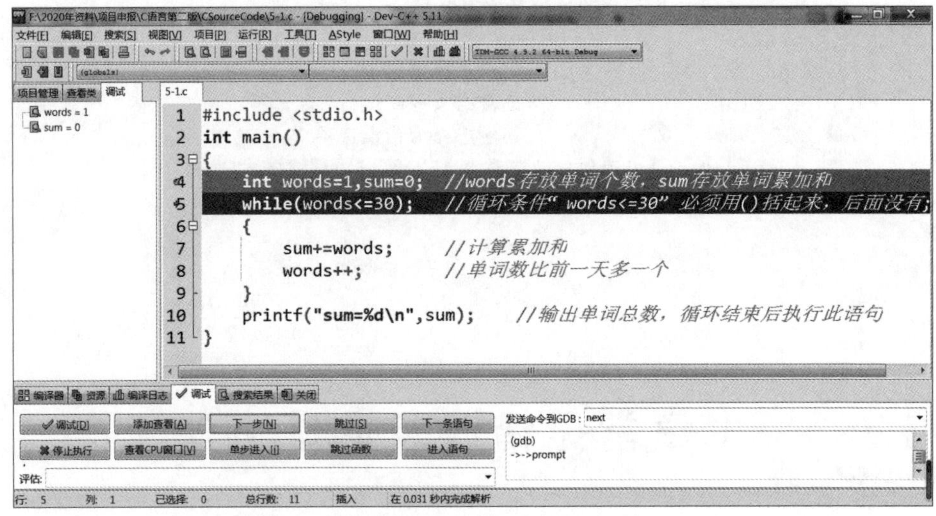

图 5-10　while 循环条件后误加分号程序调试界面

（2）while 循环体是多条语句，但忘记加花括号形成一条复合语句（逻辑错误）。

如图 5-11 中“统计一个学生 30 天后学习单词数”程序所示，程序运行时光标一直处于闪烁状态，长时间不出任何结果，显然程序陷入死循环状态。

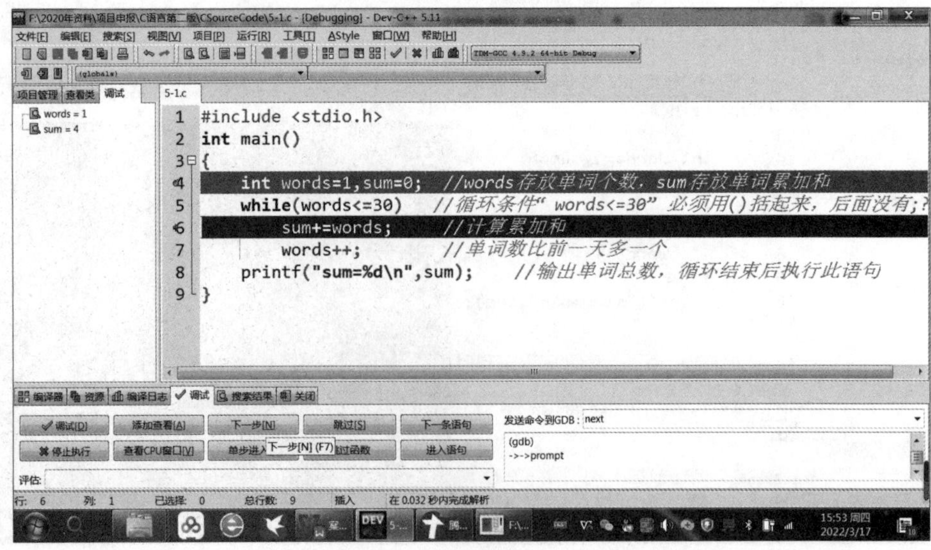

图 5-11　循环体忘记加花括号程序调试界面

采用“断点＋单步执行＋查看窗口”方式排查错误时发现，单步执行时一直在第 5 行代码“while(words＜＝30)”和第 6 行代码“sum＋＝words;”处交替执行，但不执行第 7 行代码“words＋＋;”，变量 sum 的值在一直加 1，而 words 的值一直不变。则说明第 7 行代码“words＋＋;”并不是 while 循环体的一部分。

(3) for 循环条件后误加分号“;”(逻辑错误)。

如图 5-12 中“统计一个学生 30 天后学习单词数”程序所示，程序运行结果为：sum＝31，显然计算结果不对。

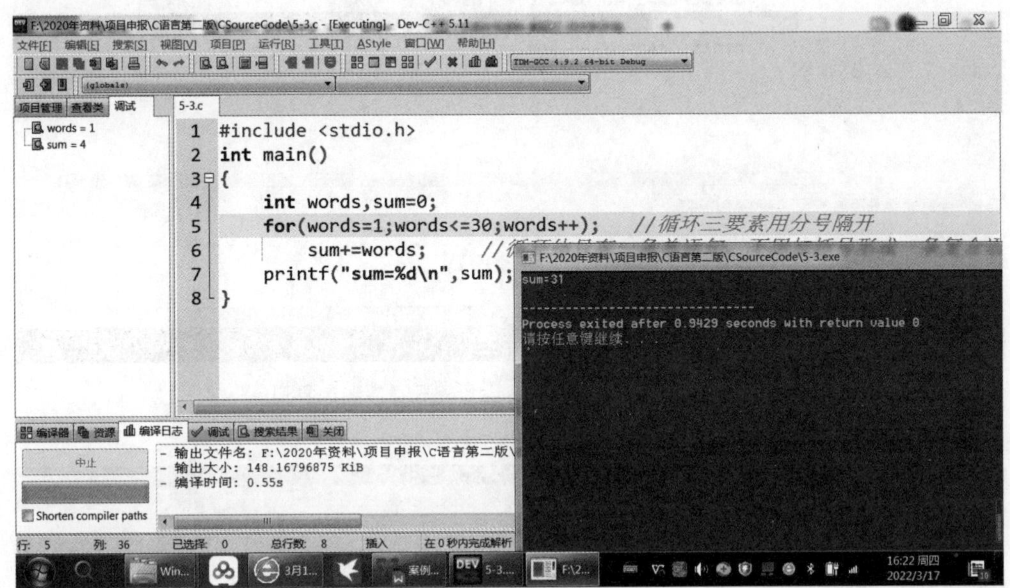

图 5-12 for 循环条件后误加分号程序运行界面

采用“断点＋单步执行＋查看窗口”方式排查错误时发现，在第 4 行断点处停下后，单击“下一步”按钮，执行到第 5 行代码“for(words＝1;words＜＝30;words＋＋);”时，words 和 sum 的值暂时为 0；再单击“下一步”按钮，则进入第 6 行代码，此时发现 words 的值已经变成了 31，即循环条件“words＜＝30”已经不再满足，如图 5-13 所示；再单击“下一步”按钮，则进入第 7 行代码。种种迹象表明，第 6 行代码“sum＋＝words;”并不是 for 循环的循环体，而是循环后面与 for 循环并列的语句，而真正的循环体是第 5 行最后的空语句“;”。

(4) for 循环的 3 个表达式之间误用逗号“,”隔开(编译错误)。

如图 5-14 中“统计一个学生 30 天后学习单词数”程序所示，程序运行时出现错误信息“expected';'before')'token”，提示“)”前希望有“;”，即 3 个表达式之间应该用分号“;”隔开。

(5) do…while 循环条件后缺少分号“;”(编译错误)。

如图 5-15 中“统计一个学生 30 天后学习单词数”程序所示，程序运行时出现错误信息“expected';'before 'printf'”，提示 printf 语句前缺少“;”。在 C 语言中，“;”是 do…while 循环不可缺少的一部分。所以一定养成严谨细致的工作作风，该加分号处勿忘加，不该加处勿要加，否则都会造成各种错误。

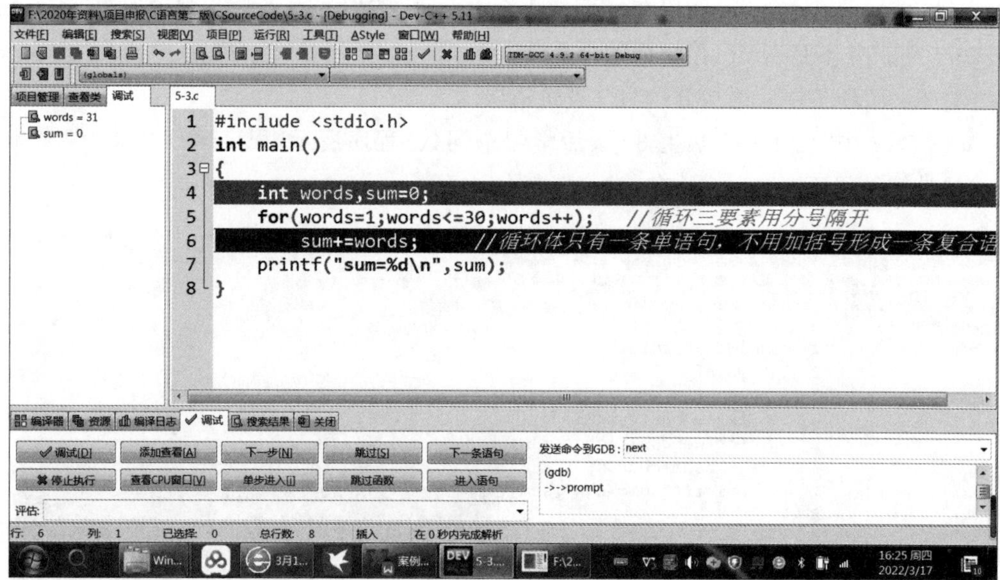

图 5-13　for 循环条件后误加分号程序调试界面

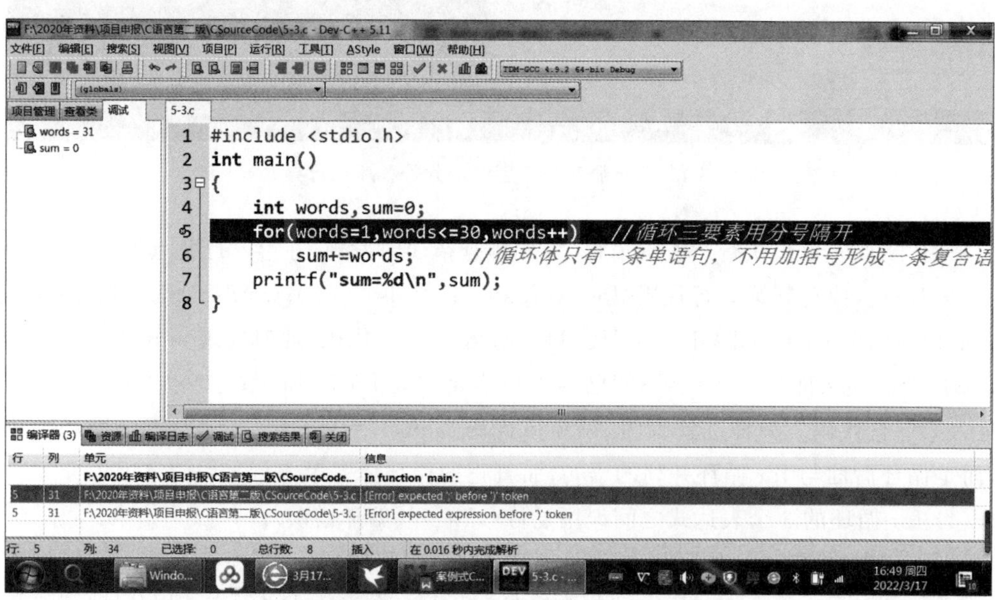

图 5-14　for 循环的 3 个表达式之间误用逗号隔开程序界面

```
#include <stdio.h>
int main()
{
    int words=1,sum=0;
    do
    {   //循环体有两条单语句，必须用花括号括起来形成一条复合语句
        sum+=words;
        words++;
    }while(words<=30)
    printf("sum=%d\n",sum);
}
```

图 5-15　do…while 循环条件后缺少分号程序界面

习题

一、选择题

1. 要实现利用 while 循环读入一串字符，以 * 结束，并原样输出。假设变量已正确定义，以下程序段正确的是(　　)。

   A. while((ch=getchar())!='*') printf("%c",ch);

   B. while(ch=getchar()!='*') printf("%c",ch);

   C. while(ch=getchar()=='*') printf("%c",ch);

   D. while((ch=getchar())=='*') printf("%c",ch);

2. 以下选项与语句 while(!a)；中的循环条件!a 等价的是(　　)。

   A. a==0　　B. a!=1　　C. a!=0　　D. -a

3. 当输入“sun?ny”时，以下程序段的执行结果是(　　)。

```
char ch;
while((ch=getchar())!='?')
  putchar(++ch);
```

   A. sun?ny　　B. tvooz　　C. sun　　D. tvo

4. 若变量已正确定义，以下程序段的输出结果是(　　)。

```
int x=4;
while(x--)  printf("%d ",x--);
```

   A. 2　0　　B. 3　1　　C. 3　2　1　　D. 2　1　0

5. 对于以下程序段,说法正确的是(　　)。

```
int x=0;
while(x=1)  x++;
```

A. 陷入死循环　　B. 有语法错误
C. 循环体一次也不执行　　D. 循环体执行一次

6. 对于以下程序段,说法正确的是(　　)。

```
int x=1,s=0;
while(x<10);
{   s=s+x;
    x++;
}
printf("s=%d",s);
```

A. 程序运行结果为:s=45　　B. 程序运行结果为:s=0
C. 程序有语法错误　　D. 陷入死循环

7. 下面程序的功能是将小写字母变成对应大写字母后的第二个字母,例如 a 变成 C,y 变成 A,z 变成 B。空白处应该填入(　　)。

```
#include <stdio.h>
int main()
{   char c;
    while((c=getchar())!='\n')
    { if (c>='a'&&c<='z')
        c-=30;
    if (c>'Z'&&c<='Z'+2)
        ________
    printf(" %c",c);
    }
}
```

A. c='A'　　B. c='B'　　C. c－＝26　　D. c=c＋26

8. 对以下程序段的功能描述正确的是(　　)。

```
int i,s=0;
for(i=0;i<10;i+=2)    s+=i+1;
printf("%d\n",s);
```

A. 自然数 1～9 的累加和　　B. 自然数 1～10 的累加和
C. 自然数 1～9 中的奇数之和　　D. 自然数 1～10 中的偶数之和

9. 以下程序段的输出结果是(　　)。

```
char i;
for(i='a';i<'i';i++,i++)
  printf("%c",i-32);
```

A. 有语法错误　　B. ACEG　　C. ACEGI　　D. ABCEDEFGH

10. 以下程序段不是死循环的是(　　)。

A. int i;
for(i=0;i<100;);i++;

B. int i;
for(i=0;;i++);

C. int i;
for(i=0;1;i++);

D. int i;
for(i=1;i>=0;i++);

11. 执行语句：for(i=1;i++<4;);后，变量 i 的值是(　　)。

A. 3　　B. 4　　C. 5　　D. 6

12. 以下程序的输出结果是(　　)。

```
#include <stdio.h>
int main()
{ char b,c; int i;
 b='a';c='A';
 for(i=0;i<6;i++)
 { if (i%2)  putchar(i+b);
   else putchar(i+c);
 }
}
```

A. ABCDEF　　B. AbCdEf　　C. aBcDeF　　D. abcdef

13. 在 C 语言中，while 和 do…while 循环语句的主要区别是(　　)。

A. while 语句的循环条件比 do…while 循环的循环条件更严格

B. do…while 语句的循环体至少执行一次，但 while 语句的循环体可能一次也不执行

C. do…while 语句的循环体可以是复合语句，但 while 语句不可以

D. do…while 语句的循环体可能一次也不执行，但 while 语句的循环体至少执行一次

14. 当执行以下程序段时(　　)。

```
x=-1;
do
{   x=x * x;
}while(!x);
```

A. 循环体执行一次　　B. 循环体将执行两次

C. 循环体将执行无限次　　D. 系统将提示有语法错误

15. 以下构不成无限循环的语句或语句组是(　　)。

A. n=0;
do{++n;} while(n<=0);

B. n=0;
while(1) {n++;}

C. n=10;
while(n);　{n--;}

D. for(n=0,i=1; ;i++) n+=i;

16. 以下程序,输出语句执行的次数是(　　)。

```
#include <stdio.h>
int main()
{   int x,y;
    for(x=0;x<5;x++)
    for(y=1;y<6;y+=2)
        printf("%c",'*');
}
```

A. 20　　B. 15　　C. 5　　D. 无限次

17. 以下程序的运行结果是(　　)。

```
#include <stdio.h>
int main()
{   int i,j,m=55;
    for(i=1;i<=3;i++)
        for(j=3;j<=i;j++)    m=m%j;
    printf("%d\n",m);
}
```

A. 0　　B. 1　　C. 2　　D. 3

18. 以下程序的输出结果是(　　)。

```
#include <stdio.h>
int main()
{   int i,j;
    for(i=1;i<4;i++)
    {   for(j=i;j<4;j++)   printf("%d*%d=%d ",i,j,i*j);
        printf("\n");
    }
}
```

A. 1＊1=1　1＊2=2　1＊3=3
　2＊1=2　2＊2=4
　3＊1=3

B. 1＊1=1　1＊2=2　1＊3=3
　2＊2=4　2＊3=6
　3＊3=9

C. 1＊1=1
　1＊2=2　2＊2=4
　1＊3=3　2＊3=6　3＊3=9

D. 1＊1=1
　2＊1=2　2＊2=4
　3＊1=3　3＊2=6　3＊3=9

19. 对于下面的程序段,描述正确的是(　　)。

```
for(t=1;t<=10;t++)
{   scanf("%d",&x);
    if (x<0)   continue;
    printf("%d,",t);
}
```

A. 当 x<0 时,整个循环结束　　B. 当 x>=0 时,什么也不输出

C. printf 永远没有执行机会　　D. printf 最多执行 10 次

20. 以下程序的运行结果是(　　)。

```
#include <stdio.h>
int main()
{  int x;
   for(x=8;x>0;x--)
   {  if (x%3)   {printf("%d,",x--); continue;}
      printf("%d,",--x);
   }
   printf("%d",x);
}
```

A. 7,4,2,1　　　B. 8,7,5,2,0　　　C. 9,7,6,4,1　　　D. 8,5,4,2,0

21. 有以下程序：

```
#include <stdio.h>
int main()
{ int s;
  scanf("%d",&s);
  while (s>0)
  { switch(s)
    { case 1: printf("%d",s+5);
      case 2: printf("%d",s+4);break;
      case 3: printf("%d",s+3);
      default: printf("%d",s+1); break;
    }
   scanf("%d",&s);
  }
}
```

运行时,若输入1　2　3　4　5　0＜回车＞,则输出结果是(　　)。

A. 6566456　　　B. 66656　　　C. 66666　　　D. 6666656

22. 以下程序中,while 循环的循环次数是(　　)。

```
int main()
{  int i=0;
   while(i<10)
   {  if (i<1)  continue;
      if (i==5)  break;
      i++;
   }
}
```

A. 1　　　B. 10

C. 6　　　D. 死循环,不能确定次数

二、 填空题

1. 执行以下程序时,当输入 abc * 0123＜CR＞时,while 循环体将执行________次。

```
#include <stdio.h>
int main()
{ char ch;
  while((ch=getchar())=='*') printf("#");
}
```

2. 以下程序的输出结果是________。

```
#include <stdio.h>
int main()
{ int data=13579,units;
  while(data!=0){ units=data%10; printf("%d",units); data/=10;}
}
```

3. 程序功能为：计算表达式 $1-\frac{1}{2}+\frac{1}{3}-\frac{1}{4}+\cdots+\frac{1}{99}-\frac{1}{100}\cdots$ 的值，直到最后一项的绝对值小于 10^{-5} 为止。请填空。

```
#include <stdio.h>
int main()
{   ________;
    float sign=1,sum=0;
    while(________)
    {
       sum=sum+________;
       sign=-sign;
       n++;
    }
    printf("sum=%f\n",sum);
}
```

4. 以下程序的输出结果是________。

```
#include <stdio.h>
int main()
{ int a=1,b=7;
  do{ b=b/2;a+=b;}while(b>1);
  printf("%d\n",a);
}
```

5. 若有定义：int k;，以下程序段的输出结果是________。

```
for(k=2;k<6;k++,k++)   printf("##%d",k);
```

6. 以下程序的输出结果是________。

```
#include <stdio.h>
int main()
{   char c1,c2;
    for(c1='0',c2='9';c1<c2;c1++,c2--)
    printf("%c%c",c1,c2);
}
```

7. 以下程序的输出结果是________。

```
#include <stdio.h>
int main()
{ int i;
  for(i='a';i<'f';i++,i++) printf("%c",i-'a'+'A');
  printf("\n");
}
```

8. 以下程序的输出结果是________。

```
#include <stdio.h>
int main()
{   int i,j,sum;
    for(i=3;i>=1;i--)
    {  sum=0;
       for(j=1;j<=i;j++)   sum+=i*j;
    }
    printf("%d\n",sum);
}
```

三、编程题

1. 编写程序,计算一个整数的位数。例如,输入:123,则输出:123 是 3 位数。

2. 传染性疾病,例如肺炎、SARS 等,如果不采取任何控制措施,其传染人数会呈现指数形式爆发,指数模型 $N(t)=N_0(1+k)^t$,其中,N_0 为初始感染人数;k 为感染率,即平均每天每人传染他人的人数,例如初期 SARS 的 k 为 0.16204;t 为天数。编写程序,模拟前 t 天某种传染疾病的传染人数。(香港 SARS 初期感染人数为第 10 天 4 例,第 20 天 20 例,第 30 天 80 例)。

3. 一张纸的厚度假设是 0.1mm,如果这张纸足够大,并且可以无限地折叠,编写程序,计算这张纸折叠多少次可以到达珠穆朗玛峰的高度。(珠穆朗玛峰的最新高度是使用我国自主研发的北斗卫星导航系统高精度定位所得的 8848.86m)

4. 编写程序,求 m 选 n 彩票的中头彩的概率,已知其概率公式为:$P=\frac{n}{m}\times\frac{n-1}{m-1}\times\frac{n-2}{m-2}\times\frac{1}{m-n+1}$。例如,49 选 6 彩票中奖概率为 1/13983816,即 0.0000000715。

5. 编写程序,利用辗转相除法求两个整数的最大公约数。辗转相除法又称欧几里得算法,主要过程是设两数为 m、n,且 $m>n$。①如果 m 除以 n 的余数为 0,n 就是两数的最大公约数,程序结束,否则转至②执行;②m 除以 n 得余数 t,令 $m=n$,$n=t$;③转到①继续执行。

6. 编写程序,输入 n 个整数,求这 n 个整数中的最大数、最小数和偶数平均数。

7. 编写程序,输入一串字符,以回车键作为结束标志。统计并输出这串字符中大写字母、小写字母和数字字符的个数。

8. 假定一对兔子经过一个月能长成大兔子,而一对大兔子经过一个月又能生出一对小兔子,按此规律,若小兔子总是雌雄成对出生且无死亡,请问,n 个月后有多少对兔子?此题描述的就是著名的斐波那契数列，每个月的兔子对数是 1，1，2，3，5，8，13，…，即前两个月兔子对数为 1，从第三个月开始，当月的兔子数量为前两个月兔子数量之和，即 $F_1=1,F_2=1,F_n=F_{n-1}+F_{n-2}(n>=3)$。

9. 编程实现，某商店搞“方便面袋换面”促销活动，具体规则为：三个方便面包装袋换一袋方便面，不可以赊换。某单位加班需要 n 袋方便面，请问，至少需要付钱买多少袋方便面？

10. 编程实现，求满足不等式 $1\times2+2\times3+3\times4+\cdots+n\times(n+1)>$value 的 n 的最小值，value 为大于 1 的正整数。（建议使用 do…while 实现）

11. 编程实现倒计时程序（只有分：秒即可）。例如，用户输入：10:20，则程序从 10 分 20 秒倒计时开始，到 0 分 0 秒计时结束。

12. 百马百担问题。有 100 匹马，驮 100 担货，大马驮 3 担，中马驮 2 担，两匹小马 1 担，编程输出所有可能的驮法。

13. 韩信有一队兵，他想知道人数，便让士兵排队报数。如果按从 1～5 报数，最末一个士兵报的数为 1；按从 1～6 报数，最末一个士兵报的数为 5；按从 1～7 报数，最末一个士兵报的数为 4；按从 1～11 报数，最末一个士兵报的数为 10。请问，韩信至少有多少兵？

14. 编程实现，求出 a～b 的最小水仙花数（a 与 b 都是 3 位数）。例如，输入 100～200，则输出：100～200 的最小水仙花数是 153；输入 200～300，则输出：200～300 没有水仙花数。水仙花数是指它的每位上的数字的 3 次幂之和等于它本身的一个三位数。

第6章 数组

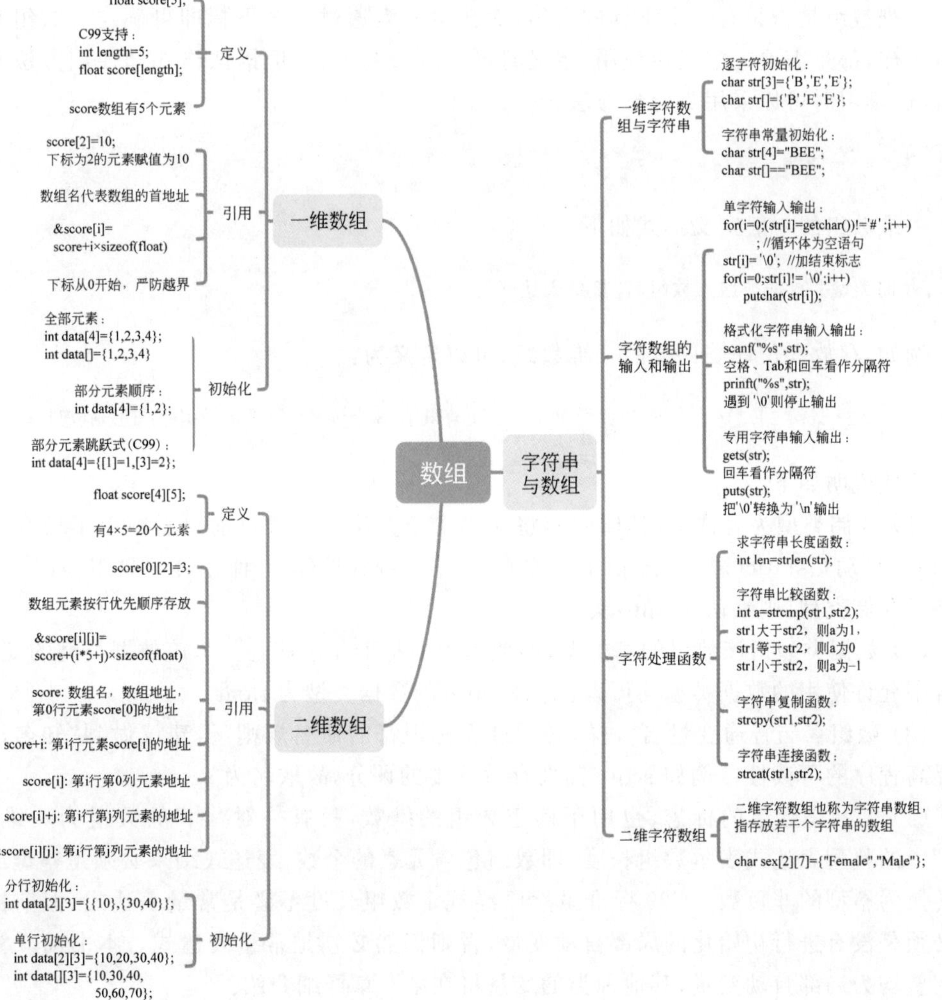

数组
一维数组
定义
float score[5];
C99支持：
int length=5;
float score[length];
score数组有5个元素
引用
score[2]=10;
下标为2的元素赋值为10
数组名代表数组的首地址
&score[i]=
score+i×sizeof(float)
下标从0开始，严防越界
初始化
全部元素：
int data[4]={1,2,3,4};
int data[]={1,2,3,4}
部分元素顺序：
int data[4]={1,2};
部分元素跳跃式(C99)：
int data[4]={[1]=1,[3]=2};
二维数组
定义
float score[4][5];
有4×5=20个元素
引用
score[0][2]=3;
数组元素按行优先顺序存放
&score[i][j]=
score+(i*5+j)×sizeof(float)
score: 数组名，数组地址，
第0行元素score[0]的地址
score+i: 第i行元素score[i]的地址
score[i]: 第i行第0列元素地址
score[i]+j: 第i行第j列元素的地址
&score[i][j]: 第i行第j列元素的地址
初始化
分行初始化：
int data[2][3]={{10},{30,40}};
单行初始化：
int data[2][3]={10,20,30,40};
int data[][3]={10,30,40,
50,60,70};
字符串与数组
一维字符数组与字符串
逐字符初始化：
char str[3]={'B','E','E'};
char str[]={'B','E','E'};
字符串常量初始化：
char str[4]="BEE";
char str[]=="BEE";
字符数组的输入和输出
单字符输入输出：
for(i=0;(str[i]=getchar())!='#';i++)
; //循环体为空语句
str[i]='\0'; //加结束标志
for(i=0;str[i]!='\0';i++)
putchar(str[i]);
格式化字符串输入输出：
scanf("%s",str);
空格、Tab和回车看作分隔符
prinft("%s",str);
遇到'\0'则停止输出
专用字符串输入输出：
gets(str);
回车看作分隔符
puts(str);
把'\0'转换为'\n'输出
字符处理函数
求字符串长度函数：
int len=strlen(str);
字符串比较函数：
int a=strcmp(str1,str2);
str1大于str2，则a为1，
str1等于str2，则a为0
str1小于str2，则a为-1
字符串复制函数：
strcpy(str1,str2);
字符串连接函数：
strcat(str1,str2);
二维字符数组
二维字符数组也称为字符串数组，
指存放若干个字符串的数组
char sex[2][7]={"Female","Male"};

在第5章中，利用循环结构解决了"计算某开发作品最终平均得分"的问题，代码简洁高效。但所有评委的评分均存放在同一个变量 score 中，导致计算结束后，除最后一个评委评分外，其余评分全部丢失，这在真实开发项目中是不可取的。但如果把每位评委的评分存放到不同的变量中，程序又无法利用循环实现。而利用数组就可以得到两全其美的解决方案。

数组是最常用的构造数据类型，它是一组具有相同数据类型的变量组成的集合，这些变量有一个相同的名字——数组名，变量之间用下标区分。下标从0开始，数组中的一个变量称为一个数组元素，为了方便描述，本书中称数组中的首个元素为第0个元素，以此类推。

数组从下标个数(也称为维数)角度，可以分为一维数组、二维数组、三维数组、四维数组等，其中，三维及其以上数组统称为多维数组。从数组元素类型角度，数组可以分为数值数组、字符数组、指针数组等。本章重点介绍应用较广的一维数组、二维数组和具有独特使用方式的字符数组。

6.1 一维数组

一维数组是指只有一个下标的数组，而数组元素通过一个下标即可确定。数组和普通变量一样，都是需要先定义后使用，定义时可以进行初始化，但语法格式和使用方法有所不同，读者学习时可以采用类比学习法。

6.1.1 一维数组的定义

扫一扫

一维数组的一般定义形式如下：

```
「存储类型」数据类型  数组名[整型表达式];
```

例如，存放5位评委评分的一维数组，可以定义为：

```
float score[5];          //数组名为 score,共有 5 个元素,每个元素均为 float 型
```

功能说明如下。

(1) 存储类型为可选项，具体内容将在第7章介绍。读者目前只需简单了解存储类型有 auto(自动)、static(静态)、register(寄存器)、extern(外部)4种即可。数组 score 定义时省略了存储类型，则默认为 auto 类型。

(2) 数据类型指该数组的基类型，即数组中的每个元素均是一个该数据类型的变量。C语言中允许使用的数据类型均可以，例如 score 的数据类型为 float。

(3) 数组名与普通变量名一样，必须遵循标识符的命名规则，但建议做到"知名达意"，以提高程序的可读性。例如 score 需要存放评委的评分，故取名为 score。

(4) "[]"是数组的标志，也用于确定数组的维数，只有一对"[]"的数组为一维数组。"[]"中的整型表达式表示数组长度，即数组包含元素的个数，表达式结果必须是整型或能隐式转换为整型的非负数。C99 标准虽然已经规定数组长度不必是常量表达式，但前提是数组必须是没有进行初始化的局部自动变量，否则仍然必须是常量表达式。本书前6章涉及的变量均为局部自动变量，其他种类的变量将在第7章详细介绍。

例如，在 main 函数中定义：

```
int length=5;                    //或者 int length; scanf("%d",&length);
float score[length];
```

在 main 函数中定义的 score 为局部自动变量，数组长度 length 为变量表达式，这在支持 C99 标准的 Dev-C++ 中是允许的，但在不支持 C99 标准的 Visual C++ 中则是不允许的。如果上述定义放在 main 函数前，则是将 length 和 score 定义为全局变量，这在 Dev-C++ 中也是不允许的，此时数组长度必须声明为常量表达式，如“float score[5];”。

6.1.2 一维数组的使用

数组中的若干元素虽然是一次性定义，但使用时要单独使用，每个元素的使用方式和同数据类型的一个普通变量相似。数组元素通过下标区别，下标从 0 开始。一维数组元素的使用格式如下：

```
数组名[下标表达式]
```

其中，下标表达式是一个整型表达式或能转换为整型表达式的字符型表达式等。

例如：

```
float score[5];                 //定义数组 score,此处的下标 5 表示数组有 5 个元素
```

则数组 score 有 5 个元素，分别是 score[0]、score[1]、score[2]、score[3]、score[4]。为了描述方便，本书中将数组的首个元素称为第 0 个元素，下标为 i 的元素称为第 i 个元素，如 score[0]为第 0 个元素。而其他场景中的首个元素仍称为第 1 个，请读者注意区分。

```
score[2]=10;                    //使用数组元素,此处的下标 2 表示数组中下标为 2 的元素
```

功能是为数组 score 中的第 2 个元素，即 score[2]赋值为 10。

```
for(int i=0;i<5;i++)
    scanf("%f",&score[i]);      //使用数组元素时,下标可以采用变量表达式
```

功能为利用循环采用键盘输入方式为 score 数组的 5 个元素赋值。

一维数组使用时的注意事项如下。

(1) 一定注意数组元素使用时的下标与数组定义时的下标含义的区别。数组定义时的下标表示该数组有几个元素，如“float score[5];”中的 5 是指数组 score 共有 5 个元素；而数组元素使用时的下标表示使用的是下标为几的元素，如“score[2]=10;”表示 score 数组中下标为 2 的元素赋值为 10。

(2) 数组的物理存储结构与逻辑结构。数组之所以可以和循环配合使用，是与其物理存储结构息息相关的。一个数组在内存中占用一段连续的内存空间，而数组名代表这段内存空间的首地址。例如，有数组定义：

```
float score[5];
```

假设 score 数组被分配在首地址为 0X1000 的一段连续内存空间内,如图 6-1 所示。则数组名 score 会被编译为首地址 0X1000,每个元素占用 4B,则数组 score 总共占用 20B。其中,元素 score[i]的首地址为:数组名+i×sizeof(数据类型)。例如,score[3]的首地址为:&score[3]=score+3×4=0X1000+12=0X100C。

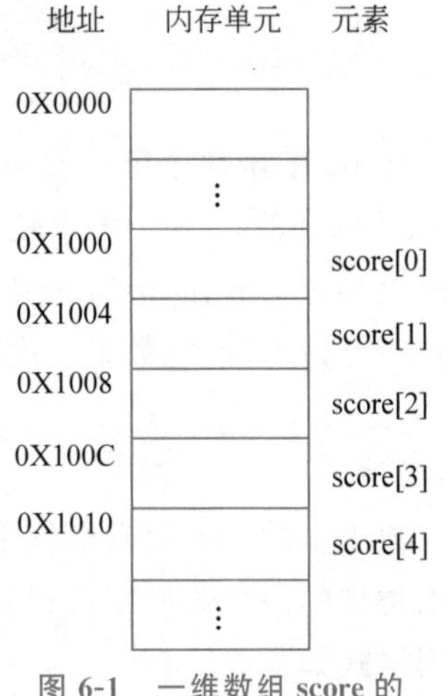

图 6-1　一维数组 score 的物理结构示意图

但读者不必深究数组在内存中的实际存储位置及所占空间大小,只需关注一维数组中各元素之间是位置相邻的逻辑关系即可,如图 6-2 所示。

(3) 第 i 个数组元素的地址可以表示为"数组名+i"形式。例如,数组元素 score[i]的首地址可以表示为"score+i",这种表达形式比"&score[i]"的表达形式更简洁直观。例如:

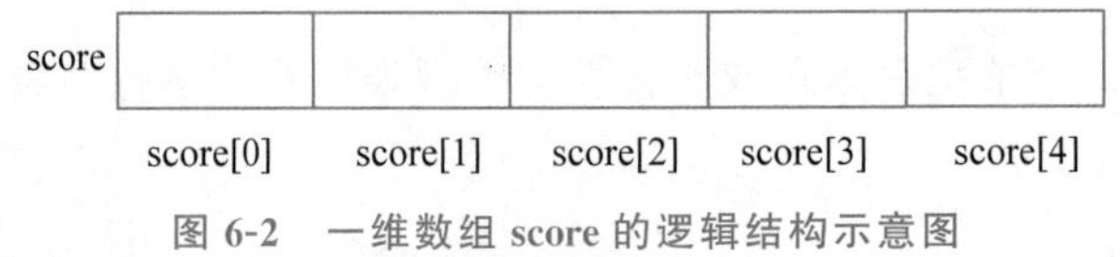

图 6-2　一维数组 score 的逻辑结构示意图

```
for(int i=0;i<5;i++)
    scanf("%f",score+i);          //用键盘输入方式为 score[i]赋值
```

注意:其中的 score+i 是指在 score 基础上加 i 个元素所占字节数,即 score+i 的值为"score+i×sizeof(数据类型)"。

(4) 使用数组元素时要严防下标越界。为了提高程序效率,C 语言放弃了下标越界检查,因此读者需严防下标越界问题。在 C 语言中,数组元素的有效下标范围为 0 至数组长度−1,例如,score 数组的有效下标范围为 0～4。当使用数组元素下标超出有效范围时,例如"score[5]=10;"或者"score[−1]=10;",C 语言并不会给出错误提示,而是仍然按照元素地址计算公式"数组名+i×sizeof(数据类型)"定位到相应地址(0X1014 或者 0XFFC)内存中进行读写。如果相应地址内存正好被分配给了该程序的其他变量,则其他变量的值会被隐式改变,可能会造成程序逻辑错误;如果相应地址内存没有被分配给该程序,则可能会造成程序返回值为 3221225477 的"内存非法写"错误。

【例 6-1】　某学生的开发作品参加某计算机设计大赛,共 5 位评委,请计算该作品的最终平均得分。

```
#include <stdio.h>
#define N 5                        //定义符号常量 N 表示评委人数
int main()
{
    float sum=0,score[N];         //sum 存放累计总分,score 存放评委评分
    int i;                         //循环变量
```

```
    for(i=0;i<N;i++)                    //循环输入 N 位评委评分
    {
        printf("请输入第%d 位评委的评分: ",i+1);
        scanf("%f",score+i);            //输入评委评分
    }
    for(i=0;i<N;i++)                    //循环计算评分总分
        sum=sum+score[i];
    printf("平均分为: %.2f\n",sum/N);    //循环后的语句,输出平均分
}
```

在本例中,第一个循环输入评委评分,第二个循环计算评分总分,两者循环框架完全一致,此时可以将两个循环合并为一个循环。

6.1.3 一维数组的初始化

扫一扫

在定义一维数组的同时给数组元素赋值,称为一维数组的初始化。一维数组初始化的一般形式为:

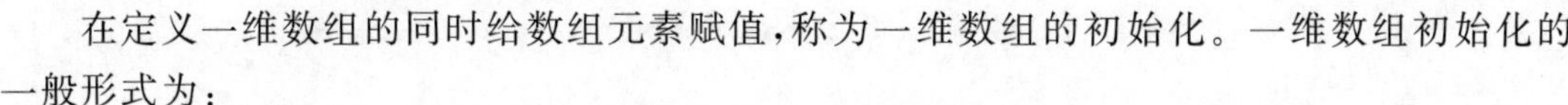

```
「存储类型」数据类型  数组名[整型常量表达式]={初始化列表};
```

其中,初始化列表中的数据用逗号分隔。例如:

```
int data[6]={10,12,13,40,56,20};
```

编译器会按照数据与数组元素的对应顺序一一赋值,即第 0 个数据“10”赋给数组元素 data[0],第 1 个数据“12”赋给 data[1]……第 5 个数据“20”赋给 data[5]。初始化后的数组 data 数据赋值情况如图 6-3 所示。

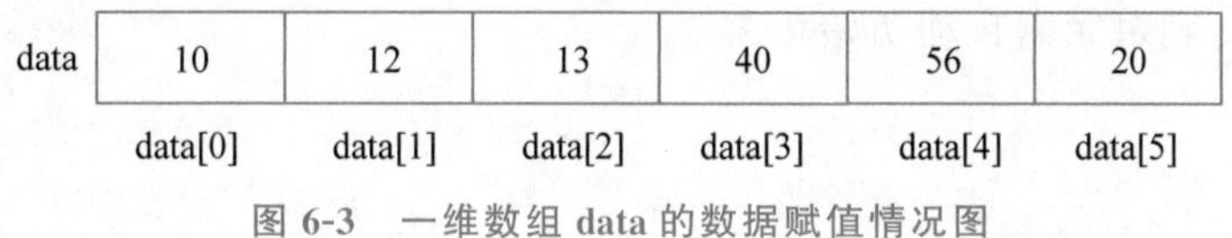

图 6-3 一维数组 data 的数据赋值情况图

但需要特别注意,初始化是数组定义的同时赋初值,下面的写法是错误的:

```
int data[6];                    //先定义
data={10,12,13,40,56,20};       //后赋值
```

因为数组名 data 代表数组所占内存的首地址,是一个地址常量,不可以被赋值。数组定义后可以通过

```
data[0]=10;
data[1]=12;
```

这样的形式为某一具体元素赋值,而不能整体赋值。

数组初始化可以根据数组长度和初始化列表中数据个数的不同分为以下几种形式。

(1) 全部元素初始化。此时数组长度和初始化列表中数据个数相等,或直接省略数组长度。

例如：

```
int data[6]={10,12,13,40,56,20};          //数组长度为 6,数据个数为 6
int data[]={10,12,13,40,56,20};           //缺省数组长度,则数组长度为数据个数 6
```

【例 6-2】 编程实现,根据输入的年月(例如 2022－10),判断该年月有多少天。

```
#include<stdio.h>
int main()
{    //数组 days 中依次存放 1~12 月的天数。注意下标和月份之间差 1
   int days[12]={31,28,31,30,31,30,31,31,30,31,30,31},year,month;
   printf("请输入年月(年-月):");
   scanf("%d-%d",&year,&month);          //注意输入格式为: 年-月
   if (month>=1&&month<=12)              //如果月份合理
     if (month==2&&((year%400==0)||(year%4==0&&year%100!=0)))  //闰年 2 月
       printf("%d 年%d 月共有%d 天",year,month,days[month-1]+1);  //多加 1 天
     else
       printf("%d 年%d 月共有%d 天",year,month,days[month-1]);     //正常输出
   else
     printf("输入错误! ");                //输入值不合理则输出提示信息
}
```

本例中数组 days 的长度可以省略,写成：

```
int days[]={31,28,31,30,31,30,31,31,30,31,30,31}
```

但可读性不如前者,建议保留数组长度。

(2) 部分元素顺序初始化。当初始化列表中的数据个数少于数组元素个数时,依次给前面的元素赋值,剩余元素自动初始化为 0。

例如：

```
int data[6]={10,12,13};
```

则 data[0]赋值为 10,data[1]赋值为 12,data[2]赋值为 13,其余元素赋值为 0。

【例 6-3】 编程实现,求斐波那契数列的前 *N* 项。

```
#include <stdio.h>
#define N 40                          //定义符号常量,代表前 N 项
int main()
{
   int fib[N]={1,1},i;                //初始化斐波那契数列的前两项
   for(i=2;i<N;i++)                   //计算斐波那契数列的剩余项
     fib[i]=fib[i-1]+fib[i-2];
   for(i=0;i<N;i++)                   //输出斐波那契数列
     printf(" %d",fib[i]);
}
```

(3) 部分元素跳跃式初始化。C99 标准支持利用指定下标方式实现部分元素跳跃式初始化,剩余元素自动初始化为 0。

例如：

```
int data[6]={[2]=12,[4]=40};        //data[2]赋值为 12,data[4]赋值为 40,其余元素为 0
```

此时赋值顺序已经不重要，例如：

```
int data[6]={[4]=40,[2]=12};        //先为 data[4]赋值为 40,后为 data[2]赋值为 12
```

两者的初始化效果完全等价，但建议按下标顺序赋值，提高程序可读性。

跳跃式初始化时也可以省略数组长度，编译器会根据初始化列表中的最大下标确定数组长度。例如：

```
int data[]={[2]=12,[4]=40};
```

则数组长度确定为 5。

【例 6-4】 编程实现，输出杨辉三角。

杨辉三角是二项式系数在三角形中的一种几何排列，因由中国南宋数学家杨辉首先发现而得名。其数字特点为：两条斜边都是由数字 1 组成的，而其余的数则是等于它肩上的两个数之和。以计算 4 行杨辉三角为例，分析实现算法思想。

假设 ROW 为杨辉三角行数，如果利用一维数组 yang 计算杨辉三角，需要定义数组长度为 LEN＝ROW＊2－1＝7。可以先用第一行杨辉三角数据（中间数据，即 yang[LEN/2]为 1，其余全为 0）初始化数组，如图 6-4 中第一行所示。

	yang[0]	yang[1]	yang[2]	yang[3]	yang[4]	yang[5]	yang[6]	
yang	0	0	0	1	0	0	0	第1行
yang	0	0	1	0	1	0	0	第2行
yang	0	1	0	2	0	1	0	第3行
yang	1	0	3	0	3	0	1	第4行

图 6-4 杨辉三角数组数据示意图

其余行数据可以在前一行数据的基础上计算出来，但新一行数据会覆盖前一行数据。假设当前行数据的起始位置为 j，则 j 的初值为第 2 行的 ROW－2，如图 6-4 中第 2 行所示。下一行则起始位置是 $j-1$，以此类推。

当前行起始位置 yang[j]和结束位置 yang[LEN－j－1]直接赋值为 1，而其他位置 i，则采用 yang[i]＝yang[i－1]＋yang[i＋1]形式进行赋值，而 yang[i－1]中的值为已经用过的上一行的值，需要置为 0。

```
#include <stdio.h>
#define ROW 10                           //杨辉三角行数
#define LEN ((ROW) * 2-1)                //一维数组长度
int main()
{
```

```
    int yang[LEN]={[LEN/2]=1},i,j;    //初始化 yang[LEN/2]为 1,其余元素为 0
    for(i=0;i<=LEN/2;i++)             //输出第 1 行数据
        if (yang[i]==0)               //元素值为 0 则输出 3 个空格
            printf("   ");
        else
            printf("%3d",yang[i]);    //输出元素值
    printf("\n");
    for(j=ROW-2;j>=0;j--)             //计算并输出其余 ROW-1 行数据
    {                                 //j 表示当前行的起始位置,其值总是比前一行少 1
        yang[j]=yang[LEN-j-1]=1;      //先放置当前行左右两边的 1
        for(i=j+2;i<LEN-(j+1);i+=2) //根据前一行数据计算除 1 以外的当前行数据
        {                             //每个数据等于其上一行的左、右两个数字之和
            yang[i]=yang[i-1]+yang[i+1];
            yang[i-1]=0;              //将上一行遗留数据修改为 0
        }
        yang[LEN-j-2]=0;              //将上一行遗留的最后一个 1 修改为 0
        for(i=0;i<LEN-(j-1);i++)      //输出当前行数据
          if (yang[i]==0)
            printf("   ");
          else
            printf("%3d",yang[i]);
        printf("\n");        //当前行数据输出完毕后输出回车,为下一行输出做好准备
    }
}
```

程序运行结果如图 6-5 所示。

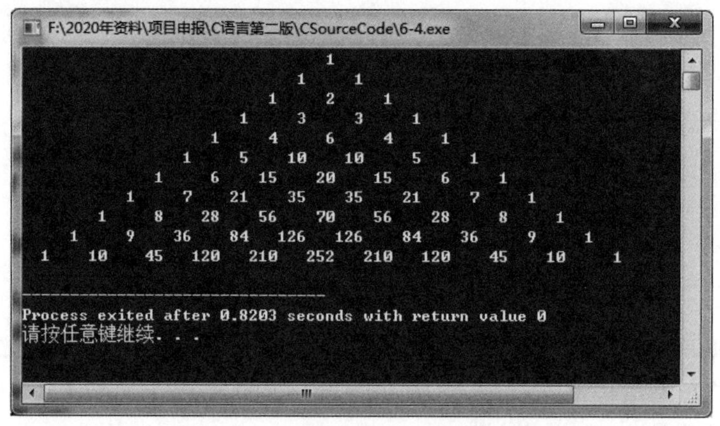

图 6-5　11 行杨辉三角程序运行结果图

6.2 一维数组的常用算法

一维数组的应用非常广泛,在此仅列出利用一维数组完成查找、排序、删除、插入等经典算法,供读者参考使用。

6.2.1 一维数组与查找算法

扫一扫

一维数组中存放着若干数据，查找算法是指根据给定条件，查找数组中满足条件的数据。一般地，如果数组中存放的是无序数据，则需要按照从前往后或从后往前的顺序查找，称为顺序查找；如果是有序数据，则可以使用效率较高的二分法查找。

1. 顺序查找

顺序查找因为查找条件不同，算法也不尽相同，其中以查找某一数据和查找最小(大)值为典型代表。

【例 6-5】 编程实现，在一组无序数中查找某一数据。

此算法的核心思想为按照从前往后的顺序依次比较数组元素是否与查找数据相等，如果比较成功，则说明存在此数据，如果所有元素比较完毕，仍然没有成功，则说明不存在此数据。

```
#include <stdio.h>
#define LEN 10                          //数据个数
int main()
{
    int data[LEN]={3,6,1,4,8,9,10,20,30,26},search,i;
    printf("请输入要查找的数据：");
    scanf("%d",&search);
    for(i=0;i<LEN;i++)                  //按照从前往后的顺序查找
    {
        if (data[i]==search)            //如果找到，则输出其位置下标
        {
            printf("数据%d所在位置为%d\n",search,i);
            break;                      //找到一个即停止查找
        }
    }
    if (i>=LEN)                         //查找失败也输出相应提示信息
      printf("没有找到%d\n",search);
}
```

一组无序数中可能存在重复数据，在本例中，查找到一个即停止查找。如果需要查找到全部数据，则需要比较完所有数据，读者可自行修改程序。

【例 6-6】 编程实现，在一组随机产生的无序数中查找最小值。

此算法的核心思想为先假定第 0 个元素为最小值，记录其下标。然后从第 1 个元素开始依次与目前最小值进行比较，如果找到更小值，则修改最小值下标。

```
#include <stdio.h>
#include <time.h>                               //time 函数包含在 time.h 中
#include <stdlib.h>                             //srand 和 rand 函数包含在 stdlib.h 中
#define LEN 10                                  //数据个数
int main()
{
    int data[LEN],min,i;
    srand((unsigned)time(NULL));                //设置随机种子
```

```
    for(i=0;i<LEN;i++)                    //随机产生并输出 LEN 个 1~50 的整数
    {
        data[i]=rand()%50+1;
        printf("%d ",data[i]);
    }
    min=0;                                //min 记录最小值元素下标,初值为 0
    for(i=1;i<LEN;i++)                    //从前往后依次比较
        if (data[min]>data[i])            //如果找到更小值,则修改最小值下标
            min=i;
    printf("\n 最小值为%d,其下标为%d\n",data[min],min);
}
```

2. 二分法查找

【例 6-7】 编程实现,在一组有序(从小到大)数中查找某一数据。

二分法查找又称为折半查找,比顺序查找更高效快捷,数据量越大,优势越突出,但前提必须是一组有序数。以一组从小到大有序数为例,描述其核心思想:总是取中间位置数据与给定数据比较,如果相等,则查找成功;否则,如果给定数据大于中间数据,则以中间数据位置加 1 为起点的后部继续查找;如果给定数据小于中间数据,则以中间数据位置减 1 为终点的前部继续查找。如果直到查找范围缩小至小于 0 仍未找到,则说明查找失败。

图 6-6 展示了在 8 个有序数中查找数据"10"的过程。

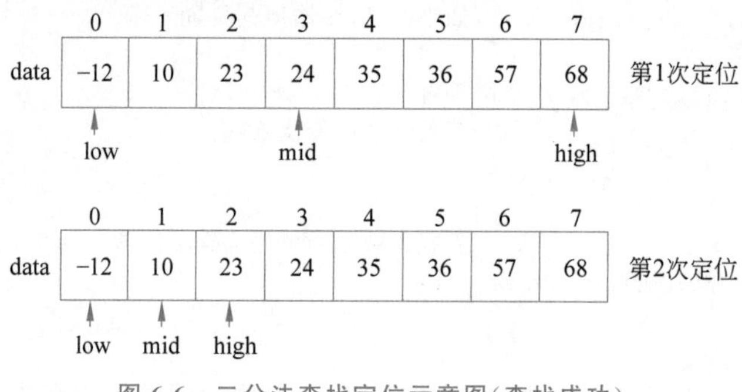

图 6-6 二分法查找定位示意图(查找成功)

(1) low 为查找范围的最小下标,初值为 0,high 为查找范围的最大下标,初值为 7。

(2) mid 为查找范围的中间数位置,初值为 3(即(low+high)/2=(0+7)/2=3),如图 6-6 中第 1 次定位所示。

(3) data[mid]为 24,24 大于 10,则查找数据可能在其前部,则 high 赋值为 2(即 mid-1)。

(4) mid 赋值为 1(即(low+high)/2=(0+2)/2=1),data[mid]为 10,与查找数据 10 相等,则查找成功,如图 6-6 中第 2 次定位所示。

如果查找数据为"12",则其第 1 次和第 2 次 low、high、mid 的定位与图 6-6 中的第 1 次定位和第 2 次定位一致,只是第 2 次定位后,因为 data[mid]值为 10,而 10 小于 12,会进行第 3 次定位,即 low 定位到 2,因此 mid 也定位到 2,如图 6-7 中第 3 次定位所示。

因为 data[mid]的值为 23,23 大于 12,会进行第 4 次定位,high 定位到 1,如图 6-7 中的第 4 次定位所示,此时查找范围已经小于 0,即 high 已经小于 low,查找失败。

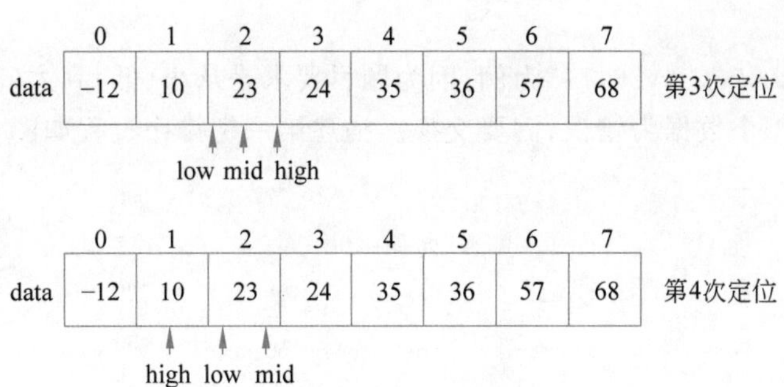

图 6-7 二分法查找定位示意图(查找失败)

```
#include <stdio.h>
#define LEN 8
int main()
{
    int data[LEN]={-12,10,23,24,35,36,57,68};
    int search,low,high,mid;
    printf("请输入查找数据:");
    scanf("%d",&search);                    //输入查找数据
    low=0;high=LEN-1;                       //为查找范围[low,high]赋初值
    while(low<=high)                        //查找范围大于或等于 0 则继续寻找
    {
      mid=(low+high)/2;                     //根据查找范围定位中间位置
      if(data[mid]==search)                 //若查找成功,则跳出循环
          break;
      else if (data[mid]<search)            //如果中间数据小于查找数据
          low=mid+1;                        //则查找范围锁定为其后部
      else
          high=mid-1;                       //否则查找范围锁定为其前部
    }
    if (low<=high)                          //如果循环条件仍然满足,则说明查找成功
      printf("%d 的下标为%d\n",search,mid); //输出查找到的数及其下标
    else
      printf("没有找到%d\n",search);        //输出查找失败信息
}
```

6.2.2 一维数组与排序算法

扫一扫

排序是指将一组无序记录调整为有序记录的过程。排序是一项非常实用的功能,应用场景非常多,例如,二分法查找的前提是已经排好序的数据,整理学生成绩时需要按照学号排好序,整理名次时需要先按照分数排好序,整理销售排行榜时需要按照销售量先排好序,等等。排序算法有很多种,这里仅介绍最常用的冒泡法和选择法排序。

【例 6-8】 编程实现,利用冒泡法将一组学生成绩数据按从低到高顺序排列。

冒泡法是众多排序方法中非常经典的一种稳定排序方法,思想简单、空间复杂度低。其因为越大的元素就像气泡一样,会经过交换慢慢"浮"到数列的顶端而得名。基本思想为:重复访问未排好序的数列,一次比较相邻的两个元素,如果顺序错误则交换过来,直到所有数据都排好序。

以数据序列"30,96,56,26,77"为例,因为题目要求是从小(低)到大(高)排序,因此第 n 个数据大于第 $n+1$ 个数据为错误,需要交换。描述第一趟排序过程如图 6-8 所示。

第1次	第2次	第3次	第4次	第1轮排序结果
77	77	77	77 ←	[96]
26	26	26 ←	96 ←	77
56	56 ←	96 ←	26	26
96 ←	96 ←	56	56	56
30 ←	30	30	30	30

图 6-8　冒泡法排序第一趟排序过程图

① 第 1 次：比较第 1 和第 2 个数据,30>96 不成立,则数据顺序正确,不交换;

② 第 2 次：比较第 2 和第 3 个数据,96>56 成立,则顺序错误,交换;

③ 第 3 次：比较第 3 和第 4 个数据,96>26 成立,交换;

④ 第 4 次：比较第 4 和第 5 个数据,96>77 成立,交换。

经过一轮比较与交换,最大数 96 漂浮到了最顶端,找到了其正确位置,不再参与以后的比较。按照同样的思想,对未排好序的数据进行第 2 轮比较后,77 找到其正确位置,以此类推,5 个数据需要经过 4 轮比较,数据全部排好,如图 6-9 所示。

原始数据	第1轮	第2轮	第3轮	第4轮
77	[96]	[96]	[96]	[96]
26	77	[77]	[77]	[77]
56	26	56	[56]	[56]
96	56	26	30	[30]
30	30	30	26	26

图 6-9　冒泡法排序每轮排序结果图

从图 6-9 所示的每轮排序结果图可以看出,有时 N 个数据不需要必须比较 $N-1$ 轮,因为有可能在 $N-1$ 轮之前就已经排好序。因此,为了提高效率,可以增加一个交换标志 change,每轮开始之前将 change 设置为 0,如果在比较过程中有交换,则将 change 设置为 1。这样,等每轮比较结束后,如果 change 仍然为 0,则说明剩下的数据已经排好序,提前结束排序即可。

```
#include <stdio.h>
#define LEN 5                          //数据个数
int main()
{
  int data[LEN]={30,96,56,26,77},i,j,temp,change;
  for(i=1;i<=LEN-1;i++)              //i 控制比较的轮数,LEN 个数据需要比较 LEN-1 轮
  {
    change=0;                        //标记本轮排序暂时还没有数据交换操作
    for(j=0;j<=LEN-i-1;j++)          //对剩余的 LEN-i-1 个无序数据进行冒泡排序
```

```
        if(data[j]>data[j+1])   //前面数据大于后面数据,交换两数据
        {
          change=1;                  //标记本趟排序有数据交换
          temp=data[j];data[j]=data[j+1];data[j+1]=temp;          //交换数据
        }
      if(change==0)            //一趟排序结束后无数据交换,表示所有数据已有序,提前结束
          break;
    }
    printf("\n 排序后的成绩为: ");
    for(i=0;i<LEN;i++)
      printf(" %d",data[i]);
}
```

冒泡法排序思想简单,但数据可能需要若干次交换才能到位,例如图 6-8 中的 96,需要交换 3 次才能到达正确位置,效率较低。而选择法排序只需记录最小值下标,一次交换即可到位,尤其是数据较多时,选择法排序的优势更加明显。

【例 6-9】 编程实现,利用选择法将一组学生成绩数据按从低到高顺序排列。

选择法排序的核心思想为:在未排序的一组数据中找出最小值(由大到小排序则找出最大值),并将其与这组数据中的第一个数据交换,如此反复,直到所有数据排序完毕。

以数据序列"30,96,56,26,77"为例,未排序数据中的第一个位置用 first 表示,最小值位置用 min 表示,则:

① 所有数据为一组未排序数据,first 为第一个数据的下标,min 为最小值数据的下标,如图 6-10中的第 1 次定位所示。

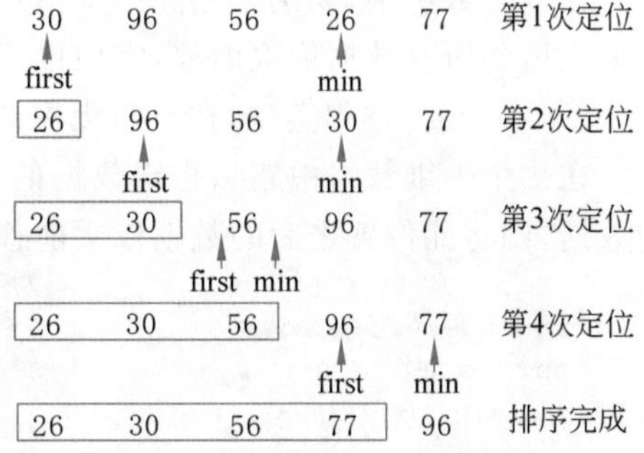

图 6-10 选择法排序过程示意图

② 将 30 和 26 交换后,前 1 个数据"26"已经排好,未排序数据变为"96,56,30,77"。first 后移一个位置,min 为未排序数据中的最小值下标,如图 6-10 中的第 2 次定位所示。

③ 将 96 和 30 交换后,前 2 个数据"26,30"已经排好,未排序数据变为"56,96,77"。first 后移一个位置,min 为未排序数据中的最小值下标,如图 6-10 中的第 3 次定位所示。

④ 此时 first 和 min 位置重合,则无须交换。first 后移一个位置,min 为未排序数据中的最小值下标,如图 6-10 中的第 4 次定位所示。

⑤ 如此反复,直到前 4 个数已经排好,剩余未排序数据变为只有一个数据"96",则无须再排,至此,所有数据已经排序完毕,如图 6-10 排序完成所示。因此假设有 N 个数据,则需要定位交换 $N-1$ 次。

```
#include<stdio.h>
#define LEN 5                                        //数据个数
int main()
{
    int data[LEN]={30,96,56,26,77},first,i,min,temp;
    for (first=0;first<LEN-1;first++)   //first 为未排序数据的第一个数据下标
    {
```

```
        min=first;                         //min为未排序数据中的最小值下标,初值为first
        for (i=first+1;i<LEN;i++)          //将当前最小值与后面的数据依次比较
            if(data[min]>data[i])          //若找到更小值
                min=i;                     //则记录新的最小值的下标
        if(min!=first)                     //如果最小值不在其应在位置
        {                                  //将最小值交换到当前未排序序列的第一个位置上
            temp=data[first];
            data[first]=data[min];
            data[min]=temp;
        }
    }
    printf("排序后的成绩为:\n");
    for (i=0;i<LEN;i++)                    //输出排序后数据
        printf("%5d",data[i]);
    printf("\n");
}
```

扫一扫

6.2.3 一维数组与删除算法

在一个数组中,无论是删除一个指定数据还是删除一个指定位置上的数据,都需要将此数据之后的所有数据依次前移,空白位置必须保留在数组尾部。

【例 6-10】 编程实现,在一组无序的学生成绩数据中删除指定数据。

在一个一维数组中删除指定数据的核心思想为:从前往后依次寻找指定数据,如果找到数据,则将此位置之后的数据依次前移,否则输出"无此数据"。

```
#include <stdio.h>
#define LEN 5                              //数据个数
int main()
{
    int data[LEN]={26,30,56,77,96},search,i,j,num;
    num=LEN;                               //num表示数据个数
    printf("请输入要查找的数据: ");
    scanf("%d",&search);
    for(i=0;i<LEN;i++)                     //按照从前往后顺序查找
    {
        if (data[i]==search)               //如果找到
        {
            for(j=i;j<LEN-1;j++)           //数据依次前移
                data[j]=data[j+1];
            num--;                         //数据个数减1
            break;                         //删除一个即停止
        }
    }
    if (i>=LEN)                            //循环条件不满足,则说明没有找到数据
      printf("没有找到%d\n",search);
    else
      printf("成功删除%d\n",search);
    for(i=0;i<num;i++)                     //无论删除是否成功,均输出数据
      printf(" %d",data[i]);
}
```

6.2.4 一维数组与插入算法

如果一维数组中存放着若干数据，根据给定条件将一个新数据插入到一维数组中，称为一维数组的插入。常用的给定条件有插入到数组首部、插入到数组尾部、插入到指定位置等。在此仅介绍一种实现稍复杂、但应用最广的插入到指定位置的插入方法。

【例 6-11】 编程实现，LEN 个学生成绩数据已经按从小到大排好序，插入一个成绩数据，使 LEN+1 个学生成绩数据仍然有序。

以 5 个有序数据序列"26,30,56,77,96"，插入数据 60 为例，数组的原始状态与插入后状态如图 6-11 所示，其中，阴影元素为后移数据，虚线元素为插入数据。插入步骤可以分为以下两步：

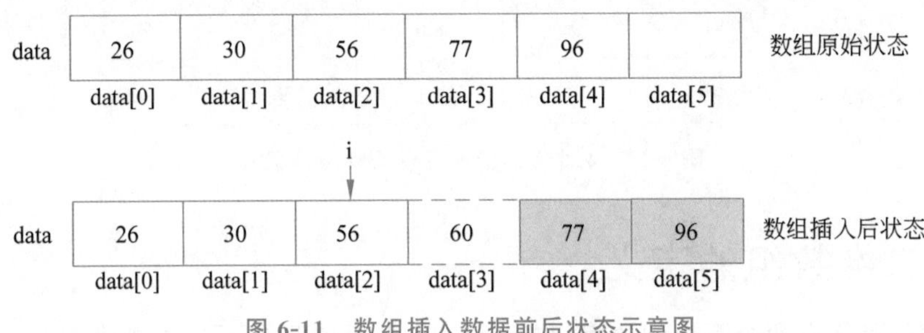

图 6-11 数组插入数据前后状态示意图

① 从后往前将大于插入数据 60 的数据依次后移一个位置，即 data[i+1]=data[i]。

② 则后移结束后 i 指向第一个小于或等于 60 的位置，则 $i+1$ 则是新数据的插入位置。

如果插入数据最小，例如插入 10，则后移完所有数据后，i 应该为 -1，则 $i+1$ 也正好是新数据的插入位置。

```
#include <stdio.h>
#define LEN 5                          //数据个数
int main()
{                                      //数组 data 长度为 LEN+1,为新插入数据预留出空间
    int data[LEN+1]={26,30,56,77,96},insert,i;
    printf("请输入要插入数据: ");
    scanf("%d",&insert);
    for(i=LEN-1;i>=0;i--)              //从后往前顺序查找
    {
       if (data[i]<=insert)            //找到小于或等于插入数据的数据则退出循环
          break;                       //找到一个即停止查找
       else                            //否则将数据后移一个位置
         data[i+1]=data[i];
    }    //无论是从 for 循环条件 i>=0,还是 break 退出循环,data[i+1]均为插入位置
    data[i+1]=insert;                  //插入新数据
    printf("\n 所有学生成绩为: ");
    for(i=0;i<=LEN;i++)                //输出 LEN+1 个数据
      printf(" %d",data[i]);
}
```

6.3 二维数组

在例 6-1 中，利用一维数组只能保存一件开发作品的 5 位评委评分，而在实际项目中，需要保存多件作品的多位评委评分，如图 6-12 所示，此时可以利用二维数组。

	评分1	评分2	评分3	评分4	评分5
作品1	9.8	9.6	9.2	9.5	9
作品2	10	9.8	9.9	9.6	9.7
作品3	8	9	8.6	8.5	8.2
作品4	9	9.2	9.1	9	8.6

图 6-12　4 件作品的 5 位评委评分示意图

扫一扫

6.3.1　二维数组的定义

二维数组是指有两个下标的数组，数组元素需要通过两个下标才能确定。二维数组的一般定义形式如下：

```
「存储类型」数据类型 数组名[第一维整型表达式][第二维整型表达式];
```

例如，要存放图 6-12 中 4 件作品的 5 位评委评分的二维数组，可以定义为：

```
float score[4][5];          //数组名为 score,共有 4 行 5 列 20 个元素
```

功能说明如下：

(1) 第一维整型表达式表示二维数组的第一维长度，也称为行数；第二维整型表达式表示二维数组的第二维长度，也称为列数。而二维数组长度，即二维数组包含元素数的计算公式为：第一维整型表达式×第二维整型表达式。例如 score 有 4 行、5 列，数组长度为 4×5=20。

(2) 同一维数组一样，C99 标准虽然已经规定数组第一、二维长度表达式不必是常量表达式，但前提仍然是数组必须是没有进行初始化的局部自动变量，否则仍然必须是整型常量表达式。

扫一扫

6.3.2　二维数组的使用

与一维数组一样，二维数组虽然是一次性定义了若干元素，但数组元素一般是单独使用。二维数组元素的使用格式如下：

```
数组名[行下标表达式][列下标表达式]
```

其中，行、列下标表达式是一个整型表达式或能转换为整型表达式的字符型表达式等。

例如：

```
float score[4][5];          //定义一个 4 行 5 列的浮点型二维数组 score
score[0][2]=3;              //为数组中第 0 行第 2 列元素赋值为 3
```

二维数组使用的注意事项如下：

(1) 二维数组的物理结构和逻辑结构。在 C 语言中，二维数组在内存中也占用一段连续的内存空间，并按行优先顺序为数组元素分配空间，数组名代表这段内存空间的首地址。例如：

```
int data[2][3];
```

假设 data 数组被分配在首地址为 0X1000 的一段连续内存空间内，如图 6-13 所示。则数组名 data 会被编译成首地址 0X1000，每个元素占用 4B，则数组 data 总共占用 2×3×4B=24B。先为第 0 行元素分配空间，即依次为 data[0][0]、data[0][1]、data[0][2]，然后为第 1 行元素分配空间，因此 data[0][2]后为 data[1][0]。因此，元素 data[i][j]的首地址为：数组名+(i×第二维整型表达式+j)×sizeof(数据类型)。例如，元素 data[1][1]的首地址为：&data[1][1]=0X1000+(1×3+1)×sizeof(int)=0X1010。

同样，在使用二维数组时，读者应更关注数组中元素之间的逻辑关系。在 C 语言中，二维数组采用行优先顺序进行存储，因此二维数组的常用逻辑结构如图 6-14 所示。

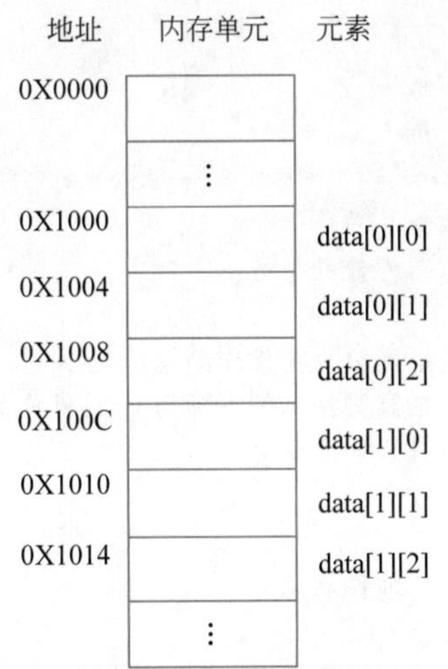

图 6-13 二维数组 data 的物理结构示意图

data[0][0]	data[0][1]	data[0][2]
data[1][0]	data[1][1]	data[1][2]

图 6-14 二维数组 data 的逻辑结构示意图

(2) 二维数组中常用表达式含义解析。二维数组可以看作一个特殊的一维数组，说其特殊，是因为这个一维数组的每个元素都是一个一维数组。例如，二维数组 data[2][3]为一个包含 2 个元素(data[0]和 data[1])的一维数组。而元素 data[0]和 data[1]都是包含 3 个元素的一维数组。例如，data[0]包含 data[0][0]、data[0][1]和 data[0][2]共 3 个元素。此时，data[0]、data[1]可以看作一维数组的名字。由此，可以确定在二维数组中以下常用表达式含义：

data：表示数组名，数组的首地址，也是第 0 行元素 data[0]的首地址，即 0X1000。

data+i：表示第 i 行元素，即 data[i]的首地址，例如 data+1 表示第 1 行首地址，即 0X100C。

data[i]：表示第 i 行第 0 列元素的首地址，例如 data[1]表示第 1 行第 0 列元素 data[1][0]的首地址，即 0X100C。

data[i]+j：表示第 i 行第 j 列元素的首地址，例如 data[1]+2 表示第 1 行第 2 列元素 data[1][2]的首地址，即 0X1014。

&data[i][j]：表示第 i 行第 j 列元素的首地址，例如 &data[1][2]表示第 1 行第 2 列元素 data[1][2]的首地址，即 0X1014。

由以上分析可知，在二维数组中，同样的地址值可能表示的含义并不同，例如 data 的值为地址 0X1000，data[0]的值也为地址 0X1000，但因为 data 为第 0 行地址，因此 data+1 是加一行元素，其值为 0X100C；而 data[0]为第 0 行第 0 列地址，因此 data[0]+1 是加一个元素，其值为 0X1004。读者在应用时应注意区分，尤其是二维数组和指针混合使用时。

【例 6-12】 编程实现，查找参赛作品中的最高分作品。

```
#include <stdio.h>
#define M  4                                    //数组行数，即作品数
#define N  5                                    //数组列数，即评委数
int main()
{
    float score[M][N],maxSum,sum;
    int max,row,col;
    for(row=0;row<M;row++)                      //行下标
       for(col=0;col<N;col++)                   //列下标
         scanf("%f",&score[row][col]);          //与 scanf("%f",score[row]+col);等价
    sum=0;                                      //存放作品总分
    for(col=0;col<N;col++)                      //计算首件作品总分
      sum=sum+score[0][col];
    maxSum=sum;                                 //暂定最高分为首件作品总分
    max=0;                                      //暂定最高分作品的下标为 0(首件作品下标)
    for(row=1;row<M;row++)                      //计算其余作品总分
    {
        sum=0;
        for(col=0;col<N;col++)                  //计算当前作品总分
           sum=sum+score[row][col];
        if (sum>maxSum)                         //如果找到更高分，则记录总分和下标
        {
            maxSum=sum;
            max=row;
        }
    }
    printf("最高分%.2f 为第%d 件作品",maxSum,max+1);
}
```

二维数组元素有行、列两个下标，因此一般会配合双层循环完成某些操作。例如上述程序中为数组 score 各元素的赋值操作，可以采用以下双层循环代码。

```
for(row=0;row<M;row++)                    //行下标
    for(col=0;col<N;col++)                //列下标
        scanf("%f",&score[row][col]);     //或 scanf("%f",score[row]+col);
```

有时也可以依据二维数组元素在内存中是行优先顺序连续存放的特性，采用单层循环实现：

```
for(int element=0;element<M*N;element++)
    scanf("%f",score[0]+element);
```

注意：必须使用 score[0]+element，而不能是 score+element，因为 scanf 需要的是元素地址，而不是行地址。

(3) 使用二维数组元素时仍要严防下标越界。二维数组元素的行下标有效范围是 0 至行长度−1，列下标的有效范围是 0 至列长度−1，但编译器并不会对下标的有效性进行检查，只会按照元素首地址定位公式直接定位内存进行读写。如有定义"int data[2][3];"，数组元素的行下标有效范围是 0～1，列下标有效范围是 0～2。但如果有语句：

```
data[0][3]=10;
```

data 中并不存在第 0 行第 3 列元素，但编译器并不会报错，而是按照地址计算公式：data+(0×3+3)×4＝0X1000＋12＝0X100C，将 10 存放到首地址为 0X100C 的内存，即 data[1][0]中，可能会造成程序的逻辑错误。

6.3.3 二维数组的初始化

扫一扫

定义二维数组的同时给数组元素赋值，称为二维数组的初始化，一般有以下几种方式。

(1) 分行初始化。用{}将外层{}中的各行数据分隔开。例如：

```
int data[2][3]={{10},{30,40}};
```

数组 data 的初始化状态如图 6-15 所示，第一对内层花括号内的数据依次赋给第 0 行各元素，第二对内层花括号内的数据依次赋给第 1 行各元素，未被赋值的元素赋值为 0。

	第0列	第1列	第2列
第0行	10	0	0
第1行	30	40	0

图 6-15 数组 data 的初始化状态

分行初始化时可以省略第一维长度，但第二维长度不能省略，编译器会根据内层花括号的对数确定第一维的长度。例如：

```
int data[][3]={{10},{30,40}};
```

与前面的 data 定义方式完全等价，内层花括号的对数为 2，因此第一维长度为 2。

分行初始化方法行列清晰，可读性强，是最常用的一种方法。

(2) 单行初始化。把所有数据写在一对花括号中，根据数组元素在内存中的分配顺序依次赋值。例如：

```
int data[2][3]={10,20,30,40};
```

数组 data 的初始化状态如图 6-16 所示，按照数组元素在内存中的分配顺序依次赋值，未被赋值的元素赋值为 0。

	第0列	第1列	第2列
第0行	10	20	30
第1行	40	0	0

图 6-16　数组 data 初始化状态

单行初始化时也可以省略第一维长度，但第二维长度不可以省略，编译器会根据初始化数据的个数除以第二维长度的商上取整，确定第一维长度。例如：

```
int data[][3]={10,30,40,50};
```

则数组 data 包含 2 行共 6 个元素。第一维长度为 2(数据个数 4 除以第二维长度 3 上取整为 2)。

```
int data[][3]={10,30,40};
```

则数组 data 只包含 1 行共 3 个元素。第一维长度为 1(数据个数 3 除以第二维长度 3 上取整为 1)。

单行初始化把所有数据堆砌在一起，行列位置不直观，当数组元素较多且无规律时，容易遗漏数据，造成赋值错位。利用 C 语言中一个语句可以写为多行的特性，将数据分为多行，例如：

```
int data[][3]={10,30,40,
               50,60,70};
```

但此初始化方式的代码不够紧凑，建议采用花括号形式的分行初始化方式。

【例 6-13】　编程实现，根据邮件重量和邮递目的地区域编码计算应付邮费。

某地区的某快递公司根据本地区距离目的地的距离，将全国划分为 5 个区域。

0 区	1 区	2 区	3 区	4 区
同城	邻近省	1000 千米以下	1000～2500 千米	2500 千米以上

邮费由起重费用和续重费用组成，起重 1 千克按起重费用计算，不足 1 千克时按 1 千克计，超过起重的重量称为续重，按千克收取续重费，不足 1 千克按 1 千克计。不同区域的起重和续重费计算规则如下：

(1) 同城邮件起重费 10 元，续重费 3 元/千克。

(2) 1 区邮件起重费 10 元，续重费 4 元/千克。

(3) 2 区邮件起重费 15 元，续重费 5 元/千克。

(4) 3 区邮件起重费 15 元，续重费 6.5 元/千克。

(5) 4 区邮件起重费 15 元，续重费 10 元/千克。

```
#include <stdio.h>
#include <math.h>              //上取整函数 ceil 包含在 math.h 中
int main()
{
    int code;                  //区域编码
    float weight,fee;          //weight 为邮件重量,fee 为邮费
    //rule[0]行存储相应区域的起重费,rule[1]行存储相应区域的续重费价格
    float rule[2][5]={{10,10,15,15,15},{3,4,5,6.5,10}};
    printf("邮件区域编码(0-4): ");
    scanf("%d",&code);
    printf("邮件重量(千克): ");
    scanf("%f",&weight);
    if (code<0||code>4||weight<0)
    {
        printf("区域编码或重量错误!");
    }
    else
    {                          //邮费=起重费+续重费,ceil 函数为上取整
        fee=rule[0][code]+(ceil(weight)-1) * rule[1][code];
        printf("邮件费用为: %.2f",fee);
    }
}
```

本例中定义了二维数组 rule,将相应区域的起重费存储于第 0 行中,即 rule[0][i]为 i 区的起重费,将相应区域的续重费价格存储于第 1 行中,如图 6-17 所示。从而能用同一计算公式“fee=rule[0][code]+(ceil(weight)-1) * rule[1][code]”计算不同区域不同重量的邮费。

	0	1	2	3	4
rule	10	10	15	15	15
	3	4	5	6.5	10

图 6-17 数组 rule 的初始化状态

6.4 字符串与数组

字符串在实际应用中的使用频率非常高,例如姓名、编号、电话、性别、专业、院系等等。但 C 语言中并没有专门的字符串数据类型,而字符类型又只能存放一个字符,因此常借用字符类型的数组存放字符串。

6.4.1 一维字符数组与字符串

扫一扫

字符数组是指数据类型为 char 的数组,一个数组元素存放一个字符。例如:

```
char str[5];
```

则 str 能够存放 5 个字符。例如：

```
str[0]='H'; str[1]='E'; str[2]='L'; str[3]='L'; str[4]='O';
```

此时 str 中存放了由 5 个字符组成的一串字符，但存放的并不是一个字符串，因为字符串尾部必须有一个结束标志'\0'。因此，如果在 str 中存放字符串"HELLO"，则必须声明 str 数组的长度至少为 6，然后利用语句：

```
str[5]='\0';
```

加一个字符串结束标志。

字符数组的初始化方式有以下两种。

(1) 逐字符初始化。即将初始化列表中的每个字符依次赋给数组各元素。例如：

```
char str[5]={'H','E','L','L','O'};        //数组长度为 5,初始列表中有 5 个字符
```

则数组元素 str[0]、str[1]、str[2]、str[3]、str[4]分别被赋值为字符'H'、'E'、'L'、'L'和'O'。此时，str 中存放的仍然是由 5 个字符组成的一串字符。而

```
char str[6]={'H','E','L','L','O'};        //数组长度为 6,初始列表中有 5 个字符
```

则 str 中存放的是字符串"HELLO"，因为数组中的最后一个元素 str[5]没有初始化，但因为别的元素被初始化，所以 str[5]被自动初始化为 0，也就是'\0'。与

```
char str[6]={'H','E','L','L','O','\0'};
```

效果等价。

逐字符初始化的数组可以省略数组长度，编译器会根据初始化列表中的字符个数确定数组长度。例如：

```
char str[]={'H','E','L','L','O'};
```

则数组 str 的长度为 5。

(2) 字符串常量初始化。即将一个字符串常量中的字符依次赋给数组各元素，最后还要添加一个结束标志'\0'。例如：

```
char str[6]={"HELLO"};
```

或者

```
char str[6]="HELLO";
```

则除数组元素 str[0]、str[1]、str[2]、str[3]、str[4]分别被赋值为字符'H'、'E'、'L'、'L'和'O'外，str[5]会被赋值为结束标志'\0'。即 str 中存放的是字符串"HELLO"。

字符串常量初始化方式也可以省略数组长度，编译器会根据初始化的常量字符串的长度+1确定数组长度。例如：

```
char str[]="HELLO";
```

则数组 str 的长度为 6。

【例 6-14】 编程实现，统计一个字符串中空格的个数。

```
#include <stdio.h>
int main()
{
    char str[30]="Keep on going never give up.";
    int i,space;
    space=0;                                    //空格个数初值为 0
    for(i=0;str[i]!='\0';i++)                   //遇到字符串结束标志则结束循环
      if (str[i]==' ')                          //如果是空格字符
         space++;                               //则 space 自加一
    printf("字符串中共有%d 个空格!",space);
}
```

6.4.2 字符数组的输入和输出

扫一扫

C 语言提供了多种字符数组的输入/输出方式，一般会成对使用，例如用 getchar 输入，会使用 putchar 输出，用 gets 输入，会使用 puts 输出，但不是必需的。

(1) 单字符输入/输出。

前面学习的 getchar 函数和 scanf 函数%c 形式可以输入，putchar 函数和 printf 函数%c 形式可以输出单个字符，配合循环则可以实现字符串的输入和输出。在此仅以更简洁好用的 getchar 和 putchar 为例，介绍其应用形式。

【例 6-15】 编程实现电话号码的输入与输出，输入时以#结束。

```
#include <stdio.h>
int main()
{
    char tel[13];
    int i;
    for(i=0;(tel[i]=getchar())!='#';i++)        //输入电话号码,以#结束
       ;                                        //注意循环体为空语句
    tel[i]='\0';                                //电话号码结束后添加一个结束标志
    for(i=0;tel[i]!='\0';i++)                   //输出时以'\0'为结束标志
      putchar(tel[i]);
}
```

再次提醒，循环条件不可以写为：tel[i]=getchar()! ='#'。

【例 6-16】 编程实现，以密文形式输入密码。

```
#include <stdio.h>
#include <conio.h>                              //不回显函数 getch 包含在 conio.h 中
```

```
int main()
{
    char pass[17];
    int i;
    printf("请输入密码：");
    //注意 getch 函数接收回车是 ASCII 码为 13 的字符'\r',而不是'\n'
    for(i=0;(pass[i]=getch())!='\r';i++)          //输入密码,以回车结束
        printf("*");                              //本身字符不显示,显示 *
    pass[i]='\0';
    printf("\n 您输入的密码是：");
    for(i=0;pass[i]!='\0';i++)
      putchar(pass[i]);
}
```

单字符输入/输出方式的优点是可以边输入/输出边处理,并可以以任何字符,例如"#"等作为结束标志。缺点是代码较复杂,需要手工加字符串结束标志,容易出错,一般不建议使用这种方式。

(2) 格式化字符串输入/输出。

利用 scanf 函数和 printf 函数%s 形式可以实现一个字符串的输入和输出。但注意,scanf 函数%s 接收字符串时以空格、Tab 键或回车键等分隔符为接收结束标志,并自动在末尾加上字符串结束标志'\0',构成合法的字符串。printf 函数%s 输出字符串时以'\0'为输出结束标志。

【例 6-17】 编程实现,统计一个单词包含的字母数。

```
#include <stdio.h>
int main()
{
    char word[10];
    unsigned int len;
    scanf("%s",word);
    for(len=0;word[len]!='\0';len++)          //计算字母数
      ;                                       //循环体为空语句
    printf("单词%s 中包含%u 个字母",word,len);
}
```

注意：printf 函数%s 形式输出字符串时,对应的数据项表达式结果必须是地址。例如,程序中的 printf 中%s 对应的数据项为 word,而 word 是数组名,代表数组 word 的首地址。

%s 形式的优点是格式简洁,并自动在末尾加上字符串结束标志;缺点是空格、Tab 键和回车键均被看作分隔符而无法接收。例如,如果输入

```
Hello world
```

则程序运行结果为：

```
单词 Hello 中包含 5 个字母
```

即 word 数组中接收的是字符串"Hello",空格被看作分隔符,连同字符串"world"一起留在缓冲区中等待下次接收。

(3) 专用字符串输入/输出。

C 语言在 stdio.h 中提供了专用的字符串输入函数 gets 和字符串输出函数 puts。

字符串输入函数 gets 的函数原型为:

```
char * gets(char * str)
```

其功能为从键盘输入一个字符串(包括空格和 Tab)并存放到以 str 为首地址的内存中,以回车为接收结束标志,并自动将回车键替换为字符串结束标志'\0'存入内存。

字符串输出函数 puts 的函数原型为:

```
int puts(const char * str)
```

其功能为输出 str 中的字符串,并将结束标志'\0'转换为'\n'输出。

【例 6-18】 编程实现,输入一行字符(以回车结束),将其中的字母全部转换为大写。

```
#include<stdio.h>
int main()
{
    char str[20];
    int i;
    printf("请输入一行字符:\n");
    gets(str);                          //输入一行字符,以回车键结束
    for(i=0;str[i]!=0;i++)              //将其中的小写字母转换为大写字母
        if(str[i]>='a'&&str[i]<='z')
            str[i]-=32;
    printf("全部转换为大写字母后:\n");
    puts(str);                          //输出字符串
}
```

如果程序输入:

```
Try my best<CR>
```

则程序输出:

```
全部转换为大写字母后:
TRY MY BEST
```

gets 和 puts 形式的优点是格式简洁,能够接收空格和 Tab 键,自动完成回车和结束标志'\0'之间的转换。

请注意格式化字符串输入/输出和专用字符串输入/输出的两点微小区别:

(1) scanf%s 形式无法接收空格和 Tab 键,但 gets 可以。

(2) printf%s 遇到'\0'则停止输出,而 puts 会把'\0'转换为'\n'输出。

扫一扫

6.4.3 字符串处理函数

鉴于字符串的高应用率，C 语言提供了一些常用的字符串处理函数，对应的头文件为 string.h。

(1) 求字符串长度函数 strlen。

函数原型：

```
size_t strlen(const char * str)
```

函数功能：计算并返回 str 字符串的长度(不包括结束标志)。

其中，函数返回值类型 size_t 是 unsigned int 或 unsigned __int64 的别名，一般在 64 位系统中指 unsigned __int64，而非 64 位系统中为 unsigned int。

【例 6-19】 若一个字符串的正序与倒序相同，则称其为回文串。编程实现，判断一个字符串是否是回文串。

```
#include <stdio.h>
#include <string.h>
int main()
{
    char str[30],flag;
    int i,len;
    printf("请输入一个字符串(回车结束): \n");
    gets(str);                    //键盘输入字符串
    len=strlen(str);              //strlen 计算 str 字符串的长度,不包括'\0'
    flag=1;                       //先假设是回文串
    for(i=0;i<len/2;i++)          //i 只需定位前半段
    {   //如果第 i 个字符和倒数第 i 个(正数第 len-i-1 个)不相等,则不是回文串
        if (str[i]!=str[len-i-1])
        {
            flag=0;               //回文串设为假(0)
            break;
        }
    }
    if (flag==1)                  //根据 flag 确定是否是回文串
        printf("%s 是回文串!",str);
    else
        printf("%s 不是回文串!",str);
}
```

(2) 字符串比较函数 strcmp。

函数原型：

```
int strcmp(const char * str1,const char * str2)
```

函数功能：按从前往后顺序依次比较 str1 和 str2 中对应字符的 ASCII 码值，一旦遇到不同字符，则得出结论，并停止比较；如果一直到结束标志时对应字符均相等，则说明两个字符串相等。如果 str1 大于 str2，则返回 1；如果 str1 等于 str2，则返回 0；如果 str1 小于 str2，则返回−1。

例如：

```
char str1[10]="hope",str2[10]="confidence";
printf("strcmp(str1,str2)=%d",strcmp(str1,str2));
```

以上程序段的输出结果为：

```
strcmp(str1,str2)=1
```

因为'h'的 ASCII 码值 104 大于'c'的 ASCII 码值 99,比较一次即可得出结论。

注意：比较两个字符串的大小切记不可以使用表达式“str1>=str2”,因为 str1 和 str2 都是指字符串在内存中的首地址,因此比较结果是 str1 中字符串的首地址是否大于或等于 str2 中字符串的首地址。

【例 6-20】 编程实现,判断两次输入的密码是否相同。

密码一般显示为密文,在设置密码时经常输入两次密码,避免用户误操作。

```
#include <stdio.h>
int main()
{
    char pass[17],passAgain[17];
    int i;
    printf("请输入密码: ");
    for(i=0;(pass[i]=getch())!='\r';i++)
        printf("*");
    pass[i]='\0';
    printf("\n 请再次输入密码:");
    for(i=0;(passAgain[i]=getch())!=13;i++)    //'\r'的 ASCII 码值为 13
        printf("*");
    passAgain[i]='\0';
    if (strcmp(pass,passAgain)==0)             //比较两次密码是否相同
        printf("\n 密码设置成功!");
    else
        printf("\n 两次密码不一致!");
}
```

(3) 字符串复制函数 strcpy。

函数原型：

```
char *strcpy(char *dest,const char *source)
```

函数功能：将 source 中的字符串(包括结束标志)复制到 dest 中;dest 中的原有内容被覆盖,source 中的内容保持不变;函数返回 dest 值。

【例 6-21】 编程实现,输入 N 个长度小于 10 的字符串,输出其中的最大串。

```
#include<stdio.h>
#include<string.h>
#define N 3
int main()
{    char str[10],max[10];
    int i;
    printf("请输入%d 个字符串:\n",N);
    gets(max);                          //第一个字符串放入 max
    for(i=1;i<N;i++)
    {
```

```
        gets(str);                              //字符串先放入 str
        if (strcmp(str,max)>0)                  //如果找到更大串
          strcpy(max,str);                      //则将更大串复制到 max 中
    }
    printf("最大的字符串为:\n");
    puts(max);
}
```

程序中的“strcpy(max,str)”切记不可以写为“max=str”,因为 max 是数组名,是常量,不可以被赋值。

使用 strcpy 时还需注意以下两点：

① source 作为复制来源,其中存放的必须是有结束标志的合法字符串。

② 要保证 dest 的空间能够容纳 source 中的字符串,否则会造成与数组下标越界一样的运行或逻辑错误。

(4) 字符串连接函数 strcat。

函数原型：

```
char *strcat(char *dest,const char *source)
```

函数功能：将 source 中的字符串连接到 dest 中字符串的尾部,函数返回 dest 值。

例如：

```
char str1[12]="study",str2[]=" hard";     //注意,str2[0]中的字符为空格
strcat(str1,str2);
```

则连接前后数组 str1 和 str2 中数据变化情况如图 6-18 所示。连接后,str2 中字符串连接到 str1 中字符串的尾部,而 str2 中的字符串保持不变。

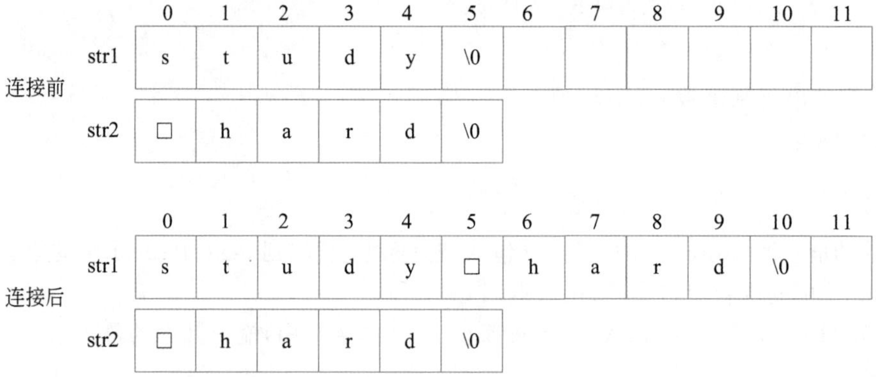

连接前

	0	1	2	3	4	5	6	7	8	9	10	11
str1	s	t	u	d	y	\0						
str2	□	h	a	r	d	\0						

连接后

	0	1	2	3	4	5	6	7	8	9	10	11
str1	s	t	u	d	y	□	h	a	r	d	\0	
str2	□	h	a	r	d	\0						

图 6-18　数组 str1 和 str2 连接前后数据变化对比图

【例 6-22】 编程实现,输出一个学生的基本信息。

```
#include <stdio.h>
#include <string.h>
int main()
{   //注意 message 初始化为空字符串
    char message[50]="",num[8]="2022001",name[10]="王林林",sex[4]="男";
```

```
    strcat(message,"我的基本信息是:\n学号:");
    strcat(message,num);
    strcat(message,"\n姓名:");
    strcat(message,name);
    strcat(message,"\n性别:");
    strcat(message,sex);
    puts(message);            //输出学生的基本信息
}
```

6.4.4 二维字符数组

扫一扫

字符串数组是指存放若干个字符串的数组,即字符型二维数组。例如:

```
char str[5][10];          //5行10列,共50个字符元素
```

则str可以看作一个有5个元素的一维数组,而每个元素都是一个包含10个字符的一维数组。一个一维数组可以存放一个字符串,因此str可以存放5个长度不超过9的字符串。

字符串数组最常用的初始化方式为字符串常量方式,例如:

```
char sex[2][7]={"Female","Male"};
```

则数组sex中存放了两个字符串"Female"和"Male",如图6-19所示。

sex							
	F	e	m	a	l	e	\0
	M	a	l	e	\0		

图6-19 数组sex初始化状态示意图

【例6-23】 编程实现,利用选择法对若干个学生学号进行从小到大排序。

学生学号、职工编号、刑警编号等一般不进行加、减等算术运算,并且一般长度相等,可能以0开头,因此定义为字符串比定义为整型更合适。

```
#include <stdio.h>
#include <string.h>
#define N 3                                //定义符号常量N
int main()
{
    char num[N][8],temp[8];                //假设学号最多7位
    int first,i,min;
    printf("请输入%d个学生学号(回车分隔):\n",N);
    for(i=0;i<N;i++)                       //输入N个学生学号
        gets(num[i]);
    for(first=0;first<N-1;first++)  //first为未排序数据的首位数据下标
    {
        min=first;                         //min为未排序数据中的最小值下标,初值为first
        for (i=first+1;i<N;i++)            //将当前最小值与后面的数据依次比较
            if(strcmp(num[min],num[i])>0)       //比较字符串大小用strcmp
                min=i;                     //记录新的最小值下标
        if(min!=first)                     //如果最小值不在其应在位置
```

```
        {   //将最小值交换到当前未排序序列的首位
            strcpy(temp,num[first]);      //字符串复制用 strcpy
            strcpy(num[first],num[min]);
            strcpy(num[min],temp);        //中间变量 temp 数组长度与 num 第 2 维相同
        }
    }
    printf("排序后的学号为:\n");
    for (i=0;i<N;i++)                     //输出排序后数据
        puts(num[i]);
}
```

程序运行结果如图 6-20 所示。

```
F:\2020年资料\项目申报\C语言第二版\CSourceCode\6-24.exe
请输入3个学生学号（回车分隔）：
2022108
2022101
2022109
排序后的学号为:
2022101
2022108
2022109

--------------------------------
Process exited after 31.99 seconds with return value 0
请按任意键继续. . .
```

图 6-20　例 6-24 程序运行结果图

扫一扫

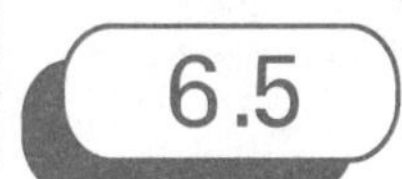

6.5 综合案例

经过本章的学习,我们掌握了数组的基本知识,创新大赛评分系统中的管理员信息、作品信息等均有了切实可行或更好的解决方案。例如,管理员用户名、密码等定义为字符数组类型,可以包括字母、数字、特殊符号等,不再局限于数字。因为描述一件作品的作品编号、作品名称、作者姓名等还不能组合成一个有机整体,因此只能分别存储,兼顾简洁性与示范性,示范程序中仅存储作品编号和作品名称。在创新大赛评分系统的功能方面,可以实现管理员隐藏密码的多次登录、创建作品、查询作品、删除作品、作品排序等功能。此处仅列出管理员隐藏密码多次登录、创建作品、删除作品、查询全部作品等功能参考源代码,其他功能请自行补充。

管理员隐藏密码多次登录功能参考以下源代码:

```
#include <stdio.h>
#include <windows.h>
#include <conio.h>
#define MAX_NAMELEN 20              //用户名数组长度
#define MAX_PWDLEN   20             //密码数组长度
#define MANAGER_NAME "admin"        //管理员的正确用户名
#define MANAGER_PWD "a1234*"        //管理员的正确密码,字母、数字和特殊符号组合
```

```
#define MAX_ERROR  3                            //用户名或密码最多错误次数
int main()
{
   char name[MAX_NAMELEN],pwd[MAX_PWDLEN];      //用户输入的用户名和密码
   int nCount,i;                                //用户名和密码输入次数
   for(nCount=1;nCount<=MAX_ERROR;nCount++)
   {  //循环控制最多有 MAX_ERROR 次用户名和密码的输入机会
      system("cls");
      printf("********请输入管理员用户名：");
      gets(name);                               //用 gets 输入用户名
      printf("********请输入密码：");
      for (i=0;(pwd[i]=getch())!=13;i++)        //用无回显函数 getch 获取用户输入
        printf("*");                            //隐藏真实接收字母,屏幕上显示*
      pwd[i]='\0';                              //存入结束标志
      if(0==strcmp(MANAGER_NAME,name)&&0==strcmp(MANAGER_PWD,pwd))
         break;    //如果输入的用户名和密码正确,则退出循环
      else
      {
        printf("\n-->用户名或密码错误,您还有%d 次机会",MAX_ERROR-nCount);
        printf("\n--->请按任意键继续");
        getch();
      }
   }    //如果输入次数小于或等于允许的最大错误数,则说明登录成功
   if (nCount<=MAX_ERROR)
      printf("\n 登录成功!");
   else
      printf("\n 登录失败!");
}
```

假设管理员已经成功登录,创建作品、删除作品、查询作品功能的参考源代码如下：

```
#include <stdio.h>
#include <windows.h>
#include <conio.h>
#define MAX_NAMELEN 20                          //用户名数组长度
#define MAX_WorksNum  10                        //最多作品数
int main()
{
  unsigned int g_nNodeNum=0;                    //当前作品总数
  unsigned int g_nNodeMaxId=1;                  //自增长作品编号的当前可用最大值
  unsigned int uNum[MAX_WorksNum],delWorkNum;  //作品编号数组,删除作品编号
  char cName[MAX_WorksNum][MAX_NAMELEN*3];     //作品名称二维数组
  int nSelect,i;                                //用户选择
  char temp[20];
  while(1)                                      //死循环显示主控菜单
  {
    system("cls");                              //清屏
    printf("\n\n\n\n");
```

```
printf("\t\t|----------------管理员系统主界面----------------|\n");
printf("\t\t|  0.创建作品                                      |\n");
printf("\t\t|  1.删除作品                                      |\n");
printf("\t\t|  2.查询作品                                      |\n");
printf("\t\t|  3.修改作品                                      |\n");
printf("\t\t|  4.发布作品                                      |\n");
printf("\t\t|  5.保存作品                                      |\n");
printf("\t\t|  6.从文件导入作品                                |\n");
printf("\t\t|  7.计算平均分                                    |\n");
printf("\t\t|  8.作品排序                                      |\n");
printf("\t\t|  9.退出                                          |\n");
printf("\t\t|------------------------------------------------|\n");
printf("请输入您的选择:");
gets(temp);                              //输入选择序号
nSelect=(int)atof(temp);                 //将字符串转换为实数,并取整进行转换
switch(nSelect)
{
  case 0:                                //创建新作品
    uNum[g_nNodeNum]=g_nNodeMaxId++;     //自动生成作品编号,使用后加1
    printf("\t\t作品名称: ");
    gets(cName[g_nNodeNum++]);           //键盘输入作品名称,作品数量加1
    printf("创建作品成功!");
    break;
  case 1:                                //根据编号删除作品
    printf("请输入要删除的作品编号");
    gets(temp);
    delWorkNum=(unsigned int)atof(temp);
    for(i=0;i<g_nNodeNum;i++)
    {
        if (delWorkNum==uNum[i])         //如果找到该编号作品
        {    //将该作品以后的uNum中的编号、cName中的名称往前移动一个元素
          memcpy(uNum+i,uNum+i+1,sizeof(unsigned int)*(g_nNodeNum-i));
          memcpy(cName+i,cName+i+1,MAX_NAMELEN*3*(g_nNodeNum-i));
          g_nNodeNum--;                  //作品数量减1
          break;                         //跳出循环
        }
    }
    if (i<g_nNodeNum)        //如果循环条件成立,则说明是break跳出的循环
        printf("删除成功!");
    else
        printf("没有找到!");
    break;
  case 2:                                //查询全部作品
    printf("\n%-8s%-25s","|编号","|名称"); //显示题头
    for(i=0;i<g_nNodeNum;i++)            //显示数据
      printf("\n%-8d%-25s",uNum[i],cName[i]);
    break;
  case 3:
```

```
        case 4:
        case 5:
        case 6:
        case 7:
          printf("\n您的选择是%d,此功能正在开发中",nSelect);
          break;
        case 9:
          printf("\n退出系统");
          exit(0);                    //使用 exit 函数正常退出系统
        default:
          printf("\n注意菜单选项范围哦!");
      }
      printf("\n请按任意键继续!");
      getch();
    }
}
```

说明如下：

① 程序中的代码

```
gets(temp);                        //输入选择序号
nSelect=(int)atof(temp);           //将字符串转换为实数,并取整进行转换
```

与"scanf("%d",&nSelect);"的功能相同，此处选择更复杂的先按字符串接收，再转换为整型的方式，是因为在 C 语言中，当多个 scanf 连用时，会产生上一次的输入留在缓冲区中，被下一个 scanf 接收，从而导致接收错误的情况，因此均采用字符串方式输入，增强程序的健壮性。

② 程序中用到了内存复制函数 memcpy，其包含在 string.h 中。

函数原型：void * memcpy(void * dest,void * source,unsigned n)。

函数功能：将内存地址从 source 开始的 n 字节复制到 dest 中；dest 中的原有内容被覆盖，source 中的内容保持不变；函数返回 dest 值。

strcpy 函数只能复制字符串，不需要指定字符串长度，遇到结束标志即结束复制。而 memcpy 函数可以复制任意数据类型的数据，如字符型、整型、结构体等，也可以复制任意长度的数据。

程序中的代码

```
memcpy(uNum+i,uNum+i+1,sizeof(unsigned int) * (g_nNodeNum-i));
```

的作用为将第 i 个元素以后的 g_nNodeNum $-i$ 个元素依次前移，其功能与以下 for 循环功能等价：

```
for(int j=i;j<g_nNodeNum-1;j++)
    uNum[j]=uNum[j+1];
```

扫一扫

6.6 本章常见错误及调试方法

本章以若干例题为例，演示数组在使用过程中的常见错误及调试方法。

(1) 数组下标越界(逻辑错误)。

如果数组检查下标是否越界，必然需要增加检查下标是否越界的代码，这样会导致程序运行速度下降，于是注重运行效率的C语言放弃了下标越界检查，而由程序员自己检查确保。但初学者往往疏于检查，造成程序逻辑错误或者运行错误。

在图6-21所示的“计算作品平均分”程序中，程序运行时只输入了一位评委的分数，程序就结束输入，计算了平均分，显然出现了逻辑错误。

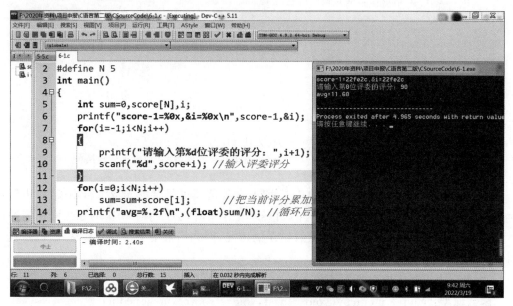

```
2  #define N 5
3  int main()
4  {
5      int sum=0,score[N],i;
6      printf("score-1=%0x,&i=%0x\n",score-1,&i);
7      for(i=-1;i<N;i++)
8      {
9          printf("请输入第%d位评委的评分：",i+1);
10         scanf("%d",score+i); //输入评委评分
11     }
12     for(i=0;i<N;i++)
13         sum=sum+score[i];        //把当前评分累加
14     printf("avg=%.2f\n",(float)sum/N); //循环后
```

```
score-1=22fe2c,&i=22fe2c
请输入第0位评委的评分：90
avg=11.60
--------------------------------
Process exited after 4.965 seconds with return value
请按任意键继续. . .
```

图6-21 下标越界程序运行界面

采用“断点+单步执行+查看窗口”方式进行排查，在第7行添加一个断点，将score、i添加到调试查看窗口，单步执行时发现以下情况：

① 程序执行到第7行时，数组score中显示有5个值，说明元素score[0]～score[4]为合法元素，其余下标元素为越界元素。因为score、i都没有进行初始化，其元素值无固定值，如图6-22所示。

② 单击“下一步”按钮，i赋值为-1，且循环条件“$-1<5$”成立，则继续执行第9行代码，如图6-23所示。

③ 继续单步执行，在程序运行界面中输入第0位评委的评分：90<CR>。程序返回到调试界面，发现score数组中的元素值并没有发生变化，但i的值变成了90，如图6-24所示。

这说明因为程序的第10行代码“scanf("%d",score+i);”而产生了逻辑错误。因为执行此语句时i的值为-1，因此执行的第10行代码为“scanf("%d",score-1);”，即将90存入了数组score前的内存单元，而这个内存单元正好是变量i，因此i的值变成了90。这一

```
F:\2020年资料\项目申报\C语言第二版\CSourceCode\6-1.c - [Debugging] - Dev-C++ 5.11
score = {4, 0, 55, 0, 0}
i = 0
3  int main()
4  {
5      int sum=0,score[N],i;
6      printf("score-1=%0x,&i=%0x\n",score-1,&i);
7      for(i=-1;i<N;i++)
8      {
9          printf("请输入第%d位评委的评分: ",i+1);
10         scanf("%d",score+i); //输入评委评分
11     }
12     for(i=0;i<N;i++)
13         sum=sum+score[i];       //把当前评分累加到sum中
14     printf("avg=%.2f\n",(float)sum/N); //循环后的语句
15 }
发送命令到GDB: display i
行: 10 列: 46 已选择: 0 总行数: 15 插入 在 0.032 秒内完成解析
```

图 6-22 下标越界程序调试界面 1

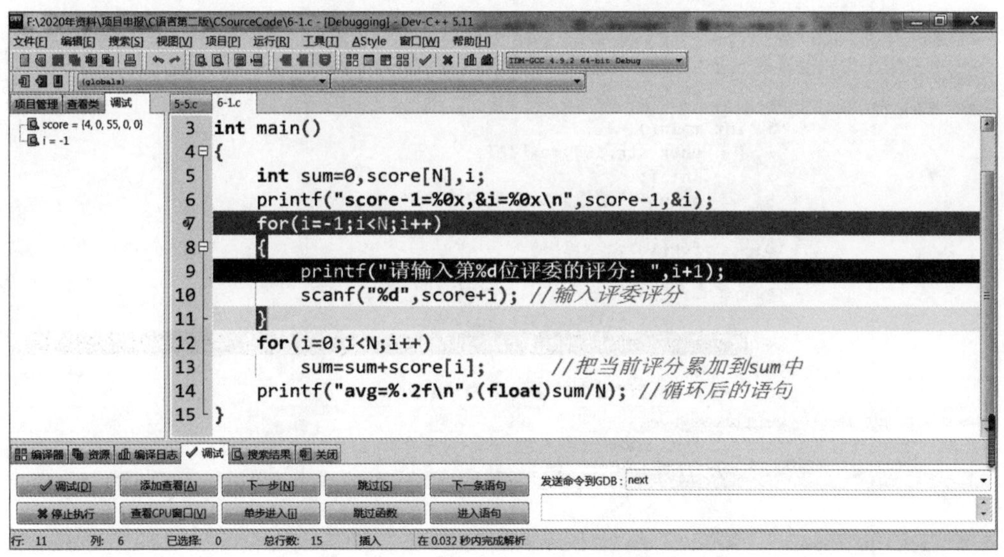

图 6-23 下标越界程序调试界面 2

点也可以通过第 6 行代码“printf("score－1＝%0x,&i＝%0x\n",score－1,&i);”的执行结果进一步验证,score－1 和 &*i* 的值是一致的,如图 6-21 所示。

因此初学者一定要仔细查看参与控制数组下标的变量的初值、循环控制条件等,确保数组下标不越界。

(2) 为数组名直接赋值(编译错误)。

在图 6-25 所示“找 N 个字符串中最大串”的程序中,欲将数组 str 中的字符串存入数组 max,如果使用第 14 行代码所示的数组名直接赋值方式“max = str;”,则会出现“assignment to expression with array type”的错误提示信息。这是因为一个数组在内存中

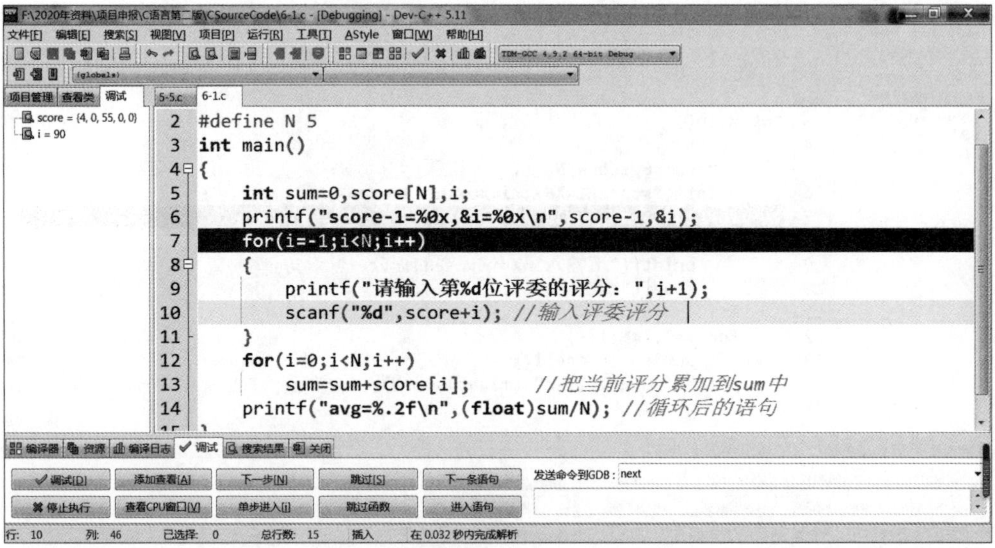

```
#define N 5
int main()
{
    int sum=0,score[N],i;
    printf("score-1=%0x,&i=%0x\n",score-1,&i);
    for(i=-1;i<N;i++)
    {
        printf("请输入第%d位评委的评分: ",i+1);
        scanf("%d",score+i); //输入评委评分
    }
    for(i=0;i<N;i++)
        sum=sum+score[i];    //把当前评分累加到sum中
    printf("avg=%.2f\n",(float)sum/N); //循环后的语句
```

图 6-24　下标越界程序调试界面 3

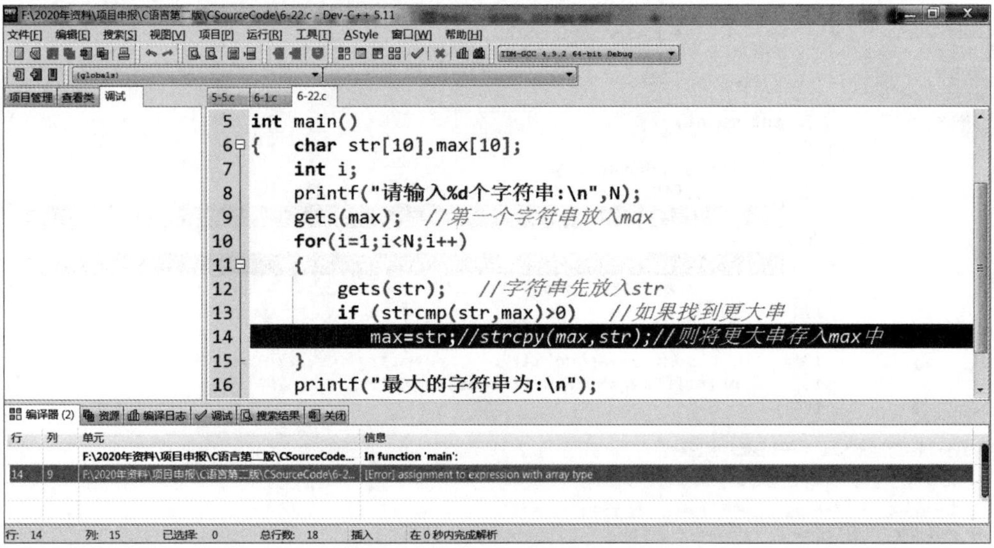

```
int main()
{   char str[10],max[10];
    int i;
    printf("请输入%d个字符串:\n",N);
    gets(max);  //第一个字符串放入max
    for(i=1;i<N;i++)
    {
        gets(str);   //字符串先放入str
        if (strcmp(str,max)>0)    //如果找到更大串
            max=str;//strcpy(max,str);//则将更大串存入max中
    }
    printf("最大的字符串为:\n");
```

图 6-25　数组名直接赋值错误界面

占用一段连续的内存空间，而数组名代表这段内存空间的首地址，是一个常量，不可以被直接赋值。

欲实现将一个数组中内容全部原样存入另一个数组，如果数组为 char 类型，则可以使用 strcpy 函数，例如“strcpy(max,str);”；如果数组为其他类型，则需要用 memcpy 函数或使用循环一个元素一个元素地单独赋值，例如“for(j=0;j<N;j++) max[j]=str[j];”。

(3) 用关系运算符比较两个字符串大小(逻辑错误)。

编程时经常比较两个字符串的大小，在图 6-26 所示“找 N 个字符串中最大串”的程序中，第 13 行代码实现的功能为将目前 max 中的字符串和 str 中的字符串进行比较，如果 str

中的字符串较大，则将其存入 max 中。如果使用“str＞max”进行字符串的比较，则程序运行出现逻辑错误：程序找到的最大字符串一直是最后一个字符串，无论其是否真的是最大串。

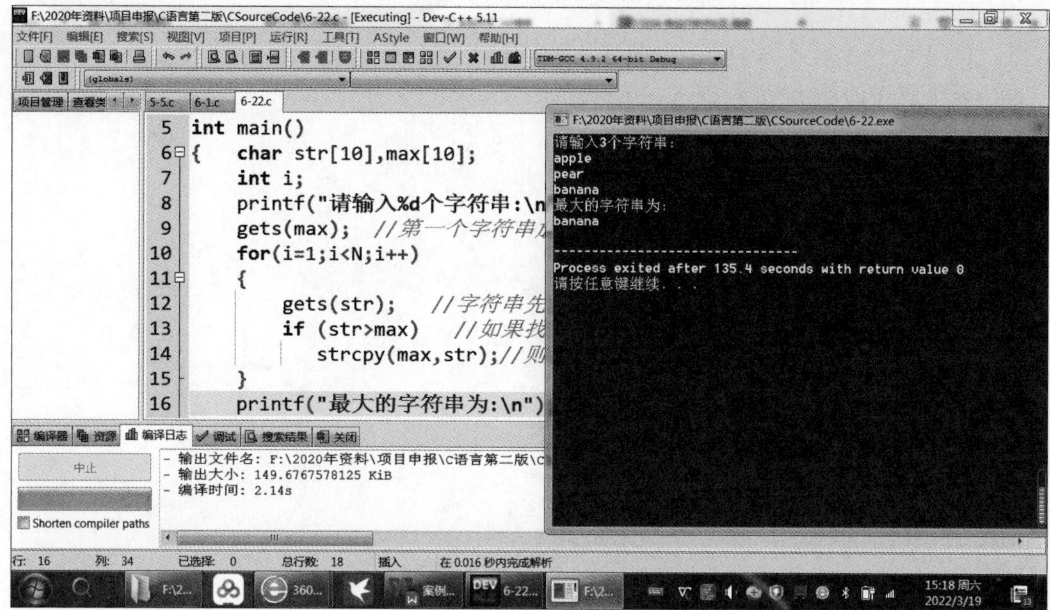

图 6-26　用＞比较两个字符串程序界面

str、max 均为数组名，而数组名代表数组所占内存空间的首地址，因此“str＞max”其实比较的是 str 和 max 数组在内存中首地址的大小，而非其存储元素值的大小，此处需修改为“strcmp(str，max)＞0”。

习题

一、选择题

1. 若有以下定义：int a[10];，则对数组元素的正确引用是(　　)。

　A. a[10]　　B. a[1.5]　　C. a(2)　　D. a[20－18]

2. 在以下一维数组初始化语句中，正确的是(　　)。

　A. int a[5]＝{，2，3，4}；　　B. int a[5]＝{10，20，30，40，50，60}；

　C. int a[5]＝{5 * 2}；　　D. int a[5]＝{}；

3. 若有定义：int a[6]＝{1，2，3，4，5，6}；char c＝'a'，d；，则数值为 4 的表达式为(　　)。

　A. a[4]　　B. a[d－c]　　C. a['d'－'c']　　D. a['d'－c]

4. 若有定义：int a[]＝{3，2，1，0}；，则 a[a[a[2]]]的值是(　　)。

　A. 0　　B. 1　　C. 2　　D. 3

5. 下列程序段正确的是(　　)。

A. int a[5];a={1,2,3,4,5};

B. int i,a[5];for(i=0;i<5;i++) a[i]=2*i;

C. int a[5];a[5]={1,2,3,4,5};

D. int a[5];a[1]=1;a[2]=2;a[3]=3;a[4]=4;a[5]=5;

6. 以下程序的输出结果是(　　)。

```
#include <stdio.h>
int main()
{   int x[5]={1,2,3},i,k=2;
    for(i=0;i<=k;i++)
       x[i]=x[i]*x[i];
    printf("%d",x[k]);
}
```

A. 0　　　B. 1　　　C. 4　　　D. 9

7. 以下程序的输出结果是(　　)。

```
#include <stdio.h>
int main()
{   int i,k,x[10],y[3];
    k=5;
    for(i=0;i<10;i++) x[i]=i;
    for(i=0;i<3;i++)  y[i]=x[i*(i+1)];
    for(i=0;i<3;i++)  k+=y[i]*2;
    printf("%d",k);
}
```

A. 20　　　B. 21　　　C. 22　　　D. 23

8. 若有定义 int x[3][4];,则对其数组元素的正确引用是(　　)。

A. x[1][1+1]　　　B. x(1)(2)　　　C. x[1,2]　　　D. x[3][4]

9. 若有定义 int x[3][4];,能正确表示数组中某一元素地址的表达式是(　　)。

A. x[2]　　　B. x+1　　　C. x[2][3]　　　D. &x[3][4]

10. 若有定义 int x[][4]={1,2,3,4,5,6,7,8,9};,则数组 x 第一维的大小是(　　)。

A. 2　　　B. 3　　　C. 4　　　D. 不确定

11. 若有数组定义：int x[][5]={0,0};,则下列描述不正确的是(　　)。

A. 数组 x 的每个元素的初值都是 0

B. 数组 x 的第一维大小为 1

C. 数组 x 一共有 5 个元素

D. 元素 x[0][0]、x[0][1]的初值为 0,其余元素初值不确定

12. 若有数据定义：int x[4][5];,则数组元素 x[i][j]之前的元素个数为(　　),其中 i<4,j<5。

A. j*4+i　　　B. i*5+j　　　C. i*4+j+1　　　D. i*5+j+1

13. 下列二维数组初始化语句中，x[1][1]能正确初始化为5的是（　　）。

A. int x[2][3]={{1,2},{3,4},{5,6}};

B. float x[3][]={1,2,3,4,5};

C. int x[][3]={1,2,3,4,5};

D. int x[2][3]={{1,2},{},{3,4}};

14. 下列对字符串的操作不正确的是（　　）。

A. char x[3][5]={"Cat"};　　　　B. char x[5]={'C','a','t','\0'};

C. char x[4];scanf("%s",x+1);　　　　D. char x[4];x="Cat";

15. 假设有定义：char chr[]="";，则数组chr所占内存空间为（　　）。

A. 0字节　　B. 1字节　　C. 2字节　　D. 语法错误

16. 假设有定义：char x[]="hard",y[]={'h','a','r','d'};，以下叙述正确的是（　　）。

A. 数组x和y的元素个数相同

B. 数组x的元素个数大于数组y的元素个数

C. 数组x的元素个数小于数组y的元素个数

D. 没有指定数组长度，语法错误

17. 设有定义：char s[81];int i=0;，以下不能将一行（不超过80个字符）带有空格的字符串正确读入的语句或者语句组是（　　）。

A. gets(s);

B. while((s[i++]=getchar())!='\n');　s[i]='\0';

C. scanf("%s",s);

D. do {scanf("%c",&s[i]);} while (s[i++]!='\n'); s[i]='\0';

18. 假设有定义：char s1[]="study",s2[]="hard";，如果要求当s1串大于s2串时执行语句S，正确的是（　　）。

A. if(s1>s2) S;　　　　B. if((strcmp(s1,s2)) S;

C. if(strcmp(s2,s1)>0) S;　　　　D. if(strcmp(s1,s2)>0) S;

19. 函数调用strcat(strcpy(s1,s2),s3)的功能为（　　）。

A. 将串s1复制到s2中，然后给再连接到s3之后

B. 将串s1复制到s2中，然后复制到s2之后

C. 将串s2复制到s1中，再将s3连接到串s1后

D. 将串s2复制到s1中，再将s1连接到s3后

20. 以下程序的输出结果是（　　）。

```
#include <string.h>
int main()
{   char p[20]={ 'a','b','c','d'},q[]="abcdefg";
    strcpy(p+5,q);
    printf("%d\n",strlen(p));
}
```

A. 11　　B. 5　　C. 12　　D. 4

21. 以下程序的输出结果是（　　）。

```
#include <stdio.h>
int main()
{   char name[][10]={"Wang","Li","Zhou","Zhong"},k;
    for(k=1;k<3;k++)
      printf("%s\n",name[k]);
}
```

A. Wang
i
ou
ng

B. Wang
L
Zh

C. Li
Zhou
Zhong

D. Li
Zhou

22. 以下程序的输出结果是(　　)。

```
#include <stdio.h>
int main()
{  char name[][10]={"Wang","Li","Zhou","Zhong"},k;
   for(k=0;k<3;k++)
       printf("%s\n",&name[k][k]);
}
```

A. Wang
i
ou
ng

B. Wang
i
ou

C. Wang
Li
Zhou

D. Wang
Li
Zhou
Zhong

二、 填空题

1. 有定义：int x[10];，则数组 x 共有________个元素，首元素为________，尾元素为________。数组名是一个常量，其值是数组在内存中的起始地址，因此数组 x 在内存中的起始地址为________，元素 x[3]的内存地址为________。

2. 以下程序的运行结果是________。

```
#include <stdio.h>
int main()
{  int j;
   int x[]={1,2,3,4,5};
   for(j=4;j>=0;j--)
       printf("%2d",x[j]);
}
```

3. 以下程序的运行结果是________。

```
#include <stdio.h>
int main()
{  int a[7]={1,2,3,4,5,6,7},i,j,temp;
   for(i=0,j=6;i<j;i++,j--)
   {     temp=a[i];a[i]=a[j];a[j]=temp; }
   for(i=0;i<7;i++)
       printf("%d ",a[i]);
}
```

4. 假设数组中输入的数据是按从小到大的顺序存放,以下程序的功能是删除掉数组中的相同数据,然后以每行 6 个数据的形式输出数据。

```
#include <stdio.h>
#define M 5
int main()
{ int x[M],i,j,len;
  for(i=0;i<M;i++)
    scanf("%d",&x[i]);
  len=________;
  for(i=M-1;i>=0;i--)
  {   if (________)
      {
          for(j=i;j<len;j++)
            x[j-1]=x[j];
          len--;
      }
  }
  for(i=0;i<len;i++)
  { if (________)     printf("\n");
    printf("%d  ",x[i]);
  }
}
```

5. 以下程序的运行结果是________。

```
#include <stdio.h>
int main()
{ int a[6]={1,4,6,9,20,30},b[6]={4,5,6,9,19,30},i,j;
  for(i=0;i<6;i++)
  {  for(j=0;j<6;j++)
       if (a[i]==b[j])   break;
     if (j<6)  printf("%d ",a[i]);
  }
}
```

6. 以下程序的执行结果是________。

```
#include <stdio.h>
int main()
{ int i,a[3][3]={1,2,3,4,5,6,7,8,9};
  for(i=0;i<3;i++)
     printf("%d",a[i][2-i]);
}
```

7. 以下程序的执行结果是________。

```
#include <stdio.h>
int main()
{  int x[3][3]={{1,2},{3,4},{5,6}},i,j,sum=0;
   for(i=1;i<3;i++)
       for(j=0;j<=i;j++)
         sum+=x[i][j];
   printf("%d",sum);
}
```

8. 打印如下格式的杨辉三角的前 10 行,请补充程序。

```
1
1 1
1 2 1
1 3 3 1
1 4 6 4 1
...
int main()
{ int a[10][10],i,j;
  for(i=0;i<10;i++)
    a[i][0]=a[i][i]=1;
  for(i=2;i<10;i++)
    for(j=1;j<i;j++)
      a[i][j]=________;
  for(i=0;i<10;i++)
  {
    for(________)
      printf("%5d",a[i][j]);
    ________
  }
}
```

9. 以下程序的执行结果是________。

```
#include <stdio.h>
#include <string.h>
int main()
{  char ch[8]={'a','b','c','d'};
   printf("len=%d,sizeof=%d",strlen(ch),sizeof(ch));
}
```

10. 以下程序的执行结果是________。

```
#include <stdio.h>
int main()
{   char str[10]="345";
    int n=0,i;
    for(i=0;str[i]!=0;i++)   n=n+(str[i]-'0')*10;
    printf("%d",n);
}
```

11. 以下程序的执行结果是________。

```
#include <stdio.h>
int main()
{   char str[10]="h3ab*45";
    int sum=0,i;
    for(i=1;str[i]!=0;i+=2)
        if (str[i]>='0'&&str[i]<='9')    sum=sum*10+str[i]-'0';
    printf("%d",sum);
}
```

三、编程题

1. 编程实现，用筛选法寻找1000以内的所有素数。筛选法求素数的基本思想是：将自然数2～1000按从小到大的顺序排列起来，从最小素数2开始，将2的倍数全部去掉；然后寻找下一个最小素数3，将所有3的倍数去掉……以此类推，所有留下的数就是素数。

2. 编程实现，求小于N的所有素数，并将素数保存在一维数组中。

3. 编写程序，将两个有序的整数序列合并成一个有序的整数序列。例如，序列1中有7个数据：1、3、9、10、11、67、89，序列2中有5个数据：3、10、34、90、108，合并成一个有序序列为：1、3、3、9、10、10、11、34、67、89、90、108。

4. 编程实现，求一个$N \times N$矩阵的主对角线元素之和。

5. 编写程序，形成如下矩阵。

$$\boldsymbol{A}=\begin{bmatrix}1 & 1 & 1 & 1 & 1\\2 & 1 & 1 & 1 & 1\\3 & 2 & 1 & 1 & 1\\4 & 3 & 2 & 1 & 1\\5 & 4 & 3 & 2 & 1\end{bmatrix}$$

6. 编程实现，将数组x中的字符串逆序存放，要求不借助其他数组。例如，x中的字符串为“hello”，逆序后x中的字符串为“olleh”。

7. 编程实现，删除一个字符串中的所有空格。例如，输入：I can fly!，输出：Icanfly!

8. 很多系统要求设置安全级别较高的密码。例如，至少包括大写字母、小写字母、数字、特殊符号等中的3种。但这样的密码对用户的记忆力是一个极大的挑战，往往设置完就忘了。请编程实现，输入一个只有小写字母的密码原文，通过以下策略转换为真正的密码：①第一个字母转换为大写；②其余字母做如下替换：a用@代替，b用6代替，c用<代替，e用～代替，f用?代替，g用8代替，i用！代替，j用]代替，k用&代替，l用1(数字1)代替，m用#代替，n用^代替，o用0代替，q用9代替，r用2代替，s用$代替，t用7代替，w用5代替，x用*代替，y用4代替，z用3代替。例如，输入密码原文：icanfly，输出真正的密码：I<@^?14。

9. 编程实现，输入上题转换后的密码，判断此密码是否是满足包括大写字母、小写字母、数字、特殊符号等4种情况中的至少3种的合格密码。例如，输入：I<@^?14，则输出：密码合格，输入：I<@^???，则输出：密码不合格。

第7章

函数与变量

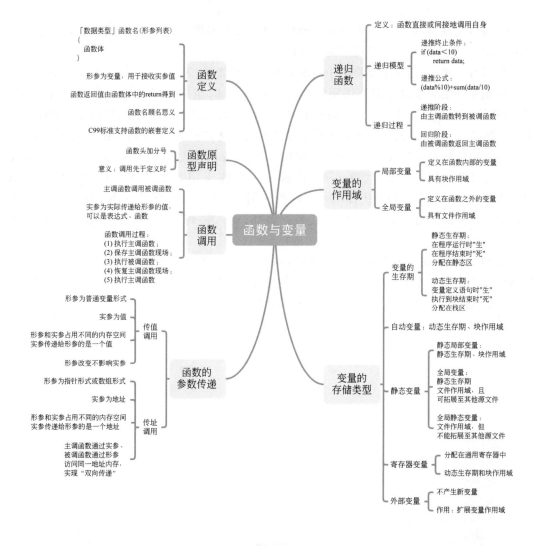

- 函数与变量
  - 函数定义
    - 「数据类型」函数名(形参列表)
      {
      函数体
      }
    - 形参为变量，用于接收实参值
    - 函数返回值由函数体中的return得到
    - 函数名顾名思义
    - C99标准支持函数的嵌套定义
  - 函数原型声明
    - 函数头加分号
    - 意义：调用先于定义时
  - 函数调用
    - 主调函数调用被调函数
    - 实参为实际传递给形参的值，可以是表达式、函数
    - 函数调用过程：(1) 执行主调函数；(2) 保存主调函数现场；(3) 执行被调函数；(4) 恢复主调函数现场；(5) 执行主调函数
  - 函数的参数传递
    - 传值调用
      - 形参为普通变量形式
      - 实参为值
      - 形参和实参占用不同的内存空间，实参传递给形参的是一个值
      - 形参改变不影响实参
    - 传址调用
      - 形参为指针形式或数组形式
      - 实参为地址
      - 形参和实参占用不同的内存空间，实参传递给形参的是一个地址
      - 主调函数通过实参、被调函数通过形参访问同一地址内存，实现“双向传递”
  - 递归函数
    - 定义：函数直接或间接地调用自身
    - 递归模型
      - 递推终止条件：if (data<10) return data;
      - 递推公式：(data%10)+sum(data/10)
    - 递归过程
      - 递推阶段：由主调函数转到被调函数
      - 回归阶段：由被调函数返回主调函数
  - 变量的作用域
    - 局部变量
      - 定义在函数内部的变量
      - 具有块作用域
    - 全局变量
      - 定义在函数之外的变量
      - 具有文件作用域
  - 变量的存储类型
    - 变量的生存期
      - 静态生存期：在程序运行时"生"，在程序结束时"死"，分配在静态区
      - 动态生存期：变量定义语句时"生"，执行到块结束时"死"，分配在栈区
    - 自动变量：动态生存期、块作用域
    - 静态变量
      - 静态局部变量：静态生存期、块作用域
      - 全局变量：静态生存期，文件作用域，且可拓展至其他源文件
      - 全局静态变量：文件作用域，但不能拓展至其他源文件
    - 寄存器变量
      - 分配在通用寄存器中
      - 动态生存期和块作用域
    - 外部变量
      - 不产生新变量
      - 作用：扩展变量作用域

函数是C语言程序的基本组成单位,因此,一个C语言程序是由一个main函数和若干个其他函数组成的,但前面章节中的代码均只用到了main函数。随着学习的深入,所实现的程序功能越来越复杂,编写的代码也越来越长,例如本书中的综合案例——创新大赛评分系统,涉及管理员和评委两个角色,每个角色下面又有若干功能,这时如果仍将所有代码堆砌在main函数中,会使主函数变得冗长而繁杂,程序可读性降低,错误排查变得异常困难,且代码无法重用,也进一步加剧了代码冗长程度。为此,C语言借助"函数"实现结构化程序设计思想,可以有效提高程序开发效率。

结构化程序设计思想采用自顶向下、逐步求精的设计方法,即将一个复杂问题划分为若干个子问题,逐步细化,直至解决。因此,将程序功能拆分为若干函数,先宏观后微观,程序条理清晰,可读性好。而且利用函数可以实现代码重用,一次编写,多处使用,不仅有效降低了代码总长度,实现"一处(定义处)修改,处处(调用处)修改",有效降低维护难度,而且利于多人协作开发。

从用户角度看,函数可以分为标准库函数和用户自定义函数。标准库函数是编译系统提供的函数,用户只需将函数所在的头文件用include命令包含到源文件中即可使用。例如,使用printf和scanf时需要添加命令"#include <stdio.h>",使用sqrt时需要添加命令"#include <math.h>"。而用户自定义函数是指用户根据功能需求自行编写的实现某种特定功能的函数,本章中的函数是指用户自定义函数。

7.1 函数定义

函数是实现某一特定功能的程序模块,必须"先定义,后调用"。一般定义形式如下:

```
「数据类型」函数名(形式参数列表)
{
    函数体
}
```

【例7-1】 编写函数,求为达到群体免疫所需疫苗的最低接种率。

```
/*函数minRate的功能为:计算为达到群体免疫所需疫苗的最低接种率,其中,疫苗所预防病毒
   的基本传染数为r0,疫苗有效保护率为f*/
double minRate(double r0,double f)      //函数头
{     //函数体开始
      double p;                          //p为局部变量,具体概念见7.6节
      p=(r0-1)/(f*r0);
      return p;                          //返回p的值
}     //函数体结束
```

说明如下:

(1) 函数定义的首行为函数头,包含返回值类型、函数名和形式参数3部分,例如double minRate(double r0,double f)。函数头就是函数的说明书,告诉用户"用什么名字调用这段代码,需要给函数几个什么数据类型的参数,执行完毕后会得到一个什么类型的数

据”。函数编写完成后,用户无须了解函数体的具体实现,只需按照说明书调用即可。

(2) 函数名的命名需遵循C语言标识符命令规则,且不能与同一作用域内的其他标识符重名。例如,不能在同一作用域内再定义一个名为 minRate 的变量。为提高程序的可读性,建议变量名与其实现的功能相一致,如 minRate 与其功能“求最低接种率”基本一致。

(3) 形式参数列表(简称形参)是用逗号分隔开的若干个某数据类型的变量。例如, minRate 函数有两个形参:r0 和 f,均为 double 类型的变量。形参的实质是作用域为函数体的局部变量,变量值来源于函数调用时的实际参数(简称实参)。如果函数没有形参(称为无参函数,有形参则称为有参函数),则小括号内为空或写 void 均可,但小括号不能省略。

【例 7-2】 编写函数,实现打印用户角色菜单的功能。

```
void printRoleMenu(void)  //等价于 void printRoleMenu()
{
    printf("\t\t|-----------大赛评分管理系统---------|\n");
    printf("\t\t|  0.管理员                        |\n");
    printf("\t\t|  1.评委                          |\n");
    printf("\t\t|  9.退出                          |\n");
    printf("\t\t|----------------------------------|\n");
}
```

(4) {}中为函数体,是由一系列为实现函数功能的语句组成。在函数体内定义的变量是具有块作用域的局部变量,只能在其作用域内使用。如果函数体为空,则此函数称为空函数,调用此函数时,不会执行任何操作。空函数没有实际应用意义,一般只在暂时占位时用到,代表程序需要此函数,但暂时还未实现,待日后补充。

(5) 函数头中的返回值类型说明函数执行完毕后会得到一个什么数据类型的结果。例如,求整数绝对值的标准库函数 abs 会得到一个 int 类型结果,minRate 函数会得到一个 double 类型结果。函数返回值需要通过函数体中的 return 语句得到,其使用格式为:

```
return 表达式;
```

程序执行到 return 语句时,会结束函数运行,并带着表达式的值返回到调用它的函数,即主调函数;在一个函数体中可以有多个 return 语句。

【例 7-3】 编写函数,实现判断一个整数是否是素数的功能。

```
int prime(int x)          //判断 x 是否是素数
{
    int i=2;              //从 2 开始测试,i 是否是 x 的因数
    while(i<=sqrt(x)) //测试范围为[2,sqrt(x)]
    {
        if (x%i==0)       //如果找到因数,说明 x 不是素数,返回 0
            return 0;
        i++;
    }
    return 1;            //执行到此语句时,说明条件(x%i==0)从没有成立过,x 为素数,返回 1
}
```

函数体中有两条 return 语句,但一次函数调用只会执行到一个 return 语句。例如 x 的值为 4 时,会执行 return 0;x 为 5 时,会执行 return 1。

return 语句中的表达式的数据类型应与函数的返回值类型保持一致,如 minRate 函数的返回值类型为 double,而 return p 中的 p 的类型也为 double。当两者数据类型不一致时,遵守赋值转换规则:一律将 return 表达式的数据类型转换为函数返回值的数据类型。例如,将 minRate 函数的函数头修改为"int minRate(double r0,double f)",函数体不做任何修改,则会将 p 的值转换为 int 型后再返回给主调函数。

如果函数不需要返回值,例如函数 printRoleMenu,则函数返回值类型定义为 void,函数体中可以不写 return 语句,也可以写"return ;",建议不写。

(6) C99 标准支持函数的嵌套定义,即在一个函数的函数体内定义另外一个函数。例如,在 loginRole 函数体内又定义了 printRoleMenu 函数。

【例 7-4】 编写函数,实现获取登录角色功能。

```
int loginRole(void)                         //获取登录角色函数
{
    void printRoleMenu()                    //内嵌定义打印角色菜单函数
    {
        printf("\t\t|-----------大赛评分管理系统---------|\n");
        printf("\t\t|  0.管理员                          |\n");
        printf("\t\t|  1.评委                            |\n");
        printf("\t\t|  9.退出                            |\n");
        printf("\t\t|------------------------------------|\n");
    }
    int nSelect;
    printRoleMenu();                        //调用 printRoleMenu 打印角色菜单
    printf("\t\t\t您的身份是: ");
    scanf("%d",&nSelect);
    return nSelect;
}
```

printRoleMenu 函数的定义位于 loginRole 函数体内,也就意味着只有 loginRole 函数能调用 printRoleMenu 函数,其他函数,包括 main 函数均不能调用。

7.2 函数的调用

定义函数后,可以通过函数调用使用函数。一般把调用函数称为主调函数,把被调用函数称为被调函数,平行定义的函数既可以当主调函数,也可以当被调函数,甚至可以自己调用自己,当主调和被调双重身份的函数。但 main 函数是程序的入口函数,可以调用其他函数,但不能被其他函数调用。嵌套定义的函数只能是外嵌函数调用内嵌函数。

7.2.1 函数的调用形式

扫一扫

在 C 语言中,函数调用的一般形式为:

```
函数名(实际参数列表)
```

其中,实际参数列表(简称实参)是用逗号分隔的表达式列表,实参的个数、顺序与数据类型要与函数的形参保持一致。例如:

```
minRate(2.6,0.7934);                                //两个 double 常量做实参
double x=2.6,y=0.7934,min; min=minRate(x,y);        //两个 double 变量做实参
double min; min=minRate(2.6+1,0.7934);              //表达式 2.6+1 和 0.7934 做实参
printRoleMenu();                                    //没有参数
```

均为合法调用。

扫一扫

7.2.2 函数的调用过程

程序执行时,总是先从 main 函数开始执行,如果遇到某个函数调用,则转到相应的函数体内继续执行,而 main 函数暂停执行;该函数执行结束后,再返回 main 函数暂停位置处继续执行。下面以最低接种率的完整可执行程序为例,说明函数的定义和执行过程。

【例 7-5】 编写函数,求为达到群体免疫所需疫苗的最低接种率。

```
double minRate(double r0,double f)   //minRate 函数定义,被调函数
{
    double p;
    p=(r0-1)/(f*r0);
    return p;
}
int main()                           //主函数,也是主调函数
{
    double x=2.6,y=0.7934,min;
    min=minRate(x,y);                //函数调用,将返回值赋给变量 min
    printf("min=%f\n",min);
}
```

例 7-5 中程序的执行过程如图 7-1 所示,图中的标号与箭头指明了执行顺序。

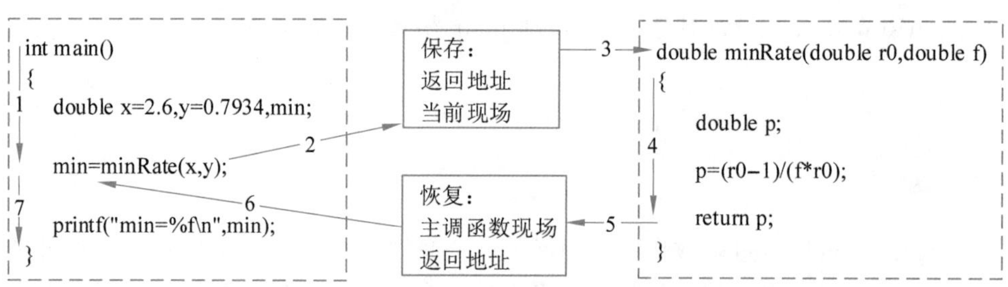

图 7-1 程序执行过程示意图

(1) 程序从 main 函数开始执行,执行变量定义语句“double x=2.6,y=0.7934,min;”,为 x、y、min 变量分配内存空间并赋值。

(2) 遇到函数调用 minRate(x,y),则先保存返回地址和当前寄存器等使用现场,以便知道函数执行完毕后应该再到主调函数的何处继续正确执行。

(3) 如果有参数,则形实参结合,即进行参数传递,将实参 x 的值 2.6,y 的值 0.7934 分别传递给形参 r0 和 f。

(4) 执行 minRate 函数的函数体语句,将表达式(r0−1)/(f * r0)的结果 0.775630 赋给变量 p,执行 return p 语句时则 minRate 函数结束。

(5) 根据当初保存的寄存器等现场进行恢复,获取返回地址。

(6) 转到返回地址处继续执行,将 p 的值 0.775630 赋给变量 min。

(7) 继续执行 main 函数中剩下的语句,直到结束。

7.2.3 函数的嵌套调用

例 7-6 中为三层嵌套调用,即 main 函数调用 loginRole 函数,loginRole 又调用 printRoleMenu 函数,调用示意图如图 7-2 所示。

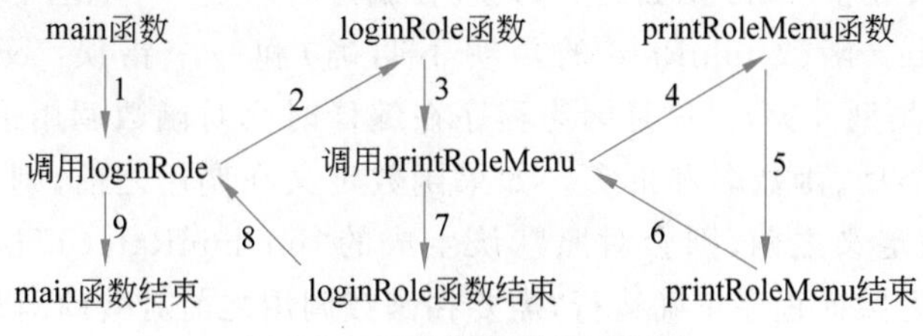

图 7-2 函数嵌套调用示意图

【例 7-6】 编程实现大赛评分管理系统的角色选择功能。

```
#include <stdio.h>
#include <stdlib.h>                 //exit()函数包含在 stdlib.h 中
void printRoleMenu()                //打印登录角色函数
{
    printf("\t\t|-----------大赛评分管理系统---------|\n");
    printf("\t\t|  0.管理员                          |\n");
    printf("\t\t|  1.评委                            |\n");
    printf("\t\t|  9.退出                            |\n");
    printf("\t\t|------------------------------------|\n");
}
int loginRole(void)                 //获得选择角色函数
{
    int nSelect;
    printRoleMenu();
    printf("\t\t\t 您的身份是: ");
    scanf("%d", &nSelect);
    return nSelect;
}
int main()                          //主函数
{
    int nSelect;
    nSelect=loginRole();
    switch(nSelect)
    {
```

```
        case 0:printf("您选择的身份是管理员\n");break;
        case 1:printf("您选择的身份是评委\n");break;
        case 9:exit(0);           //正常退出
        default: printf("请输入菜单项前的数字!");
    }
}
```

扫一扫

7.3 函数原型声明

例 7-5 和例 7-6 中的函数都是函数定义位置在调用位置之前，如果将例 7-5 中的 minRate 函数的定义放于 main 函数之后，则会在编译时产生一个警告：implicit declaration of function 'minRate'(函数 minRate 的声明不明确)和一个错误：conflicting types for 'minRate'(minRate 类型冲突)。这是因为程序在编译时会对函数调用进行正确性检查，检查内容包括返回值类型、函数名和形参。如果函数定义在调用之前，则对照函数头进行检查；如果调用在函数定义之前，则会对照默认生成的“int minRate()”检查，因此程序出现“类型冲突”错误。为保证程序正确运行，需要在函数调用之前对被调函数进行声明，即函数原型声明，其一般格式为：

```
数据类型 函数名(类型「形参」,类型「形参」…);
```

函数原型声明的作用就是为编译器提供对照检查时使用的函数基本信息：函数返回值类型、函数名、形参的个数和数据类型。即函数原型声明其实就是“函数头;”。例如，minRate 函数的原型声明为：

```
double minRate(double r0,double f);
```

函数原型声明的作用是供编译器对照检查使用，而检查时并不会检查形参名，因此原型声明中的形参名是可以省略的，即 minRate 也可以声明为：

```
double minRate(double,double);
```

但建议使用第一种，因为形参名称一般能体现参数含义。例如，习惯使用 r0 代表传染数，而 f 代表保护率，程序可读性较强。但如果采用第二种，两个参数都是 double 类型，究竟是第一个还是第二个参数表示传染数，很难从原型声明中确定，即使添加功能注释，功能也难以描述。因此，强烈建议使用第一种。

另外，函数原型声明的位置可以位于所有函数之外，也可以位于函数内部，但前者具有文件作用域，即从原型声明位置开始，到本源文件结束的范围内均可以调用该函数，而后者具有块作用域，从函数块中的原型声明位开始，到块结束的右大括号“}”为止的范围内可以调用该函数。

【例 7-7】 编程实现：哥德巴赫猜想，即一个充分大的偶数(大于或等于 4)，可以分解为两个素数(质数)的和。

```
#include <stdio.h>
#include <math.h>                              //sqrt 函数包含在 math.h 中
int prime(int x);                              //函数原型声明
int main()
{
      int data;
      printf("请输入一个不小于 6 的偶数:");
      scanf("%d",&data) ;
      if (data%2==0&&data>=6)                 //判断输入数据是否是不小于 6 的偶数
      {
         for(int i=3;i<=data/2;i+=2)          //从最小质数开始,偶数不用判断
            if (prime(i)&&prime(data-i))      //如果 i 与 data-i 均为素数
            {                                 //打印并退出
               printf("%d=%d+%d\n",data,i,data-i);
               break;
            }
      }
      else
         printf("%d 不是大于或等于 6 的偶数!",data);
}
int prime(int x)                  //判断 x 是否是素数
{
   int i=2;                       //从 2 开始测试,i 是否是 x 的因数
   while(i<=sqrt(x))
   {
      if (x%i==0)                 //如果找到因数,说明 x 不是素数,返回 0
         return 0;
      i++;
   }
   return 1;    //执行到此语句时,说明条件(x%i==0)从没有成立过,x 为素数,返回 1
}
```

7.4 函数的参数传递

函数定义时使用的参数称为形式参数(简称形参),函数调用时使用的参数称为实际参数(简称实参)。函数调用时,主调函数会把实参的值赋给相应的形参(简称形实参结合),从而完成主调函数向被调函数传递数据的任务。根据实参传递给形参的值是普通数值还是内存地址可以将参数传递方式分为两种：传数值方式(简称传值)和传地址方式(简称传址)。

7.4.1 传值方式

扫一扫

传值调用的特点是"单向传递",即形参和实参各占用不同的内存空间,形实参结合的过程只是将实参的值赋给形参,以后无论形参的值如何改变,都不影响实参。

【例 7-8】 函数 swap 的功能是要交换两个变量的值。试运行程序,观察程序运行结果,分析程序运行过程。

```
#include <stdio.h>
void swap(int x,int y)            //swap 函数功能为：交换 x 与 y 的值
{
    printf("swap 中交换之前：x=%d,y=%d\n",x,y);
    int temp=x;                   //借助中间变量 temp,交换 x 与 y 的值
    x=y;
    y=temp;
    printf("swap 中交换之后：x=%d,y=%d\n",x,y);
}
int main()
{
    int a=2,b=9;
    printf("swap 调用前：a=%d,b=%d\n",a,b);
    swap(a,b);                    //调用 swap 函数交换 a 与 b 的值
    printf("swap 调用后：a=%d,b=%d\n",a,b);
}
```

程序运行结果如图 7-3 所示。

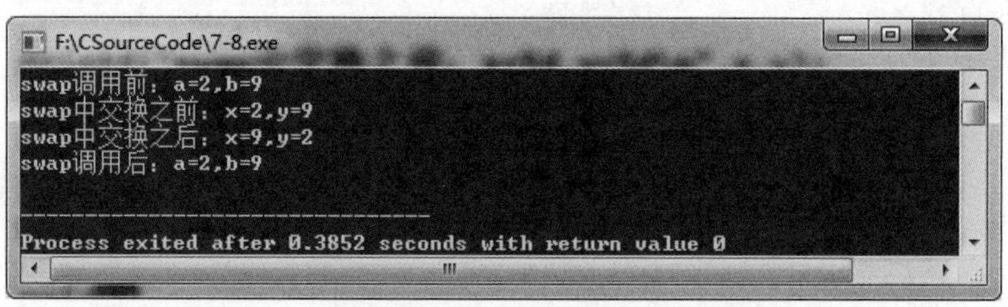

图 7-3　例 7-8 程序结果运行图

通过运行结果可知：被调函数 swap 执行时，x 与 y 的值的确已经交换，但主调函数中的 a 与 b 并没有交换，这是什么原因呢？

为了描述方便，将例 7-8 源程序中的所有 printf 语句暂且注释掉后，程序执行过程如图 7-4 所示。

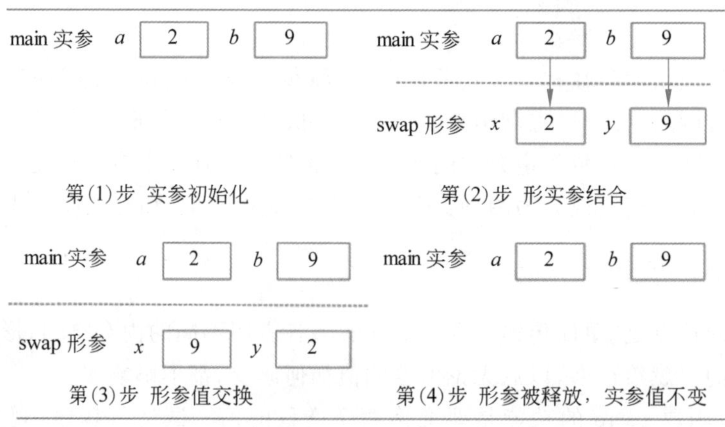

图 7-4　传值方式程序执行过程示意图

(1) 执行 main 函数,为变量 a、b 分配内存空间,并初始化为 2 和 9。

(2) 调用 swap 函数,为形参 x、y 分配内存空间,并进行形实参结合:即将实参 a 的值 2 赋给形参 x,将实参 b 的值 9 赋给形参 y。

(3) 执行 swap 函数的函数体语句,交换形参 x 与 y 的值,即 x 的值为 9,y 的值为 2。

(4) swap 函数执行完毕,形参变量 x、y 的空间被释放,然后返回到主调函数 main,此时实参 a、b 的值保持不变。

通过图 7-4 的程序执行过程示意图可以看出,传值调用的数据传递方式是单向传递,形实参结合只是把实参的值传递给了形参,但形参和实参各自占用不同的内存空间,因此形参的任何变化都不会影响到实参的值。

传值调用时,如果实参的数据类型与形参的数据类型不一致,则会自动进行数据类型转换,遵循赋值转换规则:一律转换为形参的数据类型。例如:

```
swap(2.3,80.99)会转换为 swap(2,80),即全部转换为形参的数据类型 int
```

因此,实参可以是任意类型、任意形式的表达式,例如:

```
swap(a+2,b*3),swap(a>2,b>0&&a<10)等均为合法调用,但不一定有实际应用意义
```

无论是一维数组,还是多维数组,一个数组元素的本质就是一个变量,因此当数组元素做实参时,实现的就是单向传递的传值调用。

【例 7-9】 利用例 7-7 中的函数 isprime 判断数组中各元素的值是否为素数。

为节约篇幅,只给出了 main 函数代码,读者试验时请自行将 isprime 函数补充完整。

```
int main()
{
   int data[]={17,39,107,367};
   int i;
   for(i=0;i<4;i++)
     if (prime(data[i]))         //调用 isprime 函数判定数组元素 data[i]是否为素数
        printf("%5d",data[i]);
}
```

其中,函数调用 prime(data[i])的功能为判定数组元素 data[i]是否为素数,实参 data[i]和形参 x 占用不同内存空间。

7.4.2 传址方式

扫一扫

在传值方式中,形实参的改变互不影响,代码可读性高,使用较安全,但主调函数传递给被调函数的实参数量必须固定,而被调函数最多也只能将一个值返回给主调函数,应用具有一定局限性,因此 C 语言还提供了实现"双向传递"的传址方式。传址就是传递的实参是一个地址,主调函数通过实参访问此地址内存,被调函数通过形参访问此地址内存,即同一内存主、被调函数分别通过实参和形参访问,从而达到"双向传递"的目的。

在传址方式中,函数实参无论是变量还是表达式,结果必须是一个地址,而函数形参必须是一个能够接收地址的变量,可以是指针形式,也可以是数组形式。

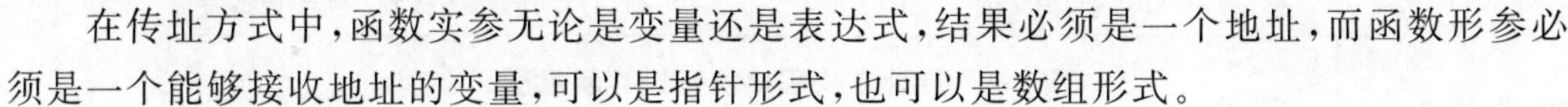

【例 7-10】 利用传址方式实现"交换两个变量的值"函数 swap。试运行程序,观察程序运行结果,如图 7-5 所示,分析程序运行过程。

```
#include <stdio.h>
void swap(int x[],int y[])      //形参为数组形式,等价于 void swap(int * x,int * y)
{                               //x,y 为形参数组名
    printf("swap 中交换之前: x=%d,y=%d\n",x[0],y[0]);
    int temp=x[0];              //借助中间变量 temp,交换 x[0]与 y[0]的值
    x[0]=y[0];
    y[0]=temp;
    printf("swap 中交换之后: x=%d,y=%d\n",x[0],y[0]);
}
int main()
{
    int a=2,b=9;
    printf("swap 调用前: a=%d,b=%d\n",a,b);
    swap(&a,&b);                //实参是 a 和 b 的地址
    printf("swap 调用后: a=%d,b=%d\n",a,b);
}
```

```
F:\CSourceCode\7-10.exe
swap调用前: a=2,b=9
swap中交换之前: x=2,y=9
swap中交换之后: x=9,y=2
swap调用后: a=9,b=2

--------------------------------
Process exited after 0.5339 seconds with return value 0
请按任意键继续. . .
```

图 7-5 例 7-10 程序结果运行图

通过运行结果可知:调用函数 swap 后,a、b 中的值的确进行了交换,程序是如何实现"双向传递"的呢?

为描述方便,同样将例 7-10 源程序中的所有 printf 语句暂且注释掉后,程序执行过程如图 7-6 所示。

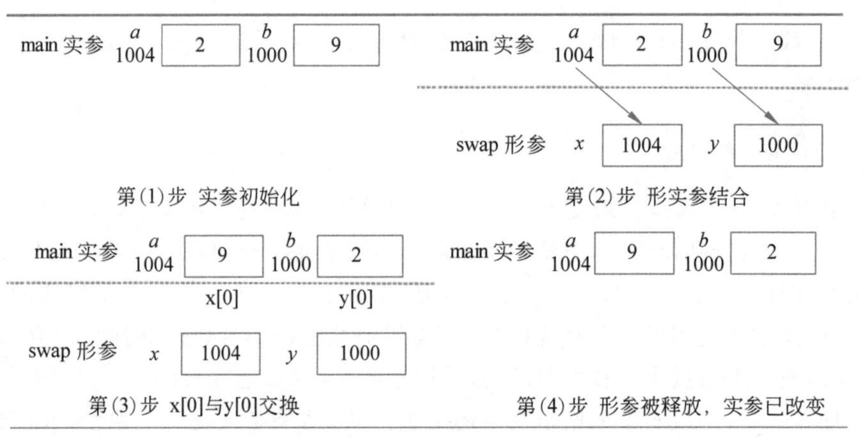

图 7-6 传址方式程序执行过程示意图

（1）执行 main 函数，为变量 a、b 分配内存空间，并初始化为 2 和 9。为描述方便，假设 a 的内存首地址为 1004，b 的内存首地址为 1000。

（2）调用 swap 函数，为形参 x、y 分配空间，并进行形实参结合：即将实参 a 的地址 1004 赋给形参 x，将实参 b 的地址 1000 赋给形参 y。此时原来在 main 函数中被称为 a、b 的这两段内存空间，在 swap 函数中有了一个新名字为：x[0]、y[0]。

（3）执行 swap 函数的函数体语句，交换 x[0]与 y[0]的值，即 x[0]的值为 9，y[0]的值为 2。注意，交换的不是形参本身 x、y，而是 x[0]与 y[0]。

（4）swap 函数执行完毕，形参变量 x、y 的空间被释放，然后返回到主调函数 main，此时实参 a、b 的值已经交换。

通过以上程序的执行分析可以看出，其实形参和实参本身也各自占不同的内存空间，但因为实参传递给形参的是地址，因此可以共享以此地址为首地址的一段内存空间，从而达到"双向传递"的目的。

【例 7-11】 编写冒泡法函数，实现 N 个整数从小到大排序。

冒泡法的核心思想已经在 6.2.2 节中介绍过，此处将冒泡法排序独立为一个函数，其排序思想不变，读者在此处应更关注将冒泡法排序独立为一个函数时代码发生的变化以及函数参数传递过程。

```
#include <stdio.h>
#define N 5                                 //有 N 个数据
/* bubbleSort 的函数功能为将存放在 data 中的 n 个数据利用冒泡法按从小到大排序 */
void bubbleSort(int data[],int n)    //等价于 void bubbleSort(int data[N],int n)
{
  int i,j,temp,change;                  //函数中用到的变量需要在函数中声明
  for(i=1;i<n;i++)                        //i 控制比较的轮数,n 个数据需要比较 n-1 轮
  {
    change=0;                              //标记本轮排序暂时还没有数据交换操作
    for(j=0;j<=n-i-1;j++)                 //对剩余的 n-i-1 个无序数据进行冒泡排序
      if(data[j]>data[j+1])               //前面的数据大于后面的数据,则交换
      {
        change=1;                          //标记本轮排序有数据交换
        temp=data[j];data[j]=data[j+1];data[j+1]=temp;    //交换相邻数据
      }
     if(change==0)      //如本轮排序无数据交换,表示所有数据已有序,提前结束排序
        break;
  }
}
int main()
{
  int a[N]={30,96,56,26,77},i;
  bubbleSort(a,N);                          //对数组 a 中的数据进行排序
  printf("\n 排序后的数据为: ");
  for(i=0;i<N;i++)                          //输出排序后数据
    printf(" %d",a[i]);
}
```

程序运行结果为：

```
排序后的数据为: 26 30 56 77 96
```

从执行结果可以看出,bubbleSort 函数中的排序结果对主调函数 main 也是有效的,因为 bubbleSort 函数中的第一个参数 data 使用的是传址方式,程序执行过程如图 7-7 所示。

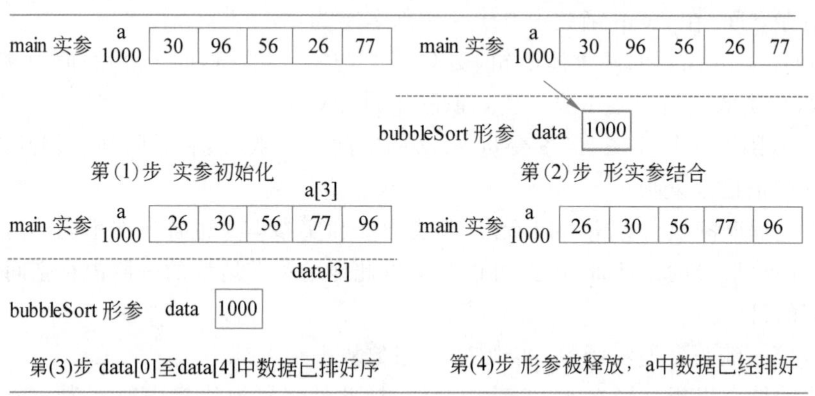

图 7-7 传址方式执行过程示意图

(1) 执行 main 函数,为数组 a 分配内存空间,并初始化。为描述方便,假设 a 的内存首地址为 1000。

(2) 调用 bubbleSort 函数,为形参 data 分配空间,并进行形实参结合:即将实参 a 的值 1000 赋给形参 data。一定注意,形参 data 的数组声明方式"int data[]"与第 8 章要学的指针声明方式"int *data"本质是一样的,都是定义了一个能够接收地址值的变量。在 Dev-C++ 中是一个 unsigned long long 类型的变量,占 8B。即使声明为"int data[N]"或"char data[]",均本质不变。

(3) 执行 bubbleSort 函数,对数据进行冒泡排序。其中,bubbleSort 函数中的 data[j] 其实是以 data+j * sizeof(int)=1000+j * 4 为首地址的一段内存空间,而在 main 函数中,a[j]的首地址为 a+j * sizeof(int)=1000+j * 4。因此 main 函数中的数组元素 a[j]与 bubbleSort 函数中的 data[j]其实是指同一段内存空间,只是使用不同的名字而已。传址调用就是利用主、被调函数使用不同名字操作同一内存空间,达到"双向传递"的目的。

(4) bubbleSort 函数执行完毕,形参变量 data 的空间被释放,返回到主调函数 main,此时数组 a 中的数据已经按照从小到大顺序排好。

在此例中,主调 main 函数中的 a[j]和被调 bubbleSort 函数中的 data[j]是同一段内存单元的名字,下标恰巧一致,其实也可以不一致,例如:

```
bubbleSort(a+1,N-1);
```

功能为对数组 a 中除首个数据之外的 $N-1$ 个数据进行排序。此时,main 函数中的 a[j]在 bubbleSort 函数中为 data[j−1]。

【例 7-12】 编写程序,不借助辅助数组,实现 $N\times N$ 矩阵转置。

```
#include <stdio.h>
#define N  3                          //实现 N×N 矩阵转置
```

```
void transMatrix(int matrix[][N])                      //转置函数,形参 matrix 一维可以省略
{
    int temp;
    for(int row=0;row<N;row++)                         //行变化范围[0,N)
        for(int column=0;column<row;column++)//列变化范围[0,row)
        {                                              //循环体实现行列对应位置元素互换
            temp=matrix[row][column];
            matrix[row][column]=matrix[column][row];
            matrix[column][row]=temp;
        }
}
void printMatrix(int matrix[][N])                      //打印矩阵
{
    for(int row=0;row<N;row++)
    {
        for(int column=0;column<N;column++)
        {
            printf("%d ",matrix[row][column]);
        }
        printf("\n");
    }
}
int main()
{
    int data[N][N]={{1,2,3},{4,5,6},{7,8,9}};
    transMatrix(data);                                 //实参是二维数组地址
    printMatrix(data);
}
```

程序执行结果为：

```
1 4 7
2 5 8
3 6 9
```

从程序执行结果可知，当多维数组作形参时，也是“传址调用”，能实现“双向传递”。定义形参时，除第一维外，数组长度均不能省略，例如：二维数组做形参时，int matrix[][3]、int matrix[3][N]或者 int matrix[N][N]均正确。但需要注意，即使定义为 int matrix[N][N]，也只是在调用时为形参 matrix 分配一个 unsigned long long 类型的 8B 内存空间，用于接收实参 data 的值。而相应实参一般是由相同维度数组地址或指针组成的算术表达式，例如：transMatrix(data)或者 transMatrix(data+1)均可，但注意实际应用时不要下标越界。

7.5 递归函数

扫一扫

如果一个函数的函数体内直接或间接地调用自身，则这个函数就称为递归函数。递归函数体现的核心思想其实也是“自顶向下、逐步求精”，只不过求精过程是一直使用“同一种

策略”。

【例 7-13】 编写程序,求一个自然数各位数字之和。

以自然数 1234 为例,描述递归思想的解题思路。递归主要分为递推和回归两个阶段。

(1) 递推阶段:将问题不断地分解为规模较小的新子问题,而新子问题可以用同样策略分解为规模更小的子子问题,依次类推,直到问题被解决为止。

假设 sum(x)代表自然数 x 各位数字之和,则求 1234 的各位数字之和的递推过程如图 7-8 所示。1234 的各位数字之和,可分解为 123 的各位数字之和加个位 4 的和;而 123 的和可以分解 12 的和加个位 3 的和;以此类推,直到 x 变成只有 1 位,则问题解决。

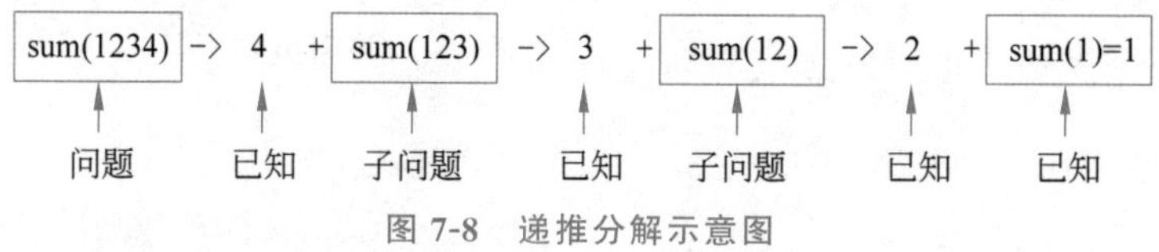

图 7-8 递推分解示意图

(2) 回归阶段:回归是分解的逆过程,是由已经解决的子问题再依次合并解决问题,最终解决原始问题的过程。

如图 7-9 所示,sum(12)的两部分 2 和 sum(1)都已经变为已知,则回归到问题 sum(12)=2+1=3,问题解决;sum(123)的两部分 3 和 sum(12)都变成已知,则回归到问题 sum(123)=3+3=6,问题解决;sum(1234)的两部分 4 和 sum(123)都变成已知,则回归到问题 sum(1234)=4+6=10,原始问题解决。

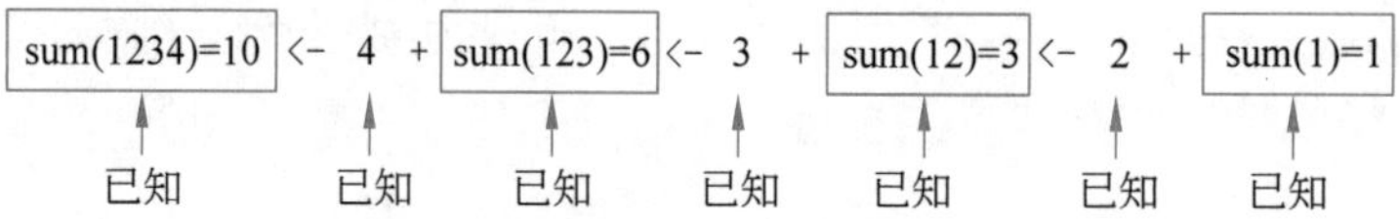

sum(1234)=10 <- 4 + sum(123)=6 <- 3 + sum(12)=3 <- 2 + sum(1)=1

已知 已知 已知 已知 已知 已知 已知

图 7-9 回归合并示意图

因此,递归模型一般包括以下两部分:

(1) 递推终止条件,以便递推分解到某条件时问题能够解决,转入到回归阶段,避免一去不复返的无穷递归。例如,$x<10$,即 x 只有 1 位时,sum(x)的值就是 x,终止递推,进入回归。

(2) 递推公式,将问题分解为子问题,而子问题又可以用同样的策略进行分解。例如,sum(x)可以分解为 sum(x/10)+x%10。

注意:递推公式中的分解方向一定向终止条件逐步靠近,例如 x 每次除以 10,则逐步向终止条件 $x<10$ 靠近。

例 7-13 的递归模型可以总结为:

$$\text{sum}(x)=\begin{cases}x & x<10\\ x\%10+\text{sum}(x/10) & x\geqslant 10\end{cases}$$

转换为 C 语言程序,源代码如下:

```
#include <stdio.h>
int sum(int x)                    //求自然数 x 的各位数字之和
```

```
{
    if (x<10)                           //终止条件
        return x;
    else
        return (x%10)+sum(x/10);        //递推公式
}
int main()
{
    int sumNums,x=1234;
    sumNums=sum(x);                     //求自然数 1234 的各位数字之和
    printf("自然数%d 的各位数字之和为: %d",x,sumNums);
}
```

以 x 为 1234 为例，描述程序的执行过程，如图 7-10 所示。

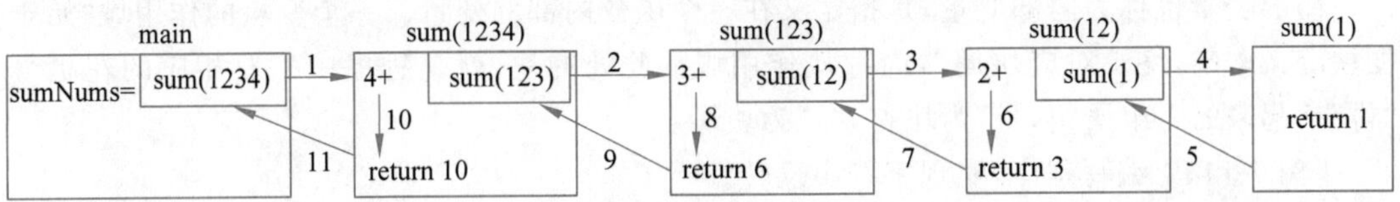

图 7-10 递归函数 sum(1234)执行过程示意图

(1) 递推阶段：当执行 main 函数中的“sumNums＝sum(1234)”时，main 函数暂停，转到函数 sum(1234)中继续执行。因为 1234 不满足条件“1234＜10”，执行递推公式语句“return(1234%10)＋sum(1234/10)”，即“return 4＋sum(123)”，因此，sum(1234)函数暂停，转入到函数 sum(123)中执行。依次类推，当执行 sum(1)时，满足条件“1＜10”，则终止递推，转入回归阶段。

(2) 回归阶段：执行 sum(1)函数，将 1 返回到 sum(12)中继续执行，即计算 2＋1＝3，然后将 3 返回到 sum(123)中继续执行，即计算 3＋3＝6，然后将 6 返回到 sum(1234)中继续执行，即计算 4＋6＝10，最后将 10 返回到 main 函数中赋给变量 sumNums。

递归只关注“递推终止和递推公式”两个条件，因此递归函数优点非常明显：代码简洁，结构清晰，可读性强。但缺点也很突出：函数重复调用自身，现场信息、返回地址、形参及局部变量等持续进栈，时间尤其是空间消耗非常大，当递归深度达到一定量级，可能会耗尽栈内空间，导致程序运行失败。因此，经常将递归算法转换为循环算法，例 7-13 可用以下循环算法实现。

```
int sum(int x)              //求自然数 x 的各位数字之和
{
    int sumNums=0;
    for(;x>0;x/=10)
    {
        sumNums+=x%10;
    }
    return sumNums;
}
```

一般问题如求 n!、斐波那契数列等，均建议在实际应用时转换为循环算法。用类似简单问题做案例，只是有利于初学者快速而准确地掌握递归思想，以便当遇到一些较复杂问题，如八皇后、二叉树遍历、汉诺塔问题等，不易用循环算法解决时，能够顺利采用递归算法实现。

7.6 变量的作用域

变量的作用域是指变量的作用范围，根据作用域的不同，C 语言中的变量可以分为块作用域变量（即局部变量）和文件作用域变量（即全局变量）。

7.6.1 局部变量

局部变量也称为内部变量，是指定义在一个函数内部的变量。一个变量的作用域"始于变量定义语句，终于对应块尾"，简称块作用域。此处的块，就是程序中一对相应的花括号"{}"括起来的一组语句，"{"为块首，"}"为块尾。

【例 7-14】 编写程序，实现字符串反转。

```
#include <stdio.h>
#include <string.h>
void reverse(char str[])
{
    int len;
    len=strlen(str);
    for (int i=0;i<len/2;i++)
    {   //实施交换
        char temp=str[i];
        str[i]=str[len-i-1];
        str[len-i-1]=temp;
    }
}
int main()
{    //此处的 str 与 reverse 函数的形参变量 str 虽然重名，但是占用不同内存空间
    char str[]="hello world!";
    reverse(str);
    puts(str);
}
```


使用局部变量需要注意以下几个问题：

（1）main 函数中定义的变量，例如字符数组 str 也是局部变量，遵循块作用域规则。

（2）形参变量，例如 reverse 中的 str 也是局部变量，其作用域为函数体。

（3）在不同的作用域内允许使用同一变量名，例如 main 函数中的 str 和 reverse 函数中的 str，它们分配不同的内存空间，互不干扰。但注意，同一作用域内不能定义同名变量。

（4）如果在两个或多个具有包含关系的作用域中声明了同名变量，则遵循"就近"原则。

【例 7-15】 具有包含关系作用域的同名变量"就近"原则示例程序。

```
#include <stdio.h>
int main()
{
    int i=0; //定义外部i
    {
        i++;
        int i=10;//定义内部i
        printf ("内部: i=%d\n",i);
    }
    printf("外部: i=%d\n",i);
}
```

(图注：内部i的作用域；外部i的作用域)

程序运行结果为：

```
内部: i=10
外部: i=1
```

内部 i 的作用域完全被包含在外部 i 作用域内，根据"就近"原则，在内部 i 的作用域内会使用内部 i，外部 i 会暂时被屏蔽掉；在内部 i 的作用域外，外部 i 的作用域内会使用外部 i。

7.6.2 全局变量

全局变量是在所有函数之外定义的变量，其作用域为从声明语句开始，到本源文件结束，简称文件作用域。

【例 7-16】 全局变量使用示例。

```
#include <stdio.h>
int X,Y;                    //定义全局变量
void swap()                 //swap 函数功能为: 交换 X 与 Y 的值
{
    int temp=X;             //借助中间变量 temp,交换 X 与 Y 的值
    X=Y;
    Y=temp;
}
int main()
{
    X=2;
    Y=9;
    printf("swap 调用前: X=%d,Y=%d\n",X,Y);
    swap();                 //调用 swap 函数交换 X 与 Y 的值
    printf("swap 调用后: X=%d,Y=%d\n",X,Y);
}
```

程序运行结果为：

```
swap 调用前: X=2,Y=9
swap 调用后: X=9,Y=2
```

全局变量 X、Y 在其定义后面的 swap 和 main 函数中均可以引用，能起到数据共享的作用。貌似不用传递函数参数，程序更简单明了，但也会带来以下一些弊端。

(1) 全局变量降低了函数的独立性。函数一般通过参数和返回值与外界进行交互，内部实现相对独立，如果函数依赖于全局变量，则函数独立性变差，通用性也会降低。

(2) 全局变量降低了代码的可读性。多个函数使用同一全局变量，任何函数的改动都可能导致牵一发而动全身，代码可读性降低，给程序测试、调试、维护带来额外的负担。

(3) 全局变量具有静态生存期，在整个程序运行期间一直占用内存，空间利用率较低。

因此，建议尽量少用全局变量。并且为增强程序的可读性，全局变量名一般用大写字母表示，如例 7-16 中的 X、Y，与局部变量区别开来。

全局变量和局部变量因为作用域不同，因此也可以重名，但同样遵循“就近”原则。

7.7 变量的存储类型

除了从作用域角度，变量还可以从生存期角度进行分类。变量的生存期是指变量存在的时间，即为该变量分配内存空间则为“生”，收回该变量所占内存空间则为“死”。静态生存期是指变量在程序运行时“生”，在程序结束时“死”，即在整个程序运行期间都存在；动态生存期是指程序执行到变量定义语句时“生”，执行到块结束时“死”。

变量的作用域由其定义的位置决定，而变量的生存期由其存放的位置决定。在 C 语言中，供程序使用的内存空间可以分为 4 类：代码区、栈区、静态存储区、堆区。代码区存放的是程序的可执行代码，栈区存放的是具有动态生存期的变量，静态存储区存放的是具有静态生存期的变量，堆区存放的是由用户显式申请和释放的变量。

变量定义语句的一般格式如下：

```
「存储类型」数据类型  变量名 1「,变量名 2,……,变量名 n」;
```

因此，每一个变量均有两个属性：存储类型和数据类型，而存储类型决定着变量的存储位置、变量的生存期。存储类型共有 auto、static、register、extern 4 种。

扫一扫

7.7.1 自动变量

auto 修饰的变量称为自动变量，但 auto 只能修饰函数内部的局部变量。自动变量和函数形参一样，被分配于栈区，具有动态生存期和块作用域。当局部变量存储类型省略时，默认为 auto，因此 auto 是一个可以忽略的关键字。

自动变量具有动态生存期，即如果程序中两次调用同一函数，则第一次调用时会在执行到变量定义语句时为变量分配内存，而到块结束时释放内存；第二次调用时又会在相同节点重新分配与释放内存。因此，两次函数调用，同一变量不一定分配同一段内存，更不会将第一次调用的结果保留至第二次调用。

【例 7-17】 编写程序,求 m 选 n 组合式彩票头奖的中奖概率。

程序分析:m 选 n 组合式彩票头奖的中奖概率其实是一个组合概率问题,其头奖中奖概率公式为:$P=\frac{n\times(n-1)\times(n-2)\times\cdots\times1}{m\times(m-1)\times(m-2)\times(m-n+1)}$。

```
#include <stdio.h>
/* 函数 productMtoN 的功能为:求从 m 到 n 的乘积 */
long long productMtoN(int m,int n)      //形参虽然为局部变量,但不是自动变量
{
    long long  f=1;                     //f 为自动变量,等价于 auto long long f=1;
    if (m>n)                            //确保 m<n,不是则交换
    {
        int temp=m;                     //temp 为自动变量,等价于 auto temp=m;
        m=n;
        n=temp;
    }
    //循环求 m 到 n 的乘积
    for(int x=m;x<=n;x++)               //x 为自动变量,等价于 auto int x
      f=f*x;
    return f;
}
#include <stdio.h>
int main()
{
    int m=33,n=6;                       //m,n,double 均为自动变量
    /* 两次调用 productMtoN 函数 */
    double result=((double)productMtoN(1,n))/productMtoN(m-n+1,m);
    printf("%d 选%d 彩票头奖中奖概率为: %.10lf\n",m,n,result);
    printf("每天投一注,大约需要%lf 年会中头奖\n",1/result/365);
}
```

程序运行结果如图 7-11 所示。

图 7-11　例 7-17 程序运行结果图

在本例中,main 函数两次调用 productMtoN 函数:productMtoN(1,n)和 productMtoN(m−n+1,m),则函数中的自动变量 f、temp、x 均分配两次,释放两次。第一次的执行结果对第二次没有任何影响。

7.7.2　静态变量

static 修饰的变量称为静态变量,静态变量被分配在静态存储区,具有静态生存期。static 既可以修饰局部变量,称为局部静态变量,也可以修饰全局变量,称为全局静态变量。

局部静态变量和局部(自动)变量的相同点是都具有块作用域,不同点是局部静态变量被分配在静态存储区,具有静态生存期,而局部(自动)变量被分配在栈区,具有动态生存期。

全局静态变量和全局变量的相同点是都被分配在静态存储区,具有静态生存期,具有文件作用域,不同点是,当一个程序包含多个源文件时,全局静态变量将作用域限制在本源文件中,能起到信息隐蔽的作用,使多人合作完成的多个源文件不必担心因变量重名而引发混乱;而全局变量可以使用 extern 关键字将其作用域扩展到其他源文件中,具体示例详见例 7-20。

【例 7-18】 编写程序,模拟银行电子排队。

程序分析:银行电子排队主要分取号和叫号两个功能。取号即取队尾的编号,叫号即取队首的编号。

```
#include <stdio.h>
static int front=0;          //全局静态变量,标示队首,无人排队时为 0
void callNumber()            //叫号函数
{
    front++;                 //取队首的下一个号码
    printf("%d 号请到窗口办理业务! \n",front);
}
void getNumber()             //取号函数
{
    static int rear=0;       //局部静态变量,表示队尾,无人排队时为 0
    rear++;                  //有人取号则排队尾
    printf("您的号码是%d,前面还有%d 个人! \n",rear,rear-front-1);
}
int main()
{
    getNumber();             //取号,应取 1 号,前面 0 人
    getNumber();             //取号,应取 2 号,前面 1 人
    callNumber();            //叫号,应叫 1 号
    getNumber();             //取号,应取 3 号,前面 1 人
    callNumber();            //叫号,应叫 2 号
}
```

程序运行结果如图 7-12 所示。

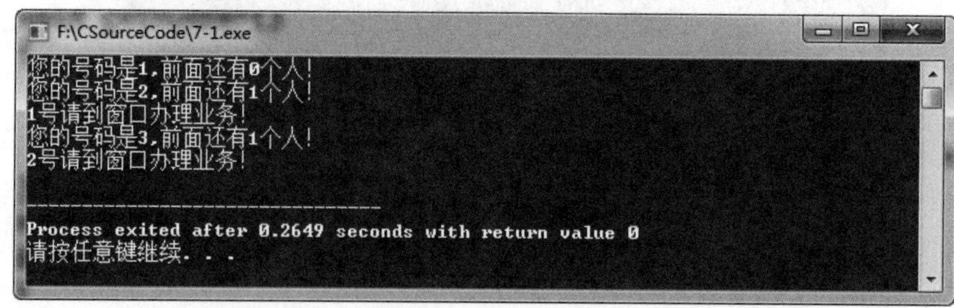

图 7-12　例 7-18 程序运行结果图

在本例中,因为队尾变量 rear 只在 getNumber 函数中使用,且多次调用函数时需保留上次调用时的结果,因此定义为局部静态变量;队首变量 front 需要在 getNumber 函数和

getNumber 函数中共享,因此定义为全局变量。此例中只有一个源文件,且 front 定义于源文件第一行,因此 front 定义为全局变量或者全局静态变量是等价的。

程序执行过程如下。

(1) 程序一运行就为全局变量 front、局部静态变量 rear 在静态存储区分配空间,并均初始化为 0。

(2) 第一次调用 getNumber 函数,rear 值修改为 1。

(3) 第二次调用 getNumberh 函数,rear 值修改为 2。

(4) 第一次调用 callNumber 函数,front 值修改为 1。

(5) 第三次调用 getNumberh 函数,rear 值修改为 2。

(6) 第二次调用 callNumber 函数,front 值修改为 2。

(7) 程序执行结束,释放 front 和 rear。

从程序执行结果可以看出,局部静态变量在整个程序运行期间一直都存在,并一直保持其值直到被改变为止。但它仍然具有块作用域,例如 rear 只能在 getNumber 函数中使用。

7.7.3 寄存器变量

扫一扫

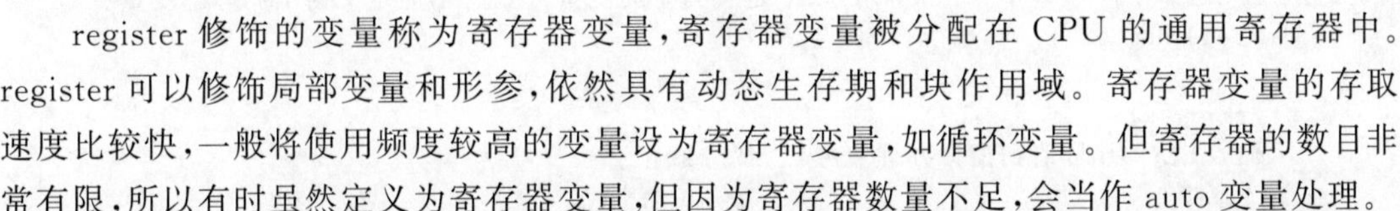

register 修饰的变量称为寄存器变量,寄存器变量被分配在 CPU 的通用寄存器中。register 可以修饰局部变量和形参,依然具有动态生存期和块作用域。寄存器变量的存取速度比较快,一般将使用频度较高的变量设为寄存器变量,如循环变量。但寄存器的数目非常有限,所以有时虽然定义为寄存器变量,但因为寄存器数量不足,会当作 auto 变量处理。

【例 7-19】 编写函数,求 n 的阶乘。

```
#include <stdio.h>
int fac(int n)          //求 n!函数
{
    long f=1;
    register int i;     //循环变量 i 频繁使用,可以声明为寄存器变量
    for(i=1;i<=n;i++)
        f=f*i;
    return f;
}
int main()
{
    int x=10;
    printf("%d!=%d\n",x,fac(x));
}
```

7.7.4 外部变量

扫一扫

为了便于多人合作,提高程序可读性,一个功能复杂的程序往往会根据功能把代码分解到多个源文件中。而在一个源文件中定义的全局变量只能在其定义文件中使用,无法实现多文件共享。这时,可以通过 extern 关键字将其他源文件中的全局变量(注意,不能是全局静态变量)的作用域扩展至本源文件中。注意,外部变量只起扩展作用域的作用,并不产生新变量,所以外部变量一定是在其他文件中已经定义过的全局变量。

【例 7-20】 编写程序,模拟银行电子排队,采用多个源文件实现。

本例与例 7-18 功能相同,但将 3 个函数分解到 3 个源文件中。操作步骤如下。

(1) 按照 1.4.3 节中"先建立项目,再建立源文件"的步骤,建立"Console Application"类型的 C 语言项目"exam7-20"。

(2) 在 main.c 源文件中建立 main 函数代码。

```
#include <stdio.h>
int main()
{
    getNumber();            //取号,应取 1 号,前面 0 人
    getNumber();            //取号,应取 2 号,前面 1 人
    callNumber();           //叫号,应叫 1 号
    getNumber();            //取号,应取 3 号,前面 1 人
    callNumber();           //叫号,应叫 2 号
}
```

(3) 在 callNumber.c 源文件中建立 callNumber 函数代码。

```
int front=0;            //front 定义为全局变量,注意,不能定义为全局静态变量
void callNumber()       //叫号函数
{
    front++;
    printf("%d 号请到窗口办理业务! \n",front);
}
```

(4) 在 getNumber.c 源文件中建立 getNumber 函数代码。

```
extern int front;       //用 extern 将 front 的作用域扩展到 getNumber.c 文件中
void getNumber()        //取号函数
{
    static int rear=0;
    rear++;
    printf("您的号码是%d,前面还有%d 个人! \n",rear,rear-front-1);
}
```

7.7.5 变量汇总

为了便于读者比较记忆,表 7-1 汇总了主要变量的属性。

表 7-1 主要变量属性汇总表

变量	作用域	生存期	所在存储区	赋初值	是否支持 extern
局部变量	块作用域	动态生存期	栈区	调用函数时	否
局部静态变量	块作用域	静态生存期	静态存储区	程序运行时	否
全局变量	文件作用域	静态生存期	静态存储区	程序运行时	是
全局静态变量	文件作用域	静态生存期	静态存储区	程序运行时	否
寄存器变量	块作用域	动态生存期	寄存器	调用函数时	否

(1) 局部变量和寄存器变量只是被分配的存储区位置不同,其余属性均相同。

(2) 局部变量和局部静态变量都具有块作用域,不同点是,局部变量在作用域外已经不存在,而局部静态变量在作用域外是存在的,只是无法使用而已。

(3) 全局变量和全局静态变量作用域和生存期均相同,唯一区别是全局变量的作用域可以通过 extern 扩展到其他源文件。

7.8 综合案例

扫一扫

经过本章的学习,我们掌握了函数定义、调用、变量的生存期和作用域等相关知识,深刻体会了利用函数进行系统设计与实现的突出优点。现遵循自顶向下、逐步求精、模块化设计原则,利用函数对第 5、6 章中实现的部分功能进行功能包装及优化。

```
#include <stdio.h>
#include <windows.h>                        //需使用 system 函数
#include <conio.h>                          //需使用 getch()函数
#define MAX_PWDLEN  20                      //密码数组长度
#define MANAGER_NAME "admin"                //管理员正确用户名
#define MANAGER_PWD "a1234*"                //管理员正确密码,字母、数字和特殊符号组合
#define MAX_ERROR  3                        //管理员用户名密码最多错误次数
#define USER_NAMELEN 10                     //用户名长度
#define MAX_NAMELEN 40                      //作品名长度
#define MAX_WorksNum   10                   //作品最多数量,用于定义存储作品的数组长度
//为避免参数之间的互相传递,将以下变量声明为全局变量
unsigned int g_nNodeNum=0;                  //当前作品总数
unsigned int g_nNodeMaxId=1;                //自增长作品编号的当前可用最大值
unsigned int uNum[MAX_WorksNum];            //作品编号
char cName[MAX_WorksNum][MAX_NAMELEN];      //作品名称
//设计不同功能的若干参数
int roleMenu();                             //根据角色菜单返回角色编号
void getPass(char pass[]);                  //以密文形式获取密码
int isLogin();                              //管理员登录
void managerOpt();                          //管理员操作
void createWork();                          //创建作品
void delWork();                             //根据编号删除作品
void displayAll();                          //显示全部作品
void displayWork(unsigned int uNum,char cName[]);    //显示一件作品信息
void showTitle();                           //显示作品题头信息
int main()    //main 函数中的代码变得异常简洁,可读性大大提高
{
    int nSelect;                            //用户选择
    while(1)
    {
      nSelect=roleMenu();                   //显示角色菜单并进行选择
      switch (nSelect)
      {
        case 0:                             //如果是管理员
```

```
            if (1==isLogin())                      //如果登录成功,则进入管理员界面
                managerOpt();                      //管理者操作界面
            else
            {
                printf("\n----->登录失败,请按任意键退出程序!");
                exit(0);
            }
            break;
        case 1:                                    //如果是评委,具体功能请自行补全
            printf("\n----->您选择的角色是评委");
            break;
        case 9:                                    //如果选择退出
            exit(0);                               //正常结束程序运行
        default:                                   //其他选择为错误选项
            printf("\n菜单选项只能选择 0、1、9,请按任意键继续!");
        getch();
      }
    }
}
/* 函数功能:输出角色菜单,并选择角色
 * 入参:void
 * 出参:void
 * 返回值:0 管理员  1 评委  9 退出
 */
int roleMenu()
{
    char temp[10];
    int nSelect;
    system("cls");                                 //清屏
    printf("\n\n\n");
    printf("\t\t|-------------欢迎使用---------------|\n");
    printf("\t\t|---------创新大赛评分系统-------------|\n");
    printf("\t\t|  0.管理员                          |\n");
    printf("\t\t|  1.评委                            |\n");
    printf("\t\t|  9.退出                            |\n");
    printf("\t\t|------------------------------------|\n");
    printf("\t\t\t请选择(0-1):");
    gets(temp);                                    //输入选择序号
    nSelect=(int)atof(temp);                       //将字符串转换为实数并取整进行转换
    return nSelect;
}
/* 函数功能:以密文形式获得密码
 * 入参:void
 * 出参:pwd 密码
 * 返回值:void
 */
void getPass(char pwd[])
{
    int i;
    for (i =0;(pwd[i]=getch())!=13;i++)           //用无回显函数 getch 获取用户输入
```

```
        printf("*");                                    //但屏幕上显示*
    pwd[i]='\0';
}
/* 函数功能:判断管理员的用户名和密码是否正确
 * 入参:void
 * 出参:void
 * 返回值:0 用户名或密码错误   1 用户名和密码正确
 */
int isLogin()
{
    char name[USER_NAMELEN],pwd[MAX_PWDLEN];      //用户输入的用户名和密码
    int nCount;                                    //用户名、密码输入次数
    for(nCount=1;nCount<=MAX_ERROR;nCount++)
    {
        system("cls");
        printf("*********请输入管理员用户名:");
        gets(name);
        printf("*********请输入密码:");
           getPass(pwd);
        if(0==strcmp(MANAGER_NAME,name)&&0==strcmp(MANAGER_PWD,pwd))
            return 1;
        else
        {
            printf("\n-用户名或密码错误,您还有%d次机会",MAX_ERROR-nCount);
            printf("\n---->请按任意键继续");
            getch();
        }
    }
    return 0;
}
/* 函数功能:管理员主界面
 * 入参:void
 * 出参:void
 * 返回值:0 创建作品 1 删除作品 2 查询作品 3 修改作品 4 发布作品
 *        5 保存作品 6 从文件导入作品 7 按平均分排序 8 重新登录 9 退出
 */
int mainManagerMenu()
{
    char temp[10];
    int nSelect;
    system("cls");                                 //清屏
    printf("\n\n\n\n");
    printf("\t\t|----------管理员系统主界面---------|\n");
    printf("\t\t|  0.创建作品                       |\n");
    printf("\t\t|  1.删除作品                       |\n");
    printf("\t\t|  2.查询作品                       |\n");
    printf("\t\t|  3.修改作品                       |\n");
    printf("\t\t|  4.发布作品                       |\n");
    printf("\t\t|  5.保存作品                       |\n");
    printf("\t\t|  6.从文件导入作品                 |\n");
```

```
    printf("\t\t|  7.计算平均分                              |\n");
    printf("\t\t|  8.作品排序                                |\n");
    printf("\t\t|  9.退出                                    |\n");
    printf("\t\t|----------------------------------|\n");
    printf("请输入您的选择:");
    gets(temp);                     //输入选择序号
    nSelect=(int)atof(temp);        //将字符串转换为实数并取整进行转换
}
/* 函数功能:管理者操作函数
 * 入参:void
 * 出参:void
 * 返回值:void
 */
void managerOpt()
{
    int nRet,flag=1;
    while(flag)
    {
        nRet=mainManagerMenu();
        switch(nRet)
        {
            case 0:                 //创建作品
                createWork();
                break;
            case 1:                 //删除作品
                delWork();
                break;
            case 2:                 //查询全部作品
                displayAll();
                break;
            case 3:
            case 4:
            case 5:
            case 6:
            case 7:
            case 8:
                printf("\n您的选择是%d,此功能正在开发中",nRet);
                break;
            case 9:printf("退出系统\n");
                exit(0);            //正常退出系统
            default:printf("注意菜单选项范围哦!\n");
        }
        printf("\n请按任意键继续!");
        getch();
    }
}
/* 函数功能:创建一件新作品,加入到作品集合的尾部
 * 入参:void
 * 出参:void
 * 返回值:void
 */
```

```
void createWork()
{
    if (g_nNodeNum<MAX_WorksNum)              //如果数组长度够
    {
        uNum[g_nNodeNum]=g_nNodeMaxId++;    //自动生成作品编号,最大可用编号加1
        printf("\n------>作品名称: ");
        gets(cName[g_nNodeNum++]);            //从键盘输入作品名称,作品数量加1
        printf("\n------>创建作品成功!");
    }
    else
    printf("\n------>空间不足,创建作品失败!");;
}
/* 函数功能:根据编号删除作品
 * 入参:void
 * 出参:void
 * 返回值:void
 */
void delWork()
{
    char temp[10];
    unsigned int delWorkNum,i;
    printf("\n------>请输入要删除的作品编号");
    gets(temp);
    delWorkNum=(unsigned int)atof(temp);
    for(i=0;i<g_nNodeNum;i++)
    {
        if (delWorkNum==uNum[i])              //找到此编号作品
        {
            memcpy(uNum+i,uNum+i+1,sizeof(unsigned int)*(g_nNodeNum-i));
            memcpy(cName+i,cName+i+1,MAX_NAMELEN*(g_nNodeNum-i));
            printf("n------>作品删除成功!");
            break;
        }
    }
    if (i>=g_nNodeNum)                        //无此作品,删除失败
        printf("\n------>无此作品,删除失败!");
    else
        g_nNodeNum--;                         //作品数量减1
}
/* 函数功能:显示作品题头信息
 * 入参:void
 * 出参:void
 * 返回值:void
 */
void showTitle()
{
    printf("\n%-8s%-25s","|作品编号","|作品名称");
}
/* 函数功能:显示一件作品的信息
 * 入参:uNum 作品编号    cName 作品名称
 * 因编号和名称存储于两个数组,暂时需要传递两个参数
 * 出参:void
 * 返回值:void
 */
```

```
void displayaWork(unsigned int uNum,char cName[])
{
    printf("\n%-8d%-25s",uNum,cName);
}
/* 函数功能：显示全部作品的信息
  * 入参：void
  * 出参：void
  * 返回值：void
  */
void displayAll()
{
    int i;
    showTitle();                    //显示题头
    for(i=0;i<g_nNodeNum;i++)  //显示所有作品的信息
        displayaWork(uNum[i],cName[i]);
}
```

扫一扫

7.9 本章常见错误及调试方法

本章以若干例题为例，演示函数编程中常见的错误及调试方法。

（1）函数调用时写错函数名（连接错误）。

图 7-13 所示的“为达到群体免疫所需疫苗的最低接种率”程序中，出现错误“undefined reference to 'minrate'（minrate 没有定义）”。这是因为 C 语言严格区分大小写，函数定义的名称为 minRate，但调用的是 minrate。

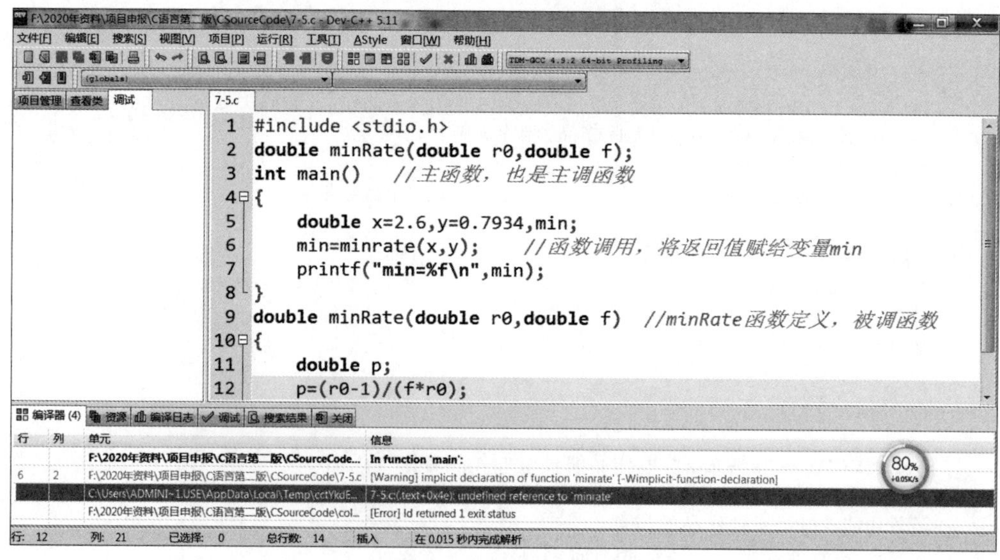

图 7-13　函数调用时写错函数名程序界面

（2）变量已经定义，但提示没有定义（编译错误）。

图 7-14 所示的“为达到群体免疫所需疫苗的最低接种率”程序中，变量 p 在第 8 行代码中已经定义，但编译时仍然提示“p undeclared(first use in this function)”。这是因为函数内定义的变量为局部变量，局部变量的作用域为块作用域，因此 p 的作用域为第 8～11 行代码，而第 3 行已经超出了其作用域。因此要在 minRate 函数内第 3 行前定义 p 变量。

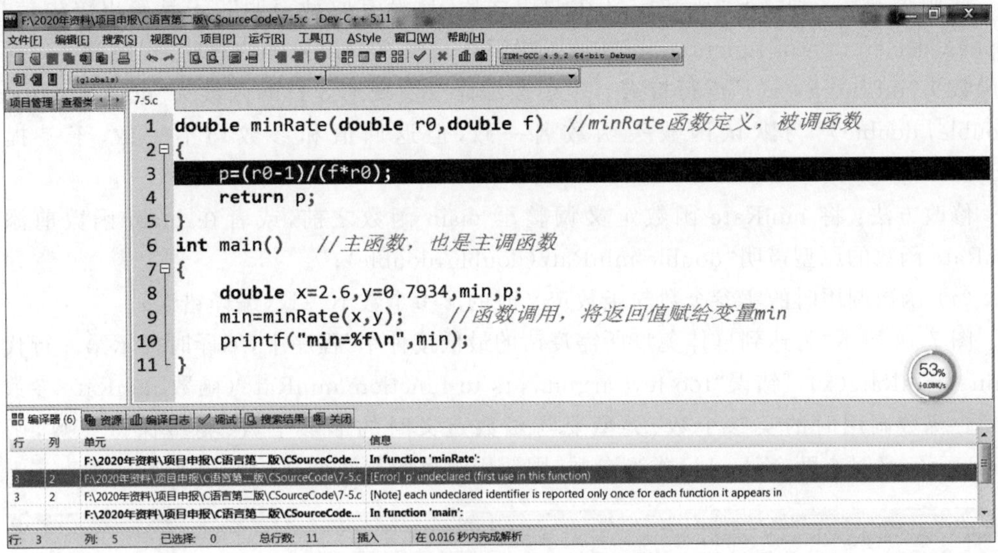

F:\2020年资料\项目申报\C语言第二版\CSourceCode\7-5.c - Dev-C++ 5.11

```
1  double minRate(double r0,double f)  //minRate函数定义，被调函数
2  {
3      p=(r0-1)/(f*r0);
4      return p;
5  }
6  int main()   //主函数，也是主调函数
7  {
8      double x=2.6,y=0.7934,min,p;
9      min=minRate(x,y);      //函数调用，将返回值赋给变量min
10     printf("min=%f\n",min);
11 }
```

行	列	单元	信息
		F:\2020年资料\项目申报\C语言第二版\CSourceCode...	In function 'minRate':
3	2	F:\2020年资料\项目申报\C语言第二版\CSourceCode\7-5.c	[Error] 'p' undeclared (first use in this function)
3	2	F:\2020年资料\项目申报\C语言第二版\CSourceCode\7-5.c	[Note] each undeclared identifier is reported only once for each function it appears in
		F:\2020年资料\项目申报\C语言第二版\CSourceCode...	In function 'main':

图 7-14　变量没有定义程序界面

(3) 函数定义在调用之后，且没有原型声明(编译错误)。

图 7-15 所示的“为达到群体免疫所需疫苗的最低接种率”程序中，编译时产生一个警告：implicit declaration of function 'minRate'(函数 minRate 的声明不明确)和一个错误：conflicting types for 'minRate'(minRate 类型冲突)。这是因为程序在编译时会对函数调用

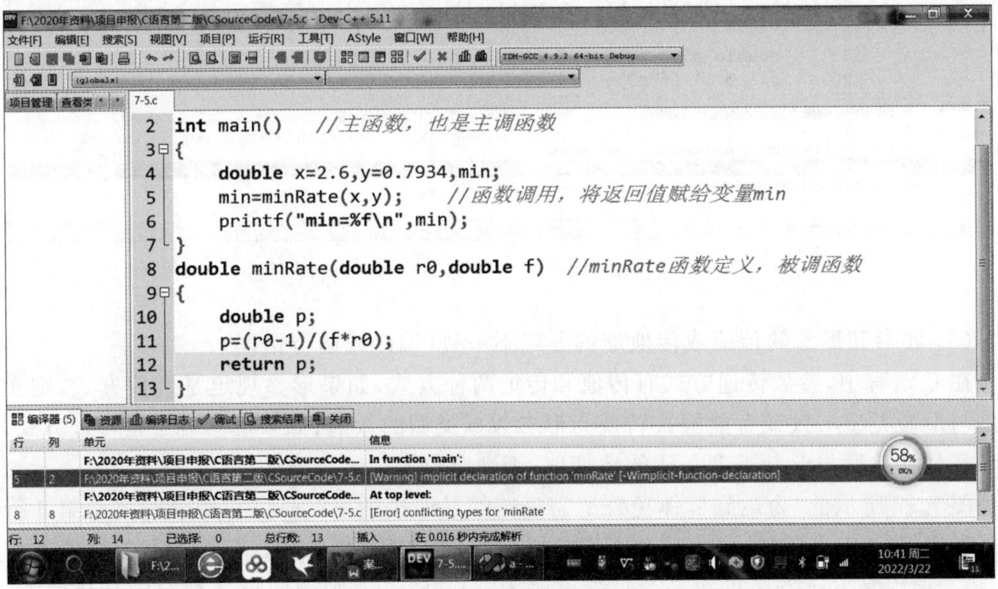

F:\2020年资料\项目申报\C语言第二版\CSourceCode\7-5.c - Dev-C++ 5.11

```
2  int main()   //主函数，也是主调函数
3  {
4      double x=2.6,y=0.7934,min;
5      min=minRate(x,y);      //函数调用，将返回值赋给变量min
6      printf("min=%f\n",min);
7  }
8  double minRate(double r0,double f)  //minRate函数定义，被调函数
9  {
10     double p;
11     p=(r0-1)/(f*r0);
12     return p;
13 }
```

行	列	单元	信息
		F:\2020年资料\项目申报\C语言第二版\CSourceCode...	In function 'main':
5	2	F:\2020年资料\项目申报\C语言第二版\CSourceCode\7-5.c	[Warning] implicit declaration of function 'minRate' [-Wimplicit-function-declaration]
		F:\2020年资料\项目申报\C语言第二版\CSourceCode...	At top level:
8	8	F:\2020年资料\项目申报\C语言第二版\CSourceCode\7-5.c	[Error] conflicting types for 'minRate'

图 7-15　函数定义在调用之后且没有原型声明的程序界面

进行正确性检查,检查内容包括返回值类型、函数名和形参个数及类型。如果函数定义在调用之前,则对照函数头检查;如果函数定义在调用之后,但有函数原型声明,则对照原型声明检查;如果函数定义在调用之后,且没有原型声明,则会对照默认生成的函数头"int minRate()"检查,即默认函数名为调用函数名,返回值为 int,没有任何参数。

此例属于第 3 种情况"函数定义在调用之后,且没有原型声明",于是给出警告信息:implicit declaration of function 'minRate',提示用户没有给出明确的声明,程序就会对照默认函数头"int minRate()"进行检查。但继续编译时发现第 8 行的函数头"double minRate(double, double)"与默认函数头函数名一致,但返回值和参数均不一致,于是提示"conflicting types for 'minRate'"。

修改方法:将 minRate 函数定义调整至 main 函数之前,或者在 main 函数前添加 minRate 函数的原型声明"double minRate(double,double);"。

(4) 函数调用时的实参个数与函数定义时的形参个数不一致(编译错误)。

图 7-16 所示"为达到群体免疫所需疫苗的最低接种率"程序中,编译时提示第 6 行代码"min=minRate(x);"错误"too few arguments to function 'minRate'(函数 minRate 参数太少)"。函数调用时的实参个数、类型要与函数定义时的形参个数、类型保持一致,函数 minRate 定义时有两个 double 类型参数,则调用时也要有两个 double 类型的实参。

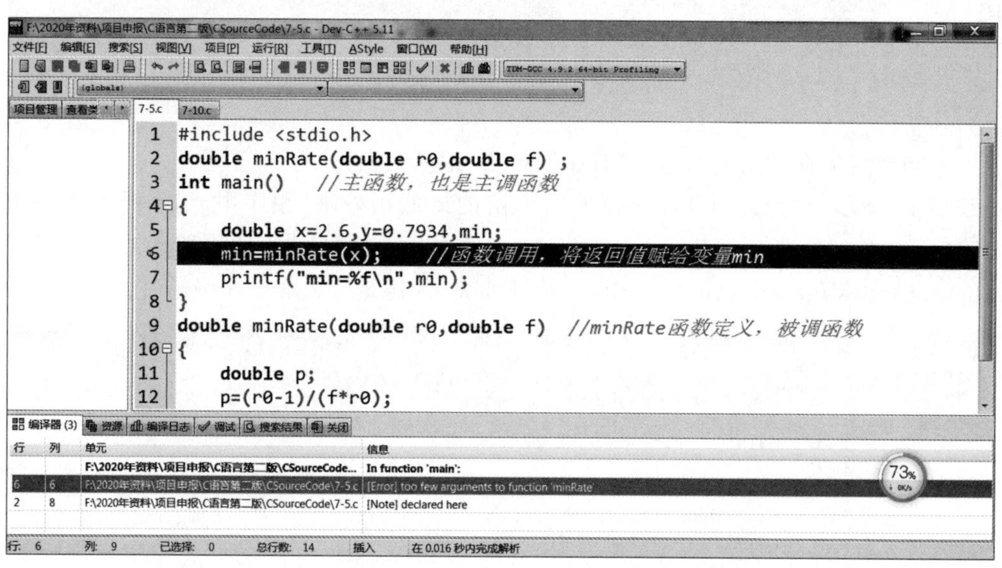

图 7-16 实参个数与形参个数不一致的程序界面

(5) 实参和形参的传值或传地址的方式不一致(编译或运行错误)。

在 C 语言中,参数传递方式有传值和传址两种方式,如果形参规定是传值方式,则实参需是与形参类型一致或者能隐式转换为形参数据类型的数值;如果形参规定是传址方式,则实参需是基类型与形参类型一致的地址值,否则会出错。

图 7-17 所示的"为达到群体免疫所需疫苗的最低接种率"程序中,编译时提示第 6 行代码出现错误"incompatible type for argument 1 of 'minRate'(minRate 第一个参数的类型不兼容)",原因是 minRate 的第一个形参声明为:double r0,则说明形参规定的是传值方式,但第 6 行的第一个实参为 &x,传递的是变量 x 的地址,两者类型不匹配,导致错误。

```
#include <stdio.h>
double minRate(double r0,double f) ;
int main()   //主函数，也是主调函数
{
    double x=2.6,y=0.7934,min;
    min=minRate(&x,y);    //函数调用，将返回值赋给变量min
    printf("min=%f\n",min);
}
double minRate(double r0,double f)  //minRate函数定义，被调函数
{
    double p;
    p=(r0-1)/(f*r0);
```

行	列	单元	信息
		F:\2020年资料\项目申报\C语言第二版\CSourceCode...	In function 'main':
6	6	F:\2020年资料\项目申报\C语言第二版\CSourceCode\7-5.c	[Error] incompatible type for argument 1 of 'minRate'
2	8	F:\2020年资料\项目申报\C语言第二版\CSourceCode\7-5.c	[Note] expected 'double' but argument is of type 'double *'

图 7-17 形实参类型不兼容的程序界面

图 7-18 所示的"交换两个变量的值"程序中，运行时只出现第 11 行代码的输出结果，然后程序出现运行错误，程序终止，并有警告信息"passing argument 1 of 'swap' makes pointer from integer without a cast(swap 传递的第一个参数没有强制从整数转换为指针)"，提醒用户 swap 第一个形参规定的是 int [](即 int *)类型，但实参却传递的是一个整型数。

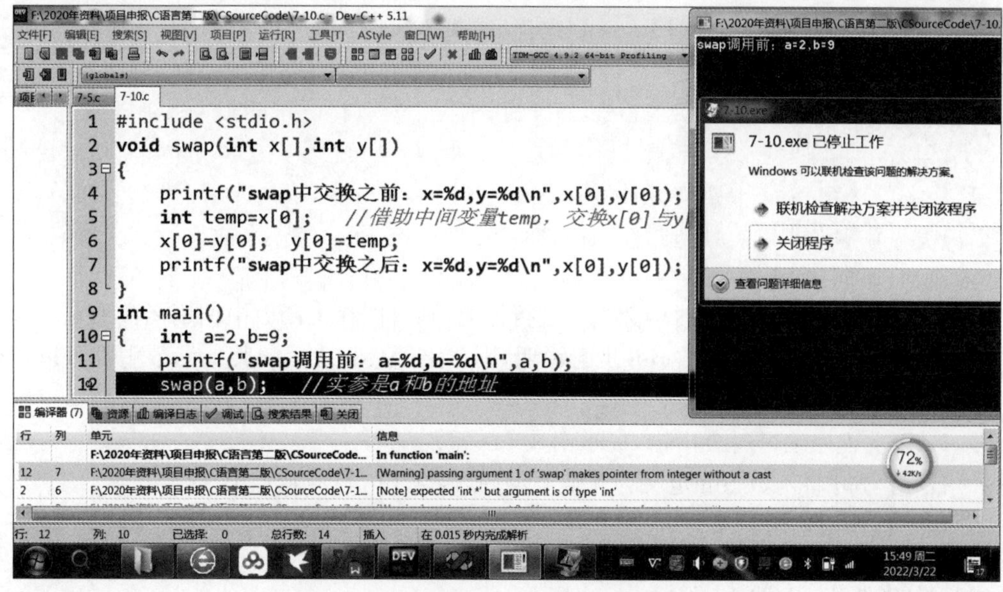

图 7-18 形实参类型不兼容的程序界面

程序之所以出现运行错误，是因为执行第 12 行代码"swap(a,b);"时需要形实参结合，即将实参 2(变量 a 的值为 2) 赋给形参 x，所以 x[0]则是指以 2 为首地址的内存单元，而此单元该应用程序并没有使用权，从而出现运行错误。

习题

一、选择题

1. 以下函数的函数头符合 C 语言语法规定的是(　　)。

A. int fac(int x,int y)　　　　B. float fac(int x;int y)

C. fac(int x,int y): float　　　　D. fac(int x,y)

2. 在 C 语言中,函数返回值的类型最终取决于(　　)。

A. return 语句中表达式值的类型

B. 函数定义时在函数首部所说明的函数类型

C. 调用函数时主调函数所传递的实参类型

D. 函数定义时形参的类型

3. 以下关于 return 语句的描述正确的是(　　)。

A. 一个自定义函数中必须有一条 return 语句

B. 返回值为 void 类型的函数中也必须有 return 语句

C. 没有 return 语句的自定义函数在执行结束时不能返回到调用处

D. 一个自定义函数可以依照不同情况设立多条 return 语句

4. 若有以下程序,下面叙述不正确的是(　　)。

```
#include <stdio.h>
void fun(int n);
int main()
{ void fun(int n);
  fun(5);
}
void fun(int n){ printf("%d",n);}
```

A. 若只有在主函数中对函数 fun 进行说明,则只能在主函数中调用函数 fun

B. 若在主函数前对函数 fun 进行说明,则在主函数和之后的其他函数中都可以正确地调用函数 fun

C. 以上程序编译时会出错,提示函数 fun 重复说明

D. 用 void 将函数 fun 定义为无值类型,则函数 fun 没有返回值

5. 以下程序的输出结果是(　　)。

```
#include <stdio.h>
void fun(int p)
{  int d=2;
   p=d++;
   printf("%d",p);
}
int main()
```

```
{   int a=1;
    fun(a);
    printf("%d\n",a);
}
```

A. 32　　B. 12　　C. 21　　D. 22

6. 以下程序的输出结果是(　　)。

```
#include <stdio.h>
int f(int x,int y)
{ return ((y-x) * x); }
int main()
{ int a=3,b=4,c=5,d;
  d=f(f(a,b),f(a,c));
  printf("%d\n",d);
}
```

A. 10　　B. 9　　C. 8　　D. 7

7. 以下程序的输出结果是(　　)。

```
#include <stdio.h>
int fun(int b[],int m,int n)
{ int i,s=0;
  for(i=m;i<=n;i=i+2)   s=s+b[i];
  return s;
}
int main()
{   int x,a[]={1,2,3,4,5,6,7,8,9};
    x=fun(a,3,7);
    printf("%d",x);
}
```

A. 8　　B. 18　　C. 10　　D. 20

8. 设有如下函数定义

```
int fun(int k)
{   if (k<1) return 1;
    else  if (k==1)  return 1;
          else  return fun(k-1)+1;
}
```

若执行调用语句：n=fun(3);,则函数 fun 总共被调用的次数是(　　)。

A. 2　　B. 3　　C. 4　　D. 5

9. 设函数中有整型变量 n,为保证其在未赋初值的情况下初值为 0,应选择的存储类别是(　　)。

A. auto　　B. register　　C. static　　D. auto 或 register

10. 如果一个变量在整个程序运行期间都需要存在,但仅在其所在函数内部是可见的,这个变量的存储类型应该为(　　)。

A. 静态内部变量　　B. 动态变量

C. 静态外部变量　　D. 寄存器变量

11. 以下程序的输出结果是(　　)。

```
#include <stdio.h>
int fun()
{   static int i=0;
    int s=1;
    s+=i++;
    return s;
}
int main()
{   int i,sum=0;
    for(i=0;i<5;i++)
       sum+=fun();
    printf("%d",sum);
}
```

A. 5　　B. 15　　C. 25　　D. 10

12. 以下程序的输出结果是(　　)。

```
#include <stdio.h>
int fun(int a,int b)
{   static int m=0;
    int i=2;
    i+=m+1;m=i+a+b;
    return(m);
}
int main()
{  int k=4,m=1,p;
   p=fun(k,m);printf("%d",p);
   p=fun(k,m);printf("%d",p);
}
```

A. 8,15　　B. 8,16　　C. 8,17　　D. 8,18

13. 下列关于外部变量的说法,正确的是(　　)。

A. 外部变量是在函数外定义的变量,其作用域是整个程序

B. 全局外部变量可以作用于多个模块,需要用 extern 在需要使用的其他模块上重新定义一遍

C. 全局外部变量可以作用于多个模块,extern 只是一个声明,而不是再一次的定义

D. 静态外部变量只能作用于本模块,因此它没有什么实用价值,很少被使用

14. 在一个 C 语言程序中,(　　)。

A. main 函数必须出现在固定位置

B. main 函数可以在任何地方出现

C. main 函数必须出现在所有函数之后

D. main 函数必须出现在所有函数之前

二、填空题

1. 以下程序执行后的输出结果是________。

```
#include <stdio.h>
int fun( int x,int y)
{ if  (x!=y)  return  ((x+y)/2);
  else return (x);
}
int main()
{ int a=4,b=5,c=6;
  printf("%d\n",fun(2*a,fun(b,c)));
}
```

2. 假设有以下函数：

```
void print(char ch,int n)
{  int i;
   for(i=1;i<=n;i++)
       printf(i%6!=0?"%c":"%c\n",ch);
}
```

执行调用语句 prt('*',24);后，程序共输出了________行 * 号。

3. 函数 fac1 的功能为计算 $s=1+1/2!\ +1/3!\ +\cdots+1/n!$的值，请将程序补充完整。

```
double fac1(int n)
{  double s=0.0;
   long fac=1;   //fac 为 n!
   int i;
   for(i=1;i<=n;i++)
   {   fac=fac ________;
       s=s+________;
   }
     return ________;
}
```

4. 以下程序为寻找 3000 以内(不包括 3000)的亲密数对。亲密数对的定义为：若正整数 a 的所有因子(不含 a)之和为 b，b 的所有因子(不含 b)之和为 a，且 $a\,!=b$，则称 a 和 b 为亲密对数。

```
#include <stdio.h>
________            /*求 x 的因子之和*/
{   int i,sum=0;
    for(i=1;  i<x  ;i++)
           if (x%i==0)   sum+=i;
    return sum;
}
int main()
{   int i,j;
    for(i=2; ________;i++)
    {   j=fact(i);
        if (________)  printf("%d,%d\n",i,j);
    }
}
```

5. 函数 fun 的功能是，将数组 a 中下标 $k(k>0)$ 开始的后续元素全部向前移动一个位置。请补充程序。

```
#define  N  10
________ fun(________)
{ int i;
  for(i=k;i<N;i++)
    a[________]=a[i];
}
```

6. 以下程序的输出结果是________。

```
#include <stdio.h>
int fun(int b[],int count)
{ int i,s=0;
  for(i=0;i<=count;i++)   s=s+b[i];
  return s;
}
int main()
{  int sum,a[]={1,2,3,4,5,6,7,8,9};
   sum=fun(a+2,3);
   printf("%d",sum);
}
```

7. 函数 findMax 的功能为返回数组 data 中 t 个数据中最大值元素的下标，main 函数功能为调用 findMax 函数，查找数组 a 中 5 个数据的最大值及最大值下标，请将程序补充完整。

```
#include <stdio.h>
int findMax(int data[],int t)
{ int i,max;
  for(max=0,i=0;________;i++)
     if(data[max]<data[i]) ________
  return max;
}
int main()
{   int a[5]={1,10,23,100,8},max;
    max=________
    printf("最大值%d 的下标是%d\n",a[max],max);
}
```

8. 以下程序的输出的结果是________。

```
int main()
{ int x[3][3]={1,2,3,4,5,6,7,8,9},sum;
  sum=fun(x);
  printf("sum=%d",sum);
}
int fun(int a[][3])
```

```
{  int i,j,sum=0;
   for(i=0;i<3;i++)
      for(j=0;j<3;j++)
      {
         a[i][j]=i+j;
         if (i==j)   sum=sum+a[i][j];
      }
    return sum;
}
```

9. 以下程序的输出结果是________。

```
#include <stdio.h>
void fun(int x)
{  if (x/2>0)  fun(x/2);
   printf("%d",x);
}
int main()
{  fun(6); printf("\n");}
```

10. 以下程序，如果从键盘输入 hello world<CR>(<CR>代表回车)，输出是________。

```
#include <stdio.h>
void fun()
{ char c ;
  if((c=getchar())!='\n')
      fun() ;
  putchar(c);
}
int main()
{   fun();   }
```

11. 以下程序的功能为：第一个数是10，从第二个数起，每个数都比前一个数多6，求第n个数是多少。请将程序补充完整。

```
#include <stdio.h>
long add(int n)
{  long m;
   if (n==1)  m=________;
   else  m=________;
   return m;
}
int main()
{  long m;
   int n;
   scanf("%d",&n);
   m=________;
   printf("%ld",m);
}
```

12. 以下程序的运行结果是________。

```
#include <stdio.h>
int sum(int data[],int n)
{ if(n>1)
    return data[0]+sum(data+1,n-1);
  else
     return data[0];
}
int main()
{ int data[10]={1,2,3,4,5,6},s;
  s=sum(data+2,3);
  printf("sum=%d\n",s);
}
```

13. 以下程序的输出的结果是________。

```
#include <stdio.h>
#define C 5
int x=1,y=C;
int main()
{ int x;
  x=y++;  printf("%d %d,", x,y);
  if(x>4) { int x ; x=++y; printf("%d %d,",x,y); }
  x+=y--;
  printf("%d %d,",x,y);
}
```

14. 以下程序的输出结果是________。

```
int getSum(int data[],int n)
{   static int sum=0,i;
    for(i=0;i<n;i++)   sum+=data[i];
    return sum;
}
int main()
{   int a[]={1,2,3},b[]={6,7,8,9},s=0;
    s=getSum(a,3)+getSum(b,4);
    printf("%d\n",s);
}
```

三、编程题

1. 编写一个函数,判断一个年份是否为闰年,是则返回1,否则返回0。

2. 编写一个函数 int minDaffodils(int a,int b),功能为求出 a～b 的最小水仙花数,如果此范围内存在水仙花数,则返回水仙花数,如果不存在,则返回-1。

3. 编写一个函数 int isHui(char str[]),判断字符串 str 是否为回文字符串,若是,则返回1,否则返回0。

4. 编写一个函数 void delChar(char str[],char c),功能为删除字符串 str 中的所有字

符 c。

5. 编写一个函数 void int_to_str(int data,char str[]),功能为将一个正整数 data 的各个数字序列转换为字符串形式,存放于 str 中。如正整数 1357,转换为字符串"1357"。

6. 编写一个函数 void DtoH(int n,char c[]),功能为将一个十进制整数 n 转换为十六进制字符串 c。

7. 编写程序一个函数 float variance(float arr[],int n),功能为求 arr 中 n 个数据的方差。方差(样本方差)是每个样本值与全体样本值的平均数之差的平方值的平均数。计算公式为:$S^2=\frac{\sum(X-\overline{X})^2}{n-1}$,其中,$S^2$ 为样本方差,X 为样本变量,$\overline{X}$ 为样本均值,n 为样本数量。

8. 请用递归完成猴子吃桃问题。猴子摘了一堆桃,第一天吃了一半,还嫌不过瘾,又吃了一个;第二天又吃了剩下的一半零一个;以后每天如此。到第十天,猴子一看只剩下一个了。问最初有多少个桃?

9. 编写一个函数 long Fibonacci(int n),功能为求斐波那契数列的第 n 项。斐波那契数列的递归定义为:

$$F(n)=\begin{cases}1 & n=0\\1 & n=1\\F(n-1)+F(n-2) & n>1\end{cases}$$

第8章 指　针

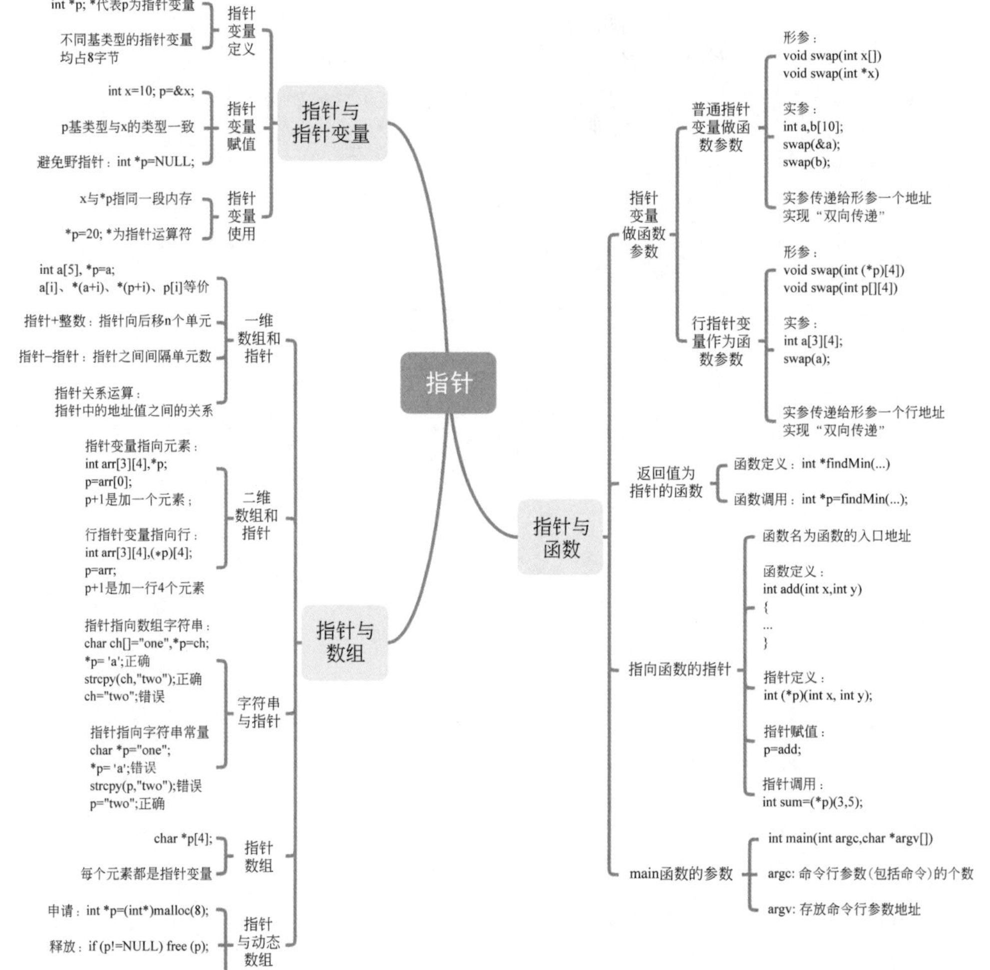

指针
指针与指针变量
指针变量定义
int *p; *代表p为指针变量
不同基类型的指针变量均占8字节
指针变量赋值
int x=10; p=&x;
p基类型与x的类型一致
避免野指针：int *p=NULL;
指针变量使用
x与*p指同一段内存
*p=20; *为指针运算符
指针与数组
一维数组和指针
int a[5], *p=a;
a[i]、*(a+i)、*(p+i)、p[i]等价
指针+整数：指针向后移n个单元
指针-指针：指针之间间隔单元数
指针关系运算：
指针中的地址值之间的关系
二维数组和指针
指针变量指向元素：
int arr[3][4],*p;
p=arr[0];
p+1是加一个元素；
行指针变量指向行：
int arr[3][4],(*p)[4];
p=arr;
p+1是加一行4个元素
字符串与指针
指针指向数组字符串：
char ch[]="one",*p=ch;
*p= 'a';正确
strcpy(ch,"two");正确
ch="two";错误
指针指向字符串常量
char *p="one";
*p= 'a';错误
strcpy(p,"two");错误
p="two";正确
指针数组
char *p[4];
每个元素都是指针变量
指针与动态数组
申请：int *p=(int*)malloc(8);
释放：if (p!=NULL) free (p);
拓展空间：p=realloc(p,20);
指针与函数
指针变量做函数参数
普通指针变量做函数参数
形参：
void swap(int x[])
void swap(int *x)
实参：
int a,b[10];
swap(&a);
swap(b);
实参传递给形参一个地址
实现“双向传递”
行指针变量作为函数参数
形参：
void swap(int (*p)[4])
void swap(int p[][4])
实参：
int a[3][4];
swap(a);
实参传递给形参一个行地址
实现“双向传递”
返回值为指针的函数
函数定义：int *findMin(...)
函数调用：int *p=findMin(...);
指向函数的指针
函数名为函数的入口地址
函数定义：
int add(int x,int y)
{
...
}
指针定义：
int (*p)(int x, int y);
指针赋值：
p=add;
指针调用：
int sum=(*p)(3,5);
main函数的参数
int main(int argc,char *argv[])
argc: 命令行参数(包括命令)的个数
argv: 存放命令行参数地址

指针是一把双刃剑，让很多程序员又爱又怕。爱它，是因为指针真的是一位多才多艺的天使，利用指针可以直接操纵内存地址，高效完成类似汇编语言的工作；可以在函数间高效传递数据；可以实现内存的动态分配，提高程序的编译效率和执行速度；可以灵活有效地组织和表达复杂数据结构。怕它，是因为稍不留神指针就会给程序埋下非常隐蔽的祸根，为程序调试带来极大的困难。因此，建议初学者一方面要充分认识到指针是C语言的精华，一旦破解C语言指针，就会让你的C语言编程水平突飞猛进；另一方面不必惧怕指针，只要以非常严谨的态度学习指针，多思考，多比较，多做题，多上机调试程序，多积累经验，掌握指针的正确使用方法，指针就会成为你编写出简洁、高效程序的功臣。

8.1 指针与指针变量

8.1.1 指针的基本概念

计算机内存是以字节为单位的一片连续的存储空间，每个字节都有一个编号，这个编号称为地址。假设内存是一栋教学楼，一个字节就相当于一间教室，每个教室都有一个教室编号，通过教室编号可对每个教室进行管理。

在前面的章节中，都是通过变量名操作内存，存取数据，例如：

```
int x=10;
char ch='a';
```

如图8-1所示，会为 x 分配4B的连续内存空间，假设是地址为0X1009、0X100A、0X100B、0X100C这4个字节的内存单元，则这段连续内存单元就有了一个名字 x，而这段连续空间的第一个字节的地址(即首地址)0X1009，称为变量 x 的地址。x 初始化为10，则10保存其中。分配1B内存空间，命名为ch，将字符a的ASCII码97保存其中。注意，除了一个数组的各个元素在内存中是相邻单元外，不同变量无法保证是相邻的，所以 x、ch可能相邻，也可能不相邻。

```
x=20;
```

此语句的作用则是将20存放到名为 x 的内存空间中。这种直接使用变量名对内存空间进行存取的方式称为“直接访问”方式。

在C语言中，一个变量的地址称为该变量的指针，例如0X1009是变量 x 的指针，0X1008是变量ch的指针。而专门存放指针的变量称为指针变量，例如：

```
int *p;                    //定义一个指针变量
p=&x;                      //为指针变量赋值
```

则 p 为一个指针变量，变量中存放 x 的地址0X1009。这样，指针变量 p 和变量 x 之间就建立起了一种指向关系，即 p 是指向变量 x 的指针变量。这时就可以通过“间接访问”方式访问 x：先从变量 p 中取出地址0X1009，然后对地址为0X1009的空间进行存取。

一般,读者并不需要关心 p 和 x 在内存中究竟如何分配,只需关注 p 中存放的是 x 的地址即可,因此经常使用有向箭头表达两者之间的逻辑指向关系,如图 8-2 所示。

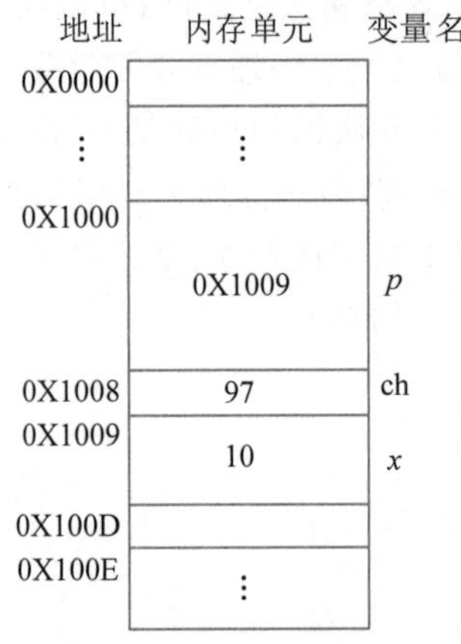

图 8-1 内存单元空间分配示意图

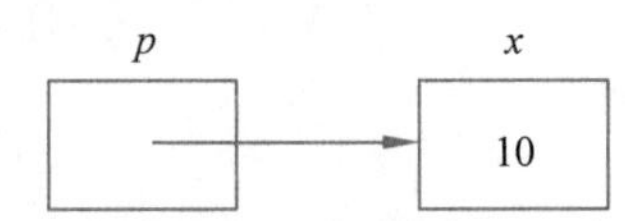

图 8-2 指针变量 p 指向变量 x 逻辑示意图

注意:区分指针与指针变量之间的区别。指针就是一个变量的地址,是常量,例如:0X1000 是变量 p 的指针,0X1009 是变量 x 的指针;指针变量是一种特殊变量,变量中存放的值是一个指针,例如 p。有时指针变量也会简称为指针,因此需要根据上下文确定“指针”究竟是指针变量还是地址。另外,因为变量、数组、字符串、函数甚至指针变量均有地址,因此指针变量又分为指向变量的指针、指向数组的指针、指向字符串的指针、指向函数的指针、指向指针的指针等,定义、使用虽不同,但本质相同,均存储一个指针。

扫一扫

8.1.2 指针变量的定义

指针变量与普通变量的定义基本一致,只是在变量名前加星号 *,一般格式为:

```
[存储类型] 数据类型  *变量名;
```

(1) 存储类型为可选项,可以是 auto、static、register 等,含义与第 7 章中的存储类型相同,是指指针变量本身的存储类型。

(2) “*”是指针说明符,表明其后的变量名为指针变量。

(3) 数据类型是指该指针变量所指向变量的数据类型,称为指针变量的基类型。

【例 8-1】 编程实现,测试不同基类型的指针变量所占的存储空间。

```
#include <stdio.h>
int main()
{
    int *p;                   //与 auto int *p 等价,定义一个自动类型的指针变量
    static char *s;           //定义一个静态的指针变量
    printf("sizeof(p)=%d,sizeof(s)=%d\n",sizeof(p),sizeof(s));
}
```

程序执行结果为:

```
sizeof(p)=8,sizeof(s)=8
```

在程序中，指针变量 p 和 s 具有不同的基类型，但输出为什么都是 8 呢？这是因为指针变量本身的数据类型与基类型无关。在 Dev-C++ 中，所有指针变量本身的数据类型均默认为 unsigned long long 型，占 8B。p 与 s 均为局部变量，则会在栈区为变量 p 分配 8B 内存空间，在静态存储区为变量 s 分配 8B 内存空间。p 的基类型为 int，说明将来 p 中要存放一个 int 型变量的地址；s 的基类型为 char，说明将来 s 中要存放一个 char 型变量的地址。

既然无论基类型是什么，指针变量本身都分配一样大小的内存单元，为什么要指定基类型呢？这是因为定义指针变量的目的是实现"间接访问"，指针变量中只存放指向空间的首地址。在"间接访问"时，如果不知道指向空间的数据类型，怎么会知道要访问几个字节，按什么类型形式访问呢？

8.1.3 指针变量的赋值

扫一扫

定义指针变量的目的是实现"间接访问"，即通过指针变量访问所指向的存储空间。如果一个指针变量没有被赋值，则其指向位置是不确定的，如果仍然去"间接访问"，则会访问到一个不确定的、不合法的空间，此乃编程大忌。因此，切记指针变量必须先赋值后使用。同普通变量一样，既可以在指针变量定义时赋初值，即指针变量的初始化，也可以先定义，后赋值，两者效果等价。

(1) 为指针变量赋地址值。

```
int x=10, * p=&x;              //指针变量 p 定义时赋初值
```

以上语句与以下两条语句效果等价。

```
int x=10, * p;                 //指针变量 p 先定义
p=&x;                          //指针变量 p 后赋值
```

功能均为定义一个 int 型变量 x，定义一个指针变量 p，并将变量 x 的地址存入指针变量 p 中，即建立指针变量 p 和变量 x 之间的逻辑指向关系。其中，"&"是取地址运算符，其功能是取变量的地址。

注意：不能将一个常量赋给指针变量，例如：

```
int * p=1000;
```

虽然这样编译系统只是提示一个警告，但因为根本无法保证程序对以 1000 为首地址的这段内存空间具有存取权，因此常导致程序运行错误。

(2) 为指针变量赋相同类型的指针变量值。

```
int x=10, * p=&x, * q;         //p 指向 x
q=p;                           //q 指向 p 所指向的内存空间
```

上述两条语句的功能为：p、q 均指向 x，逻辑关系如图 8-3 所示。

注意：不同基类型的指针变量之间不能互相赋值，例如：

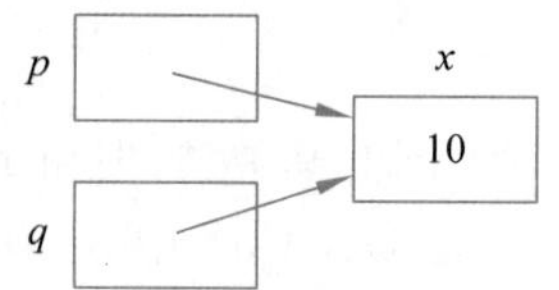

图 8-3 指针变量指向示意图

```
int x=10, * p;
char * q=p;          //p与q的基类型不同,不能互相赋值,当然 char * q=&x;也不可以
```

虽然编译系统只是提示一个警告,但会造成程序运行错误。

(3) 为指针变量赋"空"值。

如果一个指针变量暂时没有赋予确定指向或者原有指向已经无效,则称为野指针。野指针会导致程序出现莫名其妙的运行或逻辑错误,并且很难排查。规避野指针最简单、最常用的方法就是及时为指针变量赋"空"值。例如:

```
int * p=NULL;      //与 int * p=0;  或  int * p='\0';等价
```

NULL 是在 C 语言标准头文件 stdio.h 中用命令"#define NULL 0"定义的符号常量,此时称 *p* 为空指针。C 语言中规定,当指针值为 NULL,即为 0 时,指针并不是指向地址为 0 的存储空间,而是有了一个确定的值"空"。以便将来能够通过"if (p!=NULL)"这样的判断规避野指针造成的错误。

扫一扫

8.1.4 指针变量的使用

指针变量定义、赋值后就可以利用"*"实现"间接访问"。"*"是指针运算符,也称为间接运算符,表示间接访问指针变量所指向的内存空间。

【例 8-2】 编程实现,测试直接和间接访问方式。

```
#include <stdio.h>
int main()
{
    int x=10, * p=&x, * q;                        //int x=10 为直接访问方式访问 x
    q=p;
    printf("x=%d, * p=%d, * q=%d\n", x, * p, * q); //用直接和间接两种访问方式访问 x
    * p=20;          //用间接访问方式为 x 赋值,如果从键盘输入,则用 scanf("%d",p);
    printf("x=%d, * p=%d, * q=%d\n", x, * p, * q);
}
```

程序运行结果为:

```
x=10, * p=10, * q=10
x=20, * p=20, * q=20
```

例 8-2 中变量 x 与指针变量 p、q 之间的逻辑指向关系如图 8-4 所示。此时，$*p$ 表示指针变量 p 所指向的变量，即变量 x。即 x、$*p$、$*q$ 其实引用的是同一段内存空间，因此，通过“* p=20;”修改空间数据后，x、$*q$ 的值也随之改变。

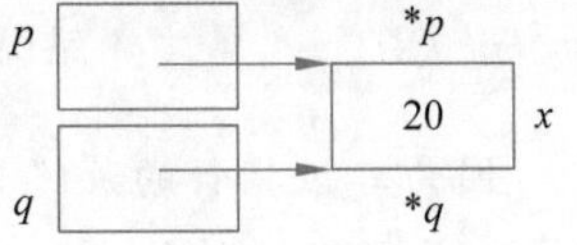

图 8-4 指针变量指向示意图

注意：定义语句与执行语句中的“*”运算符的含义是不同的。例如，定义语句“int x=10，* p=&x;”中，“*”只表示其后的变量为指针变量，&x 的值是赋给了 p，与“int x=10，* p; p=&x”等价；而执行语句“* p=20;”中的“*”是指针运算符，“$*p$”表示 p 所指向的内存空间，与“x=20;”等价。

如果要以键盘输入方式为 x 赋值，则可使用“scanf("%d",p);”，与“scanf("%d",&x);”等价。

8.1.5 二级指针

扫一扫

前面所定义的指针变量都是通过一次“寻址”就找到了最终访问目标，这样的指针变量也称为一级指针。如果一个指针变量中存放的是一个一级指针变量的地址，需要通过二次“寻址”才能找到最终访问目标，则这样的指针变量称为二级指针或者指向指针的指针。

二级指针变量的定义形式如下：

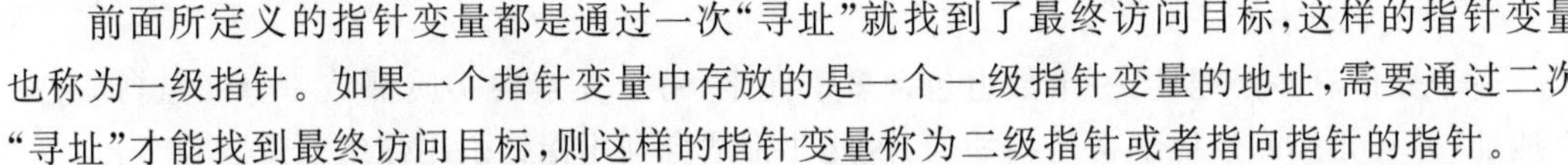
「存储类型」数据类型 **指针变量名

【例 8-3】 编程实现，测试二级指针实现间接访问方式。

```
#include <stdio.h>
int main()
{
    int x=10, * p,**q;                          //定义 p 为一级指针，q 为二级指针
    p=&x;                                       //一级指针指向普通变量
    q=&p;                                       //二级指针指向一级指针
    printf("q=%x,&p=%x\n",q,&p);                //q 中存放 p 的地址，两者值相同
    printf("p=%x,* q=%x,&x=%x\n",p,* q,&x);     //* q 为一次"寻址"，与 p 值相同
    printf("x=%d,* p=%d,**q=%d\n",x,* p,**q);   //**q 为二次"寻址"，与 * p 值相同
}
```

程序运行结果为：

```
q=22fe38,&p=22fe38
p=22fe44,* q=22fe44,&x=22fe44
x=10,* p=10,**q=10
```

读者程序运行结果的前两行值可能与此不同，但同一行中的值肯定相等。程序中 x、p、q 之间的指向关系如图 8-5 所示：q 中存放的是 p 的地址，因此 q 与 &p 的值相同；$*q$ 为第一次寻址，即找到 q 的指向空间，与 p 同指一段内存空间；$**q$ 为二次寻址，即找到 $*q$ 的指向空间，与 x、$*p$ 同指一段内存空间。

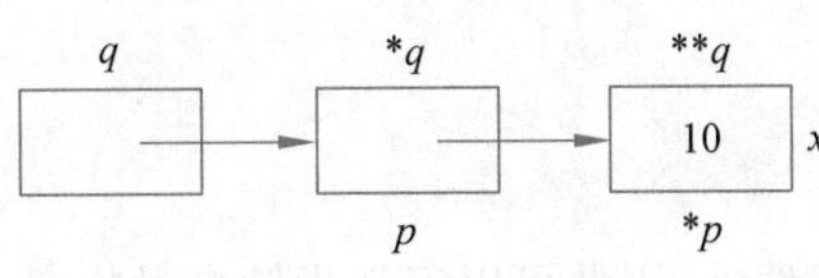

图 8-5 二级指针指向关系示意图

注意：二级指针只能存放一级指针的地址，例如程序中的“q=&p;”是正确的，绝不能存放普通变量的地址，例如：

```
q=&x;            //错误引用
```

因为二级指针的最终目的是实现“二次间接”访问，即访问**q的值，而此时 *q 是指 x，而**q 是指以 x 的值，即 10，为地址的内存空间，很难保证程序对这段内存具有使用权，常造成“非法访问内存”的运行错误。

在理论上，可以定义 $N(N>=1)$级指针，只要定义时在变量名前添加 N 个 * 即可。但实际应用中很少应用二级以上指针。

8.2 指针与数组

一个变量有一个地址，一个数组包含多个元素，每个元素的实质都是一个变量，都有一个地址，并且相邻元素地址也是相邻的，因此非常适合利用指针引用数组元素。

扫一扫

8.2.1 一维数组和指针

假设定义一个一维数组 arr：

```
int arr[5]={99,15,100,888,252};
```

由第 6 章数组中的知识可知，数组 arr 会被分配一段连续的内存空间，数组名 arr 代表数组的首地址，也是 arr[0]的地址。arr[i]的地址为：&arr[i]=arr+i * sizeof(int)，而在 C 语言中，arr+i 表示的也是 arr+i * sizeof(int)，所以，arr+i 也是元素 arr[i]的地址。因此，到目前为止，引用一个一维数组元素的方法有以下两种：

(1) 下标法。例如 arr[i]。

(2) 指针法。例如 *(arr+i)，即指针 arr+i 中的值。

【例 8-4】 编程实现，输出数组中所有元素的值。

```
#include <stdio.h>
int main()
{
    int arr[5]={99,15,100,888,252};
    int i;
    for(i=0;i<5;i++)
        printf("%d ", *(arr+i));        //*(arr+i)与 arr[i]等价
}
```

程序运行结果为：

```
99 15 100 888 252
```

一维数组的数组名是地址，数组中的每个元素都有地址，因此可以定义指针变量指向一个一维数组元素。

1. 指向一维数组元素的指针变量的定义

一维数组中一个元素的实质就是一个普通变量，因此指向一维数组元素的指针变量的定义与指向普通变量的指针变量的定义方式一致，例如：

```
int arr[5]={99,15,100,888,252};      //定义一个包含 5 个元素的一维数组
int * p=arr;                         //定义一个指针变量指向元素 arr[0]
```

数组 arr 的地址赋给指针变量 *p*，如图 8-6 所示。但一定注意，这并不代表 *p* 指向数组 arr，而是指向元素 arr[0]，因为 arr 也是 arr[0]的地址，与语句“int *p=&arr[0];”等价。此时，arr[i]、*(arr+i)、*(p+i)、p[i]四种表示数组元素的方式是等价的。

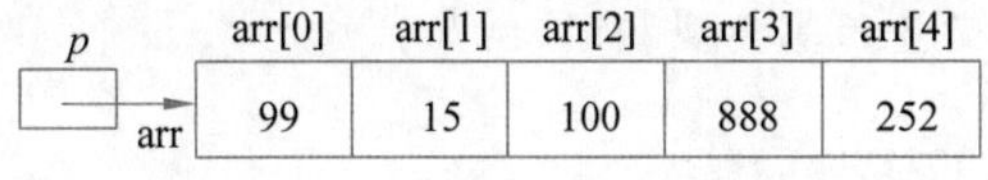

图 8-6 一维数组指针指向示意图

当然，指针 *p* 也可以指向数组的其他元素，如“int *p=arr+2;”或“int *p=&arr[0]+2;”，表示 *p* 指向元素 arr[2]。

2. 指针的算术运算

指针有意义的算术运算有加法(+)、减法(−)、自增(++)和自减(−−)，但需要特别强调，只有当指针指向某个数组元素，即一段具有访问权的连续空间时，指针的算术运算才有实际意义。如果指针指向单个变量，虽然编译系统不提示任何错误或警告信息，但没有实际应用意义，一定避免使用。

(1) 指针参与加法(+)运算的应用形式及含义。

假设 *p* 与 arr 之间的指向关系仍如图 8-6 所示。

$p+n$ 表示从 *p* 开始向后移动 *n* 个单元。例如，$p+2$ 表示从 *p* 开始向后移动 2 个单元，即表示 arr[2]的地址，而 *($p+2$)是指 $p+2$ 所指向的内存空间，即 arr[2]。

【例 8-5】 编程实现，输出指针表达式的值。

```
#include <stdio.h>
int main()
{
    int arr[5]={99,15,100,888,252};
    int * p=arr;
    printf("p=%x,p+2=%x\n",p,p+2);
    printf("&arr[0]=%x,&arr[2]=%x\n",&arr[0],&arr[2]);
    printf("* (p+2)=%d,arr[2]=%d\n",* (p+2),arr[2]);
}
```

程序运行结果如图 8-7 所示。

从程序运行结果可以看出，$p+2$ 的值与 &arr[2]的值一致。但需要注意，$p+2$ 的值与 *p* 的值之间，即 22fe38 与 22fe30 之间为什么差 8 呢？因为 $p+2$ 中的 2 代表是 2 个单元，而一个单元究竟占几个字节，是由指针变量的基类型决定的。在本例中，*p* 的基类型为 int 型，占 4B，因此两个单元占 8B。

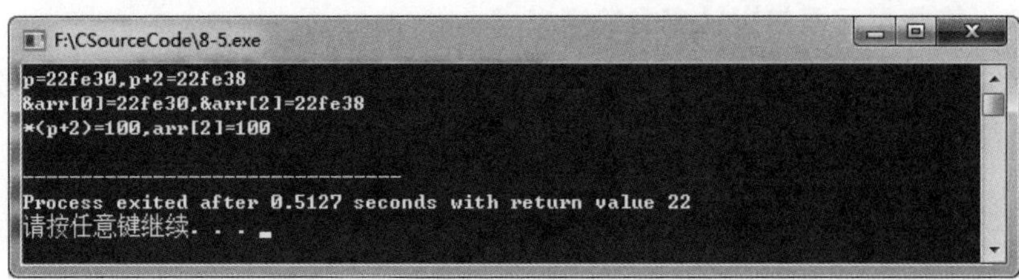

图 8-7 例 8-5 程序运行结果图

注意：指针变量一般与一个整型数据相加才有实际意义，而与指针变量、与浮点型数据等相加均无实际意义。但指针变量与指针变量可以相减，结果为两个变量值之间相差的单元个数，但要求两个指针变量的基类型相同，例如：

```
int arr[5]={99,15,100,888,252};
int *p=arr, *q=arr+3;
```

则 $q-p$ 的值为 3，即相差 3 个单元，即 3 个数组元素。

(2) 指针参与自增(++)运算的应用形式及含义。

指针参与自增、自减运算时，仍然分为前加加(++p)和后加加(p++)两种形式。仍以"p=arr;"为前提。

++p 的含义为：指针 p 先自加 1，即 p 指向 arr[1]；然后参与运算，即参与运算的是 arr[1]的地址。

p++的含义为：先参与运算，即参与运算的是 arr[0]的地址；然后 p 再自加 1，即 p 指向 arr[1]。

注意：参与自增、自减的必须是指针变量，而 arr++是不合法的，因为 arr 是数组名，是一个指针常量。

【例 8-6】 编程实现，输出指针表达式的值。

```
#include <stdio.h>
int main()
{
    int arr[5]={99,15,100,888,252};
    int *p=arr;                          //p指向 arr[0]
    printf("*(++p)=%d\n", *(++p));      //先自加 1,则输出 arr[1]的值
    printf("*p=%d\n", *p);              //输出 p 的当前指向,即 arr[1]的值
    p=arr;                               //p 重新指向 arr[0]
    printf("*(p++)=%d\n", *(p++));      //先输出 arr[0]的值,再自加 1
    printf("*p=%d\n", *p);              //输出 p 的当前指向,即 arr[1]的值
}
```

程序执行结果为：

```
*(++p)=15
*p=15
*(p++)=99
*p=15
```

3. 指针的关系运算

在C语言中，两个指针可以参与所有的关系运算，如>、>=、<、<=、==、!=等，假设：

```
int arr[5]={99,15,100,888,252};
int *p=arr, *q=arr+3;
```

$p>q$ 表示 p 中的地址值是否大于 q 中的地址值，$p==q$ 表示 p 和 q 中的地址值是否相等。但仍然注意，p 和 q 指向同一段具有访问权的连续空间时比较才有意义。

【例 8-7】 编程实现，找出 N 个整数中的最大数。

```
#include <stdio.h>
#define N 5
int main()
{
    int arr[N], *p, *max;             //max存放最大值的空间的地址
    printf("请输入%d个整数: ",N);
    p=arr;                            //p指向数组元素arr[0]
    for(int i=0;i<N;i++)              //循环过程中p保持指向不变,下标i变化
      scanf("%d",&p[i]);              //与scanf("%d",p+i);等价
    max=arr;                          //max先指向arr[0]
    /*p开始指向arr[1],然后通过p指针的移动达到访问每一个数组元素的目的*/
    for(p=arr+1;p<arr+N;p++)          //通过p<arr+N控制p的指向在arr数组元素范围内
        if (*p>*max)                  //如果p指向元素的值大于max指向元素的值
            max=p;                    //max指向p的指向
    printf("max=%d\n",*max);          //max所指向元素,即*max为最大值
}
```

8.2.2 二维数组和指针

扫一扫

1. 二维数组地址解析

在C语言中，二维数组元素在内存中也是占一段连续的内存空间，且存放规则为行优先。例如：

```
int arr[3][4]={{1,2,3,4},{5,6,7,8},{9,10,11,12}};
```

二维数组可以看作一个特殊的一维数组。例如，arr是一个一维数组，包含3个元素：arr[0]、arr[1]、arr[2]，地址分别是arr、arr+1、arr+2。而每一个元素都是一个包含了4个元素的一维数组，例如，arr[0]是一个一维数组，包含了4个元素：arr[0][0]、arr[0][1]、arr[0][2]、arr[0][3]，地址分别是arr[0]、arr[0]+1、arr[0]+2、arr[0]+3，如图8-8所示。

由上述分析可以总结出：

arr是二维数组的名字，是二维数组的首地址，也是第0行的地址，arr+i 表示第 i 行地址，即arr如果加1，则增加的步幅是1行。假设arr的值为0X1000，则arr+1=0X1000+1*4*sizeof(int)=0X1000+16=0X1010。

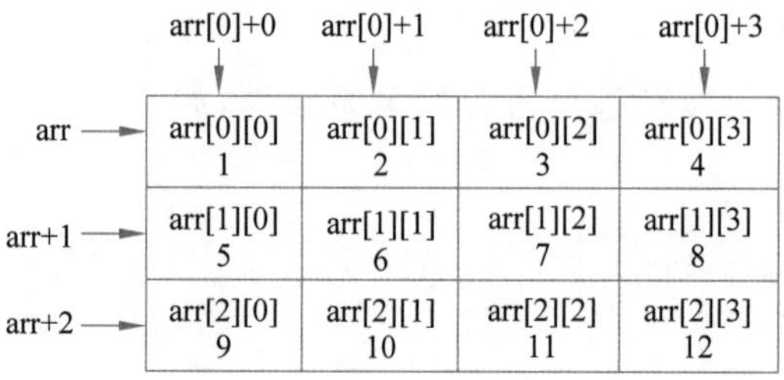

	arr[0]+0	arr[0]+1	arr[0]+2	arr[0]+3
arr →	arr[0][0] 1	arr[0][1] 2	arr[0][2] 3	arr[0][3] 4
arr+1 →	arr[1][0] 5	arr[1][1] 6	arr[1][2] 7	arr[1][3] 8
arr+2 →	arr[2][0] 9	arr[2][1] 10	arr[2][2] 11	arr[2][3] 12

图 8-8　二维数组的行地址和列地址示意图

*(arr+i)或者 arr[i]是整个第 i 行元素的名字，是第 i 行第 0 列的地址，arr[i]+j 表示第 i 行第 j 列元素的地址，即 arr[i]如果加 1，则增加的步幅是 1 个元素。假设 arr 的值为 0X1000，则 arr[1]+2=0X1000+1*4*sizeof(int)+2*sizeof(int)=0X1010+8=0X1018。

由此可见，arr+i 与 arr[i]+j 虽然都是地址，尤其注意 arr 的值是 0X1000，arr[0]的值也是 0X1000，但含义不同，参与+或−运算时的步幅也不同。因此，如果采用指针变量访问二维数组元素，可以定义指向 arr 的指针，也可以定义指向 arr[i]的指针，但定义和引用形式均不同。

2. 通过指向二维数组元素的指针变量引用二维数组元素

二维数组元素的实质与一维数组元素的实质一样，都是一个普通变量，因此指向二维数组元素的指针变量的定义与指向普通变量的指针变量的定义方式一致，注意赋值时只能赋二维数组的列地址，即元素地址。利用二维数组元素在内存中以行优先规则连续存放的特性，只要指针指向第 0 个元素，以后每次向后移动一个元素，即可遍历访问二维数组的所有元素。

【例 8-8】　编程实现，将矩阵中小于 0 的数据置 0。

```
#include <stdio.h>
int main()
{
    int arr[3][4], * p;
    printf("请输入 3 行 4 列数据: \n");
    p=arr[0];                                //p 只能指向二维数组元素,p=arr 是错误的
    for(int i=0;i<3;i++)                     //用双重循环控制 p 的移动次数
      for(int j=0;j<4;j++)
        scanf("%d",p++);
    for(p=arr[0];p<=arr[0]+11;p++)           //利用 p 与末尾元素地址 arr[0]+11 控制循环
      if ( * p<0)
        * p=0;
    p=arr[0];                     //如果上一个循环 p 已经移动到末尾,一定注意重新指向首元素
    for(int i=1;i<=12;i++)                   //用单层循环控制 p 的移动次数
    {
      printf("%3d ", * p++);
      if (i%4==0)
        printf("\n");
    }
}
```

3. 通过"行指针"变量引用二维数组元素

行指针变量也称为指向一维数组的指针变量,行指针如果加 1,则增加的步幅是 1 行,其定义形式为:

```
「存储类型」类型说明符 (*指针变量名)[元素个数];
```

其中,元素个数应与指针变量所指向二维数组的第二维长度保持一致。

例如:

```
int arr[3][4];              //二维数组 arr 的第二维长度为 4
int (*p)[4];                //定义行指针变量 p,指向一个包含 4 个元素的一维数组
p=arr;                      //指针变量 p 指向二维数组的第 0 行,即 arr[0]
```

此时 $p+i$ 与 arr$+i$ 是等价的,均指向二维数组的第 i 行,即 arr[i],即指针加 1,则增加的步幅是包含了 4 个 int 元素的 1 行。此时,利用指针 p 可以采用以下 3 种形式访问二维数组元素 arr[i][j]:下标法 p[i][j]、指针法 *(*(p+i)+j)、下标指针混合法 *(p[i]+j)和(*(p+i))[j]。建议使用简洁的下标法 p[i][j]。

仍需注意,使用数组名 arr 也有下标法、指针法、下标混合法等访问数组元素的形式,但数组名是常量,不能进行自增、自减运算。

【例 8-9】 编程实现,将矩阵中小于 0 的数据置 0。

```
#include <stdio.h>
int main()
{
    int arr[3][4]={{1,-2,3,4},{5,6,7,-8},{-9,10,11,12}},(*p)[4];
    //p 指向二维数组的第 0 行
    for(p=arr;p<arr+3;p++)      //p<arr+3 控制行指针移动次数
    {                           //注意 p++,即行指针的移动放在外层循环中
      for(int j=0;j<4;j++)      //j 表示列数
          if (p[0][j]<0)        //行指针 p 在移动,p[0][j]表示当前行的第 j 个元素
             p[0][j]=0;
    }
    p=arr;                      //p 重新指向二维数组的第 0 行
    for(int i=0;i<3;i++)        //p 保持不动,i 表示行数
    {
      for(int j=0;j<4;j++)      //j 表示列数
          printf("%3d ",*(*(p+i)+j));   //*(*(p+i)+j)与 arr[i][j]、p[i][j]等价
      printf("\n");
    }
}
```

8.2.3 字符串与指针

在 C 语言中,提供了以下两种访问字符串的方法。

(1) 将字符串存储在一维字符数组中,访问一维字符数组元素的方法通常使用下标法,具体见第 6 章。由 8.2.1 节中的一维数组和指针的知识可知,也可以定义一个指向字符数组

元素的指针,通过指针访问数组中的字符。

【例 8-10】 编程实现,将一行字符中的单词首字母修改为大写。

```
#include <stdio.h>
int main()
{
    char ch[]="one today is worth two tomorrows.", *p;
    p=ch;                           //p为指向字符数组元素的指针,暂时指向 ch[0]
    if (*(p)>='a'&&*(p)<='z')       //p指向 ch[0]时,p-1无意义,需特殊处理
        *p=*p-32;                   //如果是小写字母,则改为大写
    p++;
    while(*p!='\0')                 //p指针指向结束标志,则结束循环
    {   //如果当前字符*p是小写字母,且前一个字符*(p-1)是空格,则说明是单词首字母
        if  (*(p)>='a'&&*(p)<='z'&&(*(p-1)==' '))
            *p=*p-32;               //修改为大写
        p++;                        //p指针逐步后移
    }
    puts(ch);                       //输出修改后
}
```

(2) 用指针变量指向一个常量字符串,通过指针访问常量字符串中的字符。

【例 8-11】 编程实现,统计一行字符中的单词个数。

```
#include <stdio.h>
int main()
{
    char *cons="one today is worth two tomorrows.";     //定义字符串指针 cons
    int num=0;
    if (*(cons++)!=' ')         //cons-1无意义,需特殊处理
        num++;
    while(*cons!='\0')          //cons指针指向结束标志,则结束循环
    {   //当前字符*cons不是空格且前一个字符*(cons-1)是空格,则说明是一个新单词
        if  ((*cons!=' ')&&(*(cons-1)==' '))
            num++;              //单词数加1
        cons++;                 //cons指针逐步后移
    }
    printf("一共有%d个单词\n",num);
}
```

请注意例 8-10 中的字符串

```
char ch[]="one today is worth two tomorrows."
```

和例 8-11 中的字符串

```
char *cons="one today is worth two tomorrows.";
```

有以下本质区别。

前者的字符串存储在数组 ch 中,每个元素的值都是可以修改的,所以既可以进行

“＊p=＊p−32;”这样的修改某元素的操作，也可以进行“scanf("%s",ch);”或者“scanf("%s",p);”这样的整体重新赋值的操作。但注意不可以进行“ch="study";”这样的赋值操作，因为ch是数组名，是常量，如果重新赋值，可以用“strcpy(ch,"study");”。

后者字符串是放在常量区的一个常量字符串，cons指针指向其首地址。常量字符串中的每个字符只能读不能写，因此，如果进行“＊cons=＊cons−32;”或“scanf("%s",cons);”操作都是错误的。但可以进行“cons="study";”这样的赋值操作，操作结果是cons指针指向另外一个常量字符串“study”。

8.2.4 指针数组

扫一扫

数组中的每个元素均为指针变量的数组称为指针数组，其一般定义形式为：

```
[存储类型] 数据类型  *数组名[数组长度]
```

其中数据类型为数组元素的基类型。例如：

```
char *p[4];
```

定义了一个包含4个元素的数组p，每个元素都是一个基类型为char的指针变量，在Dev-C++中，会为p分配4＊8=32B的内存空间。

请一定注意指针数组和行指针(也称为数组指针)之间的区别：

```
char (*q)[3];
```

定义了一个行指针q，只是一个指针变量，在Dev-C++中，会为q分配1＊8=8B的内存空间，定义中的3只是标明q需要指向一个具有3个char型元素的一维数组。

数组指针最常用的方式是指向长度不同的常量字符串，方便、灵活地实现字符串操作。

【例8-12】 编写程序，按姓名对共和国勋章获得者进行排序，为二分法查找做准备。

```
#include <stdio.h>
#include <string.h>
#define N 9
int main()
{   //建立 char 型指针数组 name,使其每个元素都指向一个字符串常量
    char *name[N]={"于敏","申纪兰","孙家栋","李延年","张富清","袁隆平",
"黄旭华","屠呦呦","钟南山"}, *t;
    int i,j;
    for(i=0;i<N-1;i++)                                   //采用选择法排序
        for(j=i+1;j<N;j++)
            if(strcmp(name[i],name[j])>0)                //用 strcmp 比较字符大小
                {t=name[i];name[i]=name[j];name[j]=t;}   //交换指针指向
    printf("共和国勋章获得者为(按姓名排序): \n");
    for(i=0;i<N;i++)                                     //输出排序后的姓名
      printf("%d:%s\n",i+1,name[i]);
}
```

注意：在本例中，各常量字符串本身的位置并没有发生改变，改变的只是name数组元

素的指向。排序前、后指针数组各元素的指向关系如图 8-9 所示：

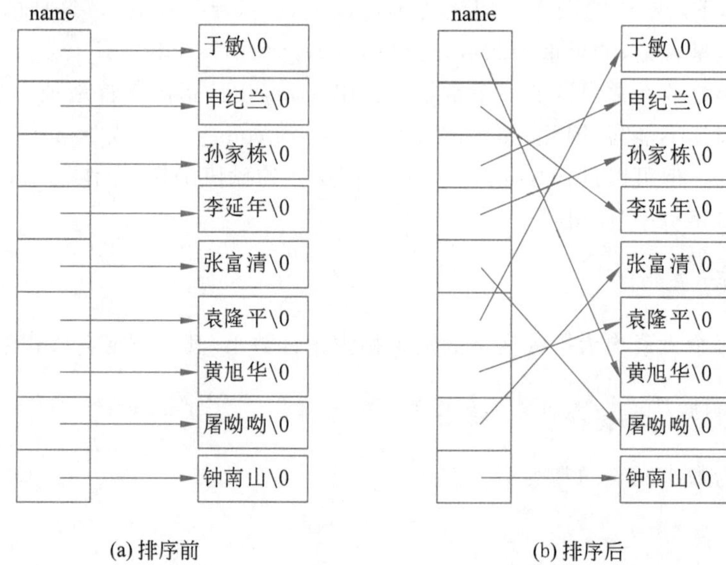

图 8-9　排序前、后数组 name 中各元素指向示意图

扫一扫

8.2.5　动态数组与指针

根据第 7 章中变量的作用域与生命期的知识可知：全局变量和局部静态变量分配在静态存储区，局部变量(包括形参)分配在栈区。分配在这两个区域的变量都是由编译器分配和释放，有固定的生命期，如果变量是数组，则数组长度一旦确定就不能修改，这种分配内存方式称为静态内存分配方式。但在很多应用情景中，如创新大赛评分系统，事先并不能确定能够提交多少件作品，如果用一个数组存放作品信息，那应该定义数组的长度为多少呢？如果定义为 1000，而实际只提交了 100 件作品，则 900 个空间是浪费的；如果提交了 1001 件作品，则会出现下标越界问题，导致程序出现运行错误。因此，C 语言还提供了一种动态内存分配方式，可以在程序的运行过程中根据实际需求，随时在一段名为“堆区”的动态存储区中申请、释放空间，如果数组长度不够，还可以随时增加长度。但动态申请的内存没有名字，只能通过指针引用。

动态内存分配方式是通过 malloc.h 或 stdlib.h 中的几个库函数来实现的，这里仅介绍其中几个最常用的函数。

(1) malloc 函数。其函数原型为：

```
void *malloc(size_t size)
```

功能为申请在堆区中分配 size 字节的连续空间，size_t 是 unsigned int 或 unsigned __int64 的别名，一般在 64 位系统中指 unsigned __int64，而非 64 位系统中为 unsigned int。如果申请成功，则函数返回所分配内存空间的首地址，否则返回 NULL。返回类型 void * 表示未确定类型的指针，将来可以强制转换为任何其他类型的指针。例如：

```
int *p=(int *)malloc(8);
```

动态申请 8B 空间，首地址赋值给指针变量 p。因为 p 是 int *类型，所以要将 malloc 返回值强制转换为 int *类型。

动态申请内存有可能失败，此时返回 NULL，因此编程时一定要判断指针变量 p 不是 NULL，即在内存申请成功的情况下再进行内存操作。

(2) free 函数。其函数原型为：

```
void free(void * ptr)
```

功能为将指针变量 ptr 指向的内存空间释放，以便此段空间能够重新分配使用。例如：

```
if (p!=NULL)  free(p);            //如果 p 不是空，则释放内存
```

注意：在堆区中动态申请的内存必须用 free 释放，否则，即使程序运行结束，内存也不会释放。长此以往，可用内存越来越少，最终系统崩溃，这就是“内存泄漏”。因此提醒初学者一定注意，malloc 一般和 free 配对使用，即 malloc 申请的空间一定用 free 及时手工释放。

(3) calloc 函数。其函数原型为：

```
void * calloc(size_t n, size_t size)
```

功能为申请在堆区分配 n 个长度为 size 的连续空间。如果申请成功，则函数返回所分配内存空间的首地址，否则返回 NULL。

calloc 和 malloc 表面功能相似，只是参数不同，一般可以互相替换使用。其实两者最主要的区别是 malloc 不初始化所分配内存，因此可能会有一些遗留数据，而 calloc 会将所分配内存的每一位初始化为 0。但为了提高程序的可读性和正确性，建议读者不要利用任何默认数据。

(4) realloc 函数。其函数原型为：

```
void * realloc(void * mem_address, size_t newsize)
```

功能为将 mem_address 所指的内存空间的大小更改为 newsize 字节。如果重新分配成功，则返回所分配内存空间的首地址，并且原有数据保持不变，否则返回 NULL。

【例 8-13】 编程实现，完成若干个学生某门课程的成绩录入任务，成绩在 0～100 分，－1 表示录入结束。

程序分析：学生人数不确定，可以根据实际学生人数申请内存空间。但添加一个学生成绩申请一次空间过于琐碎，会降低程序的执行效率。因此可以设定初始申请内存空间为 len 个，空间不足时，每次再多申请 step 个，是一个兼顾程序效率和节约空间的折中方案。

```
#include <stdio.h>
#include <stdlib.h>                   //需使用 stdlib.h 中的 malloc、free、realloc 等函数
int main()
{
    int len=5,step=5;                 //len 为初始申请内存长度,step 为增加内存的步长
    int * p,dataNum;                  //dataNum 为成绩数据个数
    printf("请输入学生成绩,以-1 结束:\n ");
```

```
    p=(int *)malloc(len*sizeof(int));  //申请 len 个单元的空间,地址赋值给 p
    if (p==NULL)                       //如果申请内存失败,则退出程序
    {
        printf("内存不足,程序无法正常执行!");
        exit(1);                       //异常退出
    }
    dataNum=0;                         //数据个数初始化为 0
    scanf("%d",p);                     //输入成绩数据
    while (p[dataNum]!=-1)             //如果成绩不为-1 则继续接收
    {   //进入循环,则说明当前成绩数据有效,则成绩数据个数变量 dataNum 加 1
        dataNum++;
        if (dataNum>len)               //如果空间不足,则
        {
            len=len+step;              //增加长度
            p=realloc(p,len);          //则重新分配空间
            if (p==NULL)               //如果申请内存失败,则退出程序
            {
                printf("内存不足,程序无法正常执行!");
                exit(1);               //异常退出
            }
        }
        scanf("%d",p+dataNum);         //继续输入成绩数据
    }
    printf("您共添加了%d 个学生成绩: \n",dataNum);
    for(int i=0;i<dataNum;i++)         //输出学生数据
    {
        printf("%4d",p[i]);            //采用下标表示方式
    }
    free(p);        //释放空间,注意不要移动 p 指针,否则空间首地址丢失,造成无法释放
    return 0;
}
```

程序执行结果如图 8-10 所示。

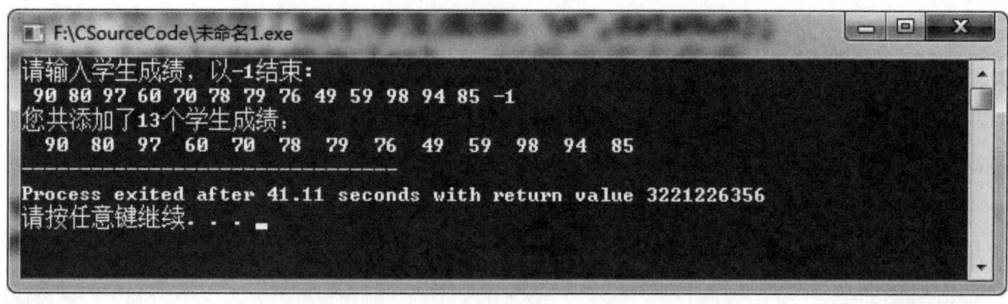

图 8-10　例 8-13 程序执行结果图

提醒初学者要特别注意,堆区中的内存是程序运行时动态申请的,没有可以直接引用的变量名,只能通过指针变量指向其首地址。因此指向首地址的指针千万不要随便移动,否则首地址丢失,造成此段空间无法释放,导致内存泄漏,此乃编程大忌。

8.3 指针与函数

8.3.1 指针变量作函数参数

前面定义的各种不同形式的指针,如普通指针 int *p、二级指针 int **p、行指针 int (*p)[4]、指针数组 int *p[4]均可以作函数参数,实参也需要是相应形式的指针。在此仅以普通指针和行指针为例,说明其定义及使用方式。

(1) 普通指针变量作函数参数。

在 7.4.2 节中已经学习了函数参数传递的传址方式,在例 7-10 中定义了函数 swap,其函数头为:void swap(int x[],int y[]),其中形参 int x[]表达为数组形式,但 x 其实就是一个指针变量,与 int *x 本质一样。而相应实参只要是一个 int 型变量的地址,既可以是普通 int 型变量地址,也可以是 int 型数组元素地址。

【例 8-14】 编程实现,采用冒泡法对 N 个整数从小到大排序。

```
#include <stdio.h>
#define N 5                                //有 N 个数据
void swap(int * x,int * y)                 //指针形式形参
{
    int temp= * x;                         //借助中间变量 temp,交换 x[0]与 y[0]的值
    * x= * y;
    * y=temp;
}
void bubbleSort(int * data,int n)          //对 data 中的 n 个整数排序
{
  int i,j;
  for(i=1;i<n;i++)                         //i 控制比较 n-1 轮
  {
    for(j=0;j<=n-i-1;j++)
     if(data[j]>data[j+1])
     {   //交换 data[j]和 data[j+1]的值,需要将两者地址传递给 swap
        swap(data+j,data+j+1);             //与 swap(&data[j],&data[j+1]等价
     }
  }
}
int main()
{
  int a[N]={30,96,56,26,77},i;
  bubbleSort(a,N);                         //对数组 a 中的 N 个数据进行排序
  printf("\n 排序后的数据为: ");
  for(i=0;i<N;i++)                         //输出排序后数据
    printf(" %d",a[i]);
}
```

(2) 行指针变量作为函数参数。

如果一个行指针作函数参数,则相应的实参一般是相应形式的数组地址。例如,形参形式为: int (* p)[4]或者 int p[][4],则声明形式为 int a[3][4]的数组 a 或 a+i 可以做实参,注意,形参中的行指针变量 int (* p)[4]中的元素个数 4,或二维数组形式 int p[][4]中的第二维的长度 4 必须和实参 int a[3][4]中的第二维长度 4 一致,且不能省略。

【例 8-15】 编程实现,找出矩阵中每行的最大值,输出矩阵时,最大值用黄色显示。

```
#include <stdio.h>
#include <windows.h>                              //包含设置文字颜色函数的头文件
#define ROW 3                                     //矩阵行数
#define COL 4                                     //矩阵列数
/* findMax 的功能为查找每行的最大值,并将第 i 行的最大值下标保存在 count[i]中 */
void findMax(int (*array)[COL],int *count)  //形参 array 为步幅为 COL 的行指针
{
    int i,j,maxJ;
    for(i=0;i<ROW;i++)                            //i 为行下标
    {  maxJ=0;                                    //最大值列下标
       for(j=0;j<COL;j++)                         //j 为列下标
           if(array[i][j]>array[i][maxJ])
               maxJ=j;
       count[i]=maxJ;                             //保存最大值列下标
    }
}
/* arrayPrint 的功能为输出矩阵值,最大值用黄色显示 */
void arrayPrint(int (*array)[COL], int count[])
{
    int i,j;
    for(i=0;i<ROW;i++)                            //控制行
    {
        for(j=0;j<COL;j++)                        //控制列
            if (j==count[i])
            {   //如果是最大值,则修改输出颜色为黄色,输出后再修改为白色
                SetConsoleTextAttribute(GetStdHandle(STD_OUTPUT_HANDLE),6);
                printf("%5d", *(*(array+i)+j));
                SetConsoleTextAttribute(GetStdHandle(STD_OUTPUT_HANDLE),7);
            }
            else
                printf("%5d", *(*(array+i)+j));
      printf(" \n");
    }
}
int main()
{
    int a[ROW][COL]={{1,3,6,9},{8,6,5,2},{7,10,4,12}};
    int max[ROW];           //存放每行最大值的列下标
    findMax(a,max);         //找 a 中每行的最大值,将下标放入 max 中,a 为二维数组名
    arrayPrint(a,max);  //输出矩阵值
}
```

注意：本例中的findMax函数,第一个形参为int (*array)[COL],说明array是一个步幅为COL的行指针,因此相应实参也必须是步幅为COL的地址值,而a是二维数组名,第二维长度为COL,满足要求;第二个形参为int *count,说明count是一个指向int型变量的普通指针变量,因此相应实参必须是一个int型普通变量地址值,而max是max[0]的地址,满足要求。

8.3.2 返回值为指针的函数

扫一扫

如果一个函数在定义时其返回值类型为指针类型,则称为指针函数,说明函数调用时要返回一个指针值,其定义形式为:

```
数据类型  *函数名(形参表)
{
    函数体
}
```

【例8-16】 编程实现,利用指针实现选择法排序功能。

```
#include<stdio.h>
#define N 5
/*找出data中n个数据的最小值地址*/
int *findMin(int *data,int n)    //findMin函数返回值为最小值地址
{
    int *p,*min=data;             //p和min均为指针变量
    for(p=data+1;p<data+n;p++)    //通过指针p访问data中的数据
        if (*min>*p)
          min=p;                  //记录最小值地址
    return min;                   //返回最小值地址
}
int main()
{
    int temp,a[N]={4,1,10,2,6},*min,*p;
    for (p=a;p<a+N;p++)            //指针p指向未排序数据的首个数据
    {
        min=findMin(p,N-(p-a));    //寻找未排序数据中最小值地址
        if(min!=p)                 //如果最小值地址与最终正确位置地址不一致则交换
        {                          //注意交换的是*p与*min的值
            temp=*p;               //注意temp是普通变量,不是指针变量
            *p=*min;
            *min=temp;
        }
    }
    printf("排序后 :\n");
    for (int i=0;i<5;i++)          //利用下标形式输出数组元素值
        printf("%5d",a[i]);
     printf("\n");
}
```

扫一扫

8.3.3 指向函数的指针

一个程序在运行时，除了要在栈区、静态存储区、堆区等内存区域分配相应的空间保存数据以外，还要在代码区分配相应的空间保存代码指令。一个函数会占用一段连续的内存空间，而函数名就是这段内存空间的首地址，也称为函数的入口地址。因此，可以定义一个指针变量，指向某个函数，然后利用这个指针变量调用此函数。

指向函数的指针变量的使用分为 3 步：定义、赋值、调用。

(1) 指向函数的指针变量的定义。

其一般定义形式为：

```
数据类型 （*指针变量名)(形式参数列表);
```

例如：

```
int (*p)(int x,int y);或者 int (*p)(int,int);
```

定义了一个指针变量 *p*，将来可以指向一个有两个整型参数，返回值为整型的函数。

(2) 指向函数的指针变量的赋值。

指向函数的指针变量也必须是先赋值，后使用，其一般赋值形式为：

```
指针变量名=函数名;
```

例如：

```
int add(int x,int y)          //定义函数 add,有两个整型参数,返回值类型为整型
{
    return x+y;
}
p=add;
```

p 指向 add 函数，即 *p* 赋值为 add 函数在代码区的入口地址。

(3) 利用指向函数的指针变量调用函数。

其一般调用形式为：

```
(*指针变量名) (实参表)
```

例如：

```
int sum=(*p)(3,5);          //等价于 int sum=add(3,5);
```

注意：指向函数的指针变量不能进行++、--等算术运算，因为函数指针的移动毫无意义。

读者可能很奇怪，为什么调用函数不用函数名直接调用，而非要通过一个指针变量去调用呢？指针变量还需要定义、赋值，岂不是多此一举？

其实，指向函数的指针变量多用于做函数参数，以便能在不改变某函数内部代码的前提

下扩展函数功能。

【例 8-17】 编程实现两个整数的某种算术运算。

```
#include <stdio.h>
int mul(int x,int y)              //计算两个整数之积
{
  return(x*y);
}
int plus(int x,int y)             //计算两个整数之和
{
  return(x+y);
}
/*实现两个整数 a、b 的某种算术运算*/
int  arithmetiOperation(int a,int b,int (*p)(int,int))       //p 是指向函数的指针
{   //由 p 指向的函数确定究竟是哪种算术运算
    int val;
    val=(*p)(a,b);               //形参 p 接收从实参传来的函数入口地址
    return(val);
}
int main()
{
  printf("a*b=%d\n",arithmetiOperation(3,9,mul));          //3、9 的乘法运算
  printf("a+b=%d\n",arithmetiOperation(3,9,plus));         //3、9 的加法运算
}
```

如果以后要实现两个整数的取余运算，则只需添加函数：

```
int mod(int x,int y)              //计算 x%y 的值
{
  if (y==0)
      return (-1);
  else
      return(x%y);
}
```

调用 arithmetiOperation(3,9,mod)即可以实现 3 与 9 的取余运算，不用修改函数 arithmetiOperation 中的任何代码，提高了 arithmetiOperation 函数的通用性和可扩展性。

8.3.4 main 函数的参数

扫一扫

在 C 语言中，main 函数有以下两种定义形式。

(1) 无参定义形式：int main(void)。在前面的案例中，main 函数均采用无参形式。

(2) 有参定义形式：int main(int argc,char *argv[])。其中，第一个整型形参 argc 用于存放操作系统命令行参数(包括命令)的个数；第二个参数 argv 是一个指向字符串的指针数组，用于存放字符串常量形式的命令行参数(包括命令本身)的地址。

main 函数不能被其他函数调用，但可以在命令行方式下获取实参。可执行文件在命令

行方式下的一般执行形式为：

```
可执行文件名  参数 1  参数 2……参数 n
```

其中，可执行文件名和各参数之间用一个或多个空格分隔，参数多少不限。

【例 8-18】 编程实现，多个整数连加功能。

```
#include <stdio.h>
#include <stdlib.h>                //atoi 包含在 stdlib.h
int main(int argc,char * argv[])
{
  int sum=0,i;
  for(i=1;i<argc;i++)              //注意 i 赋值为 1,因为 argv[0]为可执行文件的文件名
    sum+=atoi(argv[i]);            //atoi 的功能为将字符串转换为整数
  printf("sum=%d\n",sum);
  return(0);
}
```

假设本例中的代码存放在 plus.c 文件中，则经过编译和连接后生成可执行文件 plus.exe。注意查看 plus.exe 所在的目录位置，假设在 F:\CSourceCode 目录下，则转到命令行方式下(可以在开始菜单的搜索栏中搜索 cmd)，利用 cd 命令转到 F:\CSourceCode 目录下，在命令行窗口中输入：

```
plus 2 10 8<CR>
```

则程序执行结果如图 8-11 所示。

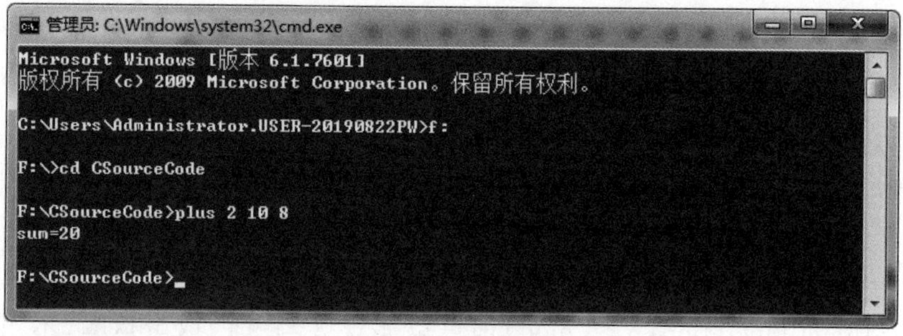

图 8-11 有参 main 函数运行结果图

此时，main 函数的第一个参数 argc 的值为 4，第二个参数 argv 的值如图 8-12 所示。指针数组 argv 共有 4 个元素，其中，第 0 个元素指向文件名字符串"plus"，后面 3 个元素分别指向常量字符串"2""10"和"8"。因此，如果计算累加和，则需要将字符串转换为整数，而且循环计算时的下标从 1 开始，避免将文件名"plus"也计算在内。

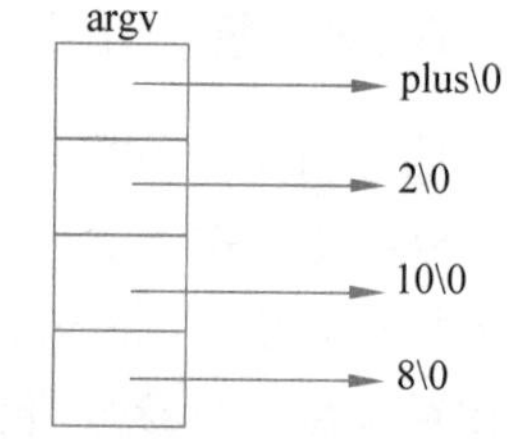

图 8-12 argv 指针数组各元素指向图

8.4 综合案例

指针的灵活性给了编程人员很大的发挥空间，指针能够直接操作内存空间，效率较高。但掌握指针有一定难度，其使用存在潜在的危险，因此建议初学者谨慎使用。为降低程序难度，在创新大赛评分系统案例中，指针应用较少，仅将存储作品信息的定长数组修改为动态数组，以便作品数量不受限制，且避免浪费空间。源代码在第 7 章源代码基础上做如下改变。

① 去掉不用的符号常量。

去掉第 7 章程序源代码中标识数组长度的符号常量 MAX_WorksNum，即

```
#define MAX_WorksNum  10
```

② 修改部分变量的类型。

将作品编号、作品名称的定义，由

```
unsigned int uNum[MAX_WorksNum];                    //作品编号
char cName[MAX_WorksNum][MAX_NAMELEN];              //作品名称
```

修改为指针定义形式，用于存储作品编号、作品名称数组的首地址。

```
unsigned int * uNum;                     //作品编号修改为指针形式
char ( * cName)[MAX_NAMELEN];            //作品名称修改为行指针形式
```

③ 增加一些符号常量。

增加用于表示动态数组开始申请的内存数量和数组长度不够时再次申请内存需增长的内存数量的两个符号常量。

```
#define INI_ARRAY_LEN 20            //数组开始申请的内存数量
#define INCR_LEN  10                //原来的内存不够时,再次申请需增长的内存单元数量
```

④ 添加一些全局变量。

添加一个变量，用于保存数组当前的长度。

```
unsigned int array_Size=0;         //存放作品的数组长度
```

⑤ 添加一些功能函数。

编写一个函数 arrayInit，用于申请长度为 INITIAL_ARRAY_LEN 的两个动态数组：uNum 和 nName，将当前作品总数 g_nNodeNum 初始化为 0，将最大可用序号 g_nNodeMaxId 初始化为 1，源代码如下：

```
/* 函数功能: 数组初始化
 * 入参: void
 * 出参: void
 * 返回值: 1 成功,0 申请内存失败
 */
```

```
int arrayInit()
{
  g_nNodeNum=0;                        //初始化当前作品总数
  g_nNodeMaxId=1;                      //始化当前编号最大可用值
  uNum=(unsigned int *)malloc(INI_ARRAY_LEN*sizeof(unsigned int));      //申请内存
  cName=(char (*)[MAX_NAMELEN])malloc(INI_ARRAY_LEN*sizeof(MAX_NAMELEN));
  if (NULL!=uNum&&NULL!=cName)         //申请内存成功
  {
     array_Size=INI_ARRAY_LEN;         //数组长度为初始长度
     return 1;
  }
  else                                 //申请内存失败
     return 0;
}
```

编写一个函数 haveEnoughSpace,用于判断添加作品时动态数组的空间是否足够,如果不够,则增加数组长度。

```
/* 函数功能: 判断存储空间是否足够,不够则申请
 * 入参: void
 * 出参: void
 * 返回值: 1 空间足够,0 空间不足且申请失败
 */
int haveEnoughSpace()
{    //如果目前作品数已经达到数组长度,则将扩大动态数组的长度
    if (g_nNodeNum>=array_Size)
    {   //用 realloc 扩大内存可以保持原有数据不变
        uNum=(unsigned int *)realloc(uNum,
              (array_Size+INCR_LEN) * sizeof(unsigned int));
        cName=(char (*)[MAX_NAMELEN])realloc(cName,
               (array_Size+INCR_LEN) * sizeof(MMAX_NAMELEN));
        if (NULL!=uNum&&NULL!=cName)                 //申请内存成功
       {
          array_Size=array_Size+INCR_LEN;            //记录动态数组新长度
          return 1;
       }
       else                                          //申请内存失败
          return 0;
    }
    else                                             //数组长度足够,不用申请
       return 1;
}
```

编写一个函数 quitSystem,用于确认用户是否真要退出系统,避免误操作。退出时释放动态数组。

```
/* 函数功能: 退出系统
 * 入参: void
 * 出参: void
 * 返回值: void
 */
```

```
void quitSystem()
{
    char temp[3];
    printf("确定要退出系统吗(y/n)?:");
    gets(temp);
    if ('Y'==temp[0]||'y'==temp[0])
    {
        printf("退出系统,请按任意键继续\n");
        free(uNum);        //一定记得释放内存
        free(cName);
        getch();
        exit(0);           //正常退出
    }
}
```

⑥ 修改一些原有函数功能。

将新建作品 createWork 函数中判断空间是否足够的条件修改为使用 haveEnoughSpace 函数,其余代码不变。

```
void createWork()
{
    if (haveEnoughSpace())                //在修改处,如果有足够空间则继续新建作品
    {
      uNum[g_nNodeNum]=g_nNodeMaxId++;   //自动生成作品编号
      printf("\n------>作品名称: ");
      gets(cName[g_nNodeNum]);           //从键盘输入作品名称
      g_nNodeNum++;
      printf("\n------>创建作品成功!");
    }
    else                                  //没有足够空间,创建作品失败
      printf("\n------>空间不足,创建作品失败!");
}
```

在管理员操作函数 managerOpt 中,进入循环主菜单之前,调用 arrayInit 函数初始化动态数组及其相关变量;在 case 9,即退出系统时调用 quitSystem 函数释放动态数组,其余代码不变。

```
/*有修改
 * 函数功能:管理者操作函数
 * 入参:void
 * 出参:void
 * 返回值:void
 */
void managerOpt()
{
    int nRet,flag=1;
    arrayInit();                     //新添加,动态数组及有关作品编号、作品数量等初始化
    while(flag)
    {
```

```
        nRet=mainManagerMenu();
        switch(nRet)
        {
            case 0:               //创建作品
                createWork();
                break;
            case 1:               //删除作品
                delWork();
                break;
            case 2:               //查询全部作品
                displayAll();
                break;
            case 3:
            case 4:
            case 5:
            case 6:
            case 7:
            case 8:
                printf("\n您的选择是%d,此功能正在开发中",nRet);
                break;
            case 9:printf("退出系统\n");
                exit(1);      //exit正常退出系统
            default:printf("注意菜单选项范围哦!\n");
        }
        printf("\n请按任意键继续!");
        getch();
    }
}
```

扫一扫

8.5 本章常见错误及调试方法

本章以若干例题为例演示指针编程中的常见错误及调试方法。

(1) 指针变量使用前没有赋值(运行错误)。

如图8-13所示,程序运行过程中出现运行错误,程序终止。

采用"断点+单步执行+查看窗口"方式进行排查,在第5行添加一个断点,将x、$\&x$、p、$*p$、q、$*q$添加到调试查看窗口,如图8-14所示。调试时发现,程序执行到第5行代码时,$\&x$、p提示其为int *类型,因为第4行代码中$\&x$的值赋给了p,所以两者值一致,而x与$*p$是指同一段内存单元,所以两者值也一致。但因为q没有被赋值,默认其值为0,因此$*q$是指以0为首地址的一段内存空间,但该程序并没有此段空间的访问权,因此调试窗口中的$*q$显示"error:Cannot access memory at address 0x0(不能访问地址为0x0的内存空间)"。如果继续执行,非要访问,则出现程序运行错误。

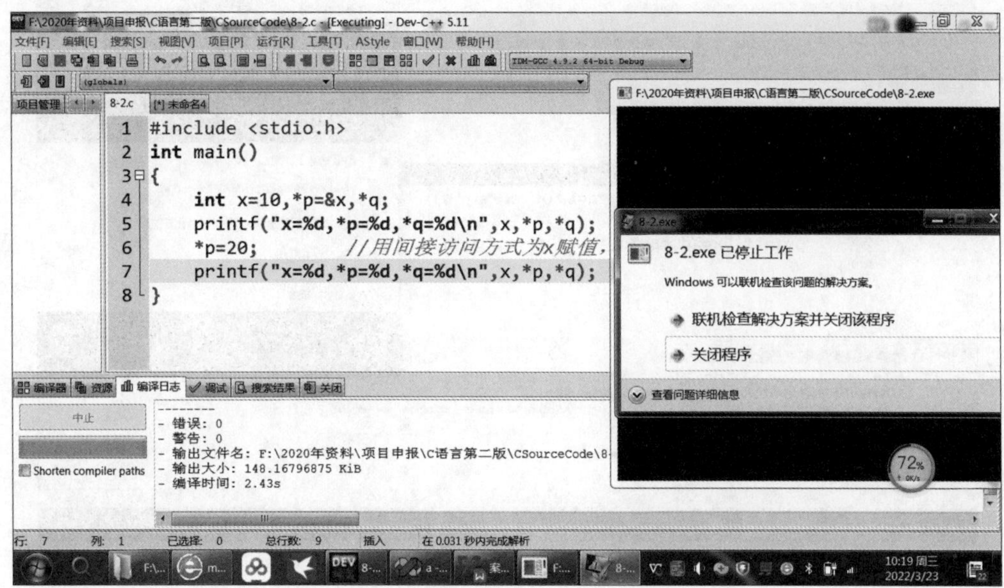

图 8-13 指针变量使用前没有赋值程序运行界面

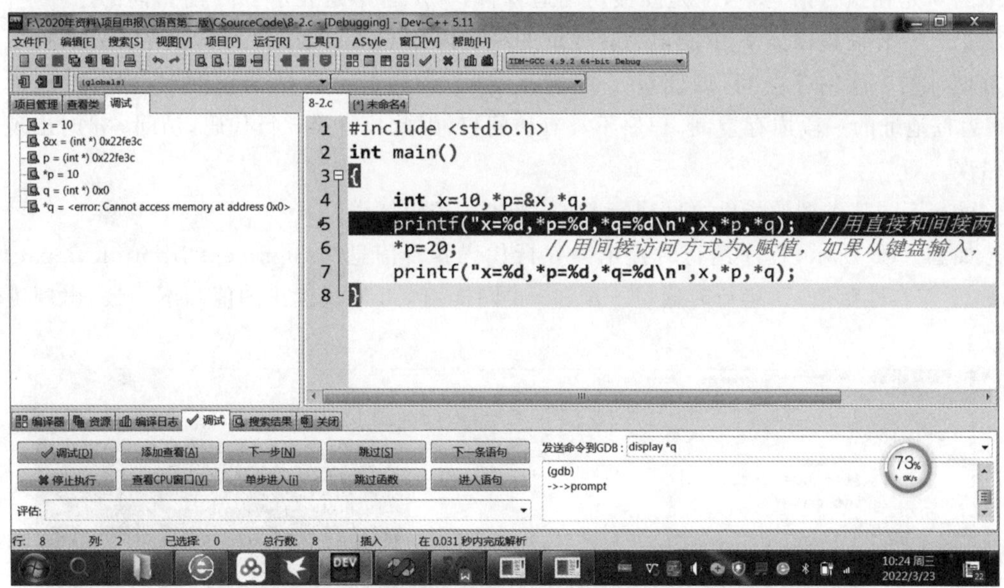

图 8-14 指针变量使用前没有赋值程序调试界面

(2) 指针变量赋常量值(警告+运行错误)。

如图 8-15 所示，程序运行时提示第 4 行代码警告信息“initialization makes pointer from integer without a cast(初始化时将一个整数赋给一个指针)”，运行过程中出现运行错误，程序终止。

初学者往往分不清定义语句与执行语句中的“ * ”运算符的含义。如图 8-15 中，第 4 行代码“int x=10，* p=&x，* q=100；”中的 * 是在定义语句中，* p、* q 只是表示其后的 p 和 q 为指针变量，初始化值是赋给变量本身的，即 p 赋值为 &x，q 赋值为 100。而第 5、6、7

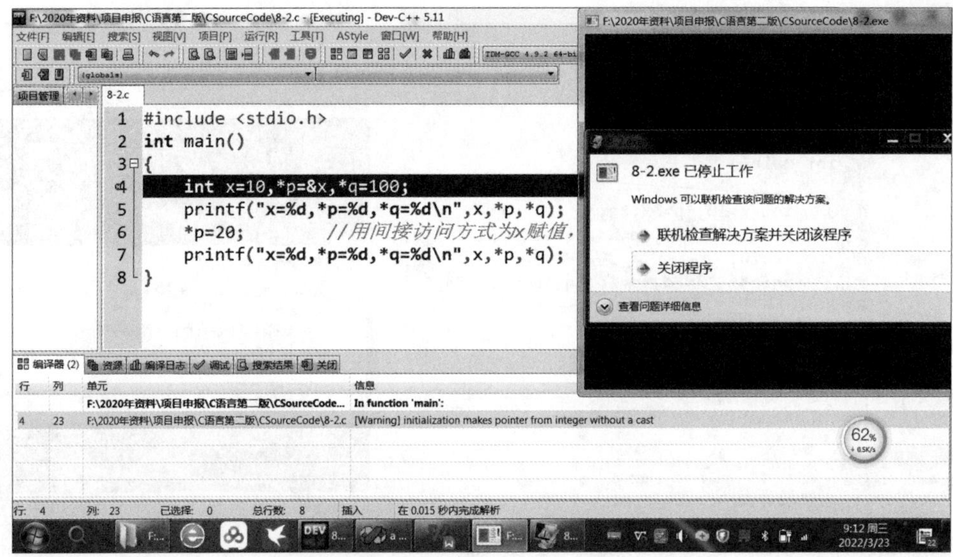

图 8-15　指针变量赋常量值程序界面

行中的 * 是在执行语句中，* 是间接访问运算符，* p、* q 是表示 p、q 所指向的内存空间，即 * p、* q 分别指以 p、q 中的值为首地址的一段内存空间。因此，* p 是指以 x 的首地址为首地址的一段内存空间，即变量 x 的内存空间，程序具有合法的访问权，而 * q 是指以 100 为首地址的一段内存空间，程序不具有访问权，因此执行第 5 行代码，访问 * q 时出现运行错误。

(3) 不同基类型的指针之间进行赋值(警告＋逻辑错误)。

如图 8-16 所示，程序运行时提示第 6 行代码警告信息“assignment from incompatible type(不兼容性赋值)”，运行时通过 * p 和 * q 同样用%d 格式读出的值却不一致，出现逻辑错误。

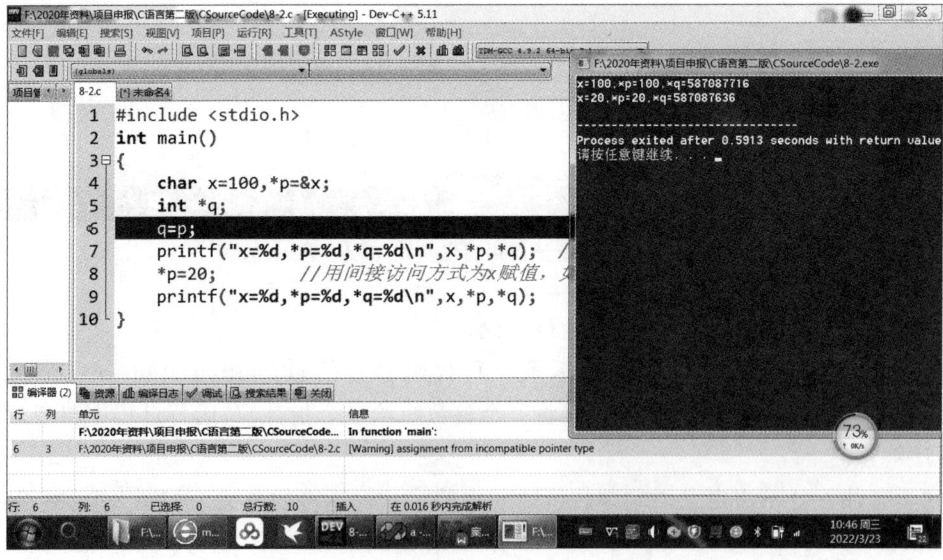

图 8-16　不同基类型的指针之间进行赋值程序界面

这是因为定义指针变量的目的是实现“间接访问”，而指针变量中只存放指向内存空间的首地址，而基类型则决定了从此首地址开始往后读几个字节，按什么格式读取数据等。因此，$*p$ 是从 $\&x$ 开始，按照%d 格式读取了 1 字节的内存，而 $*q$ 则是从 $\&x$ 开始，按照%d 格式读取了 4 字节的内存，因此出现了逻辑错误。

(4) 用指针访问数组时越界(逻辑错误或无明显错误)。

如图 8-17 所示，程序利用指针为数组 arr 赋值后马上输出，但输出值并不是输入值，出现逻辑错误。

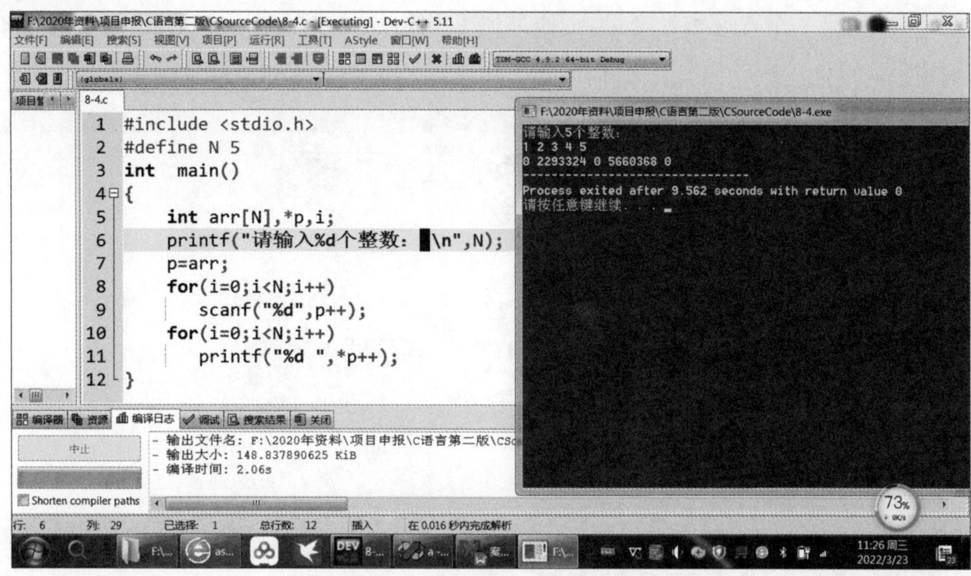

图 8-17 用指针访问数组时越界程序界面

采用“断点＋单步执行＋查看窗口”方式排查，在第 10 行添加一个断点，将 arr、p、&arr[0]、&arr[4]添加到调试查看窗口，如图 8-18 所示。调试时发现，当程序执行到第 10

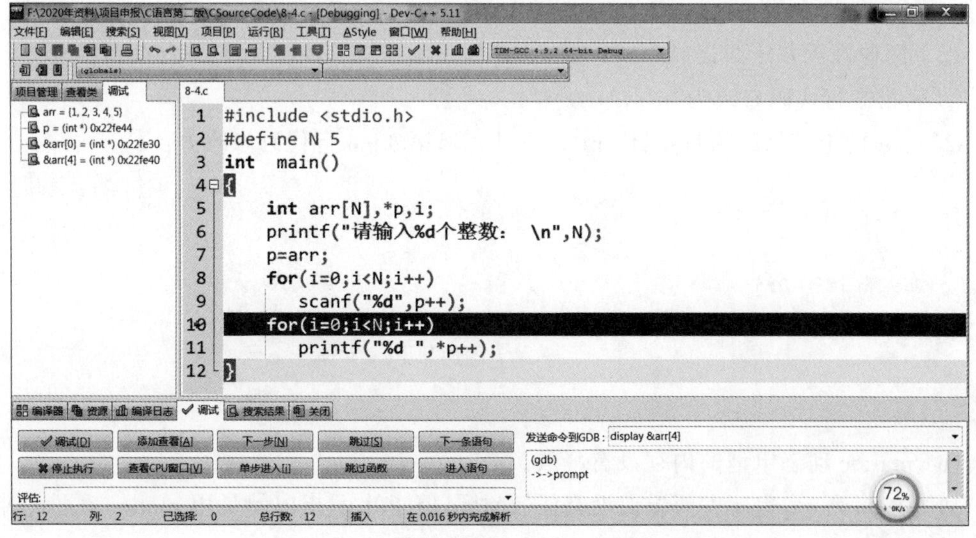

图 8-18 用指针访问数组时越界程序调试界面

行代码时，arr 中的值与键盘输入数据一致，说明数组正确接收到了数据。而此时的 p 值为 0x22fe44，比 arr 最后一个元素 arr[4]的地址大 4，说明此时 p 已经越界，如果继续执行程序，则 $*p$ 是以 0x22fe44 为首地址的内存空间。因此，如果要输出 arr 数组中的数据，则需要在第 10 行的 for 循环前加一条语句“p=arr;”，将 p 指针重新指向 arr。

（5）不同类型指针之间赋值（警告）。

如图 8-19 所示，出现警告信息“assignment from incompatible type（不兼容性赋值）”。arr 为二维数组名，是一个行指针，arr 如果加 1，则增加的步幅是 1 行，4 个元素。而 p 的定义为“int *p”，是一个普通指针变量，p 如果加 1，则增加的步幅是 1 个元素，两者属于不同类型的指针。

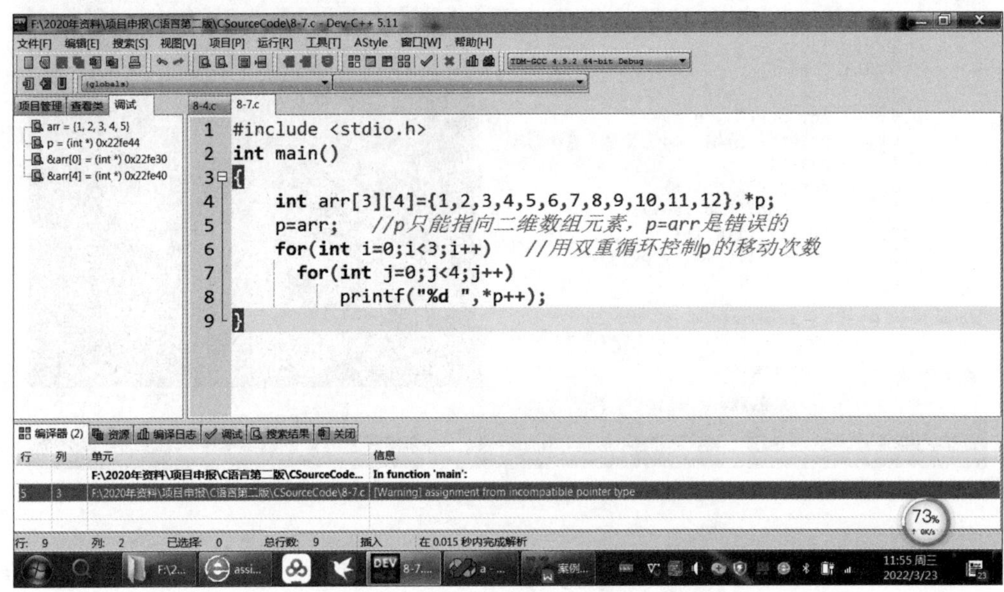

图 8-19　不同类型指针之间赋值程序界面

以下两种修正方法均正确。

① 将第 5 行代码修改为“p=arr[0];”。

② 将 p 的定义修改为行指针“int (*p)[4]”，第 6～8 行代码修改为：

```
for(int i=0;i<3;i++)
{
    for(int j=0;j<4;j++)
        printf("%d ",p[0][j]);       //输出当前行第 j 个元素
    p++;                             //p 移动到下一行
}
```

（6）malloc 动态申请的内存没有释放。

如图 8-20 所示，程序表面看似没有任何问题，但指针 p 指向的是用 malloc 在堆中申请的内存，需要用 free(p)将其手工释放，否则会造成内存泄漏。

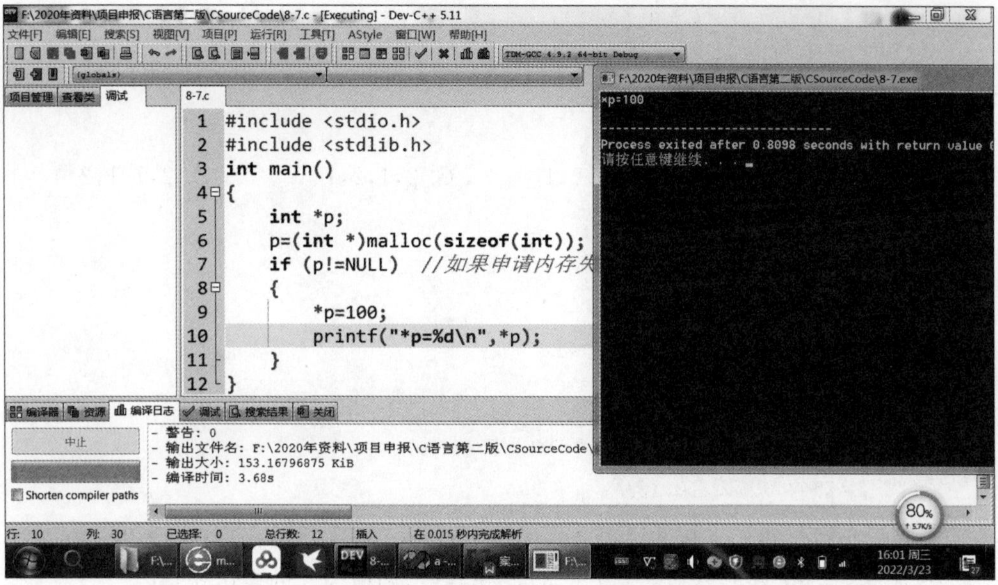

图 8-20　malloc 动态申请的内存没有释放程序界面

习题

一、选择题

1. 若有定义：int x, * px;，则以下正确的赋值表达式是(　　)。

　A. px=&x;　　　　B. px=x;　　　　C. * px=&x;　　　　D. int * py= * x;

2. 类型相同的两个指针变量之间没有意义的运算是(　　)。

　A. >　　　　B. -　　　　C. =　　　　D. +

3. 若有定义：int x=100, * px=&x;，则以下说法错误的是(　　)。

　A. 声明变量 px，其中 * 表示 px 是一个指针变量

　B. 变量 px 的值为 100

　C. 变量 px 经初始化，其值为变量 x 的地址

　D. 变量 px 只可以指向一个整型变量

4. 若有定义：int x=13, * px=&x;，则语句 printf("%d\n", * px);的输出结果是(　　)。

　A. 不确定　　　　B. px 的地址　　　　C. x 的地址　　　　D. 13

5. 若有定义：int x=13, * px=&x;，则能正确接收数据的语句是(　　)。

　A. scanf("%d",&px);　　　　B. scanf("%d",px);

　C. scanf("%d", * px);　　　　D. scanf("%d",x);

6. 以下程序的输出结果是(　　)。

```
#include <stdio.h>
int main()
```

```
{   int m=1,n=2, * p=&m, * q=&n, * r;
    r=p;p=q;q=r;
    printf("%d,%d,%d,%d\n",m,n, * p, * q);
}
```

A. 1,2,1,2　　B. 1,2,2,1　　C. 2,1,2,1　　D. 2,1,1,2

7. 以下程序的输出结果是(　　)。

```
#include <stdio.h>
int main()
{   int x=10,y=20, * px=&x, * py=&y;
    py=px;
     * px=30;
    printf("%d,%d,%d,%d\n",x,y, * px, * py);
}
```

A. 10,20,30,30　　B. 10,20,10,10　　C. 30,20,30,30　　D. 30,20,30,20

8. 若有定义：int x[]={1,2,3,4,5,6}，* p=x;，则值为 3 的表达式是(　　)。

A. p+=2，* ++p　　B. p+=2，* p++

C. p+=3，* p　　D. p+=2，++ * p

9. 若有定义：double x[10]，* p=x;，以下能给数组 x 下标为 6 的元素读入数据的正确语句是(　　)。

A. scanf("%f",&x[6]);　　B. scanf("%lf", * (x+6));

C. scanf("%lf",p+6);　　D. scanf("%lf",x[6]);

10. 若有定义：int x[10]，* px=x;，则对 x 数组元素的正确引用是(　　)。

A. * (x+6)　　B. * &x[10]　　C. * (px+10)　　D. px+6

11. 以下程序的输出结果是(　　)。

```
int main()
{ int x[5]={10,20,30,40,50}, * p=&x[2];
  printf("%d\n", * p++);
}
```

A. 20　　B. 30　　C. 21　　D. 31

12. 若有定义：char s[3][10]，(* k)[3]，* p;，则以下赋值语句正确的是(　　)。

A. p=s;　　B. p=k;　　C. p=s[0];　　D. k=s;

13. 以下程序的输出结果是(　　)。

```
int main()
{ int x[3][3], * p,i;
  p=&x[0][0];
  for(i=0;i<9;i++)  p[i]=i+2;
  for(i=0;i<3;i++) printf(" %d",x[0][i]);
}
```

A. 1 2 3　　B. 5 6 7　　C. 2 3 4　　D. 6 7 8

14. 以下程序段执行后，a 的值为( )。

```
static int s[2][4]={0,1,2,3,4,5,6,7};
int a, * p;
p=&s[0][1];
a=(*p) * (*p+3) * (*p+5);
```

A. 28　　B. 15　　C. 24　　D. 无法确定

15. 若有定义：int a[4][10], * p, * q[4];, 且 0<=i<4, 错误的赋值是( )。

A. p=a　　B. q[i]=a[i]　　C. p=a[i]　　D. p=&a[2][1]

16. 若有定义：int a[4][3]={0,2,3,4,5,6,7,8,9,10,11}, (* ptr)[3]=a, * p=a[0];, 则不能正确表示数组元素 a[1][2]的表达式是( )。

A. *(*(a+1)+2)　　B. *(p+5)

C. (* ptr+1)+2　　D. *(*(ptr+1)+2)

17. 若有定义：int a[3][4], * p=a;, 则以下描述正确的是( )。

A. p 表示数组 a 的 0 行 0 列元素

B. p 表示数组 a 的 0 行 0 列元素的地址

C. p 表示数组 a 的 0 行首地址

D. p 不可以赋值为 a, 因为指针类型不匹配, 会出错或警告

18. 如果有定义 int * p[4], (* q)[4];, 则以下说法正确的是( )。

A. p 和 q 都是数组

B. p 是一个包含 4 个元素的数组, q 是一个行指针

C. p 和 q 都是指针

D. 两个含义相同, 可以通用

19. 将 p 定义为指向含有 4 个元素的一维数组的指针变量, 以下正确的语句是( )。

A. int (* p)[4];　　B. int * p[4];

C. int ** p[4];　　D. int p[4];

20. 与定义语句 char * s="s";功能完全相同的程序段是( )。

A. char s; * s="s";　　B. char * s;strcpy(s,"s");

C. char s,s="s";　　D. char * s;s="s";

21. 以下语句错误的是( )。

A. char str[5]="abcde";　　B. char str[5];strcpy(str,"abcd");

C. char * str=abcde";　　D. char str[5]={'a','b','c','d','e'};

22. 若有定义：char * c;, 以下选项中能够使字符型指针 c 正确指向一个字符串的是( )。

A. char str[]="string";c=str;　　B. scanf("%s",c);

C. c=getchar();　　D. * c="string";

23. 若有定义：char a[]="It is mine", * p="It is mine";, 则以下描述不正确的是( )。

A. a+1 表示字符 t 的地址

B. 可以通过 p="It is not mine";改变 p 的值

C. 可以通过 a="It is not mine";改变 a 的值

D. a 中(最多)只能存放 10 个字符

24. 以下程序的输出结果是(　　)。

```
#include <stdio.h>
int main()
{   char * s="hello", * p=s;
    printf("%c%c",p[0],s[1]);
}
```

A. he　　B. hh　　C. hl　　D. ho

25. 以下程序的输出结果是(　　)。

```
#include <stdio.h>
int main()
{ char * a[]={"abcd","ef","gh","ijk"}; int i;
  for(i=0;i<4;i++)  printf("%s",a[i]);
}
```

A. aegi　　B. dfhk　　C. abcd　　D. abcdefghijk

26. 若有定义：char x[][6]={"I","you","she","he"};,则以下选项不能正确输出 you 的语句是(　　)。

A. printf("%s\n",x[1]);　　B. printf("%s\n",&x[1][0]);

C. puts(x[0]+1);　　D. puts(x+1);

27. 以下程序的输出结果是(　　)。

```
#include <stdio.h>
void sum(int * x)
{ x[0]=x[-1]+x[1];
}
int main()
{ int data[6]={10,15,20,25,30,35};
  sum(&data[3]);
  printf("%d\n",data[3]);
}
```

A. 30　　B. 60　　C. 40　　D. 50

28. 以下程序的输出结果是(　　)。

```
point(char * px) { px+=3; }
int main()
{ char str[4]={'a','b','c','e'}, * px=str;
  point(px);
  printf("%c\n", * px);
}
```

A. a　　B. b　　C. c　　D. e

29. 以下程序的输出结果是(　　)。

```
#include <stdio.h>
void fun(int *a,int *b)
{ int *c;
  c=a;a=b;b=c;
}
int main()
{ int x=3,y=5,*p=&x,*q=&y;
  fun(p,q); printf("%d,%d,",*p,*q);
  fun(&x,&y); printf("%d,%d\n",*p,*q);
}
```

A. 3,5,5,3　　B. 3,5,3,5　　C. 5,3,3,5　　D. 5,3,5,3

30. 若有以下函数定义,则函数 my 的返回值是(　　)。

```
int *my(int x)
{ int *p,n;
  n=x;p=&n;
  return p;
}
```

A. n 的地址值　　B. n 中的值
C. x 的地址值　　D. 形参 x 中的值

31. 以下程序的输出结果是(　　)。

```
void change(char *s1,char *s2)
{ char *temp;
  temp=s1;s1=s2; s2=temp;
}
int main()
{ char *s1="Male", *s2="Female";
  change(s1,s2); printf("%s,%s\n",s1,s2);
}
```

A. Female,Male　　B. Male,Female
C. Male,Male　　D. Female,Female

32. 以下叙述正确的是(　　)。

A. C 语言中允许 main 函数带形参,但形参只能有两个,形参名只能是 argc 和 argv
B. 若有说明：main(int argc,char *argv),则形参 argc 的值必须大于或等于 1
C. 当 main 函数带有形参时,传给形参的值可以从命令行中得到
D. C 语言允许 main 函数带形参,且带形参个数和形参名均可由用户指定

33. 以下程序经编译、连接后生成可执行文件 p.exe,若运行时输入以下命令行,

```
p 1234  abc C5  G188
```

则程序的执行结果是(　　)。

```
#include <stdio.h>
int main(int arg,char * arv[])
{ int i,len=0;
  for(i=1;i<arg;i+=2)
      len+=strlen(arv[i]);
  printf("%d",len);
}
```

A. 14　　B. 12　　C. 8　　D. 6

二、填空题

1. 若有定义：int x[10];，则 x[3]的地址可以表示为 ________或者________，而元素 x[3]还可以表示为________。

2. 若有定义：int x[4]={1,3,5,7}，* p=x+1;，则 *(p+2)的值为 ________，* p+2 的值为 ________。

3. 以下程序的输出结果是________。

```
int main()
{ int x[5]={10,20,30,40,50}, * p=&x[2];
  printf("%d,%d\n", * ++p,++ * p);
}
```

4. 以下程序的输出结果是________。

```
int main()
{ int x[]={1,3,5,7,9},sum=0,i, * p;
  p=&x[1];
  for(i=1;i<3;i++)   sum+=p[i];
  printf("%d\n",sum);
}
```

5. 以下程序的输出结果是________。

```
#include <stdio.h>
int main()
{  int a[]={1,2,3,4,5,6}, * p;
   for(p=&a[4];p>=a;p-=2)
       printf("%d,", * p+2);
}
```

6. 以下程序的功能为：找出数组元素中的最大值元素的下标值。请将程序补充完整。

```
#include <stdio.h>
int main()
{ int a[10], * p, * max;
  for(p=a;p-a<10;p++)
    scanf("%d",________);
  for(________;p-a<10;p++)
    if(* p> * max) max=________
  printf("下标=%d\n",max-a);
}
```

7. 以下程序的功能为判断输入的字符串是否为回文，请补充程序。

```
#include <stdio.h>
#include <string.h>
int main()
{  char str[20], *p, *q;
   gets(str);
   p=str;q=str+strlen(str)-1;
   while(________)
   {
       if (_______)   break;
       else  {   p++;________}
    }
   if (p<q)  printf("No");
   else   printf("Yes");
}
```

8. 以下程序的输出结果是________。

```
#include <stdio.h>
void f(int *a,int *b,int c)
{   c=*a+*b;}
int main()
{ int x=1,y=2,z=4;
  f(&x,&y,z);
  printf("%d,%d,%d",x,y,z);
}
```

9. 以下程序的输出结果是________。

```
#include <stdio.h>
void f(int *x)
{  while((*x)--);
   printf("%d,",++(*x));
}
int main()
{  int data=100;
   f(&data);
   printf("%d",data);
}
```

10. 以下程序的输出结果是________。

```
#include <stdio.h>
#include <string.h>
int main()
{  char  str[][20]={"One*World","One*Dream!"},*p=str[1];
   printf("%d,",strlen(p)); printf("%s\n",p);
}
```

11. 请将以下程序段补充完整。

```
int *p;  p=________malloc(sizeof(int));
```

12. 以下程序的输出结果是________。

```
#include <stdio.h>
#include <stdlib.h>
#include <string.h>
int main()
{  char *p;int i;
   p=(char *) malloc(sizeof(char)*20);
   strcpy(p,"welcome");
   for(i=6;i>=0;i--)  putchar(*(p+i));
   printf("\n");
   free(p);
}
```

三、编程题

以下题目要求全部用指针实现。

1. 编写一个函数 int myatoi(char *str),功能为将字符串 str 转换为一个整数,注意包括负数。

2. 编写一个函数 void delChar(char *str,char c),功能为删除字符串 str 中的所有字符 c。

3. 编写一个函数 int isHuiwen(char *str),功能为判断 str 字符串是否是回文,是则返回 1,否则返回 0。

4. 编写一个函数 int substring(char *src,int start,int len,char *des),功能为在 src 中,从第 start 位置开始取 len 个字符,所取子串存入 des 中,并将子串长度以返回值形式返回。

5. 编写一个函数 char * getLongest(char array[][30],int n),功能为查找 array 中 n 个字符串中最长的字符串的地址。

第9章 结构体与共用体

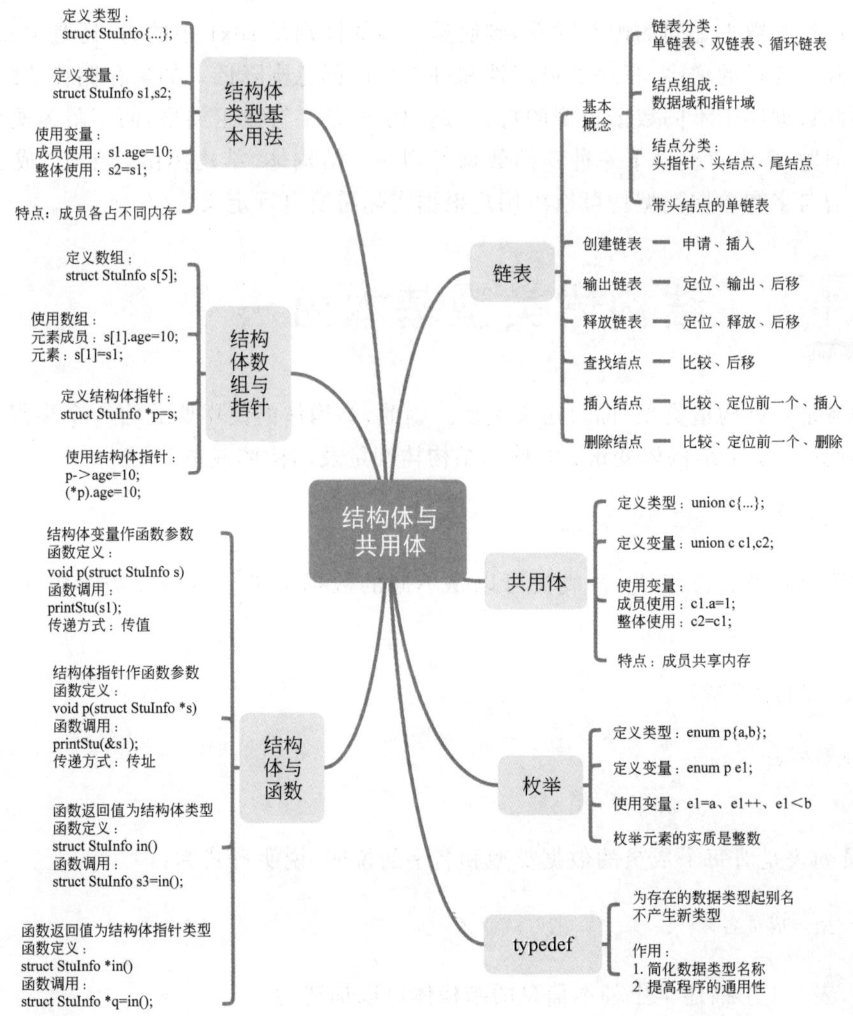

结构体与共用体
结构体类型基本用法
定义类型：struct StuInfo{...};
定义变量：struct StuInfo s1,s2;
使用变量：成员使用：s1.age=10; 整体使用：s2=s1;
特点：成员各占不同内存
结构体数组与指针
定义数组：struct StuInfo s[5];
使用数组：元素成员：s[1].age=10; 元素：s[1]=s1;
定义结构体指针：struct StuInfo *p=s;
使用结构体指针：p->age=10; (*p).age=10;
结构体与函数
结构体变量作函数参数 函数定义：void p(struct StuInfo s) 函数调用：printStu(s1); 传递方式：传值
结构体指针作函数参数 函数定义：void p(struct StuInfo *s) 函数调用：printStu(&s1); 传递方式：传址
函数返回值为结构体类型 函数定义：struct StuInfo in() 函数调用：struct StuInfo s3=in();
函数返回值为结构体指针类型 函数定义：struct StuInfo *in() 函数调用：struct StuInfo *q=in();
链表
基本概念
链表分类：单链表、双链表、循环链表
结点组成：数据域和指针域
结点分类：头指针、头结点、尾结点
带头结点的单链表
创建链表 — 申请、插入
输出链表 — 定位、输出、后移
释放链表 — 定位、释放、后移
查找结点 — 比较、后移
插入结点 — 比较、定位前一个、插入
删除结点 — 比较、定位前一个、删除
共用体
定义类型：union c{...};
定义变量：union c c1,c2;
使用变量：成员使用：c1.a=1; 整体使用：c2=c1;
特点：成员共享内存
枚举
定义类型：enum p{a,b};
定义变量：enum p e1;
使用变量：e1=a、e1++、e1<b
枚举元素的实质是整数
typedef
为存在的数据类型起别名
不产生新类型
作用：
1. 简化数据类型名称
2. 提高程序的通用性

在现实应用中，很多事物需要多个数据共同刻画，并且不同数据属于不同数据类型。例如，在一个小学教务管理系统中，描述学生信息的有学号、姓名、性别、班级、年龄、成绩等数据，描述课程信息的有课程号、课程名、考核方式等数据，描述教职工信息的有教工号、姓名、性别、出生日期、职称、专业、聘任时间等数据。以学生信息为例，假设有数据如表 9-1 所示。

表 9-1　学生数据示例

学号	姓名	性别	班级	年龄	语文成绩	数学成绩	英语成绩
2020010	王林	男	3(1)	8	89	98	99
2020020	李萍	女	3(2)	9	80	90	89
2019030	何琪	女	4(3)	10	66	89	94

显然，这些围绕同一事物的数据项是密切关联的，从不同角度共同描述同一个对象，是一个有机整体。如果将这些数据项定义为独立变量，例如：

```
char name1[]="王林",name2[]="李萍",sex1[3]="男",sex2[3]="女";
```

则难以反映数据之间的内在联系，到底是王林的性别是 sex1 中的男，还是 sex2 中的女呢？而且随着变量的增多，程序的可读性和可维护性都急剧降低。如果存储在数组中，则难以体现不同数据属于不同数据类型的特性，例如学号是字符数组类型，而年龄为整型。为了解决上述问题，C 语言提供了一种新的数据类型——结构体，结构体由若干个“成员”组成，每个成员的名字和数据类型均可以由用户根据实际需要自行定义。

9.1　结构体类型基本用法

结构体是一种构造类型，即自定义类型。因此，结构体的使用要分为 3 个步骤：①定义结构体类型；②定义结构体变量；③使用结构体变量及结构体成员。

扫一扫

9.1.1　结构体类型定义

结构体由若干成员组成，各成员可以是不同的数据类型。结构体类型定义的一般形式为：

```
struct 结构体类型名
{
    成员列表
};
```

其中，成员列表是对每个成员的数据类型和名字的说明，说明形式为：

```
数据类型　成员名;
```

例如，表 9-1 中描述学生基本信息的结构体可以描述为：

```
struct StuInfo                  //struct 是关键字,StuInfo 是结构体类型名
{   //该结构体类型由 6 个成员组成,每个成员分别属于不同的数据类型
    char num[8];                //学号为 7 位,加结束标志,num 定义为 8 位
    char name[10];              //姓名
    char sex[4];                //性别
    char class[6];              //班级
    int age;                    //年龄
    float score[3];             //3 门课成绩 注意每个成员后面的分号不可以省略
};                              //注意,结构体类型定义必须以分号";"结束
```

(1) 结构体类型的命名规则与标识符的命名规则相同,但也建议"知名达意",例如,StuInfo 从名字上即可知为学生信息。

(2) 成员列表中各成员说明以分号";"结束,各成员的命名规则与标识符命名规则相同,但也建议"知名达意",例如 name 表示姓名。成员的数据类型既可以是基本数据类型,也可以是已经定义的结构体类型或后面要学习的枚举类型。

例如,C 语言中没有日期类型,但在实际应用中经常用到日期类型,如出生日期、交易日期、报道日期等等,因此可以自定义一个日期类型的结构体。例如,上面刚刚定义的学生基本信息 StuInfo 中有一个年龄 age 成员,而在实际应用时一般会定义出生日期而不是年龄,因为出生日期不变,而年龄是不断变化的,并且如果需要年龄,也可以通过出生日期计算出年龄。此处定义为年龄只是为了降低学习难度,游刃有余的读者可以根据下面"职工"结构体中的样例自行将 StuInfo 中的年龄修改为出生日期。

```
struct Date                     //必须先定义结构体 Date,成员包括年、月、日
{
    int year;                   //年
    int month;                  //月
    int day;                    //日
};                              //注意分号不可省略
struct Employee                 //然后再定义结构体 Employee
{
    char num[10];               //教工号
    char name[20];              //姓名
    char sex;                   //性别
    struct Date birthday;       //出生日期,数据类型为结构体类型 struct Date
    char  title[10];            //职称
};
```

(3) 结构体类型定义的位置会限制其使用范围。如果定义在函数内,则只能在函数内使用;如果定义在函数外,则只能在本源文件中使用;如果定义在头文件中,则可以在项目中所有包含此头文件的源文件中使用。如无特殊说明,则是定义在函数外。

9.1.2 结构体变量定义

结构体类型定义只是定义了一种新的数据类型,和普通数据类型 int 一样,只是制作了一个模具,相当于表 9-1 中只是制作了一个标题栏。只有用这种新的数据类型定义变量,才能为其分配相应的内存空间,保存具体数据,从而生成表 9-1 中真正的学生记录。

结构体变量的定义一般有以下 3 种方法。

(1) 先定义结构体类型,再定义结构体变量。

```
struct 结构体类型名
{
    成员列表
};
struct 结构体类型名 变量名列表;
```

9.1.1 节中已经定义了结构体 StuInfo、Date 和 Employee,它们均可以定义变量,例如:

```
struct StuInfo student1,student2;
struct Date today;
```

注意:定义变量时,结构体类型名前的 struct 关键字不可省略。

这是最常用的一种形式,结构体变量不受结构体类型定义位置的限制。假设结构体类型定义在函数外,则结构体变量既可以定义为全局变量,也可以定义为局部变量。

(2) 在定义结构体类型的同时定义结构体变量。

```
struct  结构体类型名
{
    成员列表;
}变量名列表;
```

例如:

```
struct StuInfo
{
    char num[8];
    char name[10];
    char sex[4];
    char class[6];
    int age;
    float score[3];
}student1,student2;
```

采用这种结构体类型定义和变量定义放在一起的方式,可以清晰地观察到结构体成员组成,但两者的位置必须一致,当然并不妨碍在别处用第一种方式再定义其他该类型变量。

(3) 直接定义结构体变量,省略结构体类型名。

```
struct
{
    成员列表;
}变量名列表;
```

例如:

```
struct
{
```

```
    char num[8];
    char name[10];
    char sex[4];
    char class[6];
    int age;
    float score[3];
}student1,student2;
```

这种没有结构体名的结构体类型仅能在定义时使用一次，无法在其他位置再定义该类型的变量，使用非常受限，在实际开发中极少使用。

从理论上讲，结构体变量所分配内存空间大小是其各成员所分配内存空间大小之和。例如，student1 所占内存空间大小为：8＋10＋4＋6＋4＋3 * 4＝44，但实际 student1 在 Dev-C++ 中默认分配 48B。这是因为编译器为了提高程序执行效率，减少 CPU 读取数据的指令周期，对结构体进行了"字节对齐"优化，即结构体变量所占内存空间的字节数是成员中占最大内存的数据类型所占字节的倍数。例如，student1 中的各成员的数据类型涉及 char、int、float 三种类型，占内存最大的是 int 和 float 的 4B，因此，所有成员占内存大小都要是 4 的倍数，此时 name 占 10B，不是 4 的倍数，因此在其后补充 2B，因此 name 实际占 12B。以此类推，student1 中各成员变量实际分配内存空间如图 9-1 所示。

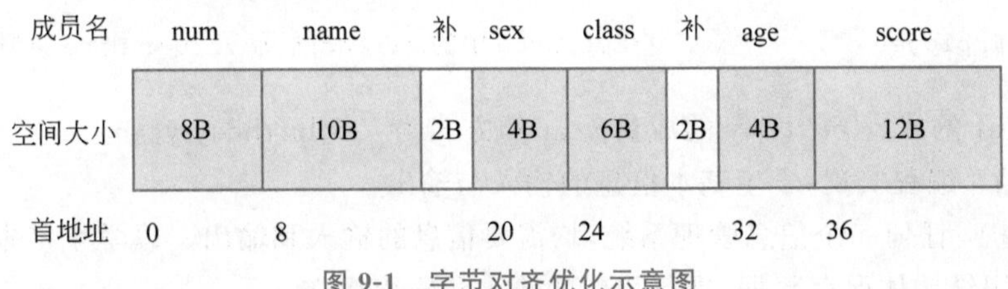

图 9-1　字节对齐优化示意图

当然，也可以通过＃pragma pack(1)设置为 1B 对齐，使 student1 真正占 44B，但节省空间的代价是降低程序运行效率，因此建议读者只需简单理解字节对齐优化原理，无须设置对齐方式。

9.1.3　结构体变量的使用

扫一扫

结构体变量定义后即可使用，一般有成员使用和整体使用两种方式。

(1) 结构体变量成员使用方式。

这是最常用的一种方式，通过成员运算符"."使用结构体中的成员变量，其形式为：

```
结构体变量名.成员名
```

而成员变量的具体使用方式与定义形式相同的普通变量使用方式一致，例如：

```
struct StuInfo student1;
char num[8];
int age;
```

则 student1 的成员 num 和 age 的定义形式与此处普通变量形式的数组 num 和 age 的

定义形式相同，因此使用方式也相同，只是成员变量前面需要指定结构体变量的名字。

例如，为 num 赋值为 2020020，可以用：

```
strcpy(num, "2020020");
```

则为成员 num 赋值为 2020020，可以用：

```
strcpy(student1.num, "2020020");
```

为 age 赋值为 18，可以用：

```
age=18;
```

则为成员 age 赋值为 18，可以用：

```
student1.age=18;
```

同理，如果成员本身又是结构体类型，则需使用成员运算符逐级访问，且只能对最低级的成员进行操作。

例如：

```
struct Employee e1;          //Employee 中的 birthday 为 struct Date 类型
```

则引用 e1 的成员 birthday 的成员 year 的方式为：e1.birthday.year。

【例 9-1】 编程实现，学生基本信息的输入与输出。

程序分析：任何一个信息管理系统，均需要信息的输入和输出。以学生基本信息为例，演示如何利用结构体保存数据，进行相应的输入和输出操作。

```
#include <stdio.h>
#include <string.h>                                    //包含 gets 函数
char * course[3]={"语文","数学","英语"};               //三门课程名
struct StuInfo                               //结构体定义在函数外，则 StuInfo 在此文件中有效
{
    char num[8];                             //学号 7 位
    char name[10];                           //姓名
    char sex[4];                             //性别：男或女
    char class[6];                           //班级，3(2)表示 3 年级 2 班
    int age;                                 //年龄
    float score[3];                          //三门课程的成绩
};
int main()
{
    struct StuInfo student1;                 //定义结构体变量
    printf("请输入学号(7位): ");
    gets(student1.num);
    printf("请输入姓名: ");
```

```
    gets(student1.name);
    printf("请输入性别(男或女): ");
    gets(student1.sex);
    printf("请输入班级(如 3(4)): ");
    gets(student1.class);
    printf("请输入年龄: ");
    scanf("%d",&student1.age);
    printf("请输入成绩: \n");
    for(int i=0;i<3;i++)                    //循环输入 3 门课成绩
    {
        printf("%s:",course[i]);            //先显示课程名
        scanf("%f",student1.score+i);       //输入该门课程的成绩
    }
    printf("学生的基本信息为: \n");          //输出学生信息
    printf("学号: %s\n 姓名: %s\n 性别: %s\n 年龄: %d\n 班级: %s\n",
        student1.num,student1.name,student1.sex,student1.age,student1.class);
    printf("课程成绩为: ");
    for(int i=0;i<3;i++)
        printf("%s:%4.1f ",course[i],student1.score[i]);
}
```

程序执行结果如图 9-2 所示。

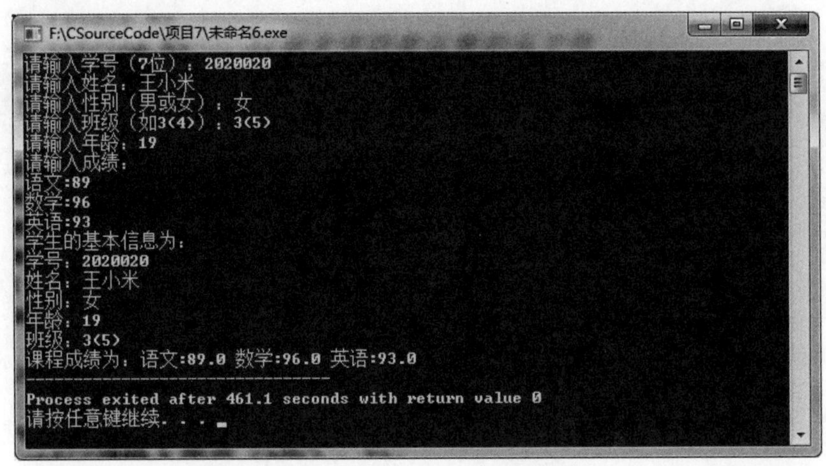

图 9-2　例 9-1 程序执行结果图

(2) 结构体变量整体使用方式。

这是一种非常受限制的使用方式,结构体变量不允许做整体的算术、关系运算等操作,但同一种类型的结构体变量之间可以整体赋值,也可以引用结构体变量的地址。

例如,假设 student1、student2 均为 struct StuInfo 类型,并且 student1 各成员已经赋值,则:

```
student2=student1;
```

是合法的,其作用为将 student1 中的各成员值依次赋给 student2 中的相应成员。

例如：

```
printf("结构体变量的地址为：%x",&student1);
```

也是合法的，其作用为输出 student1 的地址。

9.1.4 结构体变量的初始化

结构体变量的初始化，本质是对结构体变量中的各成员进行初始化。初始化数据用"{}"括起来，其顺序要与结构体定义时的各成员顺序保持一致，数据之间用英文半角下的","分开。由于结构体各成员的数据类型各不相同，一定注意对应顺序的初始化常量的数据类型和成员定义时的类型保持一致。

例如，例 9-1 中定义的 struct StuInfo 类型的结构体变量 student1，可以采用如下方式进行初始化：

```
struct StuInfo student1={"2022001","王林林","男","4(1)",19,{96,90,82}};
```

或者

```
struct StuInfo student1={"2022001","王林林","男","4(1)",19,96,90,82};
```

则变量 student1 各成员的初始化数据如表 9-2 所示。

表 9-2 student1 各成员初始化数据

num	name	sex	class	age	course		
					course[0]	course[1]	course[2]
20220001	王林林	男	4(1)	19	96	90	82

如果只对部分成员进行初始化，也必须从前往后顺序赋值，中间不能有跳跃。例如：

```
struct StuInfo student1={"2022001","王林林","男","4(1)"};
```

是正确的，但

```
struct StuInfo student1={"2022001","王林林", ,"4(1)"};
```

是错误的，不能不给 sex 赋值，但给 sex 后面的 class 赋值。

【例 9-2】 结构体变量的初始化和整体赋值示例。

```
#include <stdio.h>
#include <string.h>
struct Date                     //定义结构体 Date,成员包括年、月、日
{
    int year;
    int month;
    int day;
};                              //注意分号不可省略
struct Employee                 //定义结构体 Employee
{
    char num[10];               //教工号
```

```
    char name[20];                    //姓名
    char sex;                         //性别
    struct Date birthday;             //出生日期,数据类型为结构体类型 struct Date
    char  title[12];                  //职称
};
int main()
{                                     //初始化结构体变量 e1
    struct Employee e1={"1001","李强",'F',{1996,10,9},"副教授"},e2;
    e2=e1;                            //同类型的结构体变量整体赋值
    strcpy(e2.num,"1002");            //修改 e2 的职工号
    printf("e2 教职工基本信息: \n");
    printf("教工号: %s\n 姓名: %s\n 性别: %c\n",e2.num,e2.name,e2.sex);
    printf("出生日期: %d 年-%d 月-%d 日\n 职称:%s\n",e2.birthday.year,
            e2.birthday.month,e2.birthday.day,e2.title);
}
```

程序运行结果如图 9-3 所示。职工 e2 的值除被修改的教工号外,其余信息均与 e1 相同。

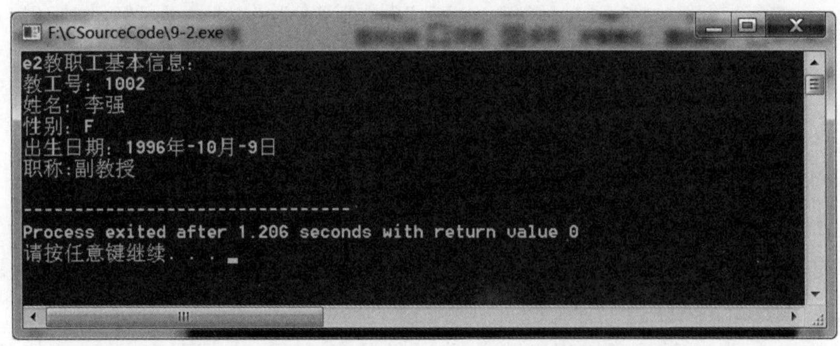

图 9-3　例 9-2 程序执行结果图

9.2　结构体数组与指针

9.2.1　结构体数组

一个结构体变量可以存放一组数据,如一个学生的学号、姓名等信息,如果有多组数据,例如一个班级的多名学生信息,显然可以使用结构体数组。结构体数组具备第 6 章中数组的基本特性,如用下标区分不同元素,数组名代表数组地址,逻辑上相邻元素在物理地址上也是相邻的,等等,只不过每个元素都是一个结构体类型的变量,都分别包含各个成员分量。

(1) 结构体数组的定义。

结构体数组的定义方法和结构体变量相似,也有"先定义结构体类型,再定义结构体数组""定义结构体类型的同时定义结构体数组"和"直接定义结构体数组,省略结构体类型名"3 种定义方式,因与结构体变量定义高度相似,仅以最常用的"先定义结构体类型,再定义结

构体数组”为例，介绍其使用方法。例如：

```
struct StuInfo                //先定义结构体类型
{
    char num[8];
    char name[10];
    char sex[4];
    char class[6];
    int age;
    float score[3];
};
struct StuInfo student[5];    //再定义结构体数组
```

则定义了一个结构体数组 student，共包含 5 个元素，分别为 student[0]～student[4]，每个元素都是 struct StuInfo 类型的变量。

(2) 结构体数组的初始化。

结构体数组初始化其实就是对其全部或部分元素进行初始化，例如：

```
struct StuInfo student[5]={{"2020001","李萍","女","3(1)",8,{89,94,76}},
                        {"2020003","张虹","女","3(2)",9,{95,90,86}},
                        {"2020009","何琪","男","3(4)",8,{92,86,94}}
                       };
```

定义的结构体数组 student 包含 5 个元素，只对前 3 个元素 student[0]、student[1]、student[2]进行了初始化。其中，“{"2020001","李萍","女","3(1)",8,{89,94,76}}”是 student[0]的初始化值，当中的两对“{}”均可以省略，但为了提高程序的可读性，建议保留。

(3) 结构体数组的使用。

结构体数组中的一个元素相当于一个普通结构体变量，有成员使用和整体使用两种方式，例如：

```
strcpy(student[1].name,"何琪");        //数组元素成员使用方式
struct StuInfo  s1;        //结构体变量 s1 与数组 student 均为 struct StuInfo 类型
student[1]=s1;             //同类型结构体变量整体赋值方式
```

均为合法使用方式。

【例 9-3】 编程实现，查询某学号的学生基本信息。

```
#include <stdio.h>
#include <string.h>                         //包含 gets 函数
char * course[3]={"语文","数学","英语"};    //3 门课程名
struct StuInfo
{
    char num[8];                            //学号 7 位
    char name[10];                          //姓名
    char sex[4];                            //性别：男或女
    char class[6];                          //班级，3(2)表示 3 年级 2 班
    int age;                                //年龄
```

```
    float score[3];                                    //3门课程的成绩
};
int main()
{                                                      //定义结构体数组 stu 并初始化
    struct StuInfo stu[5]={{"2020001","李萍","女","3(1)",8,{89,94,76}},
                           {"2020003","张虹","女","3(2)",9,{95,90,86}},
                           {"2020009","何琪","男","3(4)",8,{92,86,94}},
                           {"2019001","王林林","男","4(1)",9,{96,90,82}},
                           {"2019006","王小萌","男","4(1)",9,{99,90,96}}
                          };
    char num[8];                                       //要查找的学生的学号
    int i;
    printf("请输入要查询学生的学号: ");
    gets(num);
    for(i=0;i<5;i++)                                   //i 表示数组元素下标
    {   //判断数组元素 stu[i]中的成员 num 值和输入的 num 值是否相等
        if (strcmp(stu[i].num,num)==0)                 //注意 stu[i].num 与 num 是不同的变量
        {
            printf("学生的基本信息为: \n");             //输出学生信息
            printf("学号: %s\n 姓名: %s\n 性别: %s\n 年龄: %d\n 班级: %s\n",
                stu[i].num,stu[i].name,stu[i].sex,stu[i].age,stu[i].class);
            printf("课程成绩为: ");
            for(int j=0;j<3;j++)
                printf("%s:%4.1f ",course[j],stu[i].score[j]);
            break;                                     //如果找到,则退出循环
        }
    }
    if (i>=5)                                          //如果没有找到
      printf("没有学号为%s 的学生!",num);
}
```

9.2.2 结构体指针

扫一扫

一个结构体变量的首地址就是这个结构体变量的指针,可以定义指向结构体类型数据的指针变量,称为结构体指针变量,从而实现对结构体变量的间接访问。结构体指针变量定义的一般形式如下:

```
struct 结构体名 *结构体指针变量名;
```

例如:

```
struct StuInfo stu1={"2020001","李萍","女","3(1)",8,{89,94,76}}, *p;
p=&stu1;
```

则定义了一个结构体指针变量 p,它指向一个 struct StuInfo 类型的结构体变量 stu1,其指向关系逻辑示意图如图 9-4 所示。

则此时通过结构体指针变量访问结构体成员的方式有以下两种:

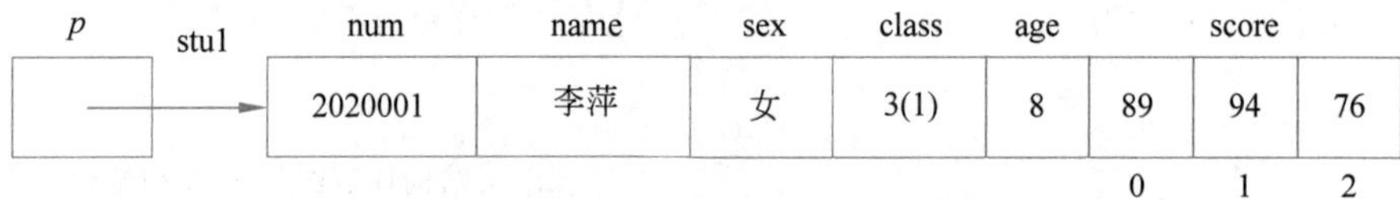

图 9-4　指针变量 *p* 指向结构体变量 stu1 逻辑示意图

```
(*结构体指针变量名).成员名              //注意,()圆括号不能省略
结构体指针变量名->成员名                //"->"是指向成员运算符,由-和>组成
```

例如：

```
gets(p->num);                //等价于 gets(stu1.num)
strcpy(p->name,"张磊");      //等价于 strcpy(stu1.name,"张磊");
(*p).age=9;                  //等价于 stu1.age=9;
```

都是合法引用。

指向结构体变量的指针变量,同样可以指向结构体数组元素。

【例 9-4】 编程实现,求 3 门课程的平均分。

```
#include <stdio.h>
#include <string.h>                         //包含 gets 函数
char *course[3]={"语文","数学","英语"};     //3 门课程名
struct StuInfo
{
    char num[8];                            //学号 7 位
    char name[10];                          //姓名
    char sex[4];                            //性别：男或女
    char class[6];                          //班级,3(2)表示 3 年级 2 班
    int age;                                //年龄
    float score[3];                         //3 门课程的成绩
};
int main()
{                                           //定义结构体数组 stu 并初始化
    struct StuInfo stu[5]={{"2020001","李萍","女","3(1)",8,{89,94,76}},
                           {"2020003","张虹","女","3(2)",9,{95,90,86}},
                           {"2020009","何琪","男","3(4)",8,{92,86,94}},
                           {"2019001","王林林","男","4(1)",9,{96,90,82}},
                           {"2019006","王小萌","男","4(1)",9,{99,90,96}}
                          },*p;             //定义结构体指针 p
    float ave[3]={0,0,0};                   //ave 存放 3 门课程的平均分
    int i;
    for(p=stu;p<stu+5;p++)                  //通过 p 指针的移动遍历访问数组元素
    {
        for(i=0;i<3;i++)                    //计算 3 门课程的总分
            ave[i]+=p->score[i];            //等价于 ave[i]=(*p).score[i]
    }
    for(i=0;i<3;i++)                        //输出 3 门课程的平均分
        printf("%s 的平均分为：%4.2f\n",course[i],ave[i]/5);
}
```

9.3 结构体与函数

函数的形参、返回值可以是基本数据类型或基类型为基本数据类型的指针类型，同样也可以是结构体类型或基类型为结构体类型的指针类型。

9.3.1 结构体变量作函数参数

扫一扫

用结构体变量作函数参数时，采用的是“传值”方式，即形参和实参各自占用不同内存空间，“形实参结合”是将实参各成员值依次传递给形参所对应的成员。如果在函数中形参的值发生了改变，实参不受任何影响。这种方法的优点是函数之间的耦合性低，代码安全性、可读性高；缺点是占用存储空间大，形实参结合时需要复制各个成员，效率较低。因此一般较少使用这种方法。

【例 9-5】 编程实现，输出学生的基本信息。

```
#include <stdio.h>
#include <string.h>                            //包含 gets 函数
char * course[3]={"语文","数学","英语"};  //3 门课程名
struct StuInfo       //结构体定义在函数外，则 StuInfo 在此文件中都有效
{
    char num[8];                               //学号 7 位
    char name[10];                             //姓名
    char sex[4];                               //性别：男或女
    char class[6];                             //班级，3(2)表示 3 年级 2 班
    int age;                                   //年龄
    float score[3];                            //3 门课程的成绩
};
void printStu(struct StuInfo stu)              //打印一个学生的基本信息，形参为结构体类型
{
    printf("学号：%s\n 姓名：%s\n 性别：%s\n 年龄：%d\n 班级：%s\n",stu.num,
      stu.name,stu.sex,stu.age,stu.class);
    printf("课程成绩为：");
    for(int i=0;i<3;i++)
        printf("%s:%4.1f ",course[i],stu.score[i]);
}
int main()
{
    struct StuInfo student1={"2019001","王林林","男","4(1)",9,{96,90,82}};
    printStu(student1);                        //实参为结构体变量
}
```

9.3.2 结构体指针作函数参数

扫一扫

结构体指针作函数参数时，采用的是“传址”方式，即“形实参结合”是指实参传递给形参的是一个结构体变量的地址，主调函数通过实参访问此结构体变量，被调函数通过形参访问

此结构体变量,实际访问的是同一个结构体变量。这种方法因为传递的只是一个地址,而不是结构体变量的全体数据,所以优点是节约空间,程序执行效率高,能够实现数据的"双向传递";缺点是升高了函数之间的耦合性,代码可读性下降。为了在一定程度上弥补其缺点,如果确定函数是"单向传递",即只是将主调函数数据传递给被调函数,可以将形参声明为const 类型。

【例 9-6】 编程实现,输出多个学生的基本信息。

```
#include <stdio.h>
#include <string.h>                                           //包含 gets 函数
char * course[3]={"语文","数学","英语"};                     //3 门课程名
struct StuInfo
{
    char num[8];                                              //学号 7 位
    char name[10];                                            //姓名
    char sex[4];                                              //性别: 男或女
    char class[6];                                            //班级,3(2)表示 3 年级 2 班
    int age;                                                  //年龄
    float score[3];                                           //3 门课程的成绩
};
//输出 n 名学生信息,stu 为 const 类型,在函数内其指向值不允许被改变
void printStus(const struct StuInfo * stu,int n)             //结构体指针做形参
{
    const struct StuInfo *p;          //p 也为 const 类型,不能通过 p 修改其指向值
    printf("学号      姓名    性别    年龄   班级       ");    //输出标题头
    for(int i=0;i<3;i++)              //输出课程名称标题头
        printf("%s      ",course[i]);
    for(p=stu;p<stu+n;p++)            //通过 p 指针的移动遍历输出 n 名学生基本信息
    {   //输出学生的学号、姓名等基本信息
        printf("\n%-8s%-6s%6s%7d%7s",p->num,p->name,p->sex,p->age,
            p->class);
        for(int i=0;i<3;i++)          //输出 3 门课程的成绩
          printf("%8.1f ",p->score[i]);
    }
}
int main()
{
    struct StuInfo stu[5]={{"2020001","李萍","女","3(1)",8,{89,94,76}},
                          {"2020003","张虹","女","3(2)",9,{95,90,86}},
                          {"2020009","何琪","男","3(4)",8,{92,86,94}},
                          {"2019001","王林林","男","4(1)",9,{96,90,82}},
                          {"2019006","王小萌","男","4(1)",9,{99,90,96}}
                         };
    printStus(stu,5);                 //将一维数组地址做实参
}
```

扫一扫

9.3.3 函数返回值为结构体类型

函数的返回值如果是结构体类型,则说明函数要返回一个结构体类型的数据。

【例 9-7】 编程实现,一个学生基本信息的输入和输出。

```
#include <stdio.h>
#include <string.h>                              //包含 gets 函数
char * course[3]={"语文","数学","英语"};  //3 门课程名
struct StuInfo
{
   char num[8];                                  //学号 7 位
   char name[10];                                //姓名
   char sex[4];                                  //性别: 男或女
   char class[6];                                //班级,3(2)表示 3 年级 2 班
   int age;                                      //年龄
   float score[3];                               //3 门课程的成绩
};
struct StuInfo inputStu()              //输入一个学生信息,返回值为 struct StuInfo 类型
{
   struct StuInfo student1;            //定义结构体变量 student1
   printf("请输入学号(7 位): ");
   gets(student1.num);
   printf("请输入姓名: ");
   gets(student1.name);
   printf("请输入性别(男或女): ");
   gets(student1.sex);
   printf("请输入班级(如 3(4)): ");
   gets(student1.class);
   printf("请输入年龄: ");
   scanf("%d",&student1.age);
   printf("请输入成绩: \n");
   for(int i=0;i<3;i++)                        //循环输入 3 门课成绩
   {
      printf("%s:",course[i]);                 //先显示课程名
      scanf("%f",student1.score+i);  //输入该门课程的成绩
   }
   return student1;                            //返回 struct StuInfo 类型的变量 student1
}
void printStu(struct StuInfo stu)              //打印一个学生的基本信息,形参为结构体类型
{
   printf("学号: %s\n 姓名: %s\n 性别: %s\n 年龄: %d\n 班级: %s\n",stu.num,
     stu.name,stu.sex,stu.age,stu.class);
   printf("课程成绩为: ");
   for(int i=0;i<3;i++)
      printf("%s:%4.1f ",course[i],stu.score[i]);
}
int main()
{
   struct StuInfo student1;
   student1=inputStu();                        //输入一个学生信息
   printStu(student1);                         //输出一个学生信息
}
```

9.3.4 函数返回值为结构体指针类型

如果函数的返回值是结构体指针类型,则说明函数要返回一个结构体类型的变量的地址。

【例 9-8】 编程实现,按总分从高到低排序学生基本信息。

```
#include <stdio.h>
#include <string.h>                              //包含 gets 函数
char * course[3]={"语文","数学","英语"};  //3 门课程名
struct StuInfo
{
    char num[8];                                 //学号 7 位
    char name[10];                               //姓名
    char sex[4];                                 //性别: 男或女
    char class[6];                               //班级,3(2)表示 3 年级 2 班
    int age;                                     //年龄
    float score[3];                              //3 门课程的成绩
};
                                                 //查找 stu 中 n 名学生中的最高分学生地址
struct StuInfo * findMaxScore(struct StuInfo * stu,int n)
{
    struct StuInfo * p, * max;
    float maxave=0,tempave;               //maxave 存放当前最高分,tempave 为当前学生总分
    max=stu;                              //max 指向第 0 个学生
    for(int i=0;i<3;i++)                  //计算目前最高分学生的总分
      maxave+=max->score[i];
    for(p=stu+1;p<stu+n;p++)              //指针 p 遍历 stu 中所有的学生数据
    {
        tempave=0;
        for(int i=0;i<3;i++)              //计算当前学生总分
          tempave+=p->score[i];
        if (maxave<tempave)               //修改指向最高分的指针指向及最高分
        {
            max=p;
            maxave=tempave;
        }
    }
    return max;                           //返回最高分学生地址
}
//根据 3 门课程的总分对 stu 中的 n 名学生信息进行选择法排序
void sortStubyScore(struct StuInfo * stu,int n)
{
    struct StuInfo * p, * max,temp;
    for (p=stu;p<stu+n;p++)
    {
        max=findMaxScore(p,n-(p-stu));   //寻找未排序数据中的最高分地址
        if(max!=p)          //如果最高分地址与最终正确位置地址不一致,则交换
        {                                        //注意交换的是 * p 与 * max 的值。
            temp= * p;                           //注意 temp 是普通变量,不是指针变量
```

```
            * p= * max;
            * max=temp;
        }
    }
}
//输出 stu 中 n 名学生信息
void printStus(const struct StuInfo * stu,int n)
{
    const struct StuInfo * p=stu;
    printf(" 学号      姓名    性别    年龄   班级       ");
    for(int i=0;i<3;i++)
      printf("%s     ",course[i]);
    for(p=stu;p<stu+n;p++)
    {
      printf("\n%-8s%-6s%6s%7d%7s",p->num,p->name,p->sex,p->age,p->class);
      for(int i=0;i<3;i++)
        printf("%8.1f ",p->score[i]);
    }
}
int main()
{
    struct StuInfo stu[5]={{"2020001","李萍","女","3(1)",8,{89,94,76}},
                           {"2020003","张虹","女","3(2)",9,{95,90,86}},
                           {"2020009","何琪","男","3(4)",8,{80,86,94}},
                           {"2019001","王林林","男","4(1)",9,{96,90,82}},
                           {"2019006","王小萌","男","4(1)",9,{99,90,96}}
                          };
    sortStubyScore(stu,5);         //排序
    printStus(stu,5);              //输出
}
```

9.4 链表的操作

如果要存储多名学生的信息，可以用一维数组。由 8.2.5 节中的知识可知，一维数组也可以通过 malloc、realloc 等函数进行动态构造，以弥补静态定义时数组长度一旦确定就无法更改的缺点。用一维数组存储数据，具有查找速度快等优点，但当插入或删除数据时，需要将插入或删除数据位置之后的数据全部后移或前移一个位置，所以插入和删除的效率比较低。而链表插入或删除数据时不需要移动其他数据，插入和删除效率比较高，更适合对数据有频繁插入和删除操作的应用场景。但链表的查找速度慢，因此链表和数组是一对常常被比较的难兄难弟，能完成相同功能，但忠孝两难全，各有优缺点，需针对实际应用场景选择。

9.4.1 链表的基本概念

扫一扫

链表是一种最常用的动态数据结构，它由若干个相同数据类型的结点组成，而这些结点

在物理存储空间上可以是非连续、非顺序的，结点之间的逻辑顺序关系通过结点中的指针确定。链表又分为单(向)链表、双(向)链表和循环链表等，在此仅以最简单的单链表为例说明其基本概念。

假设单链表存储的是学生的基本信息，但为了降低程序复杂性，仅保留“学号、姓名、性别”信息。图 9-5 是一个包含 4 个学生信息的单链表逻辑结构示意图。链表中的每一个元素称为一个“结点”，每个结点都包括两部分：数据域和指针域。数据域就是结点中存储数据的部分，如图 9-5 中所示结点中的彩色区域：2020001，李萍，女。指针域是存放下一个结点地址的部分，如图 9-5 中所示结点的白色区域。因为我们只关注结点之间的逻辑关系，而并不关心指针域存储的具体地址值，因此指针域用箭头表示指向关系。

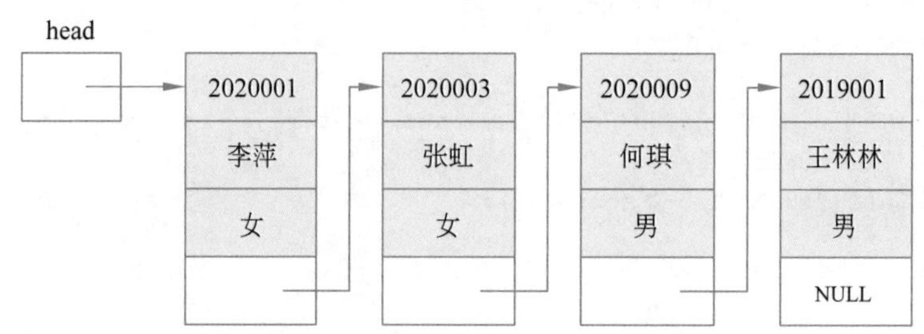

图 9-5　单链表逻辑结构示意图

图 9-5 中的结点用结构体定义如下：

```
struct StuInfo                          //定义结构体 StuInfo
{
    char num[8];                        //数据域中的学号
    char name[10];                      //数据域中的姓名
    char sex[4];                        //数据域中的性别
    struct StuInfo   * next;            //指针域
};
```

其中成员 num、name 和 sex 共同构成数据域，用来存放结点中的数据；next 是指针域，是一个指向 struct StuInfo 类型的指针变量，用于保存下一个结点的地址。

链表必须有一个指向第一个结点的指针变量，称为头指针，如图 9-5 中的 head。只有知道了头指针 head，才能通过头指针找到第一个结点，通过第一个结点的指针域找到第二个结点，以此类推，遍历链表中的每一个结点。

单链表中最后一个结点称为“尾结点”，尾结点的指针域一般为空，用 NULL 表示。与“尾结点”对应的概念是“头结点”，但头结点并不仅仅是单链表中的第一个结点，而是不存放结点数据的第一个结点。如图 9-5 中的第一个结点并不是头结点，因为此结点存放了结点数据，所以图 9-5 中的链表是不带头结点的单链表。图 9-6 所示为带头结点的单链表，即在第一个真正数据元素之前增设了一个结点，其数据域可以不保存任何信息，也可以保存一些如链表长度等辅助信息，其指针域指向第一个数据结点。

增设头结点的目的是降低链表插入结点、删除结点算法的复杂性。如果增设一个头结点，则链表中至少有一个头结点，插入结点和删除结点时不用区分头指针是否为空，算法更简单，后面章节中均以带头结点的单链表为例。

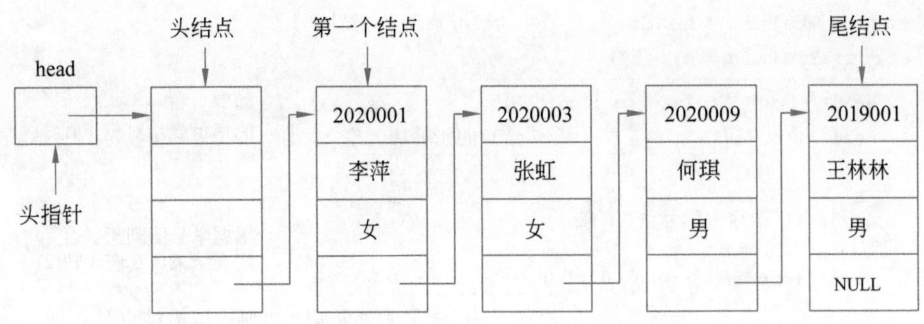

图 9-6 带头结点的单链表

9.4.2 链表的基本操作

链表最常用的操作有创建链表、输出链表、查找结点、插入结点、删除结点、求链表长度、释放链表等,在此仅以带头结点的单链表为例描述其算法思想及实现代码。

1. 创建链表

创建链表是指从无到有建立一个链表的过程,需要一个一个地申请结点空间,输入结点数据,最后将结点插入到链表中。根据新结点插入到链表中的位置是首端还是尾端,可以分为前插法和后插法。此处仅介绍较简单的前插法。

【例 9-9】 编程实现,利用链表存储学生的基本信息。

事先约定好:如果输入的学生学号值为字符串"0",则说明建表完毕。用前插法建立带头结点的单链表的步骤如下。

(1) 建立一个只有一个头结点的单链表,即申请一个头结点,其指针域赋值为 NULL,头指针 head 指向头结点。

(2) 输入学号,如果学号值不为字符串"0",则转到(3)继续执行,否则建表结束。

(3) 申请一个新结点 p,输入结点各成员值。

(4) 将新结点插入到头结点后,即 p 的指针域赋值为头结点的指针域值,头结点的指针域赋值为 p。转到步骤(2)继续执行。

实现源代码如下:

```
#include <stdio.h>
#include <malloc.h>
#include <string.h>
#define LEN sizeof(struct StuInfo)          //符号常量 LEN 代表 struct StuInfo 的长度
struct StuInfo                              //定义结构体 StruInfo
{
    char num[8];                            //数据域中的学号
    char name[10];                          //数据域中的姓名
    char sex[4];                            //数据域中的性别
    struct StuInfo   * next;                //指针域
};
struct StuInfo * createLink()               //用前插法建立链表
{
    char numtemp[8];                        //临时存放学号
```

```
    struct StuInfo *head;                    //声明头指针
    struct StuInfo *p;
      head=(struct StuInfo*)malloc(LEN);     //建立头结点        ← 建立只有一个头结点
      head->next=NULL;                //头结点的指针域为空       的单链表，对应步骤(1)

      printf("请输入学号（0结束）:");
      gets(numtemp);                                          ← 根据学号值判断是否
      while(strcmp(numtemp,"0")!=0)                             建表结束，对应步骤(2)
    {                                        //学号为字符串"0"则建链表结束
      p=(struct StuInfo*)malloc(LEN); //不结束则申请结点空间
      strcpy(p->num,numtemp); //将学号存放到结点中
      printf("请输入姓名：");                                   ← 为新结点赋值，
      gets(p->name);                //输入姓名                    对应步骤(3)
      printf("请输入性别：");
      gets(p->sex);                 //输入性别

      //将p的指针域指向头结点的指针域指向结点                    新结点插入到
      p->next=head->next;                                     ← 头结点后，对
      head->next=p;   //将头结点的指针域指向新结点p              应步骤(4)
      printf("请输入学号(0结束):");
      gets(numtemp);                         //输入学号,用于判定是否建表结束
    }
    return(head);                            //返回链表头指针
}
int main()
{
    struct StuInfo *h;                       //声明头指针
    h=createLink();                          //建立链表
}
```

以建立两个结点的链表为例，说明其执行过程。

① 执行第(1)步，建立只有一个头结点的单链表，如图 9-7 所示，head 指向头结点，头结点指针域值为 NULL。

② 执行第(2)步，假设输入学号值“2020001”，则说明需要插入一个新的学生结点。

③ 执行第(3)步，申请一个新结点 p，输入结点各成员值“李萍”“女”，如图 9-8 所示。

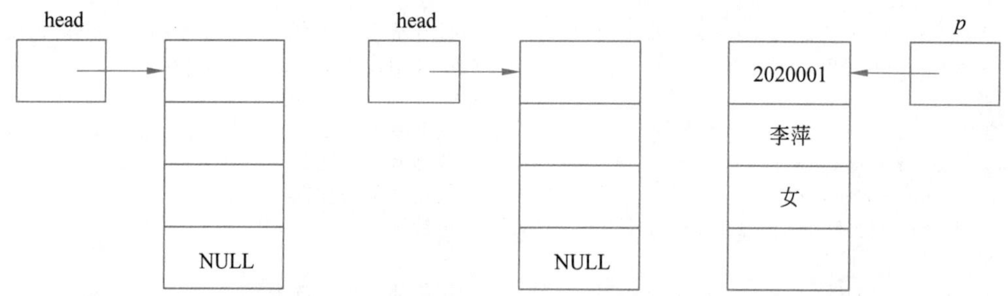

图 9-7　只有一个头结点的单链表　　　图 9-8　插入新结点之前的单链表

④ 执行第(4)步，将新结点"2020001"插入到头结点后，如图 9-9 所示。

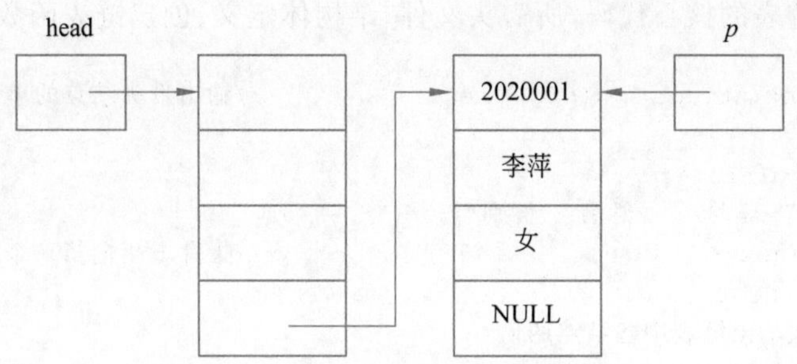

图 9-9　插入一个结点后的单链表

⑤ 转到第(2)步执行，假设输入学号值"2020003"，则说明需要插入一个新的学生结点。

⑥ 执行第(3)步，申请一个新结点 p，输入结点各成员值"张虹""女"，如图 9-10 所示。

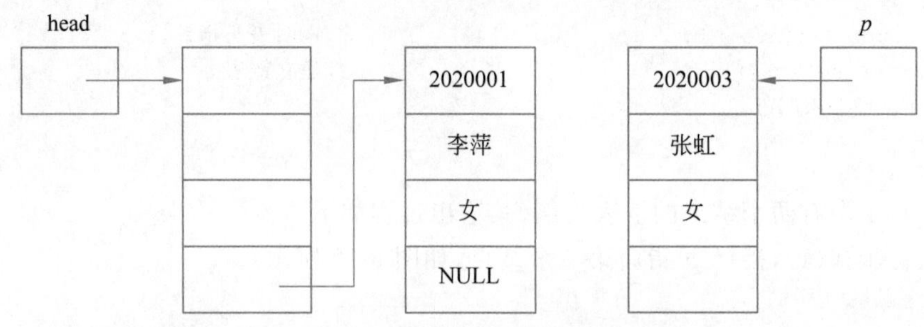

图 9-10　插入第二个结点前的单链表

⑦ 执行第(4)步，将新结点"2020003"插入到头结点后，如图 9-11 所示。

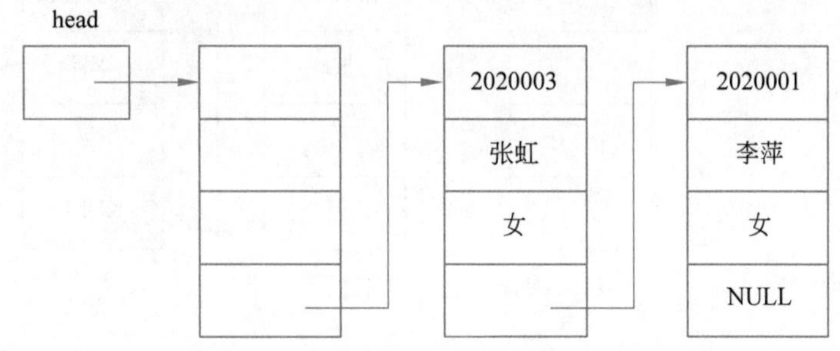

图 9-11　插入第二个结点后的单链表

⑧ 执行第(2)步，假设输入学号值"0"，则建表结束。

2. 输出链表

输出链表是指将链表中的各结点数据依次输出。假设链表的头指针为 head，则输出链表的具体步骤如下。

(1) 定义一个指针变量 p，先指向第一个结点，即 p=head->next。

(2) 如果 p 不为 NULL，则转到步骤(3)执行，否则输出结束。

(3) 输出 p 指向结点中各成员的值，将 p 后移一个结点，即 p=p->next。转到步骤(2)继续执行。

【例 9-10】 编程实现,输出链表中的学生基本信息。

仅列出输出链表的核心代码,所需头文件、结构体定义、创建链表函数等请自行补齐。

```
void printLink(struct StuInfo * head)              //输出带头结点的单链表
{
    struct StuInfo * p;
    printf("\n 学号      姓名    性别");
    p=head->next;                                  //指针 p 指向第一个结点
    while(p!=NULL)
    {   //依次输出链表中各结点的值
        printf("\n%-8s%-6s%6s",p->num,p->name,p->sex);
        p=p->next;                                 //p 指针后移至下一个结点
    }
}
int main()
{
    struct StuInfo * h;                            //声明表头指针
    h=createLink();                                //建立链表
    printLink(h);
}
```

以图 9-11 中有两个结点的链表为例,其输出过程如下。

① 执行步骤(1),指针 p 指向第一个结点,如图 9-12 所示。

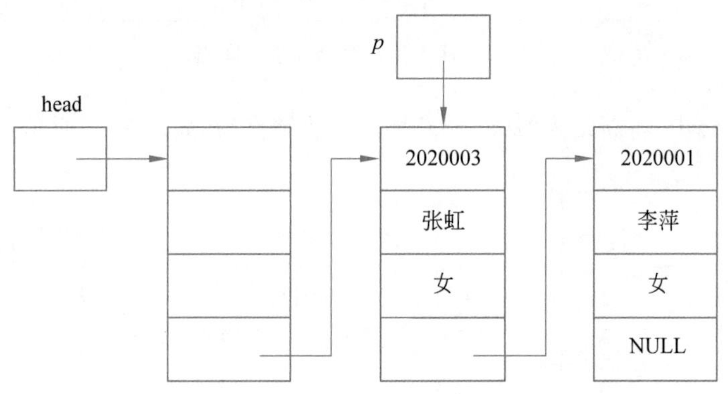

图 9-12 指针 p 指向链表的第一个结点

② 执行步骤(2):p 不为 NULL,则执行步骤(3),即输出各成员值“2020003”“张虹”和“女”。执行 $p=p$->next,p 指针后移一个结点,如图 9-13 所示。

③ 转到步骤(2)继续执行:p 不为 NULL,则执行步骤(3),即输出各成员值“2020001”“李萍”和“女”。执行 $p=p$->next,p 指针后移一个结点,如图 9-14 所示。

④ 转到步骤(2)继续执行:p 为 NULL,输出结束。

3. 释放链表

链表中的结点均为用 malloc 在堆区中动态申请的内存,必须用完后用 free 释放,否则会造成“内存泄漏”。

释放链表的步骤和输出链表相似,都需要遍历链表中的结点,只不过是将输出修改为释

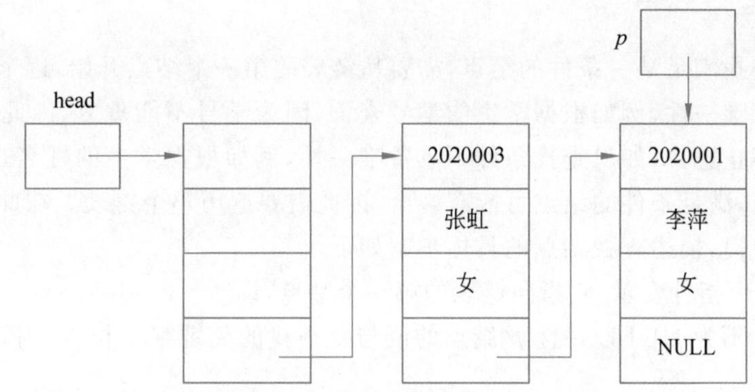

图 9-13 指针 *p* 指向链表的第二个结点

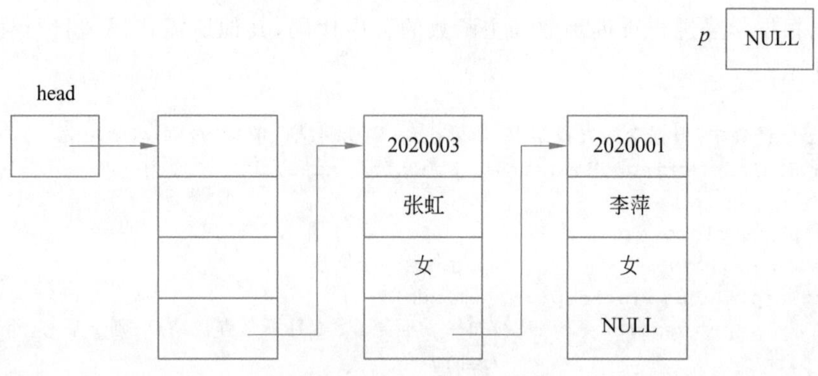

图 9-14 指针 *p* 指向 NULL

放结点，注意，头结点也要释放。仅列出释放链表的程序代码，所需头文件、结构体定义、创建链表函数、输出链表函数等请自行补齐。程序代码如下所示。

```
void freeLink(struct StuInfo * head)             //释放链表 head
{
    struct StuInfo * p;
    while(head!=NULL)                            //如果头指针不为空
    {
        p=head;                                  //p 指向链表头结点
        head=head->next;                         //头指针后移
        free(p);                                 //释放原头结点
    }
}
int main()
{
    struct StuInfo * h;                          //声明表头指针
    h=createLink();                              //建立链表
    printLink(h);                                //输出链表
    freeLink(h);                                 //释放链表
}
```

4. 查找结点

在链表中查找满足某一条件的结点,需要从链表的第一个结点开始,逐个进行比较。如果查找条件具有唯一性,例如根据学生的学号查询,因为学号不能重复,因此找到满足条件的结点后即可停止查找;如果查找条件不具备唯一性,例如根据学生的姓名进行查询,因为姓名有可能重复,满足条件的结点可能有多个,因此需要遍历整个链表。在此仅以查询条件具有唯一性为前提,描述查找结点的具体步骤如下。

(1) 定义一个指针变量 p,指向链表的第一个结点,即 p=head->next。

(2) 如果 p 不为 NULL 并且 p 结点的值与要查找的关键字不相等,则转到步骤(3)执行,否则返回 p。

(3) 指针后移一个结点,即 p=p->next,转到步骤(2)执行。

【例 9-11】 编程实现,根据学号查询学生的基本信息。

仅列出根据学号进行查询函数和主函数的程序代码,其他所需代码请自行补齐。程序代码如下所示。

```
//在 head 链表中,根据学号查找结点,如果找到,则返回结点地址,否则返回 NULL
struct StuInfo * findByNum(struct StuInfo * head,char num[])
{
    struct StuInfo * p;
    p=head->next;                   //p 指向第一个结点
    while(p!=NULL&&(strcmp(p->num,num)!=0))
          p=p->next;                //如果 p 不为 NULL 且不是查找结点,则 p 后移,继续查找
    return p;                       //返回 p
}
int main()
{
    struct StuInfo * h, * find; //h 为链表头指针,find 指向查找结点
    char num[8];
    h=createLink();                 //建立链表
    printf("请输入要查找的学号: ");
    gets(num);
    if ((find=findByNum(h,num))!=NULL)        //如果找到则输出结点信息
       printf("%-8s%-6s%6s",find->num,find->name,find->sex);
    else
       printf("没有找到学号为%s 的学生! \n",num);
    freeLink(h);                    //释放链表
}
```

5. 插入结点

在链表中插入结点,一般分在链表头部插入、在链表尾部插入和在特定结点处(前或后)插入等。在此仅以在特定结点前插入为例,描述插入结点的具体步骤。

插入结点可以分查找特定结点和插入结点两个关键步骤。在特定结点前插入结点,是将新结点插入到特定结点和特定结点的前一个结点中间。因此必须知道特定结点的前一个结点的地址,而特定结点则通过前一个结点的指针域获得。因此查找特定结点时,只需找到特定结点的前一个结点,具体步骤如下。

(1) 定义一个指针变量 p,指向链表的头结点,即 p->next 指向第一个结点。

(2) 如果 p 的下一个结点,即 p->next 不为 NULL 且不是特定结点,则转到步骤(3)执行,否则转到步骤(4)执行。

(3) 指针 p 后移一个结点,即 $p=p$->next,转到步骤(2)执行。

(4) 将新结点插入到 p 结点后。

【例 9-12】 假设链表已经按学号降序排好序,编程实现,插入一个学生信息后仍保持降序排列。

本例可以采用在特定结点前插入结点的算法思想,第一个学号小于插入结点学号值的结点为特定结点。注意,如果不存在特定结点,则特定结点为 NULL,特定结点的前一个结点为尾结点,插入时无须特殊处理。

仅列出插入结点函数和主函数的程序代码,其他所需代码请自行补齐。

```
//将新结点 newStu 插入链表 head 中,仍保持链表中数据按学号降序排列
void insertNode(struct StuInfo * head, struct StuInfo * newStu)
{
    struct StuInfo * p;
    p=head;                    //p 指向头结点
    //如果 p->next 不为空且不是特定结点,则 p 后移
    while((p->next!=NULL)&&(strcmp(newStu->num,p->next->num)<0))
      p=p->next;
    //循环结束后,则 p 结点为特定结点的前一个结点,新结点插入 p 结点后
    newStu->next=p->next;  //新结点的 next 指向 p 结点的 next
    p->next=newStu;            //p 结点的 next 指向新结点
}
int main()
{
    struct StuInfo * h, * newStu;
    char num[8];
    h=createLink();            //建立链表
    printLink(h);              //打印链表
    newStu=(struct StuInfo*)malloc(LEN);
    printf("\n 请输入学号: ");
    gets(newStu->num);         //输入学号
    printf("请输入姓名: ");
    gets(newStu->name);        //输入姓名
    printf("请输入性别: ");
    gets(newStu->sex);         //输入性别
    insertNode(h,newStu);      //插入结点
    printLink(h);              //打印链表,观察结点是否正确插入
    freeLink(h);               //释放链表
}
```

以图 9-15 中有两个结点的链表,插入"2020002"为例,描述其执行过程如下。

① 执行步骤(1),指针变量 p 指向链表的头结点,即 p->next 指向第一个结点。

② 执行步骤(2),p->next 不为 NULL,且 p->next->num 值 2020003 大于 newStu->num 值 2020002,则转到步骤(3)执行。

③ 指针 p 后移一个结点,如图 9-15 所示。

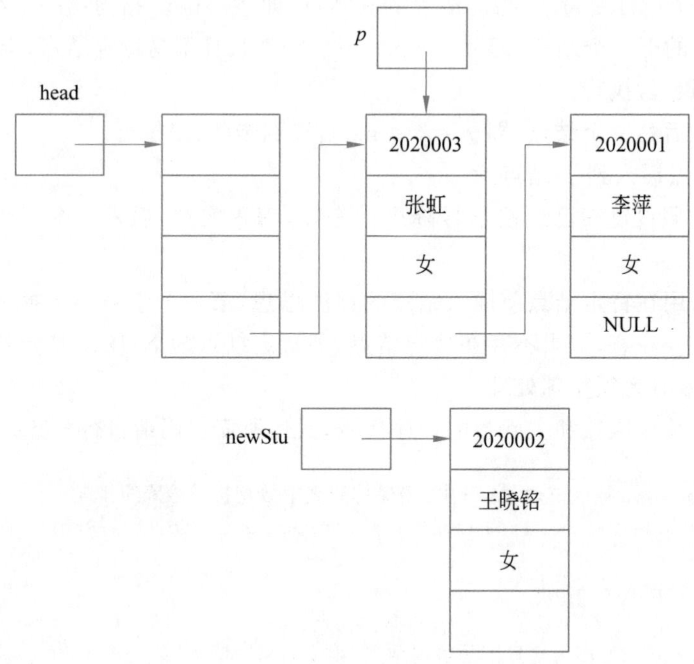

图 9-15 插入新结点之前

④ 转到步骤(2)继续执行，p->next->num 值 2020001 大于 newStu->num 值 2020002 不成立，则找到特定结点“2020001”，转到步骤(4)执行。

⑤ 将新结点 newStu 插入到 p 结点后，即 newStu 结点的 next 指向 p 结点的下一个结点，p 结点的 next 指向 newStu，如图 9-16 所示。

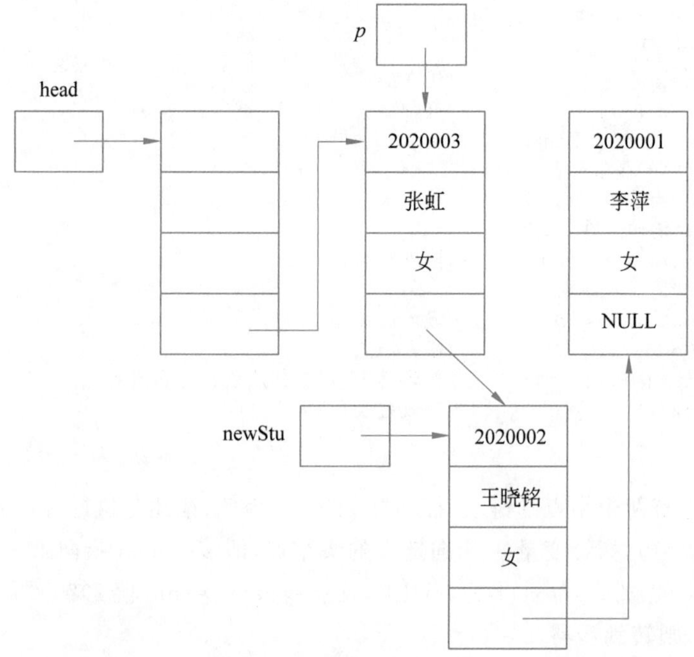

图 9-16 插入新结点之后

6. 删除结点

从链表中删除一个结点,与插入结点类似,需要确定删除结点的前一个结点,因此采用与插入结点类似的算法,查找删除结点时让指针变量指向删除结点的前一个结点,而删除结点则通过指针变量的指针域获得。具体步骤如下。

(1) 定义一个指针变量 p,指向链表的头结点,即 p->next 指向第一个结点。

(2) 如果 p 的下一个结点,即 p->next 不为 NULL 且不是删除结点,则转到步骤(3)执行,否则转到步骤(4)执行。

(3) 指针后移一个结点,即 $p=p$->next,转到步骤(2)执行。

(4) 如果 p->next 不为空,则确定 p->next 为删除结点 delNode,将 p->next 指向 delNode->next,释放 delNode;否则确定没有找到删除结点。

【例 9-13】 编程实现,删除指定学号的学生基本信息。

仅列出删除结点函数和主函数的程序代码,其他所需代码请自行补齐。程序代码如下所示。

```
//删除链表 head 中学号为 num 的学生信息,删除成功则返回 1,没有该学生则返回 0
int delByNum(struct StuInfo * head,char num[])
{
    struct StuInfo *p, * delNode;
    p=head;                            //p 指向头结点
    //如果 p->next 不为空且不是删除结点,则 p 后移
    while((p->next!=NULL)&&(strcmp(num,p->next->num)!=0))
      p=p->next;
    if (p->next!=NULL)                 //找到了删除结点
    {                                  //p->next 为删除结点,p 为删除结点的前一个结点
        delNode=p->next;               //delNode 指向删除结点
        p->next=delNode->next;         //p 的指针域指向 delNode 的后一个结点
        free(delNode);                 //释放删除结点
        return 1;                      //删除成功返回 1
    }
    else                               //没有找到该学生则返回 0
      return 0;
}
int main()
{
    struct StuInfo *h, * newStu;
    char num[8];
    h=createLink();                    //建立链表
    printLink(h);                      //打印链表
    printf("\n 请输入删除学生的学号: ");
    gets(num);
    if (delByNum(h,num)==1)
      printf("\n 删除学生%s 成功!",num);
    else
      printf("\n 没有找到学号为%s 的学生",num);
    printLink(h);                      //再次打印链表验证是否成功删除结点
    freeLink(h);                       //释放链表
}
```

假设以图 9-16 中有三个结点的链表删除“2020002”为例，描述其执行过程如下。

① 执行步骤(1)，指针变量 p 指向链表的头结点，即 p->next 指向第一个结点。

② 执行步骤(2)，p->next 不为 NULL 且 p->next->num 值 2020003 不等于 num 值 2020002，则转到步骤(3)执行。

③ 指针 p 后移一个结点，如图 9-17 所示。

④ 转到步骤(2)继续执行，p->next->num 值 2020001 不等于 num 值 2020002 不成立，则找到待删除结点“2020001”，转到步骤(4)执行。

⑤ p->next 不为空，则确定 p->next 为待删除结点，delNode 指向待删除结点，p->next 指向 delNode->next，释放 delNode 结点，如图 9-18 所示。

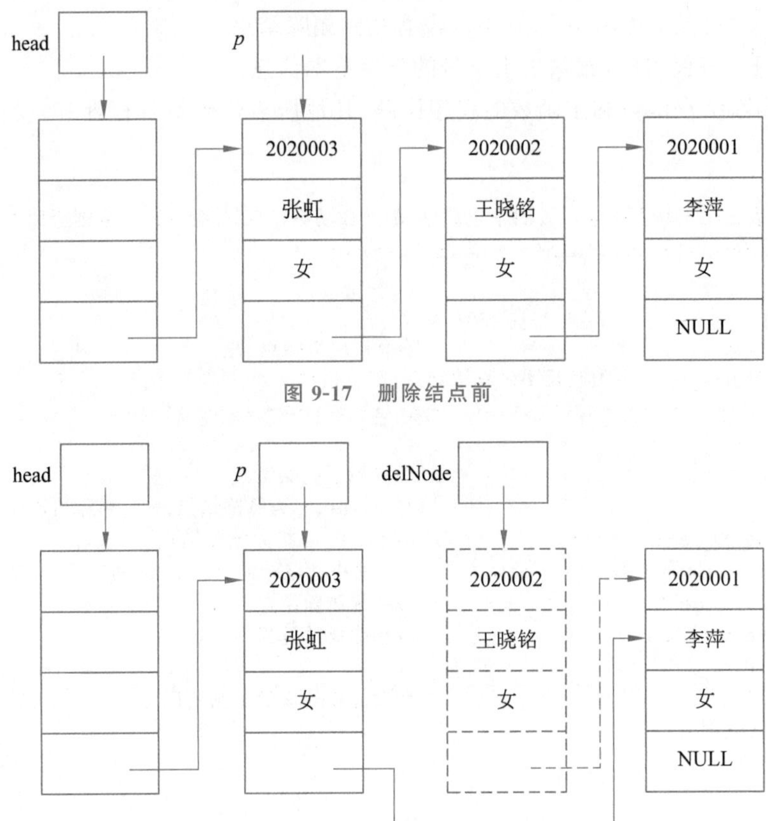

图 9-17　删除结点前

图 9-18　删除结点后

9.5　共用体

共用体也是一种构造数据类型，在共用体类型定义、共用体变量定义、共用体变量使用等方面均与结构体高度雷同，表面看只是将 struct 关键字修改为 union，但本质有很大的差异。结构体的各个成员各自占有不同的内存空间，和平共处，互不相扰；而共用体的各个成员共享同一段内存空间，势不两立，你死我活，在某一时刻只有一个成员值有效。共用体的优点是节省内存空间，适合于各成员互斥的场景，例如登记信息时可以登记身份证号，也可以登记护照号，两者选一即可。

9.5.1 共用体类型定义

扫一扫

共用体类型定义的一般形式为：

```
union 共用体类型名
{
    成员列表;
};
```

例如：

```
union certificateNo                 //证件号码
{
    char idCard[19];                //身份证号码,18 位
    char passport[10];              //护照号码,9 位
};
```

定义了一种表示"证件号码"的共用体类型 union CertificateNo，两个成员 idCard 和 passport 共享一段内存空间。

9.5.2 共用体变量定义

扫一扫

共用体变量定义和结构体变量定义一样也有以下 3 种方式。

(1) 先定义共用体类型，再定义共用体变量。

(2) 在定义共用体类型的同时定义共用体变量。

(3) 直接定义共用体变量，省略共用体类型名。

在此仅介绍应用最广的第(1) 种方式，其他方式请自行根据结构体相关内容类推。

共用体变量具体定义格式如下：

```
union 共用体类型名 变量列表;
```

例如：

```
union certificateNo cn;
```

在理论上，共用体类型的变量所占内存大小为各成员所占内存空间的最大值。例如会为变量 cn 分配 19 字节。但编译器同样会对共用体进行"字节对齐"优化，即各成员所占内存的字节数是成员中占最大内存的数据类型所占字节的倍数。例如：

```
union numberNo                      //编号
{
    char teacherID[5];              //教师编号为 4 位,加结束标志,共需 5 字节
    int studentID;                  //学生编号为整型,占 4 字节
};
union numberNo  pepople;
```

则共用体变量 pepople 会占用 8 字节。

扫一扫

9.5.3 共用体变量的使用

共用体变量的使用方式和结构体相同，分为共用体成员和共用体整体使用两种方式。

（1）共用体成员使用方式。

利用共用体变量使用其成员的具体形式为：

```
共用体变量名.成员名
```

例如：

```
union numberNo  pepople;
scanf("%d",&pepople.studentID);
```

利用共用体指针变量使用其成员的具体形式为：

```
(*共用体指针变量名).成员名          //注意,()圆括号不能省略
```

或

```
共用体指针变量名->成员名            //"->"是指向成员运算符,由-和>组成
```

例如：

```
union numberNo  pepople,*p;
p=&pepople;
gets(p->teacherID);
printf("%s",(*p).teacherID);
```

（2）共用体变量整体使用方式

共用体变量整体使用一般只限于同一种类型的共用体变量之间的整体赋值，例如：

```
union numberNo  pepople,p1;
scanf("%d",&pepople.studentID);
p1=pepople;
```

【例 9-14】 编程实现，记录疫苗接种信息。

疫苗接种信息包括：接种人证件类型、证件号码、接种机构、接种时间、疫苗类型、疫苗厂家等。其中证件类型分身份证和护照，身份证用 1 表示，护照用 2 表示。

```
#include <stdio.h>
union certificateNo                  //证件号码
{
    char idCard[19];                 //身份证号码,18位
    char passport[10];               //护照号码,9位
};
struct vaccinations                  //疫苗接种信息
{
```

```
    char type[2];                  //证件类型,1表示身份证,2表示护照
    union certificateNo  no;       //证件编号
    char location[10];             //接种地点
    char time[11];                 //接种时间
    char name[20];                 //疫苗名称
    char manufacturer[20];         //生产厂家等
};
int main()
{
    struct vaccinations vac;
    printf("请输入证件类型(1:身份证,2:护照)");
    gets(vac.type);
    if (vac.type[0]=='1')
    {
        printf("请输入身份证号:");
        gets(vac.no.idCard);
    }
    else
    {
        printf("请输入护照号:");
        gets(vac.no.passport);
    }
    printf("请输入接种地点:");
    gets(vac.location);
    printf("请输入接种时间(2022-12-18):");
    gets(vac.time);
    printf("请输入疫苗名称:");
    gets(vac.name);
    printf("请输入生产厂家:");
    gets(vac.manufacturer);
    printf("您的疫苗接种信息为:\n");
    if (vac.type[0]==0)
        printf("证件类型:身份证 ,编号:%18s\n",vac.no.idCard);
    else
        printf("证件类型:护照  编号:  %18s\n",vac.no.passport);
    printf("接种地点:%s\n",vac.location);
    printf("接种时间:%s\n",vac.time);
    printf("疫苗名称:%s\n",vac.name);
    printf("生产厂家:%s\n",vac.manufacturer);
}
```

9.6 枚举类型

扫一扫

如果一个变量的取值只是非常有限的几种,则可以将其定义为枚举类型。例如,性别只能取男或女,四季只能取春、夏、秋或冬,职称只能取教授、副教授、讲师、助教等。使用枚举类型不仅能让读者快速领会每个取值的含义,提高程序的可读性,而且能限制枚举变量取值

范围,降低程序出错概率。

(1) 枚举类型定义。

枚举类型也是一种自定义数据类型,其定义格式为:

```
enum 枚举类型名{枚举元素列表};
```

其中,枚举元素列表标明了该枚举类型变量的取值范围,元素之间用逗号“,”隔开。

例如:

```
enum  professionalTitles{assistant,lecturer,associateprofessor,professor};
```

定义了“职称”枚举类型 enum professionalTitles,枚举元素有 4 个。

(2) 枚举变量定义。

枚举变量的定义与结构体一样,也有以下 3 种方式:

① 先定义枚举类型,再定义枚举变量。

② 在定义枚举类型的同时定义枚举变量。

③ 直接定义枚举变量,省略枚举类型名。

在此仅介绍应用最广的第①种方式,其他方式请自行根据结构体相关内容类推。

枚举类型变量具体定义格式如下:

```
enum 枚举类型名 枚举变量列表;
```

例如:enum professionalTitles 是已经定义的枚举类型,则

```
enum  professionalTitles teacherTitle;
```

定义了 enum professionalTitles 枚举类型的变量 teacherTitle,其取值范围为 professor,associateprofessor,lecturer,assistant。

(3) 枚举变量的使用。

枚举类型变量最常用于赋值语句,例如:

```
teacherTitle=assistant;             //枚举变量赋值为枚举元素
```

也可用于分支,尤其是 switch 语句,也可以用于循环。

【例 9-15】 编程实现,计算不同职称的教师工作量。

在某高校,教师最终工作量=原始工作量 * 职称系数。假设职称系数为:助教 0.8,讲师 1,副教授 1.2,教授 1.5。

```
#include <stdio.h>
enum professionalTitles{assistant,lecturer,associateprofessor,professor};
int main()
{   //定义字符型指针数组 titlesName,用于保存职称名称
    char * titlesName[4]={"assistant","lecturer","associateprofessor",
                          "professor"};
    float coefficient[4]={0.8,1,1.2,1.5};               //工作量系数
```

```
    float workload,finalWorkload;
    enum professionalTitles teacherTitle;
    printf("工作量系数标准：\n");
    /*枚举变量作循环变量时,可通过++运算,使变量值从当前枚举元素值更改为下一个枚举元
      素值*/
    for(teacherTitle=assistant;teacherTitle<=professor;teacherTitle++)
       printf("%s的工作量系数为：%3.1f\n",titlesName[teacherTitle],
             coefficient[teacherTitle]);
    printf("\n请输入您的职称：0.assistant,1.lecturer,2.associateprofessor,
          3.professor\n");
    scanf("%u",&teacherTitle);          //以无符号整数形式输入
    printf("请输入您的原始工作量：\n");
    scanf("%f",&workload);
    switch(teacherTitle)   /*switch表达式为枚举类型*/
    {   //常量表达式为枚举元素值
        case assistant:
            finalWorkload=workload*0.8;break;
        case lecturer:
            finalWorkload=workload;break;
        case associateprofessor:
            finalWorkload=workload*1.2;break;
        case professor:
            finalWorkload=workload*1.5;break;
    }
    printf("您的最终工作量为：%6.2f\n",finalWorkload);
}
```

本例中利用 switch 语句完成不同职称、不同系数的工作量计算功能，是枚举变量做 switch 表达式的一种典型应用方式。但此功能还可以用更简便的方式完成：

```
finalWorkload=workload*coefficient[teacherTitle];
```

前提是，coefficient 数组中已经存放了和枚举类型 enum professionalTitles 中相应职称对应的职称系数值。

(1) 枚举元素又称为枚举常量，其实质是整型常量。

枚举类型中枚举元素的实质是整型常量，即编译时，枚举元素按定义时的排列顺序依次取值 0,1,2……。因此，枚举变量能参与整型变量能参与的算术、关系、赋值等运算。如例 9-15中的 for 循环中，枚举变量 teacherTitle 参与了赋值“teacherTitle＝assistant”、关系“teacherTitle＜＝professor”和算术“teacherTitle＋＋”等运算。枚举变量也可以做数组下标，假设 teacherTitle 的值为 assistant，则“coefficient[teacherTitle]”等价于 coefficient[0]。

枚举元素对应的常量值可以在枚举类型定义时指定，而未指定值的枚举元素对应的常量则是前一个枚举元素对应的常量值加 1。例如：

```
enum professionalTitles{assistant=1,lecturer,associateprofessor,professor};
```

则 assistant 对应的常量值为 1，lecturer 对应的常量值为 2。

但例 9-15 中 coefficient 数组的下标依然从 0 开始，因此要保持程序运行正确，则需要将程序中的 coefficient[teacherTitle]修改为 coefficient[teacherTitle−1]。

(2) 枚举元素不是字符串。

枚举元素的本质是整型常量，可以利用：

```
printf("%d\n",teacherTitle);
```

输出枚举变量的整数值。但要输出枚举元素，如 assistant，则需要直接输出枚举元素对应的字符串，例如：

```
if (teacherTitle==assistant) printf("assistant");
```

或像例 9-15 中一样，将枚举元素对应的字符串放入 titlesName 数组中，然后引用

```
printf("%s",titlesName[teacherTitle]);
```

扫一扫

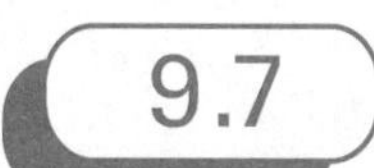

9.7 typedef 定义类型别名

C 语言中提供了 typedef，用于为已经存在的数据类型定义别名。习惯上常把 typedef 声明的类型名用大写字母表示，以便与系统提供的标准数据类型名相区别。例如：

```
typedef int  INTEGER;
```

为数据类型 int 定义了一个别名 INTEGER，此时，以下两个语句是完全等价的：

```
int a;
INTEGER a;
```

使用 typedef 并不产生新的数据类型，只是为已有数据类型定义别名，一般用于简化数据类型名称和提高程序的通用性。

(1) 简化数据类型名称。

在 C 语言中，struct、union 等数据类型在使用时必须加 struct、union 关键字，例如：

```
struct StuInfo              //定义结构体 StuInfo
{
    char num[8];
    char name[10];
};
struct StuInfo s1;          //声明变量 s1 时，数据类型必须写 struct StuInfo
```

如果使用 typedef 为 struct StuInfo 取别名为 STU_INFO，即

```
typedef struct StuInfo STU_INFO;
STU_INFO  s1;               //使用更简洁的类型别名
```

则声明变量时可以省略 struct 关键字，使程序更简洁。

另外，可以在定义结构体时直接起别名，例如：

```
typedef struct            //定义结构体，可以省略结构体名，也可以不省略
{
    char num[8];
    char name[10];
}STU_INFO;                //结构体别名为 STU_INFO
```

标准库函数也充分利用了这一策略，例如第 12 章文件中的文件指针 FILE，就是使用“typedef struct _iobuf FILE”为结构体_iobuf 取别名为 FILE。

(2) 提高程序的通用性。

不同的编译器支持的数据类型并不一致。例如，有些编译器支持 long long 数据类型，例如 DEV C++，而有些编译器，例如 Visual C++ 6.0 并不支持 long long 类型，但支持__int64 这种和 long long 等价的数据类型。因此，可以在 DEV C++ 中定义：

```
typedef long long BIGLONG;
```

而在 Visual C++ 6.0 中定义：

```
typedef _int64 BIGLONG;
```

则当编译器发生改变时，不需要修改源程序代码，只需修改 BIGLONG 的 typedef 定义即可。

标准库函数也充分利用了这一策略。例如，time_t、size_t 等在不同编译器环境中有不同的定义。例如，size_t 在 64 位编译环境中为 typedef size_t unsigned __int64，在 32 位编译环境中为 typedef size_t unsigned int。

扫一扫

9.8 综合案例

在前面章节的创新大赛评分系统中，作品编号、作品名称分别存储在两个数组中，不仅操作复杂，而且无法体现多个数据项共同刻画同一对象的特性。学习本章结构体的相关知识后，可以将描述作品的若干数据项组合在一起，因此作品信息的表达方式、相应的参数类型需要修正。伴随数据项的增多以及程序功能的完善，一项程序功能，如创建作品的函数代码也会变长，为了提高程序的可读性和代码复用率，本章也会将程序代码分解为更细致、功能更单一的函数模块。另外，一些函数功能的实现方式也会修正为更通用的方式，例如根据作品编号查找作品功能，原来的思想是找作品下标，而下标是数组特有的，如果作品信息修改为存储到链表中，则此功能需要完全重写，因此修改为找作品地址。在此仅描述修正思想，具体代码参见附录 C 中的相应函数。

① 定义描述评委评分、作品信息的结构体。

定义评委姓名及作品评分的结构体 struct GRADEINFO，并取别名为 stuGradeInfo。

```
typedef struct GRADEINFO
{
    char strName[MAX_NAMELEN];                    //评委姓名
    float nGradeValue;                            //评分成绩
}stuGradeInfo;
```

定义作品信息的结构体 struct WORKSINFO,并取别名为 stuWorksInfo。

```
typedef struct WORKSINFO
{
    unsigned int uNum;                            //作品编号
    char cName[MAX_NAMELEN];                      //作品名称
    char cAuthor[USER_NAMELEN];                   //作者姓名
    char cSpecialty[MAX_NAMELEN];                 //作者专业
    char cGrade[5];                               //作者年级
    char cSchNumber[13];                          //作者学号
    stuGradeInfo grades[MAX_JUDGES];              //支持最多 MAX_JUDGES 个评委老师评分
    float fAvg;                                   //平均成绩
    char cFlag;                                   //作品标志,0 未发布,1 已发布
} stuWorksInfo;
```

② 修正关于表述作品信息的代码。

为了代码简洁但有一定的示范性,前面章节的源代码只采用了作品编号、作品名称两个数据项,本章示例代码将定义全面描述作品的结构体,因此与作品信息相关的函数均需要修正。

删除原有保存作品编号、作品名称的全局变量 uNum、cName,添加保存作品信息的全局变量"stuWorksInfo * g_pStuWorksHead;",添加表示最多评委人数的符号常量"#define MAX_JUDGES 5"。

将数组初始化函数 arrayInit,判断存储空间是否足够函数 haveEnoughSpace 等中,关于 uNum 和 cName 的代码全部更换为 g_pStuWorksHead 的相关代码。例如,在 arrayInit 函数中,将

```
uNum=(unsigned int *)malloc(INI_ARRAY_LEN * sizeof(unsigned int));
cName=(char (*)[MAX_NAMELEN])malloc(INI_ARRAY_LEN * sizeof(MAX_NAMELEN));
```

替换为

```
g_pStuWorksHead=(stuWorksInfo *)malloc(INI_ARRAY_LEN * sizeof(stuWorksInfo));
```

将

```
if (NULL!=uNum&&NULL!=cName)
```

替换为

```
if (NULL!=g_pStuWorksHead)
haveEnoughSpace 函数中,将
uNum=(unsigned int *)realloc(uNum,
    (array_Size+INCR_LEN) * sizeof(unsigned int));
cName=(char (*)[MAX_NAMELEN])realloc(cName,
   (array_Size+INCR_LEN) * sizeof(MMAX_NAMELEN));
```

替换为

```
g_pStuWorksHead=(stuWorksInfo *)realloc(g_pStuWorksHead,
                (array_Size+INCR_LEN) * sizeof(stuWorksInfo));
```

将 quitSystem 函数中释放 uNum、cName 的语句修改为释放 g_pStuWorksHead。

将显示作品题头函数 showTitle 中新添加的作者姓名、学号、专业、年级、是否发布、平均分、评委评分等题头信息添加完整。为了更方便地调整所占列宽，改用格式符控制数据列宽。将显示一件作品的信息函数 displayaWork 的参数修改为 stuWorksInfo 类型，并显示结构体 s 的全部信息。

③ 将较复杂的程序功能代码分解为更细致的函数模块。

将创建作品 createWork 函数中的“从键盘获取作品信息功能”独立为函数 void getNewWorkInfo(stuWorksInfo * pInfo)，将“添加一件作品信息到作品集合中”独立为函数 int addaWork(stuWorksInfo stuNode)。

将删除作品 delWork 函数中的“根据作品编号查询作品功能”独立为函数 stuWorksInfo * getWorkbyNum(unsigned int num)，将“删除一件作品功能”独立为函数 int delWorkbyAddress(stuWorksInfo * delWork)。

9.9 本章常见错误及调试方法

本章以若干例题为例，演示结构体编程中的常见错误及调试方法。

(1) 定义结构体类型时末尾忘加分号(编译错误)。

如图 9-19 所示，程序编译时在第 11 行出现错误“expected ';',identifier or '(' before 'int'(在 int 之前的标识符或(后期望有个;)”。定义一个结构体类型其实是一条表达式语句，必须以分号结束。

```
2  struct StuInfo          //struct是关键字，StuInfo是结构体类型名
3  { //该结构体类型由6个成员组成，每个成员分别属于不同的数据类型
4      char num[8];          //学号为7位，加结束标志，num定义为8位
5      char name[10];         //姓名    注意每个成员后面的分号不可以省略
6      char sex[4];           //性别
7      char class[6];        //班级
8      int age;               //年龄
9      float score[3];        //3门课成绩
10 }
11 int main()
12 {
13     struct StuInfo s1;
```

[Error] expected ';', identifier or '(' before 'int'

图 9-19　定义结构体类型时末尾忘加分号程序界面

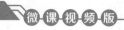

（2）定义结构体变量时忘加 struct 关键字（编译错误）。

如图 9-20 所示，程序编译时在第 12 行出现错误“unknown type name 'StuInfo'（未知的类型名 StuInfo）”。结构体类型的变量在定义时结构体类型名前必须加 struct 关键字，例如“struct StuInfo s1”。

```
1  #include <stdio.h>
2  struct StuInfo          //struct是关键字，StuInfo是结构体类型名
3  {    char num[8];        //学号为7位，加结束标志，num定义为8位
4       char name[10];      //姓名    注意每个成员后面的分号不可以省略
5       char sex[4];        //性别
6       char class[6];      //班级
7       int age;            //年龄
8       float score[3];     //3门课成绩
9  };
10 int main()
11 {
12      StuInfo s1;
13 }
```

行 12 列 2 [Error] unknown type name 'StuInfo'

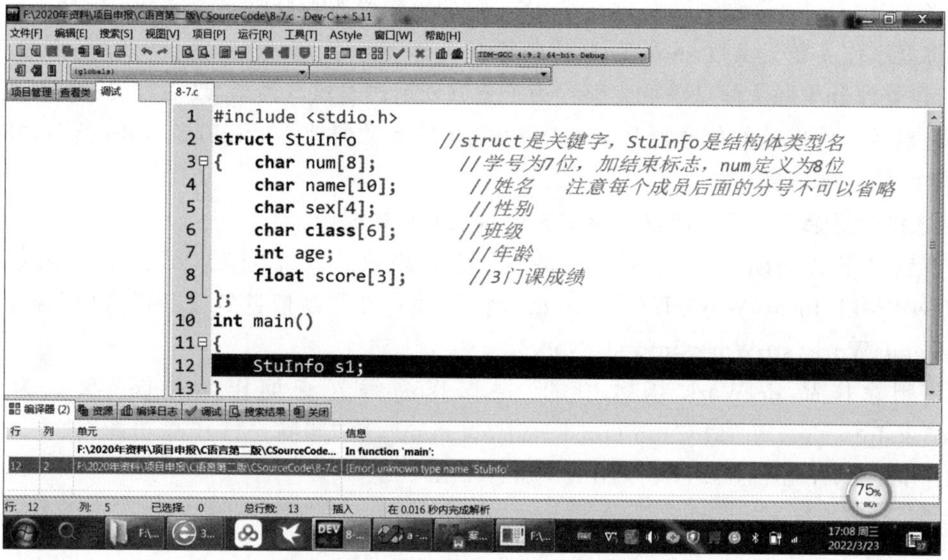

图 9-20　定义结构体变量时忘加 struct 程序界面

（3）利用结构体指针访问成员的方法不对（编译错误）。

如图 9-21 所示，欲利用指向结构体的指针 p 访问其 age 成员时，第 13 行代码出现错误“request for member 'age' in something not a structure or union（访问的成员 age 不是在一个结构体或共用体中）”。因为表达式“＊p.age”中的成员运算符“.”比指针运算符“＊”的优先级要高，因此其与表达式“＊(p.age)”等价，应该将第 13 行代码修改为“(＊p).age＝20;”。

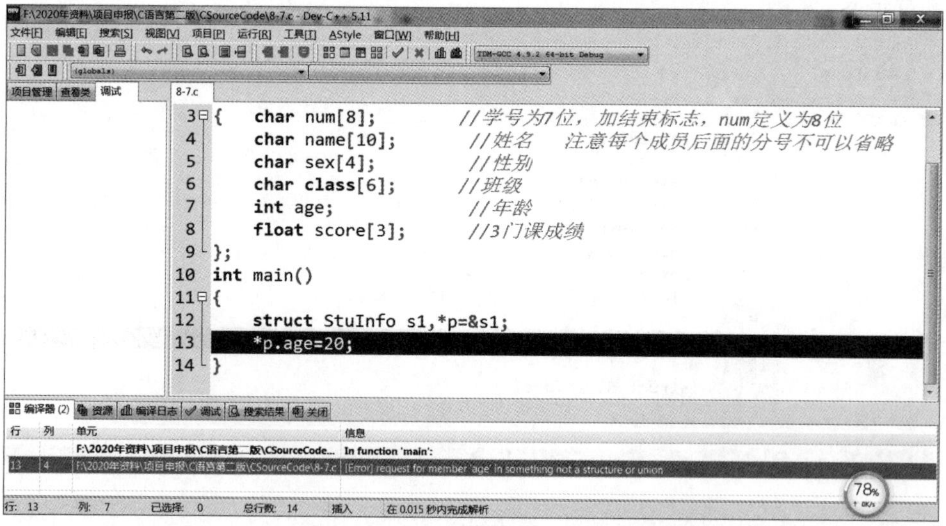

```
3  {    char num[8];        //学号为7位，加结束标志，num定义为8位
4       char name[10];      //姓名    注意每个成员后面的分号不可以省略
5       char sex[4];        //性别
6       char class[6];      //班级
7       int age;            //年龄
8       float score[3];     //3门课成绩
9  };
10 int main()
11 {
12      struct StuInfo s1,*p=&s1;
13      *p.age=20;
14 }
```

行 13 列 4 [Error] request for member 'age' in something not a structure or union

图 9-21　利用结构体指针访问成员的方法不对程序界面

(4) 结构体成员数组下标越界(逻辑错误)。

如图 9-22 所示,s1 的成员 num 赋值为字符串"123456789",s1 的成员 name 赋值为字符串"Rose",但输出时 num 的值为字符串"12345678Rose",出现逻辑错误。这是因为成员 num 定义的数组长度为 8,但赋值字符串长度为 9,加上字符串结束标志'\0'共占用 10 字节,因此最后的字符'9'和'\0'已经被存入 name[0]、name[1]。而 name 又被赋值为"Rose",因此 name[0]中的'9'和 name[1]中的'\0'被'R'和'o'覆盖。而语句"puts(s1.num);"输出时,是从 num 的首地址开始,遇到'\0'结束,并不进行数组越界检查,因此遇到 name[4]中的'\0'才结束输出。

```
struct StuInfo          //struct
{   char num[8];        //学号
    char name[10];      //姓名
    char sex[4];        //性别
};
int main()
{
    struct StuInfo s1;
    strcpy(s1.num,"123456789");
    strcpy(s1.name,"Rose");
    puts(s1.num);
    puts(s1.name);
}
```

```
12345678Rose
Rose
--------------------------------
Process exited after 0.5853 seconds with return value 0
请按任意键继续. . .
```

图 9-22 结构体成员数组下标越界程序界面

一、选择题

1. 设有定义：struct Mi{ long x; int y; char ch[10];}OLD;,则以下描述正确的是(　　)。

A. 定义形式有语法错误　　　　B. Mi 是一个结构体类型

C. OLD 是一个结构体类型　　　D. Mi 是一个结构体类型的变量

2. 设有定义：struct {char name[12];int age;}x1,x2;,若变量均已正确赋值,以下语句错误的是(　　)。

A. x1=x2;　　　　B. x2.age=x1.age;

C. x2.name=x1.name;　　　　D. strcpy(x2.name,x1.name);

3. 以下程序的运行结果为(　　)。

```
#include <stdio.h>
struct date { int year,month,day; }today;
int main()
{  printf("%d\n",sizeof(struct date)/sizeof(int));
}
```

A. 1　　B. 3　　C. 4　　D. 12

4. 设有结构体定义：

```
struct emp{char name[9];int age}
Sale[3]={"Rose",18,"Tom",19,"Mary",17};
```

则能输出字母 M 的语句是(　　)。

A. printf("%c\n",Sale[3].name);　　B. printf("%c\n",Sale[3].name[1]);
C. printf("%c\n",Sale[2].name[1]);　　D. printf("%c\n",Sale[2].name[0]);

5. 以下程序的输出结果是(　　)。

```
#include <stdio.h>
struct intx{ int a,b;}x[2]={1,10,2,20};
int main()
{ struct intx p=x[1];
  printf("%d\n",++(p.a));
}
```

A. 2　　B. 11　　C. 3　　D. 21

6. 设有定义：struct Mi{ long x; int y;}data, * p=&data;,则引用成员 x 错误的方式是(　　)。

A. (* p).x　　B. (* data).x　　C. p->x　　D. data.x

7. 有以下程序段,选项中表达式的值为 11 的是(　　)。

```
struct Point
{ int x;int * y;} * pt;
int y[]={1,2},z[]={3,4};
struct Point point[2] ={10,y,20,z};
pt=point;
```

A. * pt->y　　B. pt->x　　C. ++pt->x　　D. (pt++)->x

8. 有以下定义和语句

```
struct workers
{  int num;char name[20];char c;
   struct
   { int day;int month;int year;}s;
};
struct workers w, * pw;
pw=&w;
```

能给 w 中的 year 成员赋值 1880 的语句是(　　)。

A. pw.year＝1880；　　B. w.year＝1880；

C. pw->year＝1880；　　D. w.s.year＝1880；

9. 以下程序的输出结果是(　　)。

```
#include <stdio.h>
struct ord
{ int x,y;}dt[2]={1,2,3,4};
int main()
{ struct ord * p=dt;
  printf("%d,",++p->x);
  printf("%d\n",++p->y);
}
```

A. 1,2　　B. 2,3　　C. 3,4　　D. 4,1

10. 有下列结构体说明、变量定义和赋值语句：

```
struct STD{char name[12];int age}s1[5], * ps1;
ps1=&s1[0];
```

则以下 scanf 函数语句中引用结构体变量成员错误的是(　　)。

A. scanf("%s",s1[0].name)；　　B. scanf("%d",&s1[0].age)；

C. scanf("%c",&(ps1->age))；　　D. scanf("%d",ps1->age)；

11. 以下程序的输出结果是(　　)。

```
#include <string.h>
struct Student
{   int num;
    float Score;
};
void copy(struct Student s1)
{   struct Student s={10078,98};
    s1.num=s.num; s1.Score=s.Score;
}
int main()
{    struct Student s[2]={{30001,96},{30002,80}};
     copy(s[0]);
     printf("%d %3.0f\n",s[0].num,s[0].Score);
}
```

A. 30001　96　　B. 30002　80　　C. 10078　98　　D. 30001　98

12. 下列结构体类型中可以用来构造链表的是(　　)。

A. struct ax{int a;int ＊b}；　　B. strutc bx{int a; bx ＊b}；

C. struct cx{int ＊a;cx　b}　　D. struct dx{int ＊a;aa b;}；

13. 一个头指针为 head 的带头结点的单向链表，判断该表为空表的条件是(　　)。

A. head＝＝NULL　　B. head->next＝＝NULL

C. head->next==head　　D. head!=NULL

14. 在单向链表 *p* 指针所指结点后面插入指针 *s* 所指结点(结点指针域 next),正确的操作语句是(　　)。

A. s->next=p->next;p->next=s;　　B. p->next=s;s->next=p->next;

C. s->next=p; p->next=s;　　D. p->next=s->next;s->next=p;

15. 有下列结构体说明和变量定义,指针 p1、p2、p3 分别指向此链表中的从前往后的三个连续结点。

```
struct node
{   int data;
    struct node * next;
} * p1, * p2, * p3;
```

现要将 p2 所指结点从链表中删除,同时要保持链表的连续,下列不能完成指定操作的语句是(　　)。

A. p1->next=p2->next;　　B. p1->next=p1->next->next;

C. p1->next=p3;　　D. p1=p2->next;

16. 以下对 C 语言共用体数据类型的描述正确的是(　　)。

A. 一个共用体变量可以同时存放其所有成员

B. 一个共用体变量一次只能存放一个成员

C. 共用体类型中不能出现结构体类型

D. 共用体变量所占空间大小是成员所占空间之和

17. 设有定义:enum week{sun,mon,tue,wed,thu,fri,sat}day;,则正确的赋值语句是(　　)。

A. sun=0;　　B. day=week;　　C. sun=mon;　　D. day=sun;

18. 设有定义:enum name{zhao=1,qian,sun,li}man;,执行以下程序段后,输出结果是(　　)。

```
man=li;
switch(man)
{ case 0:printf("People ");break;
  case 1:printf("Man ");break;
  case 2:printf("Woman ");break;
  default:printf("Error ");
}
```

A. People　　B. Man　　C. Woman　　D. Error

19. 关于 typedef 的描述不正确的是(　　)。

A. 用 typedef 可以定义各种类型名,但不能用来定义变量

B. 用 typedef 可以增加新类型

C. 使用 typedef 可以提高程序的通用性和可移植性

D. 用 typedef 只是为一个已经存在的数据类型取了一个新名字

20. 设有定义:typedef struct {char name[12];int age;}NEW;,则以下描述正确的

是(　　)。

A. NEW 是一个结构体变量

B. NEW 是一个结构体类型

C. 定义一个结构体变量 *a* 的语法为 struct NEW a

D. 赋值语句 NEW.age=19;正确

二、填空题

1. 设有定义 struct date{int day;int month;int year;}dd, * p=ⅆ,请写出引用结构体成员 day 的 3 种不同方式________、________和________。

2. 设有定义 struct date{int day;int month;int year;}dd[100];,请写出使用 scanf 函数为下标为 *i* 的元素的 day 成员赋值的语句________。

3. 以下程序的输出结果是________。

```
struct student
{ int num;
   char name[20];
}s[5]={10,"WangXiaoMin",20,"ZhaoZiLong",30,"ZhouChao",40,"ZhangZheng",50,
"LiuHua"};
int main()
{ int i;
  for(i=1;i<5;i++)
    printf("%d%c",s[i].num,s[i].name[2]);
}
```

4. 以下程序输出的结果是________。

```
#include <stdio.h>
struct student
{   int num;
    char name[20];
};
void printName(struct student *p)
{ printf("%s",p->name);}
int main()
{   struct student s[3]={{2001,"Zhang"},{2002,"Wang"},{2003,"Zhao"}};
    printName(s+2);
}
```

5. 以下程序输出的结果是________。

```
#include <stdio.h>
struct student
{   int num;
    char name[20];
};
int maxnum=1000;
void setNum(struct student *p)
{ p->num=maxnum++;}
int main()
```

```
{  struct student s[3]={{2001,"Zhang"},{2002,"Wang"},{2003,"Zhao"}};
   int i;
   for(i=0;i<3;i++)
     setNum(s+i);
    for(i=0;i<3;i++)
      printf("%d ",s[i].num);
}
```

6. int findBook(struct book b[],int n,char name[])函数的功能为：在有 n 个元素的 b 数组内查找书名为 name 的书，如找到，则返回其下标，否则返回－1，请将程序补充完整。

```
struct book
{  char ISBN[11]; char bookName[30];  double price;};
int findBook(struct book b[],int n,char name[])
{
    int i;
    for(i=0;i<n;i++)
      if (________)  return i;
    ________
}
```

7. 以下程序的输出结果是________。

```
#include <stdio.h>
struct Node
{int x;struct Node * y;};
int main()
{  struct Node link[4]={3,link+1,5,link+2,20,link+3,6,link}, * p=link;
   int i;
   for(i=1;i<=5;i++)  {printf("%d,",p->x);p=p->y;}
}
```

8. getNodeNum 函数的功能为：统计不带头结点的单链表 first 中的结点个数，请将程序补充完整。

```
struct Node{  struct  Node * next; char data[10];};
int getNodeNum(struct Node * first)
{
    struct Node * p=first;
    int n=0;
    while(________)
    {  p=________
      ________
    }
    return n;
}
```

9. 设链表中每个结点包含数据域(score)和指针域(next)，其中数据域为整型，表示成绩。sum 函数的功能为求成绩之和，请将程序补充完整。

```
struct link
{  int score;
________ next;
};
int sum( struct link  * head )
{  struct link *p;
   int s=0;
   ________
   while(________)
   {  s+=p->score  ;p=p->next;  }
   return s;
}
```

三、编程题

1. 定义一个描述长方形的结构体 Rectangle,成员包括长方形的长和宽,编写程序,求长方形的面积。

2. 在一个一维数组中存放着 N 个长方形,编程实现,找出其中面积最大的长方形。

3. 定义一个日期类型的结构体 Date,成员包括年、月、日。定义一个职工疫苗接种情况的结构体,成员包括职工号、姓名、性别、第一针接种时间、第二针接种时间、第三针接种时间、备注。如果未接种,则接种日期中的年、月、日均为 0。编写程序,求某单位职工三针疫苗的完种率。

4. 定义一个描述平面上的点的结构体 Point、函数 double distance(Point p1,Point p2),功能为求两点之间距离。

5. 定义一个描述平面上的点的结构体 Point,定义一个描述平面上的圆的结构体 Circle,圆的圆心为 Point 类型,半径为 float 类型。编写程序,求平面上的两个圆的关系是相交、相切还是相离。

6. 假设学生记录信息 struct stu 由学号和成绩组成,请编写函数 int getRangeCount (struct stu s[],int low,int high),功能为在数组 s 中统计成绩在 low 和 high 之间的学生数。

7. n 个人围成一圈,从第一个人开始 1 到 3 报数,凡是数到 3 的人退出圈子。编程实现,输出这 n 个人退出圈子的顺序。

8. 定义一个表示星期的枚举类型,并确保枚举元素对应的常量值与中国习惯一致,如 Monday 对应的常量值为 1,Sunday 对应的常量值为 7。编写程序,输入相应数字,输出是星期几。例如,输入 3,则输出 Wednesday。

第10章 编译预处理

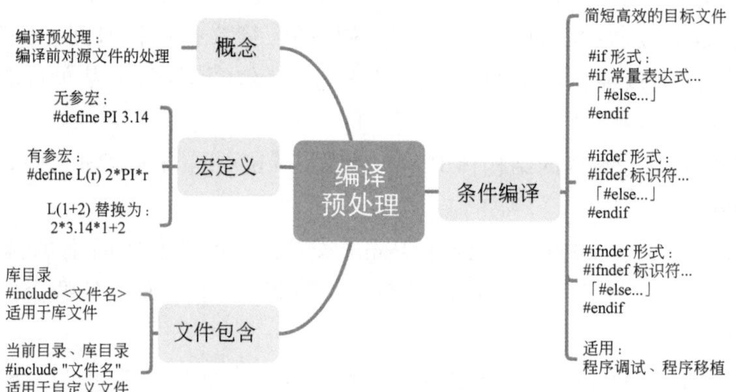

当对一个源文件进行编译时，系统会先自动启用预处理程序，对源文件中的预处理命令进行处理，然后再进行编译。在C语言中，预处理命令主要包括宏定义、文件包含和条件编译3种，其语法特点是以“#”开头，命令后没有分号。预处理命令的处理过程只是简单替换，不进行语法检查，编译时才会对预处理后的源文件进行语法检查。合理有效地使用预处理，可以提高程序的可读性、通用性，减少程序维护成本，并可以生成简短而高效的目标代码。

扫一扫

10.1 宏定义

宏定义是用一个标识符表示一个字符串的机制，其中标识符称为宏名。为了和普通变量进行有效区分，通常宏名使用大写字母，但不强制要求。预处理时，会将程序中所有的宏名替换为相应的字符串，这一过程称为宏代换。在C语言中，宏分为无参宏定义和有参宏定义两种。

(1) 无参宏定义。

无参宏定义的一般形式为:

```
#define 标识符   字符串
```

例如,前面章节中经常使用的自定义符号常量其实是一种最简单的无参宏定义:

```
#define   PI   3.1415926                //定义 PI 代表圆周率
#define LEN sizeof(struct StuInfo)   //定义 LEN 代表结构体长度
```

标准库函数中也存在大量的符号常量,例如:

```
#define NULL 0
```

(2) 有参宏定义。

C 语言中的宏可以带参数,和函数参数类似,在宏定义中的参数称为形式参数,在宏调用中的参数称为实际参数。

有参宏定义的一般形式为:

```
#define 宏名(形参列表) 字符串
```

其中,多个形参用“,”分隔开,字符串中包含形参列表中的各个参数。例如:

```
#define L(r) 2*PI*r
```

【例 10-1】 假设要为半径为 r 分米的半球体表面涂上油漆,每平方分米需要油漆 x 克。编程计算需要的油漆量。

```
#include <stdio.h>
#define PI 3.14                          //PI 为圆周率
#define S(r) PI*r*r                      //S 为半径为 r 的圆面积
int main()
{
    float r0,paintPerdm,paint;
    printf("半球体半径为: ");
    scanf("%f",&r0);
    printf("每平方分米需要油漆克数: ");
    scanf("%f",&paintPerdm);
    paint=3*S(r0)*paintPerdm;        //3*S(r0)为半球体表面积
    printf("需要油漆%.2f 克\n",paint);
}
```

预处理时,源程序中所有的无参宏名均用相应的字符串进行替换,包括宏定义字符串中的宏名。例如,程序中所有的 PI 会替换为 3.14,包括 S(r)对应字符串中的 PI。而所有的有参宏不仅用相应的字符串进行替换,而且要用实参去替换形参。例如,程序中的 S(r0)会替换为 3.14 * r0 * r0。

合理地运用宏定义,可以提高程序的可读性,减少维护成本。例如,圆周率用 PI 表示,寓意更明确,而 3.14 不一定只表示圆周率。如果程序中多处用到 PI,若 PI 需要修改,则只需修改 PI 定义一处,即可起到修改多处的目的,减少了程序维护成本。

(3) 宏定义与函数。

宏,尤其是有参宏,和函数非常相似。例如,例 10-1 采用函数形式实现如例 10-2 所示。

【例 10-2】 采用函数形式实现例 10-1 程序功能。

```
#include <stdio.h>
#define PI 3.14          //PI 为圆周率
float S(float r)
{
    return PI * r * r;
}
int main()
{
    float r0,paintPerdm,paint;
    printf("半球体半径为: ");
    scanf("%f",&r0);
    printf("每平方分米需要油漆克数: ");
    scanf("%f",&paintPerdm);
    paint=3 * S(r0) * paintPerdm;
    printf("需要油漆%.2f 克\n",paint);
}
```

例 10-1 和例 10-2 中的主函数代码没有发生变化,只是求圆面积的方法,前者用宏定义后者用函数,表面好像两者实现了相同功能,但其实存在本质区别,并且在某些情景下执行功能也有区别:

① 定义语法不同:宏定义中的形参不占用内存,因此不需要指定数据类型,也没有返回值类型;而函数的形参在函数调用时会占用内存,因此需要指定数据类型,也需要指定返回值类型。

② 调用原理不同:宏调用是在预处理阶段就已经完成,是不做任何修改的简单替换;而函数调用是在程序执行时完成,需要先计算实参表达式的值,然后进行形实参结合,执行函数体语句。

假设 r0 的值为 2,paintPerdm 的值为 10,则语句"paint=3 * S(r0+3) * paintPerdm;"的执行结果会因为 S 是宏还是函数而不同:

假设 S 为例 10-1 中的宏定义,则语句在预处理时会被替换为:

```
paint=3 * 3.14 * r0+3 * r0+3 * paintPerdm;
```

则 paint 的值为 54.84(3 * 3.14 * 2+3 * 2+3 * 10)。

假设 S 为例 10-2 中的函数,会先计算实参 r0+3 的值为 5,然后将实参 5 传递给形参 r,相当于执行语句:

```
paint=3 * S(5) * paintPerdm;
```

则 paint 的值为 2355(3 * 3.14 * 5 * 5 * 10)。

显然,利用宏定义在某些情况下可能会产生错误结果,可以通过为每个形参及整个字符串添加一对小括号的形式改进。例如:

```
#define S(r) (PI * (r) * (r))
```

则语句:

```
paint=3 * S(r0+3) * paintPerdm;
```

会被替换为:

```
paint=3 * (3.14 * (r0+3) * (r0+3)) * paintPerdm;
```

最终 paint 得到正确结果 2355。

10.2 文件包含

一个功能复杂的程序往往由多人合作完成,如果将所有程序代码仍然放在同一个源文件中,不仅程序随着代码的增长可读性大大降低,而且将多人各自为政的代码合并在一个文件中时,会出现各种难以预料的错误,维护难度与成本大大增加。而利用文件包含,可以将公用的一些数据类型定义、全局变量或宏定义等组织在一个或多个文件中,然后按照分工将个人完成的功能代码按某一原则(如根据功能分类)组织在一个或多个文件中,最后将所有文件合并到一个项目中,即完成分工协作任务,大大提高了编程效率。

文件包含的一般形式为:

```
#include <文件名>
```

或

```
#include "文件名"
```

两种形式的文件包含功能都是把指定文件插入到该命令行位置来取代该命令行,从而把指定文件和当前源文件连成一个源文件。但查找文件过程略有不同:使用尖括号是指在C语言库文件包含目录(include 文件夹)中查找,而使用双引号则表示先在当前的源文件所在目录中查找,若未找到再到包含目录中去查找。因此,一般系统提供的库文件采用尖括号形式,例如,#include <stdio.h>,而用户自定义的文件则使用双引号形式。

【例 10-3】 编程实现,求圆的面积与周长。

建立一个名为 exam10-3 的 Console Application 项目,然后在项目中添加 common.h, circle.c 和 main.c 三个文件。

common.h 是一个头文件,主要是一些公用宏定义和函数原型声明。

```
#define PI 3.14               //PI 为圆周率
float getS(float r);          //求圆面积函数原型声明
```

```
float getC(float r);            //求圆周长函数原型声明
```

circle.c 是一个.c 源文件，主要包括与圆有关的求周长、求面积的函数定义。

```
#include "common.h"            //包含自定义头文件,用双引号形式
float getS(float r)            //求圆面积函数
{
    return PI * r * r;
}
float getC(float r)            //求圆周长函数
{
    return 2 * PI * r;
}
```

main.c 为主函数所在文件。

```
#include <stdio.h>             //包含标准库头文件,用尖括号形式
#include "common.h"            //包含自定义头文件,用双引号形式
int main()
{
    float r0;
    printf("请输入圆的半径: ");
    scanf("%f",&r0);
    printf("圆的面积为:%.2f\n 圆的周长为:%0.2f\n",getS(r0),getC(r0));
}
```

虽然文件包含命令也可以包含源文件(.c 文件)，但不建议这样做，因为源文件中经常含有函数的定义，不小心会出现“函数重复定义”的错误。例如，在 main.c 中加入命令：

```
#include "circle.c"
```

则会出现“multiple definition of 'getS'”的错误。

由 1.4.2 节的 C 语言程序开发过程知识可知，例 10-3 中的程序会在编译时由 circle.c 生成 circle.o，main.c 生成 main.o，然后将 circle.o 和 main.o 及其他相关库函数等连接后生成 exam10-3.exe 文件。main.c 中的文件包含命令“＃include "circle.c"”，它的作用是将 circle.c 中的代码全部包含到 main.c 中，因此，在生成的 main.o 文件中有 getS 函数的定义，而在 circle.o 中也有 getS 函数的定义，由此出现重复定义的错误。

扫一扫

10.3 条件编译

一般情况下，除注释以外，源程序中的所有代码都要被编译为目标代码。但有时，因为条件不同，某些目标代码永远没有执行机会，这时我们希望只编译生成有执行机会的代码，这样的目标代码简短而高效。在 C 语言中，条件编译功能允许程序按不同条件编译源代码，从而生成不同的目标代码文件。

在 C 语言中，条件编译有＃if、＃ifdef 和＃ifndef 3 种形式，功能相同，基本语法略有不同，根据个人偏好任选一种即可。和 if 语句类似，每种形式均可以由基本形式变换出单分

支、双分支、嵌套等多种具体应用形式。

(1) #if 形式。

#if 是控制条件为常量表达式的条件编译形式,其基本形式为:

```
#if 常量表达式
    程序段 1
「#else
    程序段 2」
#endif
```

其功能为,常量表达式为真(非 0),则编译程序段 1;否则编译程序段 2。

(2) #ifdef 形式。

#ifdef 是控制条件为定义标识符的条件编译形式,其基本形式为:

```
#ifdef 标识符
    程序段 1
「#else
    程序段 2」
#endif
```

其功能为,如果标识符已经用 #define 定义过,则编译程序段 1;否则编译程序段 2。

(3) #ifndef 形式。

#ifndef 也是控制条件为定义标识符的条件编译形式,其基本形式为:

```
#ifndef 标识符
    程序段 1
「#else
    程序段 2」
#endif
```

#ifndef 与 #ifdef 唯一的语法区别是将 #ifdef(如果定义)换为 #ifndef(如果没有定义),所实现功能与 #ifdef 正好相反,即如果标识符没有用 #define 定义过,则编译程序段 1;否则编译程序段 2。

条件编译经常应用于程序调试、程序移植或防止文件重复包含等情景中。

(1) 条件编译应用于程序调试。

为了提高开发效率,往往在开发调试阶段在程序中编写一些在发布以后不用的代码,例如,添加一些输出中间结果的输出语句,便于对程序进行跟踪调试,等程序发布时,再将这些不需要的输出语句注释掉或删除。而合理利用条件编译则能更轻松快捷地完成切换。

【例 10-4】 编程实现,用户登录功能。

```
#define DEBUG                        //定义标识符 DEBUG,调试阶段定义,发布阶段删除
#include <stdio.h>
#include <conio.h>
#include <string.h>
void getPass(char * pass)            //获取密码函数
{
```

```
    int i;
    for(i=0;(pass[i]=getch())!=13;i++)  //用无回显函数 getch 获取用户输入
        printf("*");                    //但屏幕上显示 *
    pass[i]='\0';
}
int main()
{
    char name[]="admin",pwd[]="123456";  //设置教师登录时正确的密码
    char username[10],userpwd[10];
    printf("请输入用户名:");
    gets(username);                      //用户输入用户名
    printf("请输入密码:");
    getPass(userpwd);                    //用户输入密码
    #ifdef DEBUG                         //条件编译,如果 DEBUG 定义了,则显示密码
      printf(userpwd);
    #endif
    if (strcmp(name,username)==0&&strcmp(pwd,userpwd)==0)      //如果正确
        printf("\n用户登录成功!");
    else
      printf("\n用户名或密码错误!");
}
```

在本例中,调试 getPass 函数的功能时,可以添加宏定义:#define DEBUG,将输入的用户密码显示在屏幕上,帮助读者更清晰地判断程序流程。getPass 函数调试完毕后,注释或删除宏定义,则程序正常执行。

(2) 条件编译应用于程序移植。

在 C 语言的标准库头文件中,会有类似的条件编译命令:

```
#ifndef _WIN64             //如果没有定义_WIN64,则说明编译器为 32 位
#define NULL 0             //则定义 NULL 值为 0
#else                      //#else 则说明编译器为 64 位
#define NULL 0LL           //则定义 NULL 值为 0LL
#endif
```

类似的条件编译命令是为了能够使同一段程序代码正常运行在不同平台中。

【例 10-5】 编程实现,求 n 的阶乘。

```
#include <stdio.h>
#define vc                 //在 VC 环境中保留此宏定义,在 Dev-C++环境中去掉此宏定义
#ifdef vc
  #define BigInteger _int64          //VC 中支持_int64
#else
  #define BigInteger long long       //Dev-C++中支持 long long
#endif
BigInteger fac(int n)
{
    BigInteger fac=1;
    for(;n>1;n--)
```

```
        fac*=n;
    return fac;
}
int main()
{
    #ifdef VC
    printf("fac(10)=%I64d",fac(20));      //用 I64d 输出_int64 型数据
    #else
    printf("fac(10)=%lld",fac(20));      //用 lld 输出 long long 型数据
    #endif
}
```

计算阶乘的思想并不复杂,但阶乘的结果随着 n 的增大急剧增大,如果函数返回值定义为 int 型,则最多只能计算 13 的阶乘。而将其定义为_int64 或 long long 型,则可以计算到 20 的阶乘,提高了函数的适用范围。如果读者还需扩大 n 的范围,可以课外学习利用数组存储大数据的有关知识。

(3) 条件编译用于防止头文件重复包含。

当编写一个较大型的应用程序时,会将代码按照某种分配原则分解到多个头文件和源文件中,因此,一个源文件可能会包含多个头文件,而这多个头文件可能各自又包含了多个头文件,不可避免地会出现在一个源文件中包含同一个头文件多次的情况,此时可以应用条件编译解决问题。

【例 10-6】 编写程序,判断一个圆和一个椭圆是否有可能相交。

建立一个名为 exam10-6 的 Console Application 项目,然后在项目中添加 point.h, circle.h,ellipse.h 和 main.c 4 个文件。

头文件 point.h 中的代码为:

```
#ifndef POINT_H_INCLUDED         //如果没有定义 POINT_H_INCLUDED,则进行定义
#define POINT_H_INCLUDED
typedef struct                   //定义点的无名结构体,起别名为 point
{
    double x;
    double y;
}point;
#endif
```

头文件 circle.h 中的代码为:

```
#ifndef CIRCLE_H_INCLUDED
#define CIRCLE_H_INCLUDED
#include "point.h"               //需要用 point.h 中的 point 结构体
typedef struct                   //定义圆无名结构体,别名为 circle
{
    point center;                //圆心
    float r;                     //半径
}circle;
#endif
```

头文件 ellipse.h 中的代码为：

```
#ifndef ELLIPSE_H_INCLUDED
#define ELLIPSE_H_INCLUDED
#include "point.h"                          //需要用 point.h 中的 point 结构体
typedef struct                              //定义椭圆无名结构体,别名为 ellipse
{
    point center;                           //圆心
    float r1,r2;                            //长、短半径
}ellipse;
#endif
```

main.c 中的代码为：

```
#include <stdio.h>
#include <math.h>   //sqrt 函数所在头文件
#include "ellipse.h"
#include "circle.h"
double getDistance(point p1,point p2)    //求两点距离函数
{
    return sqrt((p1.x-p2.x)*(p1.x-p2.x)+(p1.y-p2.y)*(p1.y-p2.y));
}
int main(int argc, char *argv[])
{
    circle c={{20,10},6};        //初始化一个圆
    ellipse e={{0,0},2,20};      //初始化一个椭圆
    double dis=getDistance(c.center,e.center);        //计算两个圆心之间距离
    if (dis>c.r+e.r1&&dis>c.r+e.r2)        //判断两图形是否有相交可能
        printf("圆和椭圆不可能相交!");
    else
        printf("圆和椭圆可能相交!");
}
```

在本例中，main.c 中包含了 ellipse.h 和 circle.h，而这两个头文件都必须包含 point.h，因为圆和椭圆的圆心均为 point 类型。从而导致 main.c 文件中会重复包含 point.h，如果没有条件编译命令，则会出现“point 重复定义”的错误。

扫一扫

10.4 综合案例

经过本章的学习，我们掌握了宏定义、文件包含、条件编译的相关知识，可以对创新大赛评分系统做如下改进。

(1) 利用条件编译提高开发效率。

编写、调试管理员的若干功能时，程序总是需要从角色菜单开始执行，选择管理员角色、输入用户名和密码，然后才能进入管理员主控页面；而利用条件编译可以在调试阶段，将角色选择和登录功能一笔带过，直接进入管理员主控页面，提高开发效率。具体源代码如下：

① 在全局位置定义标识符 DEBUG。

```
#define DEBUG
```

② 将 main 函数中的角色选择的代码“nSelect=roleMenu();”修改为：

```
#ifdef DEBUG      //条件编译,如果 DEBUG 定义了,则直接赋值为管理员 0
    nSelect=0;
#else             //否则,显示角色菜单并进行选择
    nSelect=roleMenu();
#endif
```

③ 将管理员登录函数 isLogin 中关于输入用户名和密码的代码修改为条件编译形式：

```
#ifdef DEBUG      //条件编译,如果 DEBUG 定义了,直接赋值正确的用户名和密码
    strcpy(name,"admin");
    strcpy(pwd,"a1234*");
#else             //否则,键盘输入用户和密码
    printf("********请输入管理员用户名: ");
    gets(name);
    printf("********请输入密码: ");
    getPass(pwd);
#endif
```

通过以上修改，每次程序运行时不用进行角色选择，不用输入用户名和密码，而是直接运行至管理员主控界面，开发效率明显提升。当程序功能开发、调试结束，进入发布阶段时，只需将“#define DEBUG”删除或者注释掉即可。

同样，在编写、调试管理员的作品删除、作品修改等功能时，必须每次先选择“创建作品”功能，手工创建多件作品才可以进行。此时也可以在 arrayInit()函数中，使用条件编译，使程序在调试阶段用代码生成几件作品，则可直接进入作品删除、修改等功能的测试状态。

(2) 将程序代码按功能分解到多个文件中，提高程序的可读性和可协作性。当然，代码进行分解时可以根据不同分解原则形成不同解决方案，此处分解方案仅供参考。

建立 Console Application 类型的 C 语言项目 gradeSystem，并依次建立 main.c、public.h、menu.h、menu.c、arrayOpt.h、arrayOpt.c、opt.h、opt.c 等文件。

main.c 中包括主控函数 main。

public.h 中包括公共用的符号常量，如 MANAGER_NAME、MAX_JUDGES 等。包括结构体的定义，如 stuGradeInfo、stuWorksInfo。包括全局变量，如 g_cLoginName 等。

menu.c 中包括和菜单有关的若干函数，如 roleMenu 函数、mainManagerMenu 函数等，而 menu.h 中则为这些函数的原型声明。

arrayOpt.c 中包括与数组具体操作相关的若干函数，如存储空间是否足够函数 haveEnoughSpace、作品数组初始化函数 arrayInit、添加一件作品函数 addaWork、显示作品题头信息 showTitle、显示一件作品信息 displayaWork、根据作品编号查找作品函数 getWorkbyNum、根据作品地址删除作品 delWorkbyAddress 等。而 arrayOpt.h 中不仅包含 arrayOpt.c 中函数的原型声明，而且包括与数组具体操作相关的全局变量，如作品头指针 g_pStuWorksHead、作品总数 g_nNodeNum、动态数组长度 array_Size、自增长作品编号的当前可用最大值 g_nNodeMaxId 等。如果存储作品的数据结构修改为链表，则只需修改

array.c 中的函数实现即可，其他文件中的代码均不需要修改。

opt.c 中包括与管理员和评委功能相关的若干函数，如创建作品函数 createWork、删除作品函数 delWork、获取密码函数 getPass、管理员登录函数 isLogin、管理员操作函数 managerOpt、获取新作品信息函数 getNewWorkInfo、显示所有作品函数 displayAll、退出系统函数 quitSystem 等。而 opt.h 主要包括 opt.c 中函数的原型声明。

具体代码分配参见附录 C。

(3) 当代码分解到多个文件中时，需要使用 #include 将头文件包含进来，不可避免地会产生文件重复包含问题，可以使用条件编译解决。例如，在 public.h 中，将代码用

```
#ifndef PUBLIC_H_INCLUDED
#define PUBLIC_H_INCLUDED
#endif
```

包裹起来。具体实现代码参见附录 C。

扫一扫

10.5 本章常见错误及调试方法

本章以若干例题为例，演示编译预处理编程中常见的错误及调试方法。

(1) 宏定义后多加了分号(编译错误)。

如图 10-1 所示，程序编译时在第 11 行，即宏定义 S(x)的调用处出现错误“invalid type argument of unary '*' (have 'float')(无效的数据参数)”。宏定义是一条命令，不是语句，因此末尾的分号会被当作宏定义的一部分进行原样代入。因此，第 11 行代码在预处理阶段被替换为“paint=3 * 3.14 * r0 * r0; * paintPerdum;”，从而产生语法错误。

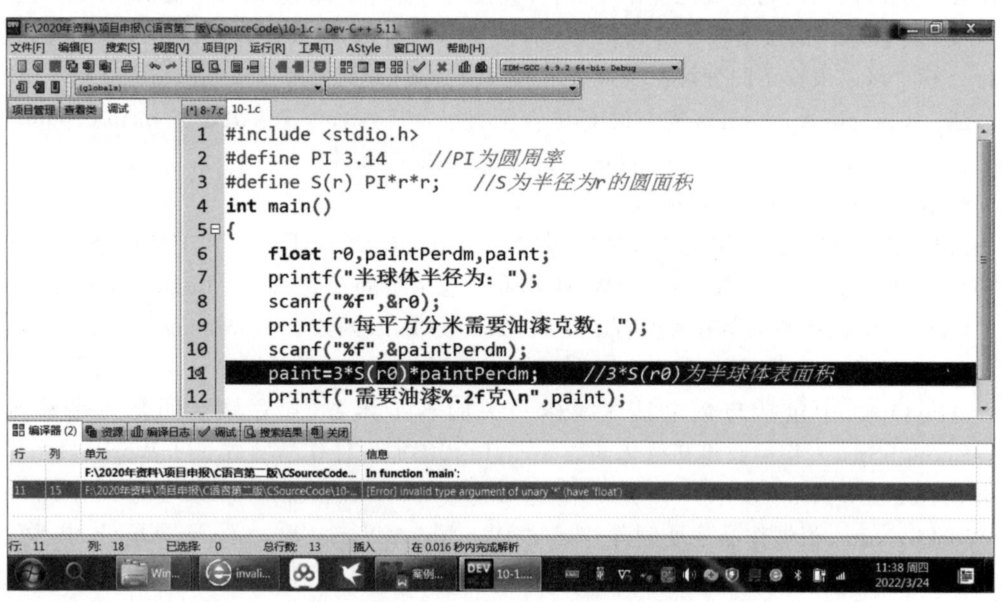

图 10-1 宏定义后多加了分号程序界面

(2) 为重复包含的全局变量赋初值(编译错误)。

如果一个项目中有多个头文件,很容易产生文件重复包含问题,如果头文件中均已用“#ifndef…#define…#endif”条件编译将代码包裹起来,但仍然出现“**重复定义”的错误,如图10-2所示,则可能是因为全局变量被定义在头文件中,被重复包含且被赋初值造成的。将初值去掉即可,即将第8行“int i=9;”,修改为“int i;”。

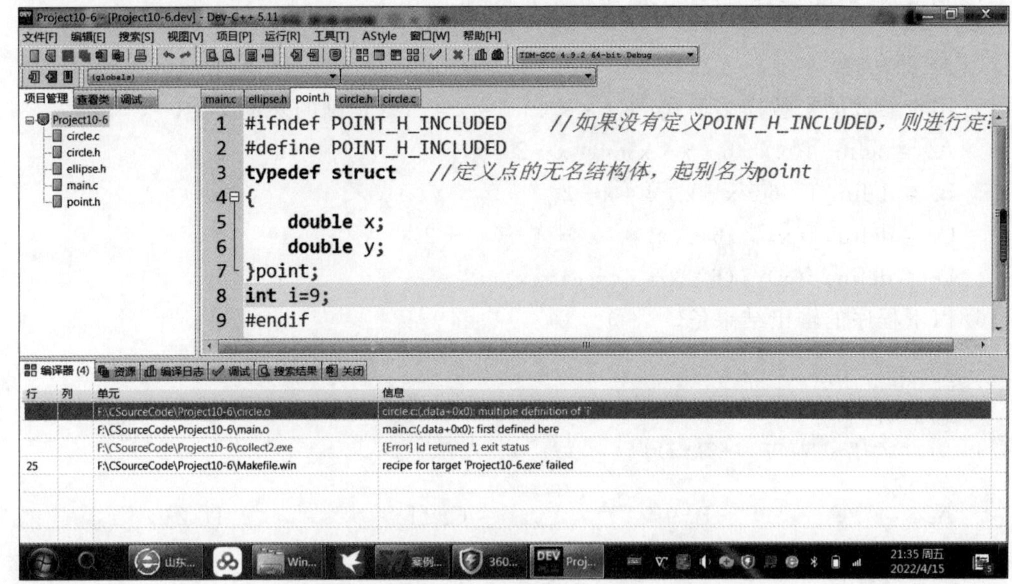

图10-2　为重复包含的全局变量赋初值程序界面

一、选择题

1. 下列叙述正确的是(　　)。
   A. 预处理命令行必须位于源文件的开头
   B. 宏替换不占用程序的运行时间
   C. 宏名必须用大写字母表示
   D. 在源文件的一行上可以有多条预处理命令
2. 以下对C语言的编译系统对宏命令的处理方式,说法正确的是(　　)。
   A. 在程序编译之前进行　　　　B. 在程序编译时与其他语句同时进行
   C. 在程序连接时进行　　　　　D. 在程序运行时进行
3. 在程序中,如果有宏定义:#define LEN 8,则以下描述正确的是(　　)。
   A. C源程序进行编译时用8替换标识符LEN
   B. 在程序运行时用8替换标识符LEN
   C. 编译程序对C源程序进行预处理时用8替换标识符LEN

D. 定义了变量 LEN 的值为 8

4. 以下程序的输出结果是(　　)。

```
#define  PI 3
int area(int x){ return(PI * x * x); }
int main()
{ printf("%d\n",area(3+5)); }
```

A. 语法错　　B. 25　　C. 29　　D. 192

5. 用带参数的宏替换多项式：6 * x * x+4 * x+2,则正确的宏定义为(　　)。

A. #define f(x)　6 * x * x+4 * x+2

B. #define f　6 * x * x+4 * x+2

C. #define f(x)　(6 * (x) * (x)+4 * (x)+2)

D. #define f(x)　(6 * x * x)+(4 * x)+2

6. 以下程序的输出结果是(　　)。

```
#define ADD(y)     y*y
int main()
{  printf("%d",ADD(1+2)+3);}
```

A. 8　　B. 9　　C. 11　　D. 21

7. 以下程序的输出结果是(　　)。

```
#include <stdio.h>
#define S(x)   4*(x)*x+1
int main()
{ int k=5,j=2;
  printf("%d\n",S(k+j));
}
```

A. 197　　B. 143　　C. 33　　D. 28

8. 在"文件包含"预处理语句的使用形式中,当#include 后面的文件名用"双引号"括起来时,寻找被包含文件的方式是(　　)。

A. 按系统设定的标准方式搜索目录

B. 先在源程序所在的目录搜索,如没找到,再按系统设定的标准方式搜索

C. 仅仅搜索源程序所在目录

D. 仅仅搜索当前目录

9. 条件编译和 if 语句的本质区别是(　　)。

A. 两者功能相似,可以互相代替

B. 条件编译必须在 if 前加#,并需要 endif 配合,而 if 语句语法较简单

C. 条件编译在编译前完成处理,而 if 语句在编译后执行

D. 条件编译不能处理复杂的逻辑表达式,但 if 语句可以

二、填空题

1. 以下程序的运行结果是________。

```
#include <stdio.h>
#define f(x)   x * x
int main()
{   int a=10,b=3,c;
    c=f(a)/f(b+1);
    printf("%d\n",c);
}
```

2. 以下程序的运行结果是________。

```
#include <stdio.h>
#define N  2
#define M  N+1
#define NUM  (M+1) * M/2
int main()
{  int i;
   for(i=1;i<=NUM;i++)
     printf("%d,",i);
}
```

3. 以下程序的运行结果是________。

```
#include <stdio.h>
#define DEBUG
int main()
{  int add1=10,add2=20,mul;
   mul=add1 * add2;
   #ifdef DEBUG
       printf("%d * %d=%d",add1,add2,mul);
   #else
       printf("mul=%d",mul);
   #endif
}
```

三、编程题

1. 编写一个宏定义 mod(x,y),功能为求 x 取 y 的余数。

2. 编写一个宏定义 triangleArea(a,b,c),功能为根据三角形的三个边长求三角形的面积。三角形面积公式为：$s=\sqrt{p*(p-a)*(p-b)*(p-c)}$,其中,$p=\frac{a+b+c}{2}$。

3. 编写程序,新建一个 ConsoleApplication 项目 PointTest,将关于平面上点的结构体 Point 定义以及函数 double distance(Point p1,Point p2)的原型声明放在 Point.h 文件中,将求两点之间距离的函数 distance 实现放到 Point.c 文件中,然后在 main.c 文件中调用 distance,求两点之间距离。

4. 编写程序,输入一行字符,根据需要设置条件编译,将字符中的字母全部改为大写输出或小写输出。

第11章 文件

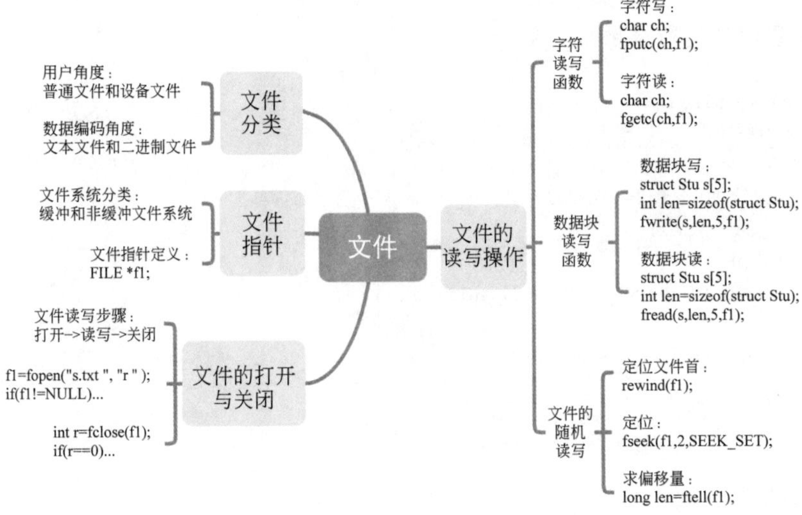

前面章节中的程序，数据来源于键盘输入，数据输出至显示器，数据保存于内存变量中，只要程序运行结束，一切数据归零，每次运行程序都是从头再来。而在实际应用中，数据需要长期保存，重复使用。为此，C语言提供了与文件相关的若干标准库函数，实现数据来源于文件，数据输出至文件，从而将数据以文件形式永久性地保存在外存中。

扫一扫

11.1 文件基本概念与分类

文件是一组存储在外部介质上的相关数据的有序集合，是操作系统存储和管理信息的基本单位，这个数据集合有一个名字，称为文件名。文件通常是保存在外部介质，如磁盘，光盘等，只有使用时才会调入内存中。

从不同角度，可以对文件进行不同的分类。在此，仅对与C语言相关的用户和编码方式两个角度的分类情况进行描述。

(1) 从用户角度，文件可以分为普通文件和设备文件。普通文件就是普通意义上存储在外部介质上的有序集合，例如C语言中的.c源文件、.o目标文件、.exe可执行文件、.h头文件、.DOCX WORD文件、.XLSX EXCEL文件、.TXT文本文件等。设备文件则是指与主机相连的各种外围设备，例如显示器、打印机、音箱等输出设备，键盘、鼠标、触摸屏、扫描仪等输入设备。操作系统把各种外围设备均看作一个文件，这就使得用户根本不用区分各种不同设备，极大地简化了用户操作。例如，经常用的输入函数scanf、getchar、gets等就是从标准输入文件——键盘接收数据，输出函数printf、putchar、puts等就是输出数据至标准输出文件——显示器。

(2) 从文件中数据的编码方式角度，文件可以分为文本文件和二进制文件。

文本文件也称为ASCII码文件，是指用一个字节存放字符对应的ASCII码值的文件。例如，短整型常量1024，在内存中采用二进制方式存储，占用2字节(16位)的空间。

00000100	00000000

1024在文本文件中的存储格式为：

00110001	00110000	00110010	00110100

即将1024分解为字符“1”“0”“2”“4”四个字符，存储其对应的ASCII码：49、48、50、52，4个字符需要4字节空间。由于数据在文本文件和内存中的存储方式不同，因此读文件时需要将ASCII码转换为内存中的二进制方式，而写文件时又需要将二进制方式转换为ASCII码方式。因此，文本文件的缺点是占用存储空间多，读写文件时编码转换有一定时间开销。而其优点是一个字节存储一个字符，译码容易，万一部分出错不会影响其余内容。

二进制文件是按二进制的编码方式存放数据，和内存存储格式一致。例如，短整型数1024在二进制文件中的存储格式为：

00000100	00000000

二进制文件的优点是占用存储空间少，读写文件时不需要编码转换，效率高。缺点是可读性差，译码难，一位错可能导致全文错。

11.2 文件指针

文件系统分为缓冲文件系统和非缓冲文件系统。

缓冲文件系统是指使用文件时，系统自动为其开辟一段称为“缓冲区”的内存空间。当对文件进行写操作时，数据会先暂时存放到“输出缓冲区”中，当缓冲区被填满后或者关闭文件时，才会将缓冲区中的数据写到文件中去；当对文件进行读操作时，也是先将数据从文件中存放到“输入缓冲区”，然后从缓冲区读取到相应变量中，如图11-1所示。

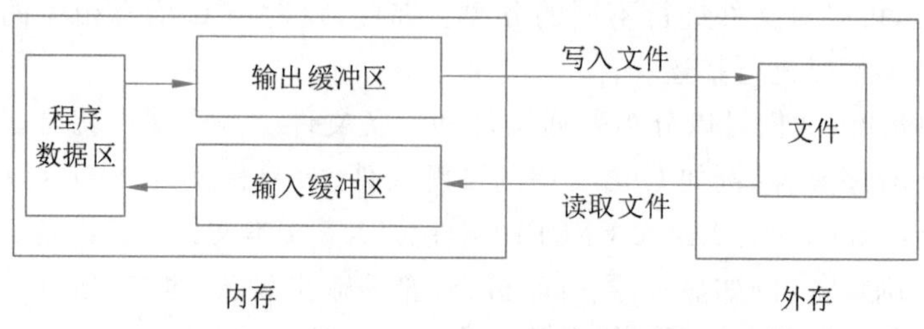

图 11-1　缓冲文件系统的读/写过程示意图

非缓冲文件系统是指文件使用时，系统不自动为其开辟缓冲区，而由程序为每个文件设定缓冲区。

由于缓冲文件系统操作简单，ANSI C 于 1983 年决定只支持缓冲文件系统，本章主要介绍缓冲区文件系统下文件的有关操作方法。

在 C 语言中，缓冲区文件系统会自动为每一个正在使用的文件开辟一个“文件信息描述区”，用于存放与文件有关的若干信息：文件当前位置、文件的起始位置、缓冲区相对位置、缓冲区大小等，这些信息被保存在一个结构体类型的变量中，而该结构体类型名为 FILE。不同编译器中的 FILE 定义可能不同，但均能实现文件操作。例如，在 DEV C++ 中，FILE 是结构体类型 struct _iobuf 的别名，其定义如下：

```
struct _iobuf {                          //结构体类型原名为 struct _iobuf
       char * _ptr;                      //文件当前位置指针,即下一个要读写的位置
       int   _cnt;                       //当前缓冲区的相对位置
       char * _base;                     //文件的起始位置
       int   _flag;                      //文件状态标志
       int   _file;                      //文件号
       int   _charbuf;                   //检查缓冲区状况
       int   _bufsiz;                    //缓冲区的长度
       char * _tmpfname;                 //临时文件名
       };
typedef struct _iobuf FILE;              //为 struct _iobuf 取别名为 FILE
```

当程序需要操作一个文件时，系统就会在打开此文件时自动为其分配一个 FILE 类型的结构体变量，并自动填充变量的各成员值。而我们只需声明一个 FILE 类型的指针变量，即文件指针，在打开文件时将此结构体变量的地址赋给文件指针，以后对文件的任何读、写、定位、检测等操作均通过此文件指针完成。FILE 定义及文件操作函数均在 stdio.h 头文件中。

定义文件类型指针变量的一般格式为：

```
FILE *文件指针变量名;
```

例如：

```
FILE *file;                    //注意: FILE 均为大写字母
```

则定义了文件指针变量 file。

11.3 文件的打开与关闭

在C语言中,对文件的读写操作一般需要3步:打开文件→读/写文件→关闭文件。

(1) 打开文件。

在C语言中,使用fopen函数打开一个文件,其函数原型为:

```
FILE * fopen(const char * file, const char * mode)
```

其中,file为文件名,mode为打开方式。其功能为,以某种打开方式打开某文件。如果文件打开成功,则会为文件分配缓冲区和一个FILE类型的结构体变量(即文件信息描述区),并返回结构体变量的地址。如果打开失败,则返回空指针NULL。

例如:

```
FILE * f1, * f2;     //定义文件指针 f1,f2
f1=fopen("student.txt","r");
```

以只读方式打开当前程序目录下的student.txt文件。

```
f2=fopen("d:\\cSource\\stuinfo.dat","w");
```

或者

```
f2=fopen("d:/cSource/stuinfo.dat","w");
```

含义均为以只写方式打开d盘cSource目录下的stuinfo.dat文件,注意前者字符串中的"\\"是反斜线"\"的转义字符表示形式。

C语言中提供了12种文件打开方式,具体的符号和含义如表11-1所示。

表11-1 文件打开方式及含义

文件打开方式	含 义
r	只读打开一个文本文件,文件不存在则返回NULL
w	只写打开一个文本文件,文件不存在则新建,存在则删除后新建
a	追加打开一个文本文件,文件不存在则新建,存在则在末尾追加
rb	只读打开一个二进制文件,文件不存在则返回NULL
wb	只写打开一个二进制文件,文件不存在则新建,存在则删除后新建
ab	追加打开一个二进制文件,文件不存在则新建,存在则在末尾追加
r+	读写打开一个文本文件,文件不存在则返回NULL,存在则覆盖原数据
w+	读写打开一个文本文件,文件不存在则新建,存在则删除后新建
a+	读写打开一个文本文件,文件不存在则新建,存在则在末尾追加

续表

文件打开方式	含　义
rb＋	读写打开一个二进制文件,文件不存在则返回NULL,存在则覆盖原数据
wb＋	读写打开一个二进制文件,文件不存在则新建,存在则删除后新建
ab＋	读写打开一个二进制文件,文件不存在则新建,存在则在末尾追加

表11-1中的文件打开方式是由字符r、w、a、b、＋组合而成的,其中:

r、w、a为主关键字,其中,r表示读read,w表示写write,a表示追加append,操作对象均为文本文件。b(二进制binary)与＋(读写)是辅助主关键字的辅关键字,例如,rb为读二进制文件,与r的性质一样,都是只读打开文件,文件不存在时返回NULL,只是文件为二进制文件。r＋为读写文本文件,与r的性质一样,都是文本文件,都是文件不存在时返回NULL,只是增加了写操作,文件存在时覆盖原数据。

利用fopen打开一个文件时,有可能因为文件不存在、指定文件路径不对、文件正在使用等原因而无法打开,此时fopen函数会返回一个空指针NULL。因此,在进行文件读写操作之前,需要判断文件是否正确打开。

例如:

```
if ((f1=fopen("student.txt","r"))!=NULL)     //以只读方式打开文本文件 student.txt
    printf("文件正常打开,可以进行读写操作!\n");
else
    printf("文件打开错误!\n");
```

(2) 关闭文件。

当文件使用完毕后,必须及时关闭文件,一方面是将缓冲区中暂未写入文件的数据写入文件,防止数据丢失,另一方面是释放缓冲区等系统资源,释放对文件的控制权。

在C语言中,使用fclose函数关闭一个文件,其函数原型为:

```
int fclose(FILE * file)
```

其功能为关闭file所指向的文件。如果成功关闭文件,则函数返回值为0;如果无法正常关闭文件,则返回EOF(－1)。

例如,前面已经用只读方式打开了文本文件student.txt,并指定f1指向该文件,因此可以使用fclose关闭该文件:

```
if (fclose(f1)==0)
{
    printf("\n 文件关闭成功!\n");
}
else
    printf("\n 文件关闭失败!");
```

11.4 文件的读写操作

C 语言提供了多种功能的文件读写函数，例如：

(1) 字符读写函数 fgetc 和 fputc。

(2) 字符串读写函数 fgets 和 fputs。

(3) 格式化读写函数 fscanf 和 fprintf。

(4) 数据块读写函数 fread 和 fwrite。

注意：在使用时最好选择配对的读、写函数，例如，用 fwrite 写入的信息最好用 fread 读取。同时注意选择正确的文件打开方式，例如，读文本文件时用 r 或者 r+方式，如果用 w，则会读取失败。本书仅介绍最实用的字符和数据块读写函数。

11.4.1 字符读写函数 fgetc 和 fputc

扫一扫

字符读写函数是指每次从文件中读取或向文件中写入一个字符的函数，一般是配合循环对文本文件中的字符串进行读写。

(1) 字符写函数 fputc。

fputc 的函数原型为：

```
int fputc(int ch,FILE * file)
```

其功能为将 ch 中的字符写入 file 所指向文件中的当前位置，文件位置指针后移一个字符。如果写入成功，则返回写入的字符；否则，返回 EOF(−1)。

【例 11-1】 编程实现，将从键盘输入的一行字符保存到文件 student.txt 中。

```
#include<stdio.h>
#include<stdlib.h>
int main()
{
   FILE * fp;
   char ch;
   if((fp=fopen("student.txt","w"))==NULL)      //以写文本文件方式打开文件
   {
      printf("文件打开失败!\n");
      exit(1);                                  //打开失败,异常退出程序
   }
   printf("请输入一行字符: \n");                  //执行到此语句说明文件已经正确打开
   while((ch=getchar())!='\n')                  //从键盘上输入一行字符,回车结束
      if (fputc(ch, fp)==EOF)                   //将字符 ch 写入文件,并判断是否写入失败
      {                                         //如果写入失败,则提示失败,并退出程序
         printf("写入失败!");
         exit(1);                               //异常退出程序
      }
   printf("写入成功!");                           //执行到此语句,则说明写入成功
   fclose(fp);                                  //关闭文件
}
```

如果文件打开方式错误，则会导致写入失败。例如，以 r(只读)方式打开文件，则写入数据时会写入失败。

(2) 字符读函数 fgetc。

fgetc 的函数原型为：

```
int fgetc(FILE * file)
```

其功能为从 file 所指向文件中的当前位置读取一个字符，然后文件位置指针后移一个字符。如果读取成功，则返回读取的字符，如果读取到文件尾或读取失败，则返回 EOF(−1)。

【例 11-2】 编程实现，读取文件 student.txt 中的字符，并显示在屏幕上。

```
#include<stdio.h>
#include<stdlib.h>
int main()
{
    FILE * fp;
    int ch;                                          //注意 ch 为 int 类型
    if((fp=fopen("student.txt","r"))==NULL)         //以只读文本文件方式打开文件
    {
        printf("文件打开失败!\n");
        exit(1);                                     //打开失败,则异常退出程序
    }
    printf("文件中的字符为: \n");
    while((ch=fgetc(fp))!=EOF)                       //读取文件中的所有字符输出到屏幕
        putchar(ch);
    fclose(fp);                                      //关闭文件
}
```

仍然要注意文件的打开方式，如果错误则会导致读取失败。例如，以 w(只写)或 a(追加)方式打开文件，则读取数据时会读取失败。

扫一扫

11.4.2 数据块读写函数 fread 和 fwrite

数据块读写函数是指每次从文件中读取或向文件中写入若干个指定字节长度的数据块的函数，主要用于二进制文件。

(1) 数据块写函数 fwrite。

fwrite 的函数原型为：

```
size_t fwrite(const void * ptr, size_t size,size_t count, FILE * file)
```

其功能为从 ptr 所指向内存中取出 count 个字节长度为 size 的数据块，写入到 file 所指向文件中，文件位置指针后移 count * size 个字节。如果写入成功，则返回写入文件的数据块数，即 count 值，否则返回 0。

size_t 是数据类型 unsigned int 或 unsigned __int64 的别名，一般在 64 位系统中指 unsigned __int64，而非 64 位系统中为 unsigned int。

(2) 数据块读函数 fread。

fread 的函数原型为：

```
size_t fread(void * ptr,size_t size,size_t count, FILE * file)
```

其功能为从 file 所指向文件中读取 count 个 size 字节的数据块，存入 ptr 所指向内存中，文件位置指针后移 count * size 个字节。如果读取成功，则返回读取的数据块数，即 count 值，否则返回 0。

【例 11-3】 编程实现，将学生数据保存到 studentinfo.dat 文件中，然后再读出来显示到屏幕上。

```
#include <stdio.h>
#include <stdlib.h>
struct StuInfo                          //定义结构体 StuInfo
{
    char num[8];                        //学号
    char name[10];                      //姓名
    char sex[4];                        //性别
};                                      //把一个结构体变量中的数据看成一个数据块
int main()
{
   struct StuInfo student[3]={{"2020001","李萍","女"},
                             {"2020003","张虹","女"},
                             {"2020009","何琪","男"}
                             }stu[3];
   int studentnum=3;                    //学生数
   FILE * fp;
   if((fp=fopen("studentinfo.dat","wb+"))==NULL)
   {
      printf("文件打开错误!\n");
      exit(1);                          //打开文件失败,异常退出程序
   }
                                        //student 中的 studentnum 个学生数据一次性写入文件
   if (studentnum==fwrite(student,sizeof(struct StuInfo),studentnum,fp))
      printf("保存成功! \n");
   else
      printf("保存失败\n");
   rewind(fp);               //文件位置指针定位到文件首,因为写入时指针已经定位到文件尾
   for(studentnum=0;;studentnum++)   //数据块逐个读出后存放到 stu 数组中
      if (fread(stu+studentnum,sizeof(struct StuInfo),1,fp)!=1)
         break;                        //读取失败时退出循环
   printf("从文件中成功读出%d 个学生信息\n",studentnum);
   for(int i=0;i<studentnum;i++)
     printf("%8s%10s%4s\n",stu[i].num,stu[i].name,stu[i].sex);
   fclose(fp);                         //关闭文件
}
```

fread 和 fwrite 既可以一次读写一个数据块，配合循环多次读写多个数据块，也可以一次读写多个数据块。例如，如果数据块存放在数组中，且数据块数确定，则可以一次性写入

多个数据块；如果数据块存放在链表中，则需要配合循环多次写多个数据块；如果文件中的数据块数确定，读出后存放到数组中，则可以一次性读出多个数据块；如果文件中的数据块不确定或者读出后存放在链表中，则需要配合循环多次读多个数据块。

扫一扫

11.4.3 文件的随机读写

前面案例中的文件读写均为顺序读写，即每次打开文件，文件位置指针总是指向文件首，然后按照顺序读写数据。而在实际应用中，常常只需读写文件中的某一部分数据，此时更适合使用随机读取。

文件的随机读写是指可以从文件的指定位置处进行读写操作，即先定位后读写。但需要注意，文件的随机读写最好是针对二进制文件，由于文本文件需要转换，有时会定位错误。在C语言中，与文件位置指针有关的定位与检测函数有以下几个。

(1) 定位文件首函数 rewind。

rewind 的函数原型为：

```
void rewind(FILE * file)
```

其功能为将 file 所指向文件的文件位置指针定位到文件首。

(2) 定位函数 fseek。

fseek 的函数原型为：

```
int fseek(FILE * file,long offset,int origin)
```

其功能为将 file 所指向文件的文件位置指针定位到以 origin 为起始位置，偏移 offset 个字节的位置。若定位成功，则返回 0，否则返回非 0 值。

起始位置有 3 种：文件首、当前位置和文件尾，有符号常量和数字两种表示方式，如表 11-2 所示。其中符号常量定义在 stdio.h 中。

表 11-2 起始位置的表示方法

起始位置	符号常量	数字
文件首	SEEK_SET	0
当前位置	SEEK_CUR	1
文件尾	SEEK_END	2

偏移量 offset 如果是正数，则向文件尾后移，如果是负数，则向文件首前移。后移时如果超出文件尾，则定位到文件尾，认为定位成功，函数返回 0。前移时如果超过文件首，则认为定位失败，函数返回非 0 值，文件位置的指针保持不变。

假设文件指针 fp 已指向一个刚打开的二进制文件，文件中存放了 10 字节的数据，则：

```
fseek(fp, 2, SEEK_SET)
```

其功能为将文件位置指针定位到第 3 字节处(文件首为第 1 字节处)，定位成功，函数返回 0。

```
fseek(fp, 15, SEEK_SET)
```

因为文件中一共有 10 字节，从文件首后移 15 字节已经超过了文件尾，则将文件位置指针定位到文件尾,即第 11 字节处,定位成功,函数返回 0。

```
fseek(fp, -3, SEEK_END)
```

当偏移量为负数时,表示文件位置指针从起始位置向文件首移动。其功能为将文件位置指针定位到倒数第 3 字节,即第 8 字节处,定位成功,函数返回 0。

```
fseek(fp, -15, SEEK_END)
```

因为文件中一共有 10 字节,从文件尾前移 15 字节已经超过了文件首,则定位失败,函数返回−1,文件位置指针保持原值不变。

【例 11-4】 编程实现,修改某学生的信息的功能。

思路分析:假设学生信息保存在文件 studentinfo.dat 中,先根据学号查找出该学生的信息,然后将修改后的信息保存回文件中。

```
#include <stdio.h>
#include <stdlib.h>
#define LEN sizeof(struct StuInfo)
struct StuInfo                                //定义结构体 StuInfo
{
    char num[8];                              //学号
    char name[10];                            //姓名
    char sex[4];                              //性别
};
int main()
{
    struct StuInfo stu;
    int position;                             //该学生的位次
    char searchNum[8];                        //查找学生的学号
    FILE * fp;
    if((fp=fopen("studentinfo.dat","rb+"))==NULL)
    {
      printf("文件打开错误!\n");
      exit(1);                                //异常退出程序
    }
    printf("请输入学生的学号: ");
    gets(searchNum);
    for(position=0;;position++)               //查找学生的位次
    {   //从文件中逐个读出并比较学生的信息,以确定该学生的位次
        if (fread(&stu,sizeof(struct StuInfo),1,fp)==0)
        {   //若读取失败,则说明读完所有数据仍未找到该学生,查找失败
            position=-1;                      //找不到则位次为-1
            break;
        }
        if (strcmp(searchNum,stu.num)==0)     //找到则退出
            break;
    }
    if (position!=-1)                         //如果找到该学生
```

```
    {   //输出原有信息,并输入修改后的信息
        printf("该学生的基本信息为: \n   学号         姓名 性别\n");
        printf("%8s%10s%4s\n",stu.num,stu.name,stu.sex);
        printf("请输入修改后的信息: \n 学号: ");
        gets(stu.num);
        printf("姓名: ");
        gets(stu.name);
        printf("性别: ");
        gets(stu.sex);
        fseek(fp,position * LEN,SEEK_SET);          //文件指针定位到该学生原位置
        if (fwrite(&stu,LEN,1,fp)==1)                //写入文件覆盖原数据
           printf("修改成功!");
        else
           printf("修改失败!");
    }
    else
        printf("没有找到学号为%s 的学生\n",searchNum);
    fclose(fp);
}
```

(3) 求偏移量函数 ftell。

ftell 的函数原型为:

```
long ftell(FILE * file)
```

其功能为返回 file 所指向文件的位置指针的当前位置相对于文件首的偏移字节数。

【例 11-5】 编程实现,从 studentinfo.dat 文件中读取所有学生信息。

```
#include <stdio.h>
#include <stdlib.h>
#define LEN sizeof(struct StuInfo)
struct StuInfo
{
    char num[8];                                         //学号
    char name[10];                                       //姓名
    char sex[4];                                         //性别
};
int main()
{
   struct StuInfo * stu;
   int studentnum;                                       //学生数
   FILE * fp;
   if ((fp=fopen("studentinfo.dat","rb"))==NULL)  //以只读二进制文件形式打开
   {
      printf("文件打开错误!\n");
      exit(1);                                           //异常退出程序
   }
   fseek(fp,0,SEEK_END);                                 //文件位置指针定位到文件尾
   studentnum=ftell(fp)/LEN;                             //计算学生的数量
```

```
    stu=(struct StuInfo *)malloc(studentnum * LEN);   //申请动态数组,量需而入
    rewind(fp);                                        //定位到文件首,为读取做好准备
    if (fread(stu,LEN,studentnum,fp)==studentnum);    //一次性读取全部学生数据
    {
        printf("从文件中成功读出%d个学生信息\n",studentnum);
        for(int i=0;i<studentnum;i++)                  //显示所有学生信息
          printf("%8s%10s%4s\n",stu[i].num,stu[i].name,stu[i].sex);
    }
    else
        printf("读取数据失败!");
    fclose(fp);                                        //关闭文件
    free(stu);                                         //释放动态数组
}
```

11.5 综合案例

学习完本章有关文件的内容后,即可将创新大赛评分系统中的作品信息存入文件中永久保存,这样程序退出后,数据仍不会丢失,系统的实用性大大提高。

编写一个函数 saveWorksToFile,将作品数据存入文件中。

```
/* 函数功能:将作品信息保存到文件中
 * 入参:void
 * 出参:void
 * 返回值:-1 文件打开失败,0 文件写入失败,1 写入成功
 */
int saveWorksToFile()
{   FILE *fp;
    if ((fp=fopen("data.txt","wb"))==NULL)  //以只写形式打开文件
        return -1;                          //打开文件失败返回-1
    //把 g_pStuWorksHead 中的 g_nNodeNum 个作品信息一次性写入文件
    if (g_nNodeNum==fwrite(g_pStuWorksHead,sizeof(stuWorksInfo),
    g_nNodeNum,fp))
    {
        fclose(fp);
        return 1;                           //写入成功,则返回 1
    }
    else
    {
        fclose(fp);
        return 0;                           //写入失败,则返回 0
    }
}
```

编写一个函数 readWorksFromFile,将文件中的数据读出来。

```
/* 函数功能：从文件中读取作品信息
 * 入参：无
 * 出参：无
 * 返回值：-1 文件打开失败,0 空间不足失败,1 读取成功
 */
int readWorksFromFile()
{    int nCount =0;
    FILE * fp;
    if ((fp=fopen("data.txt","rb"))==NULL)   //以只读方式打开文件
        return -1;
    g_nNodeNum=0;                            //当前作品总数
    while(feof(fp)==0)
    {
      if (haveEnoughSpace()==1)              //有足够空间,则继续读
      {   //每次读取一件作品信息
        if (fread(g_pStuWorksHead+g_nNodeNum,sizeof(stuWorksInfo),1,fp)==0)
            break;                           //读取失败,则退出循环
        g_nNodeNum++;                        //每读取一件作品信息,作品数量加 1
      }
      else
        return 0;                            //空间不足,则返回 0
    }
    fclose(fp);
    //自增序号 g_nNodeMaxId 采用最后一件作品的编号加 1,为后续创建作品做准备
    g_nNodeMaxId=g_pStuWorksHead[g_nNodeNum-1].uNum+1;
    return 1;
}
```

saveWorksToFile 和 readWorksFromFile 函数实现存放于 arrayOpt.c 中，函数声明存放于 arrayOpt.h 中，并在 opt.c 文件中的 managerOpt 函数中进行调用。

至此，已经以部分典型功能代码示例形式完成了一个功能相对完善的小型系统案例，其他未实现的功能，读者可以模仿已实现功能、书中相关功能案例以及附录中的创新大赛评分系统最终自行完成，以提高利用 C 语言进行综合设计的实践能力。当然，此评分系统案例在设计以及代码实现时均存在若干不足之处，例如，作品查询功能只实现了查询全部作品的功能，读者可以实现根据学号、作品名称、作者姓名等的查询功能；用户名和密码没有保存在文件中，无法实现修改密码功能；管理员没有评委管理功能，评委只写一个姓名即可登录评分，缺少安全性；自动增长的作品编号没有单独存放在文件中，而是取最后一件作品编号加 1，如果最后一件作品编号不是最大，则会造成编号重复等等，希望读者能根据实际需求，对案例继续优化和改进。

扫一扫

11.6 本章常见错误及调试方法

本章以若干例题为例，演示文件编程中的常见错误及调试方法。

(1) 要打开的文件不存在(逻辑错误)。

执行代码“FILE *fp=fopen("stuinfo.dat","r");”时,fp的值为NULL,即没有以只读方式打开文件stuinfo.dat。以只读方式打开文件时,必须是已经存在的文件,错误的原因是当前应用程序文件夹下没有stuinfo.dat或者写错了文件名。

(2) 保存文件的文件夹不存在(逻辑错误)。

执行代码“FILE *fp=fopen("\\cSource\\stuinfo.txt","w+");”时,fp的值为NULL。w+是以读写方式打开一个文本文件,文件不存在则新建,存在则删除后新建,因此无论stuinfo.txt是否存在,都会打开成功,而此时打开失败,可能是因为新建文件的位置为应用程序所在盘符,但cSource文件夹不存在而新建失败。

(3) 文件打开方式错误(逻辑错误)。

例如,使用代码“FILE *fp=fopen("stuinfo.txt","r");”成功打开文件,执行“fwrite(student,8,1,fp);”后并没有将数据写入文件。这是因为文件以只读方式打开,却向文件中写入信息,必然会写入失败。

(4) 写入文件成功,但不清楚文件在哪里。

如果打开文件代码为“FILE *fp=fopen("\\cSource\\stuinfo.txt","w+");”,假设代码源文件在D盘某目录下,则到D:\cSource目录下找stuinfo.txt文件;如果打开文件代码为“FILE *fp=fopen("stuinfo.txt","w+");”,则到代码源文件所在目录下找stuinfo.txt。

习题

一、选择题

1. 系统的标准输入文件是指(　　)。

   A. 键盘　　B. 显示器　　C. 硬盘　　D. 内存

2. 在C语言中,文件存取的最小单位是(　　)。

   A. 记录　　B. 语句　　C. 字节　　D. 函数

3. 若用fopen函数打开一个新的二进制文件,该文件需要读也需要写,写时需要不覆盖原内容,在末尾追加。则文件的打开方式应该指定为(　　)。

   A. ab+　　B. wb+　　C. rb+　　D. ab

4. 下列有关打开文件的语句中,不正确的是(　　)。

   A. fp=fopen("\\home\\abc.txt","r");

   B. fp=fopen("/home/abc.txt","w");

   C. fp=fopen("abc","w");

   D. fp=fopen("abc.txt",'r');

5. 在C语言中,如果fclose()函数关闭不成功,则返回(　　)。

   A. 0　　B. −1　　C. EOF　　D. 非0值

6. 函数调用fseek(fp,10L,1)的含义是(　　)。

   A. 将文件指针移动到距离文件头10字节处

   B. 将文件指针移动到距离文件尾10字节处

   C. 将文件指针从当前位置后移10字节

D. 将文件指针从当前位置前移 10 字节

7. 以下与函数 fseek(fp,OL,SEEK_SET)功能相同的是(　　)。

A. feof(fp)　　B. ftell(fp)　　C. fgetc(fp)　　D. rewind(fp)

8. 设 fp 已正确定义,执行语句"fp=fopen("data.txt","w");"后,以下针对文本文件 data.txt 操作叙述正确的是(　　)。

A. 写操作结束后可以从头开始读　　B. 只能写不能读

C. 可以在原有内容后追加数据　　D. 可以随意读和写

9. fread 和 fwrite 函数的功能为一次性输入输出(　　)数据。

A. 一个整数　　B. 一个实数　　C. 一字节　　D. 一组

10. fread(buffer,100,3,file)的功能是从 file 文件流中读出(　　)。

A. 整数 100,并存放到 buffer 中

B. 读出整数 100 和 3,并存放到 buffer 中

C. 读出 100B 的数据,并存放到 buffer 中

D. 读出 3 个 100B 的数据,并存放到 buffer 中

二、填空题

1. 假设程序运行前 t1.dat 文件不存在,执行以下程序后,文件 t1.dat 中的内容是________。再次执行以下程序后,文件 t1.dat 中的内容是________。

```
#include <stdio.h>
void WriteStr(char * fn,char * str)
{  FILE * fp=fopen(fn,"w");
   fputc(str[0],fp);
   fclose(fp);
}
int main()
{  WriteStr("t1.dat","hello");
   WriteStr("t1.dat","world");
}
```

2. 假设程序运行前 t1.txt 文件不存在,执行以下程序后,文件 t1.txt 中的内容是________。再次执行以下程序后,文件 t1.txt 中的内容是________。

```
#include <stdio.h>
void WriteStr(char * fn,char str)
{  FILE * fp=fopen(fn,"a");
   fputc(str,fp);
   fclose(fp);
}
int main()
{  char name[3][10]={"Zhang","Wang","Xie"};
   int i;
   for(i=0;i<3;i++)
     WriteStr("t1.txt",name[i][0]);
}
```

3. 执行以下程序后，文件 t.txt 中的内容是________。

```
#include <stdio.h>
#include <string.h>
void f(char * file,char st[])
{  FILE  * fp=fopen(file,"w");
   int i;
   for(i=0;i<strlen(st);i++)
      fputc(st[i],fp);
   fclose(fp);
}
int main()
{  f("t.txt","Study");
   f("t.txt","hard");
}
```

4. 以下程序运行后的输出结果是________。

```
#include <stdio.h>
int main()
{ FILE * fp;  int x[6]={1,2,3,4,5,6},i;
  fp=fopen("test.dat","wb");
  fwrite(x,sizeof(int),3,fp);
  rewind(fp);
  fread(x,sizeof(int),3,fp);
  for(i=0;i<6;i++)  printf("%d",x[i]);
  printf("\n");
  fclose(fp);
}
```

5. 以下程序的输出结果是________。

```
#include <stdio.h>
int main()
{   FILE * fp;
    int i,b,a[4]={1,2,3,4};
    fp=fopen("data.dat","wb");
    for(i=0;i<4;i++)
      fwrite(a+i,sizeof(int),1,fp);
    fclose(fp);
    fp=fopen("data.dat","rb");
    fseek(fp,-2 * sizeof(int),SEEK_END);
    fread(&b,sizeof(int),1,fp);
    fclose(fp);
    printf("%d\n",b);
}
```

三、 编程题

1. 编程实现，将所有 3 位水仙花数存入到文件 Daffodils.txt 中。

2. 编程实现，读出 Daffodils.txt 中的所有水仙花数，并判断水仙花数是不是素数。

3. 编写程序，将文本文件 2 中的内容追加到文本文件 1 后。例如，文件 1 的内容为"Hello"，文件 2 的内容为"World"，则连接后，文件 1 的内容变为"HelloWorld"，文件 2 的内容不变。要求，文件 1 和文件 2 的文件名由用户从键盘输入。

4. 编写程序，将文本文件 1 中的内容加密后存入文本文件 2，加密规则是：将原文件中每一个字符后移 2 个字符。例如，字符 1 修改为 3，字符 b 修改为 d，字母 z 修改为|等。要求，文件 1 和文件 2 的文件名由用户从键盘输入。

附录 A 常用字符与 ASCII 代码对照表

常用字符与其 ASCII 码的对应关系如表 A-1 所示。

表 A-1 常用字符与其 ASCII 码的对应关系

ASCII 值	控制字符	ASCII 值	字符	ASCII 值	字符	ASCII 值	字符
0	NUL(空字符)	32	(空格)	64	@	96	`
1	SOH(标题开始)	33	!	65	A	97	a
2	STX(正文开始)	34	"	66	B	98	b
3	ETX(正文结束)	35	#	67	C	99	c
4	EOT(传输结束)	36	$	68	D	100	d
5	ENQ(请求)	37	%	69	E	101	e
6	ACK(收到通知)	38	&	70	F	102	f
7	BEL(响铃)	39	'	71	G	103	g
8	BS(退格)	40	(	72	H	104	h
9	HT(水平制表符)	41	)	73	I	105	i
10	LF(换行键)	42	*	74	J	106	j
11	VT(垂直制表符)	43	+	75	K	107	k
12	FF(换页键)	44	,	76	L	108	l
13	CR(回车键)	45	-	77	M	109	m
14	SO(不用切换)	46	.	78	N	110	n
15	SI(启用切换)	47	/	79	O	111	o
16	DLE(数据链路转义)	48	0	80	P	112	p
17	DC1(设备控制 1)	49	1	81	Q	113	q
18	DC2(设备控制 2)	50	2	82	R	114	r
19	DC3(设备控制 3)	51	3	83	S	115	s
20	DC4(设备控制 4)	52	4	84	T	116	t
21	NAK(拒绝接收)	53	5	85	U	117	u
22	SYN(同步空闲)	54	6	86	V	118	v
23	ETB(传输块结束)	55	7	87	W	119	w
24	CAN(取消)	56	8	88	X	120	x
25	EM(介质中断)	57	9	89	Y	121	y
26	SUB(替补)	58	:	90	Z	122	z
27	ESC(溢出)	59	;	91	[	123	{
28	FS(文件分割符)	60	<	92	\	124	|
29	GS(分组符)	61	=	93	]	125	}
30	RS(记录分离符)	62	>	94	^	126	~
31	US(单元分隔符)	63	?	95	_	127	DEL

附录B　C语言常用库函数

C语言提供了数百个库函数，不同的编译系统支持的函数有所差异，即使均提供了某一功能的函数，但函数名、形参及返回值也可能不完全一致，但它们大同小异。本书仅为初学者列出了 Dev-C++ 中一些使用频率较高的函数，如有更高需求，请自行查阅有关手册或资料。

1. 数学函数

数学函数对应的头文件是 math.h。常用数学函数如表 B-1 所示。

表 B-1　数学函数

函数原型说明	功　能	返　回　值	说　明
int abs(int x)	求整数 x 的绝对值	x 的绝对值	
double fabs(double x)	求双精度实数 x 的绝对值	x 的绝对值	
long labs(long　x)	求长整数 x 的绝对值	x 的绝对值	
double acos(double x)	计算 $\cos^{-1}(x)$的值	x 的反余弦	x 在 $-1\sim1$ 范围内
double asin(double x)	计算 $\sin^{-1}(x)$的值	x 的反正弦	x 在 $-1\sim1$ 范围内
double atan(double x)	计算 $\tan^{-1}(x)$的值	x 的反正切	
double atan2(double x,double y)	计算 $\tan^{-1}(x/y)$的值	x/y 的反正切	atan 和 atan2 函数均为反正切函数，建议用 atan2 函数
double cos(double x)	计算 $\cos(x)$的值	x 的余弦	x 的单位为弧度
double cosh(double x)	计算双曲余弦 $\cosh(x)$的值	x 的双曲余弦	
double sin(double x)	计算 $\sin(x)$的值	x 的正弦	x 的单位为弧度
double sinh(double x)	计算 x 的双曲正弦函数 $\sinh(x)$的值	x 的双曲正弦	
double tan(double x)	计算 $\tan(x)$	x 的正切	
double tanh(double x)	计算 x 的双曲正切函数 $\tanh(x)$的值	x 的双曲正切	
double exp(double x)	求 e^x 的值	e^x 的值	
double frexp(double val,int　* exp)	把双精度 val 分解尾数和以 2 为底的指数 * exp，即 $val=x*2^{*exp}$	返回尾数 x　$0.5\leqslant x<1$	

续表

函数原型说明	功　能	返回值	说　明
double modf(double val,double * ip)	把双精度 val 分解成整数部分和小数部分	返回小数部分,整数部分存放在 ip 所指的变量中	
double pow(double x,double y)	计算 x^y 的值	x^y 的值	
double fmod(double x,double y)	求 x/y 整除后的双精度余数	返回 $x-n*y$,符号同 y。$n=[x/y]$(向离开零的方向取整)	
double floor(double x)	求不大于双精度实数 x 的最大整数	不大于 x 的最大整数	
double ceil(double x)	求不小于双精度实数 x 的最小整数	不小于 x 的最小整数	
double sqrt(double x)	计算 x 的平方根	x 的平方根	$x\geqslant0$
double log10(double x)	求 $\log_{10}x$	$\log_{10}x$ 的值	$x>0$
double log(double x)	求 $\ln x$	$\ln x$ 的值	$x>0$

2. 字符函数

字符函数对应的头文件为 ctype.h,常用字符函数如表 B-2 所示。

表 B-2　字符函数

函数原型说明	功　能	返回值
int isalnum(int ch)	检查 ch 是否为字母或数字	若是,返回非 0,否则返回 0
int isalpha(int ch)	检查 ch 是否为字母	若是,返回非 0,否则返回 0
int islower(int ch)	检查 ch 是否为小写字母	若是,返回非 0,否则返回 0
int isupper(int ch)	检查 ch 是否为大写字母	若是,返回非 0,否则返回 0
int isdigit(int ch)	检查 ch 是否为数字	若是,返回非 0,否则返回 0
int isxdigit(int ch)	检查 ch 是否为 16 进制数	若是,返回非 0,否则返回 0
int isascii(int ch)	检查 ch 是否为 ASCII 码字符	若是,返回非 0,否则返回 0
int isspace(int ch)	检查 ch 是否为空格、制表或换行符等	若是,返回非 0,否则返回 0
int isgraph(int ch)	检查 ch 是否为 ASCII 码值在 ox21～ox7e 的可打印字符(即不包含空格字符)	若是,返回非 0,否则返回 0
int iscntrl(int ch)	检查 ch 是否为控制字符	若是,返回非 0,否则返回 0
int isprint(int ch)	检查 ch 是否为包含空格符在内的可打印字符	若是,返回非 0,否则返回 0
int ispunct(int ch)	检查 ch 是否为标点符号或特殊字符	若是,返回非 0,否则返回 0
int tolower(int ch)	把 ch 中的字母转换成小写字母	返回对应的小写字母
int toupper(int ch)	把 ch 中的字母转换成大写字母	返回对应的大写字母

3. 字符串函数

字符串函数对应头文件为 string.h,常用字符串函数如表 B-3 所示。

表 B-3 字符串函数

函数原型说明	功 能	返 回 值
char * strcat(char * s1,const char * s2)	把字符串 s2 连接到 s1 后面	字符串 s1 所指地址
char * strncat(char * s1,const char * s2,size_t n)	把字符串 s2 前 *n* 个字符连接到 s1 后面	字符串 s1 所指地址
int strncmp(const char * s1,const char * s2,size_t n)	对 s1 所指字符串和 s2 所指字符串的前 *n* 个字符进行比较,区分大小写	若 s1<s2,返回负数;若 s1= =s2,返回 0;若 s1>s2,返回正数
int strnicmp(const char * s1,const char * s2,size_t n)	对 s1 所指字符串和 s2 所指字符串的前 *n* 个字符进行比较,不区分大小写	同上
int strcmp(const char * s1,const char * s2)	对 s1 和 s2 所指字符串进行比较,区分大小写	同上
int stricmp(const char * s1,const char * s2)	对 s1 和 s2 所指字符串进行比较,不区分大小写	同上
char * strcpy(char * s1,const char * s2)	把 s2 指向的字符串复制到 s1 指向的空间中	字符串 s1 所指地址
char * strncpy(char * s1,const char * s2,size_t n)	把 s2 指向的字符串的前 *n* 个字符复制到 s1 指向的空间中	字符串 s1 所指地址
char * strchr(const char char * s,int ch)	在 s 所指字符串中,找出第一次出现字符 ch 的位置	找到,返回该字符出现位置的地址;找不到,返回 NULL
char * strrchr(const char char * s,int ch)	在 s 所指字符串中,反向找出第一次出现字符 ch 的位置	找到,返回该字符出现位置的地址;找不到,返回 NULL
char * strstr(const char char * s1,const char char * s2)	在 s1 所指字符串中,找出字符串 s2 第一次出现的位置	找到,返回字符串 s2 第一次出现的位置的地址;找不到,返回 NULL
char * strlwr(char * s)	将 s 指向的字符串中的字母转换为小写字母	字符串 s 所指地址
char * strupr(char * s)	将 s 指向的字符串中的字母转换为大写字母	字符串 s 所指地址
size_t strlen(const char * s)	求字符串 s 的长度	返回串中字符个数(不计最后的'\0')

4. 输入输出函数

输入输出函数对应头文件 stdio.h,常用输入输出函数如表 B-4 所示。

表 B-4 输入输出函数

函数原型说明	功 能	返 回 值
int scanf(const char * format,…)	从标准输入设备按 format 指定的格式把输入数据存入到指定内存中	若读取正确,返回已输入的数据的个数,否则返回 0
int printf(const char * format,…)	按 format 指定格式将字符串输出到标准输出设备	若输出正确,返回输出字符的个数,否则返回负数
int getchar(void)	从标准输入设备读取一个字符	若读取正确,返回所读字符;若出错或文件结束,返回-1
int putchar(char ch)	把字符 ch 输出到标准输出设备	若输出正确,返回输出的字符;若出错,则返回 EOF
char * gets(char * s)	从标准设备读取一行字符串放入 s 所指内存空间中,用"\0"替换读入的换行符	若读取正确,返回 s 地址;若出错,返回 NULL
int puts(const char * s)	把 s 所指字符串输出到标准设备,将'\0'转成回车换行符	若输出正确,返回换行符;若出错,返回 EOF
FILE * fopen(const char * filename, const char * mode)	以 mode 指定的方式打开名为 filename 的文件	成功,返回文件指针(文件信息区的首地址),否则返回 NULL
int fclose(FILE * fp)	关闭 fp 所指向的文件,释放文件缓冲区	成功,则返回 0;出错,则返回 EOF(-1)
void rewind(FILE * fp)	将 fp 所指向文件的文件位置指针移到文件开头	无
int fseek(FILE * fp,long int offset, int base)	将 fp 指向文件的文件位置指针移动到以 base 为基准点,偏移量为 offset 字节的位置	若移动成功,返回文件位置指针的当前位置,否则,返回-1
long int ftell(FILE * fp)	求出 fp 所指向文件的文件位置指针当前的读写位置	返回 fp 指向文件的文件位置指针的当前位置,即与文件开头之间的字节数
int feof(FILE * fp)	检查 fp 所指向文件的文件位置指针是否指到文件尾,即文件结束位置	若到文件尾,则返回非 0,否则返回 0
int ferror(FILE * fp)	检查 fp 指向文件在用各种输入输出函数进行读写时是否出错	若未出错,则返回值为 0,否则返回非 0
void clearerr(FILE * fp)	清除 fp 指向文件的出错标志和文件结束标志,使之为 0 值	无
int fflush(FILE * fp)	清除文件缓冲区,当文件以写方式打开时,将缓冲区内容写入文件	若成功,返回 0,否则返回 EOF
int fgetc(FILE * fp)	从 fp 所指向的文件中读出一个字符,文件位置指针后移一个字符	若出错,返回 EOF;若读取成功,则返回所读取字符

续表

函数原型说明	功　能	返回值
int fputc(char ch,FILE * fp)	把 ch 中字符输出到 fp 指向的文件中，文件位置指针后移一个字符	若写成功，则返回该字符；否则，返回 EOF
char * fgets(char * buf,int n,FILE * fp)	从 fp 所指向的文件中读取一个长度为 $n-1$ 的字符串，并将其存入 buf 所指的内存空间中，并文件位置指针移到下一个要读取的字符串位置	若读取成功，则返回 buf 所指地址；否则，返回 NULL
int fputs(const char * str,FILE * fp)	把 str 所指字符串输出到 fp 所指向文件中，文件位置指针移到下一个要写入字符串的位置	若写成功，则返回 0；否则，返回非 0
int fscanf(FILE * fp,const char * format,…)	从 fp 所指向的文件中按 format 指定的格式读取数据并存入指定内存中，文件位置指针后移	若读取成功，则返回读出的数据个数，否则返回负数
int fprintf(FILE * fp,const char * format,…)	按 format 指定的格式将数据输出到 fp 指向的文件中，文件位置指针后移	若写成功，则返回写到文件中的字符个数，否则返回负数
int fread(void * pt,size_t size,size_t n,FILE * fp)	从 fp 所指向文件中读取长度为 size 的 n 个数据存入 pt 所指的内存空间中	若读成功，则返回读取的数据个数，否则返回 0
int fwrite(char * pt,size_t size,size_t n,FILE * fp)	从 pt 所指的内存中取出 n 个字节数为 size 的数据块写入到 fp 所指向的文件中，并将文件位置指针后移 n * size 字节	若写成功，则返回写到文件中的字符个数，否则返回 0
int getc(FILE * fp)	同 fgetc	同 fgetc
int putc(int ch,FILE * fp)	同 fputc	同 fputc
int rename(const char * oldname,const char * newname)	把 oldname 所指文件名改为 newname 所指文件名	若成功，则返回 0；否则，返回 −1
int remove(const char * filename)	删除名 filename 的文件或目录	若成功，则返回 0；否则，返回 −1

5. 动态分配函数和随机函数

动态分配函数和随机函数对应头文件 stdlib.h，常用动态分配函数和随机函数如表 B-5 所示。

表 B-5　动态分配函数和随机函数

函数原型说明	功　能	返回值
void * calloc(size_t n,size_t size)	分配 n 个数据项的内存空间，每个数据项的大小为 size 字节	若成功，则返回分配内存空间的起始地址；若不成功，返回 NULL
void * malloc(size_t size)	分配 size 字节的内存空间	若成功，则返回分配内存空间的起始地址；若不成功，返回 NULL

续表

函数原型说明	功　能	返　回　值
void * realloc(void * p,size_t size)	把 p 所指向内存空间的大小改为 size 字节	若成功,则返回分配内存空间的起始地址;若不成功,返回 NULL
void free(void * p)	释放 p 所指的内存区	无
int rand(void)	产生一个 0～32 767 的随机整数	返回生成的随机整数
void srand(unsigned seed)	seed 为 rand()设置随机种子,用来改变 rand()产生的随机整数,也称为初始化随机数发生器,否则,rand()产生的随机数是有规律的	无
void exit(int state)	程序终止执行,返回调用过程,state 为 0,正常终止,非 0 为非正常终止	无
void abort(void)	终止程序的执行,但不清空、不关闭所有打开的文件	无
double atof(const char * str)	将字符串 str 转换为 double 类型数	转换后的双精度数
double atoi(const char * str)	将字符串 str 转换为 int 类型数	转换后的整型数
char * itoa(int v,char * str,int r)	将整数 v 转换为 r 进制表示的字符串	返回 str 指向内存空间的地址
char * ltoa(long int v,char * str,int r)	将长整数 v 转换为 r 进制表示的字符串	返回 str 指向内存空间的地址
char * ultoa(unsigned long int v,char * str,int r)	将无符号长整数 v 转换为 r 进制表示的字符串	返回 str 指向内存空间的地址
long int atol(const char * str)	将字符串 str 转换为 long int 类型数	转换后的长整型数

附录C　综合案例参考源代码

public.h 文件中的源代码如下。

```
#ifndef PUBLIC_H_INCLUDED
#define PUBLIC_H_INCLUDED
#include <windows.h>
//#define DEBUG 1
#define MANAGER_NAME "admin"                //管理员用户名
#define MANAGER_PWD MANAGER_NAME            //管理员密码
#define MAX_NAMELEN 20                      //用户名最大长度
#define MAX_PWDLEN  20                      //密码最大长度
#define MAX_ERROR 3                         //管理员登录时允许信息输入错误的最多次数
#define MAX_JUDGES 5                        //最多评委数
#define USER_NAMELEN 10                     //作者姓名长度
#define COLOR_YELLOW 6                      //6=黄色  YELLOW
#define COLOR_WHITE 7                       //7=白色  WHITE
#define PRINTF_YELLOW_START                 //设置输出颜色为黄色
{SetConsoleTextAttribute(GetStdHandle(STD_OUTPUT_HANDLE), COLOR_YELLOW);}
#define PRINTF_YELLOW_END                   //设置输出颜色为白色
{SetConsoleTextAttribute(GetStdHandle(STD_OUTPUT_HANDLE), COLOR_WHITE);}
typedef struct GRADEINFO
{                                           //评委的评分信息
    char cJudgeName[MAX_NAMELEN];           //评委姓名
    float nGradeValue;                      //评分成绩
} stuGradeInfo;
typedef struct WORKSINFO                    //作品信息
{
    unsigned int uNum;                      //作品编号
    char cName[MAX_NAMELEN];                //作品名称
    char cAuthor[USER_NAMELEN];             //作者姓名
    char cSpecialty[MAX_NAMELEN];           //作者专业
    char cGrade[5];                         //作者年级
    char cSchNumber[13];                    //作者学号
    stuGradeInfo grades[MAX_JUDGES];        //支持最多 MAX_JUDGES 位评委评分
    float fAvg;                             //平均成绩
    char cFlag;                             //[1:0] 01 发布 00 未发布
}stuWorksInfo;
char g_cLoginName[MAX_NAMELEN];             //管理员输入用户名
char g_cLoginPwd[MAX_PWDLEN];               //管理员输入密码
int g_nIsSaved;                             //标识作品信息是否保存  0未保存;1已保存
#endif                                      //PUBLIC_H_INCLUDED
```

main.c 文件中的源代码如下。

```
#include <stdio.h>
#include <stdlib.h>
#include "opt.h"
int main()
{   int nSelect = 0;
    while(1)                    //死循环,通过 exit 退出
    {
      #ifdef DEBUG              //条件编译,如果 DEBUG 定义了,则直接赋值为管理员 0
       nSelect=0;
      #else
       nSelect=roleMenu();      //显示角色菜单,并进行选择
      #endif
      switch (nSelect)
      {
        case 0:                 //如果是管理员
            if (1==isLogin())   //如果登录成功,则进入管理员界面
                managerOpt();   //管理者操作界面
            else
            {
                printf("登录失败,请按任意键退出程序!");
                exit(0);        //正常退出程序
            }
            getch();
            break;
        case 1:                 //如果是评委
            judgeOpt();
            break;
        case 9:                 //如果选择退出
            exit(0);            //正常退出程序
        default:                //其他选择为错误选项
        {
            printf("\n 菜单选项只能选择 0、1、9,请按任意键继续!");
            getch();
        }
      }
    }
}
```

menu.h 文件中的源代码如下。

```
#ifndef MENU_H_INCLUDED
#define MENU_H_INCLUDED
int roleMenu();                 //角色菜单
int mainManagerMenu();          //管理者主界面
int mainJudgeMenu();            //评委主界面
int publishWorkMenu();          //发布作品菜单
int isSure(char message[]);     //是否确定
void logoutMenu();              //退出登录系统
int sortMenu();                 //排序主界面
#endif                          //MENU_H_INCLUDED
```

menu.c 文件中的源代码如下。

```
#include <stdio.h>
#include "menu.h"
#include "public.h"
/* 函数功能: 输出角色菜单,并选择角色
 * 入参: void
 * 出参: void
 * 返回值: 0 管理员,1 评委 9 退出
 */
int roleMenu()
{   char temp[10];
    int nSelect;
    system("cls");                                  //清屏
    printf("\n\n\n");
    printf("\t\t|-------------欢迎使用--------------|\n");
    printf("\t\t|---------创新大赛评分系统------------|\n");
    printf("\t\t|  0.管理员                          |\n");
    printf("\t\t|  1.评委                            |\n");
    printf("\t\t|  9.退出                            |\n");
    printf("\t\t|----------------------------------|\n");
    printf("\t\t\t 请选择(0-1): ");
    gets(temp);                                     //输入选择序号
    nSelect=(int)atof(temp);                        //将字符串转换为实数,并取整进行转换
    return nSelect;
}
/* 函数功能: 管理员主界面
 * 入参: void
 * 出参: void
 * 返回值: 0 创建作品,1 删除作品,2 查询作品信息,3 修改作品,4 发布作品,
 *       5 保存作品,6 从文件导入作品,7 计算平均分,8 作品排序,9 退出
 */
int mainManagerMenu()
{
    char temp[10];
    int nSelect;
    system("cls");                                  //清屏
    printf("\n\n\n");
    printf("\t\t|----------管理员系统主界面---------|\n");
    printf("\t\t|  0.创建作品                      |\n");
    printf("\t\t|  1.删除作品                      |\n");
    printf("\t\t|  2.查询作品信息                  |\n");
    printf("\t\t|  3.修改作品                      |\n");
    printf("\t\t|  4.发布作品                      |\n");
    printf("\t\t|  5.保存作品                      |\n");
    printf("\t\t|  6.从文件导入作品                |\n");
    printf("\t\t|  7.计算平均分                    |\n");
    printf("\t\t|  8.作品排序                      |\n");
    printf("\t\t|  9.退出                          |\n");
    printf("\t\t|--------------------------------|\n");
```

```
    printf("请输入您的选择:");
    gets(temp);                    //输入选择序号
    nSelect=(int)atof(temp);       //将字符串转换为实数,并取整进行转换
}
/* 函数功能:评委主界面
 * 入参:无
 * 出参:无
 * 返回值:0 从文件导入作品,1 查询作品信息,2 作品评分,3 保存评分,9 退出
 */
int mainJudgeMenu()
{   char temp[10];
    int nSelect;
    system("cls");
    printf("\n\n\n\n\n\n");
    printf("\t\t|----------------评委系统主界面---------------|\n");
    printf("\t\t|  0.从文件导入作品                           |\n");
    printf("\t\t|  1.查询作品信息                             |\n");
    printf("\t\t|  2.作品评分                                 |\n");
    printf("\t\t|  3.保存评分                                 |\n");
    printf("\t\t|  9.退出                                     |\n");
    printf("\t\t|--------------------------------------------|\n");
    printf("\t\t\t当前用户名: %s\n", g_cLoginName);
    printf("请输入您的选择:");
    gets(temp);                    //输入选择序号
    nSelect=(int)atof(temp);       //将字符串转换为实数,并取整进行转换
    return nSelect;
}
/* 函数功能:发布作品主界面
 * 入参:void
 * 出参:void
 * 返回值:0 根据作品编号发布,1 发布所有作品
 */
int publishWorkMenu()
{   char temp[10];
    int nSelect;
    PRINTF_YELLOW_START            //菜单用黄色字体打印
    printf("\t\t|-->1:根据作品编号发布                 |\n");
    printf("\t\t|-->2:发布所有作品                     |\n");
    PRINTF_YELLOW_END              //恢复为白色字体
    printf("请输入您的选择:");
    gets(temp);                    //输入选择序号
    nSelect=(int)atof(temp);       //将字符串转换为实数,并取整进行转换
    return nSelect;
}
/* 函数功能:排序主界面
 * 入参:void
 * 出参:void
 * 返回值:0 根据作品编号排序,1 根据作品平均分排序
 */
int sortMenu()
```

```
{   char temp[10];
    int nSelect;
    PRINTF_YELLOW_START
    printf("\t\t| -->0:根据作品编号排序                        |\n");
    printf("\t\t| -->1:根据作品平均分排序                      |\n");
    PRINTF_YELLOW_END
    printf("请输入您的选择:");
    gets(temp);                     //输入选择序号
    nSelect=(int)atof(temp);
    return nSelect;
}
/* 函数功能:是否确定界面
 * 入参:message 需要确定的信息
 * 出参:无
 * 返回值:0 取消  1 确定
 */
int isSure(char message[])
{   char temp[10];
    int nSelect;
    printf("\n");
    printf("\t\t%s\n",message);
    printf("\t\t|-------------------------------------|\n");
    printf("\t\t|  1:确定                             |\n");
    printf("\t\t|  0:取消                             |\n");
    printf("\t\t|-------------------------------------|\n");
    printf("\t\t\t请选择(0-1): ");
    gets(temp);                     //输入选择序号
    nSelect=(int)atof(temp);
    return nSelect;
}
/* 函数功能:退出系统界面
 * 入参:无
 * 出参:无
 * 返回值:无
 */
void logoutMenu()
{
    system("cls");
    printf("\n\n");
    printf("\t\t|------------感谢使用------------|\n");
    printf("\t\t|---------创新大赛评分系统---------|\n");
    printf("\t\t|------------如有疑问------------|\n");
    printf("\t\t|----------请联系: XXXXXX---------|\n");
    printf("\n\n");
}
```

arrayOpt.h 文件中的源代码如下。

```
#ifndef ARRAR_OPT_H
#define ARRAR_OPT_H
```

```
#include "public.h"
#define INI_ARRAY_LEN 20              //数组开始申请的内存数量
#define INCR_LEN   10                 //原来的内存不够时,再次申请需增长的内存数量
stuWorksInfo * g_pStuWorksHead;       //作品头指针
unsigned int g_nNodeNum;              //当前作品总数
unsigned int g_nNodeMaxId;            //自增长作品编号的当前可用最大值
unsigned int array_Size;              //存放作品的数组长度
int arrayInit();                      //作品信息数组初始化
int haveEnoughSpace() ;               //判断存储空间是否足够
int addaWork(stuWorksInfo work);      //添加一件作品
void showTitle();                     //显示作品题头
void displayaWork(stuWorksInfo s);    //显示一件作品信息
stuWorksInfo * getWorkbyNum(unsigned int num);            //根据编号查找作品
int delWorkbyAddress(stuWorksInfo * delWork);             //根据地址删除作品
int updatecFlag(stuWorksInfo * work);                     //更新作品发布标志
int saveWorksToFile();                                    //保存作品信息到文件
int readWorksFromFile();                                  //从文件中读取作品信息
void computerAllWorkAvg();                                //计算所有作品平均分
void sortbyNum();                                         //根据编号进行排序
void sortbyAvg();                                         //根据平均分进行排序
int setWorkGrades(stuWorksInfo * pInfo,float grade); //为某个作品评分
void displayShortWork(stuWorksInfo s);  //简短地显示一件作品信息(评委专用)
void showShortTitle();                  //简短地显示作品题头(评委专用)
#endif                                  //ARRAR_OPT_H
```

arrayOpt.c 文件中的源代码如下。

```
#include <string.h>
#include <stdlib.h>
#include <stdio.h>
#include "arrayOpt.h"
#include "public.h"
/* 函数功能:数组初始化
 * 入参:void
 * 出参:void
 * 返回值:0 申请内存失败  1 成功
 */
int arrayInit()
{   int i;
    g_nNodeNum=0;                      //初始化当前作品总数
    g_nNodeMaxId=1;                    //初始化当前编号最大可用值
    g_pStuWorksHead=(stuWorksInfo *)malloc(INI_ARRAY_LEN * sizeof(stuWorksInfo));
    if (NULL!=g_pStuWorksHead)         //申请内存成功
    {
      array_Size=INI_ARRAY_LEN;
      if (1==readWorksFromFile())
         printf("\n------>共导入%d 件作品,请按任意键继续",g_nNodeNum);
      else
         printf("\n------>导入作品失败,请按任意键继续");
      g_nIsSaved=1;                    //已经保存标志设为真
```

```
        getch();
        return 1;
    }
    else
        return 0;
}
/*
 * 函数功能: 判断存储空间是否足够,不够则申请
 * 入参: void
 * 出参: void
 * 返回值: 1 空间足够    0 空间不足,且申请失败
 */
int haveEnoughSpace()
{
    if (g_nNodeNum>=array_Size)                //数组长度不够,需申请内存
    {
        g_pStuWorksHead=(stuWorksInfo *)realloc(g_pStuWorksHead,
                    (array_Size+INCR_LEN)*sizeof(stuWorksInfo));
        if (NULL!=g_pStuWorksHead)             //申请内存成功
        {
            array_Size=array_Size+INCR_LEN;
            return 1;
        }
        else                                   //申请内存失败
            return 0;
    }
    else                                       //数组长度足够,不用申请
        return 1;
}
/* 函数功能: 添加一件作品到数组尾部
 * 入参: work 作品信息
 * 出参: 无
 * 返回值: 1 添加成功   0 空间不足,添加失败
 */
int addaWork(stuWorksInfo work)
{    if (haveEnoughSpace())                    //如果有足够空间
    {    g_pStuWorksHead[g_nNodeNum]=work;
        g_nNodeNum++;                          //结点数加 1
        return 1;
    }
    else
        return 0;
}
/* 函数功能: 显示作品题头信息
 * 入参: void
 * 出参: void
 * 返回值: void
 */
void showTitle()
```

```
{  printf("|%-6s|%-24s|%-8s|%-10s|%-10s|%-6s|%-5s|%-8s|%-12s","编号", "名称",
   "姓名", "学号","专业", "年级", "发布","平均分", "评分");
}
/* 函数功能：显示一件作品信息
 * 入参：work 作品信息
 * 出参：void
 * 返回值：void
 */
void displayaWork(stuWorksInfo work)
{   int i;
    printf ( "\n%-7d%-25s%-9s%-11s%-12s%-8s", work. uNum, work. cName, work.
cAuthor, work.cSchNumber,work.cSpecialty,work.cGrade);
    if (1 ==work.cFlag)                                     //如果发布标志为 1
        printf("%-5s", "Y");
    else
        printf("%-5s", "N");
    printf("%-7.2f",work.fAvg);
    for (i=0; i <MAX_JUDGES; i++)
        if (strcmp(work.grades[i].cJudgeName,"")!=0) //如果有评委提交评分
    printf("%6s/%4.2f ",work.grades[i].cJudgeName,work.grades[i].nGradeValue);
}
/* 函数功能：根据编号查找作品
 * 入参：num 作品编号
 * 出参：void
 * 返回值：StuWorksinfo 类型的作品地址
 */
stuWorksInfo *getWorkbyNum(unsigned int num)                //根据编号查找作品
{    int i;
    for(i=0;i<g_nNodeNum;i++)
    {
        if (num==g_pStuWorksHead[i].uNum)                   //找到此编号作品
           return g_pStuWorksHead+i;                        //返回作品地址
    }
    return NULL;                                            //查找失败
}
/* 函数功能：根据作品地址删除作品
 * 入参：void
 * 出参：void
 * 返回值：1 删除成功,0 无此作品,删除失败
 */
int delWorkbyAddress(stuWorksInfo *delWork)
{
    if (NULL!=delWork)                                      //下标合法
    {    //将 delWork 后的作品依次前移
    memcpy(delWork,delWork+1,sizeof(stuWorksInfo)*(g_nNodeNum-(delWork-g_
pStuWorksHead)));
        g_nNodeNum--;                                       //作品数量减 1
        return 1;
    }
    else
```

```
        return 0;
}
/* 函数功能：发布作品
 * 入参：work：将要发布的作品地址
 * 出参：无
 * 返回值：1 修改成功，0 修改失败
 */
int updatecFlag(stuWorksInfo * work)
{    if (NULL!=work)                    //作品不为空则修改
    {   work->cFlag =1;
        return 1;
    }
    else
        return 0;
}
/* 函数功能：计算所有作品平均分
 * 入参：无
 * 出参：无
 * 返回值：无
 */
void computerAllWorkAvg()
{   int i,count;                        //count 为作品下标，i 为评分下标
    float sum;
    for(count=0;count<g_nNodeNum;count++)
    { sum=0;
      for (i=0;i<MAX_JUDGES;i++)
      if(strcmp(g_pStuWorksHead[count].grades[i].cJudgeName,"")!=0)
      //如果有评分
         sum+=g_pStuWorksHead[count].grades[i].nGradeValue;
      else
         break;
      if (i!=0)      g_pStuWorksHead[count].fAvg=sum/i;
      else   g_pStuWorksHead[count].fAvg=0;
    }
}
/* 函数功能：根据作品编号从小到大进行排序
 * 入参：void
 * 出参：void
 * 返回值：void
 */
void sortbyNum()
{    int first,i,min;
    stuWorksInfo temp;
    for(first=0;first<g_nNodeNum-1;first++) //first 为未排序数据的第一个数据下标
    {    min=first;               //min 为未排序数据中的最小值的下标，初值为 first
        for (i=first+1;i<g_nNodeNum;i++)     //将当前最小值与后面的数据依次比较
            if(g_pStuWorksHead[min].uNum>g_pStuWorksHead[i].uNum)
                                             //若找到更小值
                min=i;                       //则记录新的最小值的下标
        if(min!=first)                       //如果最小值不在其应在位置，则交换
```

```
        {    temp=g_pStuWorksHead[first];
            g_pStuWorksHead[first]=g_pStuWorksHead[min];
            g_pStuWorksHead[min]=temp;
        }
    }
}
/* 函数功能: 根据作品平均分从高到低进行排序
 * 入参: void
 * 出参: void
 * 返回值: void
 */
void sortbyAvg()
{   int first,i,max;
    stuWorksInfo temp;
    for (first=0;first<g_nNodeNum-1;first++)
    //first为未排序数据的第一个数据下标
    {    max=first;        //max为未排序数据中的最大值的下标,初值为first
        for (i=first+1;i<g_nNodeNum;i++)      //将当前最大值与后面的数据依次比较
            if(g_pStuWorksHead[max].fAvg<g_pStuWorksHead[i].fAvg) //若找到更大值
                max=i;     //则记录新的最大值的下标
        if(max!=first)    //如果最大值不在其应在位置,则交换
        {     temp=g_pStuWorksHead[first];
            g_pStuWorksHead[first]=g_pStuWorksHead[max];
            g_pStuWorksHead[max]=temp;
        }
    }
}
/* 函数功能: 发布所有作品
* 入参: 无
* 出参: 无
* 返回值: 发布作品的个数
 */
int publishAllWorks()
{    int nCount =0;
    int n =0;
    for (n =0;n<g_nNodeNum;n++)                    //依次发布所有作品
    {   if (0 ==g_pStuWorksHead[n].cFlag)      //如果作品未发布,则发布
        {   g_pStuWorksHead[n].cFlag=1;
            nCount++;
        }
    }
    return nCount;
}
/* 函数功能: 将作品信息保存到文件中
 * 入参: void
 * 出参: void
 * 返回值: -1 文件打开失败,0 文件写入失败,1 写入成功
 */
int saveWorksToFile()
{   FILE *fp;
```

```
    if ((fp=fopen("data.txt", "wb"))==NULL)  return -1;
    if (g_nNodeNum==fwrite(g_pStuWorksHead,sizeof(stuWorksInfo),g_nNodeNum,fp))
    {   fclose(fp);
        return 1;
    }
    else
    {    fclose(fp);
        return 0;
    }
}
/* 函数功能: 从文件中读取作品信息
 * 入参: 无
 * 出参: 无
 * 返回值: -1 文件打开失败,0 空间不足失败,1 读取成功
 */
int readWorksFromFile()
{   int nCount=0;
    FILE *fp;
    if ((fp=fopen("data.txt", "rb"))==NULL)
        return -1;
    g_nNodeNum=0;                        //当前作品总数
    while(feof(fp)==0)
    {   if (haveEnoughSpace()==1)        //有足够空间,则继续读数据
        { if (fread(g_pStuWorksHead+g_nNodeNum,sizeof(stuWorksInfo),1,fp)==0)
                break;                   //读取数据块数为 0,即读取失败,则退出循环
            g_nNodeNum++;                //作品数量加 1
        }
        else  return 0;                  //空间不足返回 0
    }
    fclose(fp);
    g_nNodeMaxId=g_pStuWorksHead[g_nNodeNum-1].uNum+1; //自增序号为最后一个加 1
    return 1;
}
/* 函数功能: 显示作品简短题头信息 (评委专用)
 * 入参: void
 * 出参: void
 * 返回值: void
 */
void showShortTitle()
{    printf("|%-6s|%-24s|%-8s","编号", "名称", "评分");
}
/* 函数功能: 显示一件简短作品信息(评委专用)
 * 入参: 作品信息 stuWorksInfo s
 * 出参: void
 * 返回值: void
 */
void displayShortWork(stuWorksInfo s)
{   int i;
    printf("\n%-7d%-25s",s.uNum,s.cName);
    for (i=0;i<MAX_JUDGES; i++)
```

```
        if(strcmp(s.grades[i].cJudgeName,g_cLoginName)==0) //只显示当前评委评分
          printf("%4.2f ", s.grades[i].nGradeValue);
}
/* 函数功能:设置某个作品的评分,如果已经评过,则修改
 * 入参:pInfo 添加评分的作品,grade 评分
 * 出参:pInfo 添加评分的作品
 * 返回值:0 评分失败,1 评分成功
 * 备注:
 */
int setWorkGrades(stuWorksInfo *pInfo,float grade)
{   int i =0;
    int nGrade =0;
    int nIndex =0;
    for (i=0;i<MAX_JUDGES;i++)
    {   if(0==strcmp(g_cLoginName,pInfo->grades[i].cJudgeName))   //如果是登录评委
        {  pInfo->grades[i].nGradeValue=grade;                    //则记录评分
           return 1;
        }
        else if(0==strcmp("",pInfo->grades[i].cJudgeName))        //如果还没有评分
        {    strcpy(pInfo->grades[i].cJudgeName,g_cLoginName);   //记录评委
           pInfo->grades[i].nGradeValue=grade;                    //记录评分
           return 1;
        }
    }
   return 0;        //已经够 MAX_JUDGES 位评委
}
```

opt.h 文件中的源代码如下。

```
#ifndef OPT_H_INCLUDED
#define OPT_H_INCLUDED
#include "public.h"
#include "menu.h"
#include "arrayOpt.h"
void getPass(char pwd[]);                        //以密文形式获取密码
int isLogin();                                   //判断管理员是否登录成功
void managerOpt();                               //管理者操作平台
void getNewWorkInfo(stuWorksInfo *pInfo);        //获取管理者输入的作品信息
void createWork();                               //创建作品
void delWork();                                  //删除作品
void displayAll();                               //显示所有作品信息
void updateWork();                               //修改作品信息
void publishWork();                              //发布作品
void saveWorks();                                //保存到文件
void readWorks();                                //读取作品
void computerAvg();                              //计算作品平均分
void sortWorks();                                //作品排序
void quitSystem();                               //退出系统
void judgeOpt();                                 //评委操作平台
```

```
void setGrades();                              //评分
void JudgeDisplayPublishedWorks();             //评委查看已发布作品信息
#endif                                         //OPT_H_INCLUDED
```

opt.c 文件中的源代码如下。

```
#include "opt.h"
#include <stdio.h>
/* 函数功能: 以密文形式获得密码
 * 入参: void
 * 出参: pwd 密码
 * 返回值: void
 */
void getPass(char pwd[])
{   int i;
    for (i=0; (pwd[i] =getch()) !=13; i++)      //用无回显函数 getch 获取用户输入
        printf("*");                           //但屏幕上显示 *
    pwd[i]='\0';
}
/* 函数功能: 判断管理员的用户名和密码是否正确
* 入参: void
* 出参: void
* 返回值: 0 用户名或密码错误,1 用户名和密码正确
*/
int isLogin()
{   char name[USER_NAMELEN],pwd[MAX_PWDLEN];   //用户输入的用户名和密码
    int nCount;                                //用户名、密码输入次数
    for(nCount=1;nCount<=MAX_ERROR;nCount++)
    {    system("cls");
        #ifdef DEBUG    //条件编译,如果 DEBUG 定义了,直接赋值正确的用户名和密码
          strcpy(name,"admin");
          strcpy(pwd,"admin");
        #else
          printf("\n---->请输入管理员用户名: ");
          gets(name);
          printf("\n---->请输入密码: ");
          getPass(pwd);
        #endif
        if(0==strcmp(MANAGER_NAME,name)&&0==strcmp(MANAGER_PWD,pwd))
            return 1;
        else
        {   printf("\n---->用户名或密码错误,您还有%d 次机会", MAX_ERROR-nCount);
            printf("\n---->请按任意键继续");
            getch();
        }
    }
    return 0;
}
```

```
/* 函数功能: 管理者操作函数
 * 入参: void
 * 出参: void
 * 返回值: void
 */
void managerOpt()
{   int nRet;
    arrayInit();                                    //作品数组初始化
    while(1)
    {   nRet=mainManagerMenu();
        switch(nRet)
        {   case 0:createWork();break;              //创建作品
            case 1:delWork();break;                 //删除作品
            case 2:displayAll();break;              //查询全部作品
            case 3:updateWork();break;              //修改作品
            case 4:publishWork();break;             //发布作品
            case 5:saveWorks();break;               //保存作品
            case 6:readWorks();break;               //从文件导入作品
            case 7:computerAvg();break;             //计算平均分
            case 8:sortWorks();break;               //作品排序
            case 9:quitSystem();break;              //退出系统
            default:printf("注意菜单选项范围哦!\n");
        }
        printf("\n 请按任意键继续!");
        getch();
    }
}
/* 函数功能: 创建作品
 * 入参: void
 * 出参: void
 * 返回值: void */
void createWork()
{   int nRet;
    stuWorksInfo workInfo;
    memset(&workInfo, 0, sizeof(workInfo));  //将 workInfo 数据全部置 0
    getNewWorkInfo(&workInfo);                  //获取管理员键盘输入信息
    workInfo.uNum=g_nNodeMaxId++;               //自动生成编号,可用值自增 1
    nRet =addaWork(workInfo);                   //添加到数组中
    if (1==nRet)
    {   printf("\n-------->创建作品成功!");
        g_nIsSaved=0;                           //保存标志为假
    }
    else
      printf("\n-------->创建作品失败!");
}
/* 函数功能: 获取管理者输入的作品信息,不包括编号
* 入参: void
* 出参: pInfo 作品信息
* 返回值: void
* /
```

```
void getNewWorkInfo(stuWorksInfo * pInfo)
{   int i;
    pInfo->fAvg=0;                          //初始平均成绩为 0 分
    pInfo->cFlag =0x00;                     //初始状态为未发布
    for (i=0; i <MAX_JUDGES; i++)           //清空评委评分信息
    {   strcpy(pInfo->grades[i].cJudgeName,"");
        pInfo->grades[i].nGradeValue=0;
    }
    printf("\n-------->请输入作品名称：");
    gets(pInfo->cName);
    printf("\n-------->请输入作者姓名：");
    gets(pInfo->cAuthor);
    printf("\n-------->请输入作者学号：");
    gets(pInfo->cSchNumber);
    printf("\n-------->请输入作者专业：");
    gets(pInfo->cSpecialty);
    printf("\n-------->请输入作者年级：");
    gets(pInfo->cGrade);
}
/* 函数功能：删除作品
 * 入参：void
 * 出参：void
 * 返回值：void
 */
void delWork()
{    char temp[10];
    unsigned int delWorkNum;
    stuWorksInfo * delWork;
    printf("-------->请输入要删除的作品编号：");
    gets(temp);
    delWorkNum=(unsigned int)atof(temp);
    delWork=getWorkbyNum(delWorkNum);
    if (NULL!=delWork)
    {   showTitle();
        displayaWork(*delWork);
        if (1==isSure("确定删除此作品？"))
        {   if (1==delWorkbyAddress(delWork))
            {  printf("\n-------->作品删除成功！");
               g_nIsSaved=0;                //保存标志修改为假
            }
            else  printf("\n-------->作品删除失败！");
        }
    }
    else
       printf("\n-------->没有编号为%u 的作品！",delWorkNum);
}
/* 函数功能：显示全部作品信息
 * 入参：void
 * 出参：void
 * 返回值：void
 */
```

```
void displayAll()
{   int i;
    showTitle();
    for(i=0;i<g_nNodeNum;i++)
        displayaWork(g_pStuWorksHead[i]);
}
/* 函数功能:修改作品信息
 * 入参:void
 * 出参:void
 * 返回值:void
 */
void updateWork()
{   char temp[10];
    stuWorksInfo work, * updateWork;
    printf("\n-------->请输入要修改作品的编号: ");
    gets(temp);
    work.uNum=(unsigned int)atof(temp);
    updateWork=getWorkbyNum(work.uNum);
    if (NULL!=updateWork)
    {   showTitle();
        displayaWork(*updateWork);
        if (1==updateWork->cFlag)
            printf("\n-------->作品已经发布,不能再修改!");
        else
        {    getNewWorkInfo(&work);              //获取新信息
             * updateWork=work;                  //存入数组覆盖原有信息
            printf("\n-------->更新数据成功");
            g_nIsSaved=0;                        //保存标志修改为假
        }
    }
    else
        printf("\n-------->没有编号为%u 的作品\n",work.uNum);
}
/* 函数功能:发布作品
 * 入参:无
 * 出参:无
 * 返回值:无
 */
void publishWork()
{   char temp[10];
    int nSelect,i;
    unsigned int uNum;
    stuWorksInfo *work;
    nSelect=publishWorkMenu();
    switch(nSelect)
    {   case 1:                                  //根据编号发布作品
            printf("\n-------->请输入要发布作品的编号: ");
            gets(temp);
            uNum=(unsigned int)atof(temp);
            work =getWorkbyNum(uNum);
```

```
            if (NULL!=work)
            {   updatecFlag(work);                                  //修改标志
                showTitle();                                        //显示信息
                displayaWork(*work);
                printf("\n---------->发布成功!");
                g_nIsSaved=0;                                       //保存标志修改为假
            }
            else   printf("\n---------->没有此作品!");
            break;
        case 2:                                                     //发布全部作品
          for(i=0;i<g_nNodeNum;i++)
              updatecFlag(g_pStuWorksHead+i);
          printf("\n--------->全部作品发布成功!");
          g_nIsSaved=0;                                             //保存标志修改为假
          break;
        default: printf("\n\n---------->只能选择 0 或 1!");
    }
}
/* 函数功能:保存到文件
 * 入参:void
 * 出参:void
 * 返回值:void
 */
void saveWorks()
{    int nRet =saveWorksToFile();
    if (1==nRet)
    {    printf("\n---------->成功保存%d 件作品到文件中",g_nNodeNum);
        g_nIsSaved =1;
    }
    else if (-1==nRet)      printf("\n---------->无法建立数据文件!");
    else  printf("\n---------->保存失败!");
}
/* 函数功能:从文件中导入作品
 * 入参:void
 * 出参:void
 * 返回值:void
 */
void readWorks()
{                            //-1 文件打开失败,0 空间不足失败,1 读取成功
    int nRet =readWorksFromFile();
    if (1==nRet)
    {    printf("\n---------->成功导入%d 件作品",g_nNodeNum);
        g_nIsSaved=1;     //刚刚导入,保存标志为真
    }
    else if (-1==nRet)       printf("\n---------->没有找到数据文件!");
    else  printf("\n---------->读取失败!");
}
/* 函数功能:作品排序
 * 入参:无
 * 出参:无
 * 返回值:无
 */
```

```
void sortWorks()
{    char temp[10];
    int nSelect,i;
    nSelect=sortMenu();
    switch(nSelect)
    {    case 0:                              //根据作品编号排序
            sortbyNum();
            printf("\n\n---------->按作品编号排序已完成!");
            g_nIsSaved=0;                     //保存标志修改为假
            break;
        case 1:                               //根据作品平均分排序
            sortbyAvg();
            printf("\n---------->按作品平均分排序已完成!");
            g_nIsSaved=0;                     //保存标志修改为假
            break;
        default:
            printf("\n---------->只能选择 0 或 1!");
            break;
    }
}
/* 函数功能:计算作品平均分
 * 入参:无
 * 出参:无
 * 返回值:无
 */
void computerAvg()
{   computerAllWorkAvg();                     //计算所有作品平均分
    printf("\n---------->作品已经重新计算平均分!");
    g_nIsSaved=0;                             //评分修改过,则保存标志为假
}
/* 函数功能:评委操作平台
* 入参:void
* 出参:void
* 返回值:void
*/
void judgeOpt()
{   int nRet;
    printf("\n 请输入您的姓名:");
    gets(g_cLoginName);
    arrayInit();                              //作品数组初始化
    while(1)
    {   nRet =mainJudgeMenu();
        switch (nRet)
        {   case 0:readWorks();break;         //从文件导入作品
            case 1:JudgeDisplayPublishedWorks();break;     //查看作品信息
            case 2:setGrades();break;         //作品评分
            case 3:saveWorks();break;         //保存到文件
            case 9:quitSystem();break;        //退出
            default:printf("\n-------->输入错误,请重新输入\n");
        }
```

```
        printf("\n请按任意键继续!");
        getch();
    }
}
/* 函数功能:作品评分
 * 入参:void
 * 出参:void
 * 返回值:void
 */
void setGrades()
{   int uNum =0;
    float grade;
    char temp[10];
    stuWorksInfo *pWorkRet =NULL;
    printf("\n---------->请输入作品编号:");
    gets(temp);
    uNum=(int)atof(temp);
    pWorkRet =getWorkbyNum(uNum);                    //根据编号查找作品
    if (NULL!=pWorkRet)                              //如果作品存在
    {   if (1==pWorkRet->cFlag)                      //如果已经发布
        {   printf("\n---------->请输入评分");
            gets(temp);
            grade=(float)atof(temp);
            if (1==setWorkGrades(pWorkRet,grade))    //评分成功
            {  showShortTitle();
               displayShortWork(*pWorkRet);
               printf("\n---------->评分成功!");
               g_nIsSaved=0;                         //评分修改过,则保存标志为假
            }
        }
        else    printf("\\n---------->当前作品未发布,不能评分\n");
    }
    else    printf("\n---------->未找到该作品,请确定后重新输入\n");
}
/* 函数功能:以评委身份查看所有已发布作品
 * 入参:void
 * 出参:void
 * 返回值:void
 */
void JudgeDisplayPublishedWorks()
{   int i;
    showShortTitle();
    for(i=0;i<g_nNodeNum;i++)
       if (g_pStuWorksHead[i].cFlag==1)              //如果已经发布则显示
            displayShortWork(g_pStuWorksHead[i]);
}
/* 函数功能:退出系统
 * 入参:void
 * 出参:void
 * 返回值:void
 */
```

```
void quitSystem()
{   if (1==isSure("确定退出系统吗?"))         //退出
    {    if (0==g_nIsSaved)
             if (1==isSure("数据已经发生变化,需要保存吗?"))   saveWorks();
        free(g_pStuWorksHead);               //一定记得释放内存
        logoutMenu();                        //显示退出菜单
        exit(0);                             //正常退出程序
    }
}
```

参考文献

[1] 谢延红，李丽. C语言实用程序设计基础教程[M]. 北京：清华大学出版社，2015.

[2] 张磊. C语言程序设计[M]. 4版. 北京：清华大学出版社，2018.

[3] 谭浩强. C语言程序设计[M]. 4版. 北京：清华大学出版社，2020.

[4] 于延. C语言程序设计与实践[M]. 北京：清华大学出版社，2018.

[5] 孟爱国. C语言程序设计与项目实训教程[M]. 北京：北京大学出版社，2018.

[6] 吉顺如. C程序设计习题集与课程设计指导[M]. 2版. 北京：电子工业出版社，2020.

[7] 黑马程序员. C语言程序设计案例式教程[M]. 北京：人民邮电出版社，2022.

[8] 宋友，王君臣. C语言程序设计：原理与实践[M]. 北京：高等教育出版社，2022.

[9] 肖朝晖. C语言程序设计基础：基于案例教学[M]. 2版. 北京：清华大学出版社，2020.

[10] 贺细平. C程序设计：基于应用导向与任务驱动的学习方法[M]. 北京：电子工业出版社，2018.

[11] 丁亚涛. C语言程序设计[M]. 4版. 北京：高等教育出版社，2020.

[12] 陈叶芳. C语言程序设计：在线实践·微课视频[M]. 北京：清华大学出版社，2021.

[13] 李学刚，戴白刃. C语言程序设计[M]. 3版. 北京：高等教育出版社，2021.

[14] 王正方，刘日辉，盛魁. C语言程序设计案例教程：慕课版[M]. 北京：人民邮电出版社，2020.

[15] 李峰，谢中科. C语言程序设计[M]. 北京：北京大学出版社，2020.

[16] 王佐兵，田华，肖川，等. C语言程序设计[M]. 北京：电子工业出版社，2021.

[17] 金龙海. C语言程序设计[M]. 北京：中国铁道出版社，2020.

[18] 常中华，王春蕾，毛旭亭，等. C语言程序设计实例教程：慕课版[M]. 2版. 北京：人民邮电出版社，2020.

[19] 周雅静，邢小英，徐济惠. C语言程序设计项目化教程[M]. 2版. 北京：电子工业出版社，2019.

[20] 黑马程序员. C语言程序设计立体化教程[M]. 北京：中国铁道出版社，2020.

[21] 虞歌，邵艳玲. C语言程序设计[M]. 北京：中国铁道出版社，2020.